U0897111

高地震区全断面软岩筑坝

关键技术研究/下册/

杨启贵 鄢双红 等 著

目　录

下　册

9 引水发电建筑物

9.1 引水发电系统总体布置

9.1.1 电站厂房型式选择

根据地形地质条件与坝型及枢纽布置比选结果，引水发电建筑物布置在右岸河湾地块，位于导流洞与溢洪道之间。

9.1.1.1 地形地质条件

右岸河湾地块导流洞与溢洪道之间区域地形总体完整，为吉拉姆河Ⅱ级阶地，近南西向展布，两侧高，中部低，地面高程468～460m，地形平坦，坡度5°左右，局部达15°，覆盖层厚度一般为1～13m。临河岸坡部位，斜坡与基岩陡坎相间，斜坡坡度20°～50°，陡坎坎高3～12m。

河湾地块基岩主要为N_{1na}层灰色厚层、巨厚层状砂岩，单轴饱和抗压强度为20～30MPa，以及薄—中厚层粉砂质泥岩、泥质粉砂岩，单轴饱和抗压强度为8～15MPa，基本为软岩，岩层走向N5°E～N10°E，倾向SEE，倾角9°～10°，缓倾向下游偏河床。区域最大水平主应力为2.5～7.9MPa，方向为N7°E～N16°E，最小水平主应力为1.6～5.5MPa。

根据地形地质条件，河湾地块基本具备布置地面厂房和地下厂房的条件。

9.1.1.2 型式选择

卡洛特水电站共安装4台单机容量为180MW水轮发电机组，额定水头65m，单机引用流量312.1m^3/s，为典型的大流量中水头水电站。

根据地形地质条件，若布置地下厂房，洞室开挖尺寸为186m×25m×64.29m(长×宽×高)，围岩类别主要为Ⅳ类，局部Ⅲ、Ⅴ类。按国内一般布置地下厂房经验，该地质条件不适合修建大型永久地下洞室，在主要为Ⅳ类的围岩中开挖25m跨度的地下厂房，在国内外都鲜有先例。根据引水发电建筑物可布置位置，地下厂房基岩可充分利用N_{1na}^{3-3-1}层较好的砂岩，布置在溢洪道控制段左侧下游，洞室轴线与岩层走向一致，与主地应力方向夹角为4°～12°。厂房顶拱全部位于较好的砂岩中，上下游高边墙主要为泥质粉砂岩和粉砂质泥岩，Ⅳ、Ⅴ类围岩比例占70%，洞室整体围岩条件较差。采用弹塑性有限元进行地下洞室群整体稳定性分析，分析计算表明，主厂房围岩变形范围较大，厂房顶部岩层呈扇形随地下洞室整体变形，引起地表沉陷最大达 18mm，见图 9.1。此变形范围和模式在国内外地下厂房洞室稳定分析中罕见，由于洞室围岩整体变形，围岩塑性区较大，主厂房隔墩岩体塑性区已全部贯通，上下游墙塑性区范围较大，已超过洞室开挖跨度的一半；上下游墙大面积拉应力已超过岩体抗拉强度，洞室稳定性问题十分突出。此外，由于洞室高边墙为泥质粉砂岩和粉砂质泥岩，存在遇水软化、失水崩解及干湿交替呈粉末状等不良因素，以及在较小岩石强度应力比（1.05～3.85）条件下软岩流变特征明显，地下厂房洞室的长期稳定性难以保证，因而地下厂房方案在施工、投资、工期控制及永久运行方面均有较大的风险。

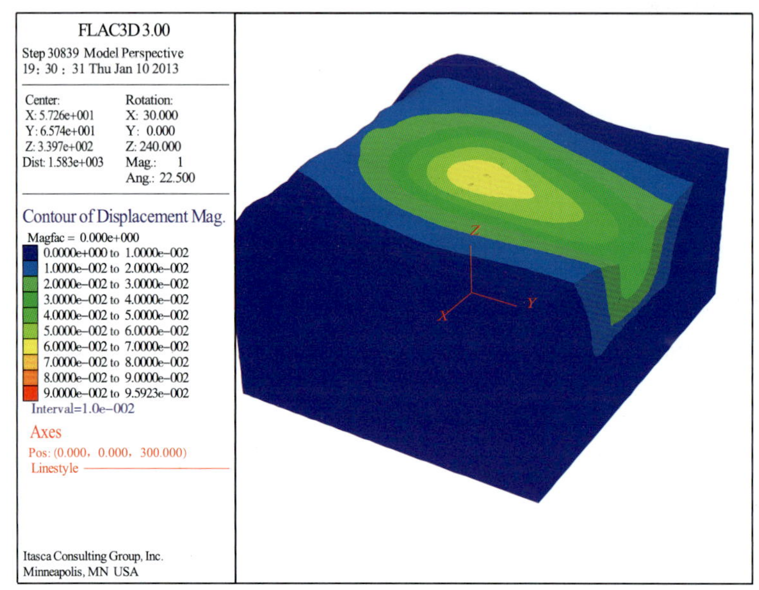

图 9.1　开挖完成后地下厂房整体模型铅直位移

地面厂房对地质要求相对简单，地基主要为微新的砂岩，局部为粉砂质泥岩和泥质粉砂岩互层，岩体新鲜完整，地基承载力为 5～5.5MPa，具备一定抗震性和耐久性。布置地面厂房主要面临高变幅尾水和高地震风险，通过设上下游副厂房挡水、基础帷幕灌浆加抽排系统、加大关键部位刚度等综合措施，能得到较好的解决。经整体稳定与三维有限元计算分析，地面厂房抗浮、抗滑及地基应力各项指标均能满足规范要求，其施工、投资、工期及长期稳定运行均有把握。因此，卡洛特水电站推荐采用岸边引水式地面厂房。

9.1.2　主厂房位置选择

9.1.2.1　位置选择原则

主厂房位置选择遵循以下原则：

1）协调好电站建筑物与溢洪道及导流建筑物之间关系，避开泄洪雾雨区，避免泄洪尾水波动影响机组正常运行，并防止尾水渠泥沙淤积。

2）厂房纵轴线尽量顺地形线布置，减小顺河向卸荷带带来的不利影响，同时减小边坡高

度及开挖工程量。

3)应协调引水线路和尾部独立围堰的布置,在预留足够厚度挡水岩埂的同时,避免设置上游调压室。

4)电站尾水渠与导流洞出口明渠留有足够厚度的岩埂,保证施工导流期间厂房基坑的安全;

5)地基应具有一定的抗震性、足够的强度及承载力,能满足长期稳定性要求;

6)与卡洛特大桥留有一定的安全距离,保证施工前期桥面的正常通行。

9.1.2.2 主厂房位置

根据选定的枢纽布置格局及主厂房位置选择原则,主厂房布置在右岸河湾地块。由于大坝下游坝脚至导流洞出口、卡洛特大桥至溢洪道出口距离均较小,布置地面厂房尺寸不够,因而地面厂房可布置区域在导流洞出口明渠与卡洛特大桥之间。该区域地形平缓,岩体相对完整,受导流洞前期开挖及运行影响,主厂房应与导流洞出口保留一定厚度的岩体,因而往上游移动距离有限。为避免开挖爆破影响卡洛特大桥在施工前期的正常使用,主厂房要与卡洛特桥头留有一定的安全距离,因而主厂房位置在顺河床向上下游均受到限制。主厂房位于大坝下游围堰下游,采用尾水独立围堰,为保证尾水挡水岩埂的形成,并保留10～15m的施工场地,厂房位置需往山体内侧移动。根据厂区地形地质条件、枢纽布置格局、排沙设施以及输水系统布置,确定主厂房布置在卡洛特大桥上游约130m处,纵轴线方向为北偏东9.84°,距离河床中心约140m,1#、4#机机组中心坐标为(1049759.22,3262999.24)和(1049839.03,3263013.09)。

溢洪道泄槽位于地面厂房下游约600m处,数值计算和水工模型试验成果表明,各工况下厂房均不在泄洪雾雨区,且泄洪回流引起电站尾水波动最大幅值为0.5～0.8m,电站正常运行不受影响。

9.1.3 引水发电建筑物总体布置

引水发电建筑物布置在吉拉姆河右岸河湾地块内,采用引水式地面厂房,进水口位于溢洪道进水渠左侧岸坡,主厂房位于卡洛特大桥上游约130m,主要建筑物包括进水口、引水隧洞、地面厂房、升压站及尾水渠等。

进水口布置在溢洪道控制段前沿左侧岸坡,由引水渠、进水塔、交通桥等建筑物组成。引水渠宽108m,长12～23m,底板高程431.5m,前缘设拦沙坎,坎顶高程440.0m;进水塔采用岸塔式,纵轴线方向为北偏西10.77°,总长度108m,宽度20.9m,建基面高程428.5m,流道底板高程431.5m,塔顶高程469.5m,塔高41m。2#机进水塔通过交通桥与边坡马道相接,与上坝公路连通。

引水隧洞紧接进水塔布置,采用一机一洞引水,平面上4条洞轴线按平行直线加弧线布置,弧段转弯20.62°,洞轴线间距为27m,洞径为9.6～7.9m。引水隧洞进口中心高程为

436.3m，出口中心高程382.5m。

主厂房布置在卡洛特大桥上游约130m处，纵轴线方向为北偏东9.84°，总尺寸为160.9m×27m×60.5m（长×宽×高），由机组段及其右侧安装场段组成，其中机组段长111.4m，安装场段长49.5m。主厂房设有上下游副厂房，平面尺寸分别为160.9m×12m（长×宽）和160.9m×10.5m（长×宽）。主厂房建基面高程为358.5m，机组安装高程为382.5m，尾水平台高程419.0m。

升压站布置在主厂房上游侧边坡回填形成的独立平台上，纵轴线与主厂房轴线平行，分4段布置，平面尺寸为111.4m×16m（长×宽），主变压器布置在419.0m平台上。

尾水渠底宽111.4m，尾水管出口以1∶3的反坡连接至高程385.8m平底段，并与主河床相接。

厂区交通由厂前区、上游副厂房顶部、4#机组左侧平台、尾水平台及进厂交通洞共同组成。进厂公路及进厂交通洞布置于安Ⅰ段右侧，地面高程为419.0m，通过宽马道与对外公路相接。

9.2 进水口设计

9.2.1 进水口位置选择

进水口位置选择遵循以下原则：

1）根据枢纽布置格局和主厂房位置，进水口应布置在溢洪道控制段前沿左侧边坡，以适应枢纽排沙设施布置。

2）在不影响泄洪和电站正常引水的条件下，进水口应尽量靠近溢洪道中孔布置，位于泄洪孔排沙漏斗范围内。

3）满足引水隧洞上斜段上覆岩体厚度要求，保证隧洞成洞条件，并不致发生水力劈裂。

4）使引水隧洞布置尽量顺畅，缩短引水隧洞的长度，利于电站厂房位置选择。

5）尽量避免扰动470m高程地表，且与溢洪道引渠开挖边坡相适应，以减小总体开挖工程量。

为避免粗颗粒泥沙进入引水流道，保证进水口“门前清”，考虑沿溢洪道引渠左边线设置拦（导）沙坎，进水塔边坡以不挖470m高程地形为基准向后移动，与拦沙坎之间留有一定距离保证较好的水力过渡。

根据上述分析及进水口位置选择原则，结合主厂房位置及引水线路的布置，拟定电站进水口布置在溢洪道控制段前沿左侧边坡，纵轴线与溢洪道控制段轴线夹角为84°，塔体与溢洪道控制段最小距离约为20m，与溢洪道引渠边线相距14～25m。

9.2.2 进水口型式选择

电站地震烈度较高，进水口型式可采用抗震性能较高的岸塔式和竖井式。

(1)岸塔式。

进水塔紧靠溢洪道引渠开挖边坡布置，塔体由拦污栅段和闸室段组成，单塔平面尺寸27m×20.9m(长×宽)，高41m，拦污栅和检修闸门共用一套启闭设备。

(2)竖井式。

由于山体上覆厚度不够，采用露天竖井式布置，进水口拦污栅和闸室分开布置，进口前缘依坡布置斜拦污栅，由单独启闭设备操作，闸门井置于山体内，距离拦污栅约30m，竖井开挖断面尺寸为27m×13.9m(长×宽)。

从地形地质条件、边坡及围岩稳定条件、布置及结构稳定条件、运行维护条件及施工条件等方面对两种方案进行了比较(表9.1)。

表9.1　　进水口型式比较

项目	岸塔式进水口	竖井式进水口
地形地质条件	与竖井式进水口基本相同	与岸塔式进水口基本相同
边坡及围岩稳定条件	整体稳定条件较好	边坡整体稳定条件较好；喇叭口直接在边坡中开挖形成，孔口跨度较大，存在围岩稳定问题
布置及结构稳定性	集中布置，结构整体性好，抗震性能较好	结构相对简单，闸室段结构抗震性能好；但拦污栅段体型单薄，洞口部位上覆岩体单薄，交叉洞多，结构稳定和抗震性能较差
防沙排沙	与排沙设施配合较好，水力过渡平顺	布置范围大，与排沙设施配合较复杂
运行维护条件	布置紧凑，便于集中管理	布置分散，不利于管理；拦污栅至闸门井隧洞段无检修条件
施工条件	施工干扰小	隧洞段和竖井段施工干扰大，施工难度大

由于进水塔沿溢洪道引渠左边坡布置，采用岸塔式结构，边坡高度及明挖工程量不大，边坡岩石条件完整，整体稳定条件较好。岸塔式进水口运行、施工及检修条件较好，管理方便，塔体为筒体结构，整体刚度较大，抗震性能较好。竖井式进水口受地形布置及水流条件影响，塔体需要与拦沙坎拉开一定距离以保证水流平稳，明挖工程量不具明显优势，需增加一道拦污栅启闭设备及相应洞挖和支护工程量，且挖动地面470.00m高程地形，需采用相应的挡水设施，由于竖井上游隧洞段无检修条件，运行条件较差。经综合比较，并参考同类工程经验，推荐岸塔式进水口。

9.2.3　进水口布置及结构

进水口布置除满足正常运行引水发电外，还需满足在水库排沙期间，451m死水位时电站正常引水发电。

进水口布置在溢洪道前沿左侧边坡，由引水渠、进水塔及交通桥组成。

电站引水渠沿排沙槽在428.50m高程布置拦沙坎，与进水塔相距12～23m，渠道最小流速控制在1m/s以下。进水塔前沿总宽为108.0m，分4段布置，单塔宽27.0m，各塔之间均设永久缝。顺流向长20.9m，依次布置拦污栅段、喇叭口段及闸门段，长度分别为7.0m、3.3m、10.6m。渐变段设于塔后引水隧洞中。

进水塔采用岸塔式，为钢筋混凝土箱筒式结构。经过对最低发电水位时进水塔最小淹没深度、孔口流速、拦污栅面积、水头损失、水库排淤沙等因素的分析，拟定进水塔闸门底坎高程为431.50m，塔体建基面高程为428.50m，底板厚3m。塔顶高程与坝顶高程相同，为469.50m。塔高41m。

拦污栅段设一道平面直立活动式拦污栅，每塔按4孔5墩布置，孔口尺寸为5.25m×19.2m（宽×高），墩墙宽1.2m。拦污栅底坎高程430.50m，栅顶高程449.70m，并在此高程布置有水平拦漂板，栅后各机组段进口前沿相通，引水流量可相互补充，最大平均过栅流速0.93m/s。拦污栅墩与胸墙之间以支撑梁相连，栅墩之间以连系梁相连。

为保证水流平顺，进口段为喇叭口，结构边线均采用圆弧曲线，喇叭口边墩圆弧半径为2.5m，顶板圆弧半径为3.0m，底板圆弧半径为1.0m。

闸门段按一洞一跨单孔布置，设置平板检修门与快速工作门各一道，孔口尺寸分别为7.5m×10.1m（宽×高）、7.5m×9.7m（宽×高）。检修门设上游止水，由塔顶门机静水启闭；快速门设下游止水，由液压启闭机动闭静启。闸门井内在高程466.50m设有液压启闭机房，平面尺寸5.1m×12.3m。塔顶中部设两条门机轨道，轨距14.0m。工作闸门后下挡墙内设两个直径1.2m的排气孔。

$1^{\#}$塔后布置交通桥，并与469.50m高程边坡公路相通。

9.2.4 水力计算

9.2.4.1 淹没深度

电站单机引用流量312.1m^3/s，死水位为451.00m，为了防止产生贯通式吸气漩涡，保证电站正常引水发电，按戈登公式计算最小淹没深度。

$$S = Cvd^{1/2}$$

式中，S——进水口淹没深度，m；

v——闸孔断面流速，m/s；

d——闸孔高度，m；

C——与进水口几何形状有关的系数，此处取0.55。

根据上述公式计算所需最小淹没深度为7.35m。工作闸门孔顶高程为441.20m，实际淹没深度为9.8m，均满足规范要求。

9.2.4.2 过栅及孔口流速

每台机组拦污栅按4孔布置，孔口尺寸为5.25m×19.2m（宽×高），正常工况最大过栅

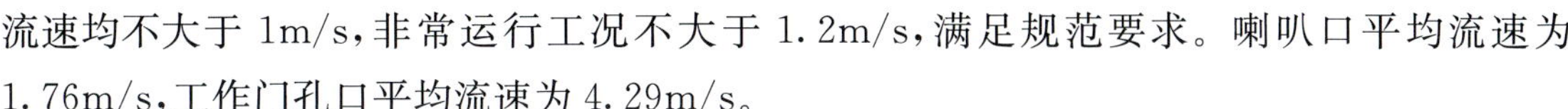

流速均不大于 1m/s，非常运行工况不大于 1.2m/s，满足规范要求。喇叭口平均流速为 1.76m/s，工作门孔口平均流速为 4.29m/s。

9.2.4.3 水头损失

根据进水口体型，拦污栅、喇叭口、检修门槽及工作门槽的局部水头损失采用以下公式计算：

$$h_m = \xi V^2/2g$$

式中，$V^2/2g$——计算部位平均流速水头；

g——重力加速度(取 9.81m/s²)；

ξ——局部水头损失系数值。

进水口沿程水头损失计算采用下列公式：

$$h_f = LV^2/C^2R$$

式中，V——断面平均流速，m/s；

L——输水道计算长度，m；

C——谢才系数，$C=R^{1/6}/n$，采用曼宁公式计算，其中，R 为水力半径，m，n 为糙率值。

进水口水头损失计算成果见表 9.2。

表 9.2 进水口水头损失

<table>
<tr><th colspan="2">分段</th><th>长度/m</th><th>流速/(m/s)</th><th>沿程损失/m</th><th>局部损失/m</th><th>总损失/m</th></tr>
<tr><td colspan="2">拦沙坎段</td><td>2.0</td><td>0.55</td><td>—</td><td>0.008</td><td>0.008</td></tr>
<tr><td colspan="2">拦污栅段</td><td>7.0</td><td>1.00</td><td>—</td><td>0.009</td><td>0.009</td></tr>
<tr><td colspan="2">喇叭口段</td><td>3.3</td><td>2.94</td><td>0.003</td><td>0.044</td><td>0.047</td></tr>
<tr><td rowspan="2">门槽段</td><td>检修门门槽</td><td rowspan="2">10.6</td><td>4.12</td><td rowspan="2">0.057</td><td>0.142</td><td rowspan="2">0.353</td></tr>
<tr><td>工作门槽</td><td>4.29</td><td>0.154</td></tr>
<tr><td colspan="2">总计</td><td></td><td></td><td></td><td></td><td>0.417</td></tr>
</table>

9.2.5 整体稳定及基础应力分析

(1)设计荷载及组合

根据《水电站进水口设计规范》(DL/T 5398—2007)规定，荷载组合见表 9.3。其中，水平设计地震加速度代表值取 0.26g，竖向设计地震加速度代表值取水平的 2/3。进水塔为岸塔式，紧贴开挖边坡布置，塔体不存在向边坡侧滑动、倾覆的问题。

表 9.3 计算工况及荷载组合

设计状况	作用组合	计算情况	作用类别							
			自重	永久设备重	静水压力	扬压力	土压力	水重	活荷载	地震
持久状况	基本组合	正常蓄水位	√	√	√	√	√	√	√	
		设计洪水位	√	√	√	√	√	√	√	
短暂状况	基本组合	完建未挡水	√	√			√		√	
		检修情况	√	√	√	√	√	√	√	
偶然状况	偶然组合	校核洪水位	√	√	√	√	√	√	√	
		地震情况	√	√	√	√	√	√	√	√

（2）整体稳定及基础应力计算成果

根据规范，进水口的整体抗滑稳定性计算按式 $\gamma_0\psi\sum P_R\leqslant\frac{1}{\gamma_d}\left(\frac{f'_{Rk}}{\gamma_{f'}}\sum W_R+\frac{c'_{Rk}}{\gamma_{c'}}A_R\right)$ 进行，抗浮稳定性计算按式 $\gamma_0\Psi\sum U_R\leqslant\frac{1}{\gamma_d}\sum W'_R$ 进行，抗倾覆稳定性计算按式 $\gamma_0\Psi\sum M_0\leqslant\frac{1}{\gamma_d}\sum M_s$ 进行，电站进水口建筑物整体稳定及建基面应力计算成果见表 9.4、表 9.5。

表 9.4 进水口建筑物整体稳定计算结果

设计状况	作用组合	计算工况	抗滑/kN		抗浮/kN		抗倾/(kN·m)	
			$\gamma_0\psi\sum P_R$	$\frac{1}{\gamma_d}\left(\frac{f'_{RK}}{\gamma_{f'}}\sum W_R+\frac{c'_{RK}}{\gamma_{c'}}\right)AK$	$\gamma_0\psi\sum U_R$	$\frac{1}{\gamma_d}\sum W'_R$	$\gamma_0\psi\sum M_0$	$\frac{1}{\gamma_d}\sum M_s$
			滑动力	阻滑力	浮力	抗浮力	倾覆力矩	抗倾覆力矩
持久状况	基本组合	正常蓄水位	22810	55402	183398	324145	1916504	3636064
		设计洪水位	22810	54688	185034	323602	1933605	3620820
短暂状况	基本组合	完建未挡水	/	/	/	/	/	/
		检修情况	21669	49253	174228	306651	1820679	3397373
偶然状况	偶然组合	校核洪水位	19388	50877	188073	345693	1629028	3817955
		地震情况	33875	55402	155888	324145	1921698	3636064

表 9.5 进水口建基面应力计算结果

设计状况	作用组合	计算工况	地基应力/kPa	
			上游侧	下游侧
持久状况	基本组合	正常蓄水位	15	658
		设计洪水位	17	647

续表

设计状况	作用组合	计算工况	地基应力/kPa	
			上游侧	下游侧
短暂状况	基本组合	完建未挡水	182	736
		检修情况	33	551
偶然状况	偶然组合	校核洪水位	—5	525
		地震情况	153	410

在各种计算工况下，进水塔的抗浮、抗滑稳定满足规范要求，建基面仅在地震工况下出现不超过0.1MPa的拉应力，最大压应力为0.736MPa，小于地基允许承载力，满足规范要求。

9.2.6 塔体结构设计

进水口结构设计主要对拦污栅支承结构和胸墙结构进行计算，根据拦污栅的布置和受力特点，按空间框架进行计算，计算采用结构分析通用程序SAP84(6.5)。配筋标准和最大裂缝宽度均按照《水工混凝土结构设计规范》(DL/T 5057—2009)规定执行。

(1)拦污栅支承结构

拦污栅支承结构是一个典型的空间框架结构，混凝土强度等级为C30。

1)计算假定及荷载。

取单段进水塔，按三维框架结构进行计算。拦污栅墩底部固结在进水口底板混凝土上，各层支撑梁固结在塔体胸墙上，各节点考虑刚域的影响。

计算荷载包括结构自重、拦污栅前后4m水位差及顶部平台20kN/m^{2}活荷载。

2)计算配筋结果。

拦污栅墩及连系梁均按构造要求进行配筋；支撑梁跨中及支座配筋均为5Φ32，顶部支撑梁跨中和支座配筋分别为6Φ36和8Φ36，箍筋采用Φ8@20cm～Φ10@20cm(四肢箍)，裂缝最大宽度为0.23mm，满足规范要求。

(2)胸墙

1)胸墙结构。

快速工作门上游设有墙体挡水，根据结构挡水高度不同，墙体沿竖直方向呈阶梯截面布置，混凝土强度等级为C25。

2)计算假定及荷载。

墙体按水平不同高程和截面尺寸简化为单宽平面杆件结构进行计算。根据不同挡水水位，在竖直方向取3个截面进行计算。

计算荷载包括外水压力、水头取设计洪水位及校核洪水位。

3)计算配筋结果。

胸墙高程441.0m至高程453.5m范围上下游侧每延米配筋各为5Φ32,裂缝最大开展宽度为0.25mm;胸墙高程355.0m至塔顶范围配置构造钢筋即可满足极限承载力和正常使用要求。

9.2.7 塔体三维有限元数值分析

电站进水塔为2级非壅水建筑物,根据《水工建筑物抗震设计规范》(DL 5073—2000)的规定,其抗震设防类别为丙类。数值分析取典型2#进水塔为计算单元,分静力、动力及静动力叠加三步进行,动力计算采用振型分解反应谱法。

9.2.7.1 计算条件

(1)材料参数

①混凝土。弹模28GPa,泊松比0.167,重度25kN/m^3。②基岩。粉砂质泥岩、泥质粉砂岩与粉砂质泥岩互层、中砂岩、细砂岩变形模量分别为2.5GPa、2.5GPa、2.5GPa和4.5GPa,泊松比分别为0.31、0.31、0.26、0.23。动力计算中,动弹模取静弹模的1.3倍。

(2)荷载

主要荷载有:结构自重、静水压力(水库正常蓄水位461.0m)、动水压力、设备重及扬压力等。

动力计算采用反应谱法考虑地震响应,附加质量包括门机、启闭机、检修门、拦污栅及塔内外水体质量。

(3)计算工况

计算工况包括:①完建工况;②正常运行工况;③地震工况(正常运行工况遭遇设计地震)。

(4)地震反应谱参数

根据《水工建筑物抗震设计规范》(DL 5073—2000)规定,同时考虑顺河向、横河向和竖向地震作用,总的地震效应取各方向地震作用效应平方总和的方根值。地震设计烈度为Ⅷ度,水平向设计加速度代表值为0.26g,竖直向设计加速度为水平向的2/3。

动力反应按反应谱计算时,反应谱曲线按《水工建筑物抗震设计规范》(DL 5073—2000)规定采用。地震主震周期T_0=0.20s,反应谱最大值的代表值β_{max}=2.25,结构阻尼比ξ=5%。地基按无质量地基考虑。

9.2.7.2 计算模型

计算模型见图9.2、图9.3,模拟了混凝土、基岩,划分8节点六面体单元55786个,节点69478个。

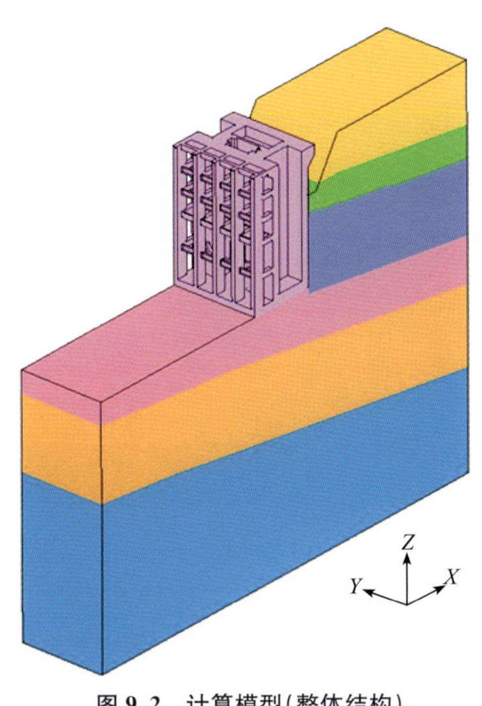

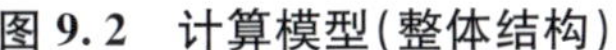

图 9.2 计算模型(整体结构)

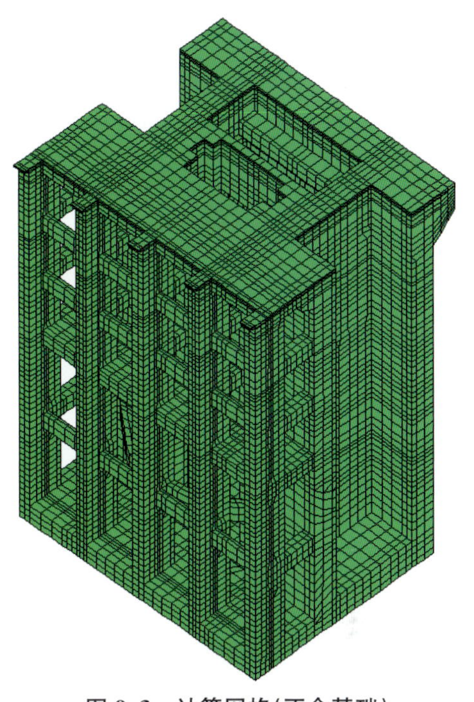

图 9.3 计算网格(不含基础)

基岩模拟范围：上下游及竖直向各取 60m（约 1.5 倍结构高度），顶部模拟至高程 469.5m。基岩底部全约束，各侧面取法向约束。计算中塔体下游与岩体按脱开考虑。静力及动力计算采用相同的模型和边界约束条件。

坐标轴以 X 轴指向下游为正，Y 轴指向左岸为正，Z 轴竖直向上。

9.2.7.3 静力计算

(1)位移

完建工况基础沉降最大值约为 4.28mm，正常运行工况沉降最大值约为 3.41mm。

正常运行工况下塔体结构的各方向位移均较小，数值都在 1.61mm 以内(不计结构自重作用)。

(2)应力

完建工况时，顺河向最大拉应力位于拦污栅与塔体之间的 448.1m 高程处支撑梁，最大值约为 1.55MPa；横河向最大拉应力位于曲支撑梁与拦污栅交接处，最大值为 1.26MPa，拦污栅段底板表面最大拉应力为 1.18MPa，流道底板表面最大拉应力约为 1.05MPa；竖向拉应力较小，边角部位存在应力集中，最大主应力位于顺河向联系梁上，约为 1.60MPa。

正常运行工况，顺河向应力较小，较大拉应力位于拦污栅与塔体之间的支撑梁部位以及两侧空腔顶部位置，其中支撑梁部位应力最大值约为 0.66MPa；横向最大拉应力发生位置与完建工况相同，最大值约 1.20MPa，流道底板表面最大拉应力约为 0.62MPa；竖向拉应力较小，在边角部位存在应力集中。剪应力值较小，τ_{xy}、τ_{yz}、τ_{xz} 最大值分别为 0.80、0.49、

0.54MPa。最大主应力出现在曲支撑梁与拦污栅墩交接处及拦污栅墩联系梁与塔体间支撑梁处，应力值分别为1.22MPa、0.85MPa、0.70MPa。

除局部角点位置外，完建工况、正常运行工况下，进水塔建基面竖向应力基本为压应力，最大值分别为1.41MPa、0.86MPa。

9.2.7.4 地震动力计算

(1)自振特性

共计算了前18阶振型，前18阶固有频率范围为1.80～19.21Hz，固有频率见表9.6。

表9.6 固有频率

振型阶次	频率/Hz	振型阶次	频率/Hz	振型阶次	频率/Hz
1	1.80	7	11.80	13	15.62
2	3.47	8	11.92	14	16.40
3	3.90	9	13.91	15	16.88
4	7.23	10	14.57	16	17.67
5	8.58	11	14.83	17	17.81
6	11.10	12	15.21	18	19.21

从振型分析，进水塔第1阶和第4阶为顺河向振型，第2阶、第5阶分别为横河向振型、竖向振型，第3阶振型为扭转振型，振型变位最大值基本出现在塔体顶部，其中前3阶频率小于5Hz，显然对塔体的动力效应有较大贡献。

(2)动位移

设计地震作用下，结构顺河向位移较大，最大位移约为30.55mm，出现在塔体顶部，横河向及竖直向最大位移分别为12.47mm、8.14mm。

设计地震作用下，进水塔建基面竖向位移最大值为4.76mm。

(3)动应力

设计地震作用下，结构顺河向最大应力位于高程440.1m拦污栅墩与塔体之间的支撑梁部位，最大应力约4.03MPa。横河向较大应力主要出现在曲支撑梁、横向联系梁、拦污栅墩中间底板表面，其中曲支撑梁部位最大应力为1.94MPa，横向联系梁应力为1.10MPa，拦污栅墩中间底板表面最大应力为1.31MPa，流道底面横河向最大应力约为1.04MPa。竖向应力在拦污栅墩上游底部、塔体下游墙底部局部最大应力分别达到4.12MPa、2.33MPa。建基面竖向最大应力大部分区域在1.71MPa以下。

(4)动力加速度

顺河向设计地震作用下，结构顶部顺河向最大加速度为6.88m/s^2，动力放大系数为2.81；横河向设计地震作用下，结构横河向最大加速度为9.24m/s^2，动力放大系数为

3.77；竖直向设计地震作用下，结构顶部竖直向最大加速度为 4.35m/s^2，动力放大系数为 2.66。

9.2.7.5 静动叠加

静动叠加考虑正常运行工况下遭遇设计地震作用。

(1)叠加位移

静动力叠加时，考虑动位移的正、负方向，以获得最大的位移值。其中，除基岩建基面外，结构位移不考虑结构自重的影响。

由于静力位移较小，静动叠加位移基本上与动力位移接近，结构顺河向位移较大，最大位移为 31.6mm，位于结构顶部，横河向和竖直向位移分别为 12.48mm、8.67mm。建基面沉降最大值约 7.95mm。

(2)叠加应力

按照规范要求，静、动应力叠加时，动应力按 0.35 的系数折减。

顺河向拉应力主要位于结构前部联系梁和支撑梁部位，最大拉应力位于拦污栅墩与塔体之间的支撑梁部位，449.1m 高程处支撑梁局部应力最大约 4.26MPa。横河向较大拉应力主要出现在拦污栅墩间联系梁、拦污栅中间底板上表面以及流道底板表面，最大应力分别为 2.18MPa、1.86MPa、1.66MPa。竖向拉应力在拦污栅墩靠下部位置较大，上游表面竖向最大值约 2.10MPa。

结构最大主压应力除局部角点应力集中外，均小于 6.35MPa，剪应力最大值约 1.61MPa。建基面竖向应力均为压应力，数值均小于 3.0MPa。

9.2.7.6 地震作用下塔体稳定及地基承载力验算

按照规范要求，对进水塔结构进行抗滑、抗倾覆稳定以及塔底地基承载力的验算。用动力法计算地震作用效应时，应乘以地震作用的效应折减系数(0.35)。

(1)抗滑稳定验算

混凝土/基岩摩擦力系数 f'、凝聚力系数 c' 分别取 0.48MPa、0.34MPa，结构抗滑稳定按承载能力极限状态式计算。滑动力 $\gamma_0\psi S(\cdot)$ 为 71035.2kN，抗滑力 $\frac{1}{\gamma_d}R(\cdot)$ 为 86409.7kN，$\gamma_0\psi S(\cdot) < \frac{1}{\gamma_d}R(\cdot)$，满足规范要求。

(2)抗浮稳定验算

抗浮稳定按公式 $\gamma_0\psi\sum U_r \leqslant \frac{1}{\gamma_d}\sum W_r$ 进行计算。

经计算 $\gamma_0\psi\sum U_r = 208322.4\text{kN}$，$\frac{1}{\gamma_d}\sum W_r = 338336.4\text{kN}$，满足规范要求。

(3)抗倾覆稳定验算

抗倾覆稳定按公式 $\gamma_0\psi\sum M_0 \leqslant \frac{1}{\gamma_d}\sum M_s$ 进行计算。

经计算，$\gamma_0\psi\sum M_0=3211621.1\text{kN}\cdot\text{m}$，$\frac{1}{\gamma_d}\sum M_s=3685124\text{kN}\cdot\text{m}$，满足规范要求。

(4)塔底地基承载力验算

根据有限元计算成果，合成建基面上作用的所有截面内力，采用材料力学方法对地基承载力进行验算。

经计算，建基面最大压应力为 2.06MPa，小于地基允许承载力；建基面最大拉应力值为 0.08MPa，小于 0.1MPa，满足规范要求。

9.2.7.7 安全性评价

综上所述，进水塔在完建及正常运行工况下，各部位变形较小，除应力集中外，一般应力小于混凝土允许应力，可保证进水塔结构安全及正常运行。遭遇设计烈度地震时，结构抗滑、抗浮、抗倾覆稳定均满足规范要求；塔体结构各部位变形基本正常，局部墙体及部分拦污栅墩、支撑梁、联系梁应力较高，超过混凝土抗拉强度，适当增加结构刚度并加强配筋可保证结构安全；塔体基础位移较小，整体稳定性较好；基础面压应力小于地基允许承载力，拉应力不超过 0.1MPa，满足规范要求。

9.2.8 进水口边坡

9.2.8.1 工程地质条件

进水口布置在溢洪道控制段前沿左侧，其边坡高 17～39m，属逆向坡。进水口部位第四系为残坡积(Q^{edl})层，由碎块石土组成，松散，碎块石粒径大小不一，厚 1～4m。基岩为 $N_{1dh}{}^{1-1-2}$～$N_{1na}{}^{4-1}$ 层砂岩及泥质粉砂岩与粉砂质泥岩互层。

9.2.8.2 开挖支护设计

根据工程地形地质条件，并类比其他工程经验，边坡单级坡比采用 1∶0.6，高程 455.50m 以下洞脸边坡采用直立坡。每级边坡设置宽 3m 的马道。

进水口边坡采取综合支护措施整体加固。坡面采用挂网喷 10cm 厚混凝土。高程 455.50m 以下直立边坡设 50cm 厚护坡混凝土，坡顶布置 2 排预应力为 150t 的系统锚索，L 为 20～25m，间排距为 4.5m。469.50m 高程以下其他部位采用 30cm 厚钢筋混凝土护坡。边坡采用系统锚杆支护，锚杆直径为 28mm、32mm，长 6m、9m，间排距均为 1.25～1.5m。洞脸采用 Φ32mm、长 12.0m 锚杆进行锁口。

419m 高程以上坡面按梅花形布置排水孔，间排距为 4.5m，孔深 6.0m，孔径 56mm，利用边坡开口线外侧设置截水沟和马道内侧排水沟进行系统截排水。

9.3 引水隧洞设计

9.3.1 引水隧洞线路布置

卡洛特水电站单机容量为180MW，单机引用流量为312.2m^3/s，额定水头为65m。根据地质条件、选定的进水口及电站厂房位置，引水线路不长，为避免较大洞径，保证机组运行灵活性，并参照国内同规模电站工程实例，本电站引水隧洞采用一机一洞布置，共4条。

引水线路的选择主要取决于主厂房、进水口的位置及其轴线方向。引水隧洞洞轴线垂直于进水口及主厂房轴线，电站进水塔与主厂房纵轴线夹角为20.6°。根据选定的进水口及主厂房位置，结合地形地质条件，在平面上，4条隧洞平行布置，采用直线—弧线—直线连接方式，洞轴线间距27m，弧段半径依次为60m、87m、114m和141m，中心角均为20.6°。

立面上依次由上斜段、上弯段、斜直段、下弯段和下平段组成。上斜段洞轴线垂直于进水塔，进口中心线高程为436.30m，底坡采用14%，以缩短引水隧洞长度并将绝大部分洞段布置于较好的砂岩中。由此，造成上斜段末端与下平段之间高差较小，为避免竖井连接造成转弯半径小、衔接困难、水流条件差等不利影响，两者间采用斜井连接。根据水力学条件、施工条件及与边坡的关系，采用倾角为50°斜井布置，上、下弯段转弯半径均为25m，转角分别为42°和50°。

9.3.2 引水隧洞洞径选择

(1)洞径拟定

根据确定的进水口及主厂房位置，结合引水隧洞线路布置，1# ～4# 机引水隧洞轴线长度为303.19～330.52m，由于围岩岩性较差，洞断面采用受力及水力条件较好的圆形断面。参考同等规模电站工程经验(表9.7)，引水隧洞流速取4～6m/s，由于本电站为大流量、低水头电站，流速取较低值。

表9.7 国内部分水电站引水隧洞流速

工程	总装机容量/MW	额定水头/m	单机额定流量/(m^3/s)	洞径/m	流速/(m/s)
三峡	6×700	85.0	982.150	13.5	6.86
龙滩	9×600	125.0	574.00	10.0	7.30
溪洛渡	18×700	186.0	423.80	10.0	5.40
拉西瓦	6×700	205.0	380.00	9.5	5.36
瀑布沟	6×600	154.6/156.7	417.00	9.5	5.89
小湾	6×714	216.0	390.00	9.6	5.39
向家坝	8×750	95.0	900.70	14.4/13.4	5.53/6.39
糯扎渡	9×650	187.0	393.00	9.2	7.61
构皮滩	5×600	175.5	375.00	9.5/8.0	5.29/7.46

由于洞室围岩以Ⅲ、Ⅳ类为主，引水隧洞洞径不宜过大，如拟定洞径为10m，洞间岩柱厚度仅为开挖洞径的1.25倍，洞间岩柱厚度偏小，存在洞室围岩稳定问题，需要增加引水隧洞间距，并引起进水口尺寸加大，增加工程量的同时，也会给引水发电建筑物的布置带来一系列问题。因此综合考虑，将引水隧洞洞径拟定的上限值确定为9.6，在此基础上对9.6m、9.0m洞径方案进行比选。两方案特征参数见表9.8。

表9.8　　经济管径比选各方案管径、流速、水头损失及 T_w 值

方案	引水洞直径/m	引水洞长度/m	管内流速/(m/s)	水头损失/m	T_w/s
方案一	9.6	303.19～330.52	4.31	0.84/0.41	3.694
方案二	9.0	303.19～330.52	4.91	1.05/0.46	3.940

注：表中 T_w 值为水力过渡过程计算成果；水头损失标示值：管道平均水头损失/进水口水头损失。

(2)洞径选择

为了确定技术经济合理的洞径，从调保设计、经济性及洞室安全性等方面对上述洞径方案进行比较。

1)调保设计。

从表9.8可知，经调保计算，洞径9.6m时各项指标可满足机组稳定运行要求；洞径9.0m时流道水流惯性时间常数 T_w 值为3.94s，为保证机组稳定运行，需设置上游调压室，经调保计算，调压室面积约为500m^2。

2)经济性。

两方案经济指标见表9.9。由表可知，方案一的经济性更优。

表9.9　　不同管径比选方案经济指标

项目	方案一	方案二
隧洞直径/m	9.6	9.0
投资差额/万元	0	+3026
水头损失电量折现值/万元	0	+7808
综合投资差额/万元	0	+10834

注：表中以方案一为基准，“－”为减少，“＋”为增加。

3)洞室安全性。

方案一洞径为9.6m，其洞间岩柱厚度为开挖跨度的1.37倍，方案二洞径为9m，其洞间岩柱厚度为开挖跨度的1.48倍，两方案通过一定措施，均能保证洞室安全。

方案一经济性更优，不仅可以取消上游调压室，节约工程投资，而且能有效降低水头损失，增加发电量，因此确定引水隧洞洞径采用9.6m。

9.3.3 引水隧洞布置

引水隧洞采用单机单洞布置，共 4 条，洞轴线相互平行，间距 27m，平面上采用直线—弧线—直线布置，水平转弯段位于上斜段中，1# ～4# 机组转弯半径依次为 60m、87m、114m 和 141m，为圆心角 20.6°的同心圆。

立面上依次由上斜段、上弯段、斜直段、下弯段和下平段组成。渐变段位于上斜段首部，通过隧洞进口 2m 平段与电站进水塔出口相接，长度为 10m，上斜段洞轴线垂直于进水塔，进口中心线高程为 436.30m，底坡为 14%，1# ～4# 机组上斜段长度分别为 214.29m、225.41m、236.53m 和 247.65m；上下弯段半径均为 25m，中心角分别为 42°和 50°，长度分别为 18.34m 和 21.82m；斜直段连接上下弯段，倾角 50°，1# ～4# 机组长度分别为 8.74m、6.73m、4.72m 和 2.71m；下平段（含渐变段）洞轴线垂直于厂房纵轴线，中心线高程与机组安装高程相同，为 382.50m，1# ～4# 机组轴线长度均为 40m。隧洞洞径下平段前为 9.6m，下平段渐变至 7.9m，与机组蜗壳相接。

1# ～4# 机组引水隧洞总长度分别为 303.19m、312.30m、321.41m 和 330.52m。

9.3.4 水力计算

（1）水头损失

引水压力管道水头损失 Δh = 局部损失 + 沿程损失。当按平均糙率（混凝土 $n=0.014$，钢管 $n=0.012$）计算时，可得单洞局部水头损失为 0.416m，1# 及 4# 管道沿程水头损失分别为 0.403m、0.431m，管道总水头损失分别为 0.819m、0.847m，管道各部分长度见表 9.10。

表 9.10　1# ～4# 机引水隧洞各段长度　（单位：m）

管号	渐变段	上斜段 1	水平转弯段	上斜段 2	上弯段	斜直段	下弯段	渐变段	下平段	总计
1#	12	99.44	21.80	81.05	18.34	8.74	21.82	10	30	303.19
2#	12	99.44	31.61	82.36	18.34	6.73	21.82	10	30	312.30
3#	12	99.44	41.42	83.67	18.34	4.72	21.82	10	30	321.41
4#	12	99.44	51.23	84.98	18.34	2.71	21.82	10	30	330.52
备注		$R=4.80$						$R=4.80\sim3.95$	$R=3.95$	

注：以上长度为沿管道中心线的实际长度，R 为隧洞半径。

（2）水流惯性时间常数

为了对引水压力管道是否需要设置调压室进行初步判别，管道水流惯性时间常数采用 $T_w=\Sigma L_i v_i/(gH_p)$ 公式进行计算。经过计算可知，最长的 4# 机组 T_w 为 3.694s（设计水头

H_p 采用额定水头，流速按额定流量计算），机组惯性时间常数 T_a 为 9.132s，在合理范围内。因此初步判断引水隧洞可不设置调压室。

9.3.5 结构设计

9.3.5.1 钢筋混凝土衬砌

引水隧洞洞径为 9.6m，上斜段承受的水头相对较小，且围岩以Ⅲ类为主，采用钢筋混凝土衬砌，根据引水隧洞的运行水头和洞室围岩情况，衬砌厚度采用 0.8m；上弯段、斜直段、下弯段和下平段承受的水头较高，防渗要求高，围岩以Ⅳ类为主，因此采用钢管衬砌，钢管与围岩之间采用混凝土回填，厚 0.8m。在进口和出口 10m 范围内设 1.5m 厚衬砌加强，衬砌混凝土强度等级为 C25。

(1)计算荷载及组合

衬砌结构计算采用《水工隧洞钢筋混凝土衬砌计算机辅助设计系统》(SDCAD2.0)软件进行计算。衬砌按限裂要求设计，裂缝宽度不大于 0.3mm。

计算分别考虑运行、检修工况，主要作用荷载有衬砌自重、围岩压力、外水压力、内水压力(含水击压力)，并考虑岩石抗力作用，运行期外水压力折减系数取 0.2～0.4，检修期外水压力折减系数取 0.7～1.0。

运行期工况(上游设计洪水位 461.13m)荷载为围岩压力＋外水压力＋内水压力＋衬砌自重＋岩石弹性抗力；检修期工况(上游正常蓄水位 461.00m)荷载为围岩压力＋外水压力＋衬砌自重。

(2)计算结果

引水隧洞 1#～4# 机上斜段长度为 214.29～247.65m，采用钢筋混凝土衬砌。由于上斜段洞段较长，且底坡较大(i=14%)，不同洞段内水压力相差较大，分别选取 3 个典型部位进行结构分析。计算成果表明，结构控制工况为运行工况，自进口 0～90m 洞段内、外层环向受力钢筋均为 Φ28@20cm，纵向架立筋采用 Φ22@20cm，最大裂缝开展宽度为 0.25mm；自进口 90～180m 洞段内、外层环向受力钢筋均为 Φ32@16 cm，纵向架立筋采用 Φ22@20cm，最大裂缝开展宽度为 0.24mm；自进口 180m 之后至上斜段末端洞段内、外层环向受力钢筋均为 Φ36@16cm，纵向架立筋采用 Φ25@20cm，最大裂缝为 0.23mm。钢衬段钢管采用明管设计，外包混凝土可按构造配筋。

9.3.5.2 压力钢管

压力钢管自引水隧洞上弯段起，由上弯段、斜直段、下弯段、锥管段和下平段组成，之后与机组蜗壳相接。钢管直径为 9.6m，在下弯段之后经 15m 长的锥管段缩减为 7.9m，1#～4# 机钢管长度分别为 99.486m、97.542m、95.535m、93.450m，4 条钢管总长为 386.013m。隧洞出口与厂房上游墙体设置永久伸缩缝，在其间的钢管上设置伸缩节，以满足基础不均匀沉降的要求。

水库正常蓄水位 461m,引水隧洞进口中心高程为 436.30m,机组安装高程 382.50m。经过调保计算,钢管最大设计水头为 117.5m(含水锤升压),最大 HD 值为 $1107m^2$。

压力钢管按明管设计,钢管采用 Q345R 钢材,壁厚 32～36mm。在外水压力作用下,压力钢管外须设置加劲环。根据规范管壁和加劲环抗外压稳定的安全系数取 1.8,加劲环的间距 2.0～3.0m,断面为矩形,采用 Q345C 钢材制作。4 条钢管总重量为 3350t(不包括钢管安装、运输所用吊耳、内支撑、埋件等重量)。

9.3.5.3 引水隧洞围岩与衬砌结构有限元分析

由于引水隧洞埋深较浅,侧压力系数较高,围岩条件较差,洞间岩柱厚度偏小,需对引水隧洞进行施工期、正常运行、检修及地震各工况下整体稳定计算。考虑洞周围岩软弱,钢筋混凝土衬砌内力主要由内水控制,取钢筋混凝土衬砌末端进行准三维有限元计算,静水压力水头为 63.46m,水击压力水头约为 32.72m,总水头为 96.18m。

引水隧洞为 2 级非壅水建筑物,采用基本烈度作为设计烈度。基于有限差分原理的岩土工程通用软件 FLAC3D,在静力计算的基础上,采用时程分析法对引水隧洞在地震荷载作用下的动力响应和稳定性进行计算。

(1)计算模型、力学参数与本构模型

根据计算截面在垂直隧洞轴线上选取一定范围建立准三维模型,其有限差分网格模型见图 9.4,水平方向上跨度为 210m,铅直向跨度为 130m,共 8454 个单元和 17240 个节点。计算中使用的岩体力学参数见表 9.11。岩体本构模型采用带拉伸截止限的 Mohr-Coulomb 强度准则为屈服函数的理想弹塑性模型;衬砌单元采用弹性模型,弹性模量取 28GPa,泊松比取 0.167。

图 9.4 计算模型网格

表 9.11　　岩体力学参数取值

岩性	层位	容重/(kN/m³)		单轴抗压强度/MPa		变形模量/GPa	弹性模量/GPa	泊松比	抗拉强度/MPa	抗剪断强度				承载力/MPa
										岩体		混凝土/岩		
		天然	饱和	烘干	饱和					f'	C'/MPa	f'	C'/MPa	
粉砂质泥岩	N_{1na}^{3-3-2}、N_{1na}^{3-2-2}、N_{1na}^{3-1-2}、N_{1na}^{2-4}	22.5	24.1	19	10	2.5	3.0	0.31	0.25	0.53	0.45	0.48	0.34	3.25
泥质粉砂岩与粉砂质泥岩互层	N_{1na}^{4-2}、N_{1na}^{4-3-2}	22.5	24.1	19	10	2.5	3.0	0.31	0.25	0.48	0.40	/	/	/
中砂岩(弱胶结)	N_{1na}^{4-3-1}、N_{1na}^{4-1}、N_{1na}^{3-1-1}、N_{1na}^{3-2-1}	21.2	23.0	20	12	2.5	3.5	0.26	0.30	0.65	0.70	0.65	0.70	4.50
细砂岩	N_{1na}^{3-3-1}	22.2	23.6	28	23	4.5	5.5	0.23	0.38	0.85	0.75	0.70	0.75	5.25

(2)计算工况及荷载

计算分析包括以下 4 种工况：

1)施工期工况。隧洞开挖支护分析。

2)运行期工况。在施工期工况的基础上，考虑内外水作用分析。

3)检修期工况。在运行期工况的基础上，考虑检修期 $2^{\#}$ 和 $4^{\#}$ 引水隧洞放空、$1^{\#}$ 和 $3^{\#}$ 引水隧洞正常运行。

4)地震工况。在运行期工况的基础上，施加地震动作用，采用时程法计算分析。

运行期考虑内外水作用时，计算截面内水水头 96.18m(含水击压力)；外水压力根据上游正常蓄水位和下游机组满发水位计算，采用静水压力模拟，其中衬砌的外水压力折减系数取 0.7。采用时程法分析时，首先对从模型底部输入的地震波幅值进行反演，得到合理幅值的地震动作用后，再进行计算。施加地震动作用时，考虑地震波从模型底部垂直入射，分别施加水平和竖直两个方向的地震动作用，其中竖直向地震波幅值乘以 2/3 再输入计算，岩体的阻尼比取 0.05。在计算中，根据地应力测试结果，考虑了构造应力的影响。地表自由，除底部为固定约束外，其他各面均为法向约束。

(3)主要结论

1)引水隧洞开挖支护完毕，围岩变形均指向洞室内部，最大位移为 13.7mm，出现在引水隧洞两边的最外侧边墙。运行期引水隧洞在内外水压力作用下，围岩的增量变形矢量为指向洞外，量值在 1.5mm 以内。检修期的围岩增量变形主要发生在未放空隧洞，量值在 1.2mm 以内。在地震荷载作用下，隧洞围岩均按照激振地震动的振动形式做受迫振动，洞周围岩的相对动位移幅值较小，分布在 0.8mm 以内。

2)引水隧洞开挖支护完毕，围岩的塑性区总体较小，塑性区深度均在锚杆支护范围内，运行期和检修期的围岩塑性区分布特征变化较小。考虑地震动作用后，引水隧洞围岩的塑性区分布比地震前有所增加，但塑性区深度增幅有限。围岩应力在静动力的各种工况条件下，均未出现拉应力分布，压应力量值也较小。

3)在静动力的各种工况条件下，锚杆应力量值均较小，一般分布在 30～55MPa，局部在 100MPa 以内，均未达到屈服值，安全裕度较大。受引水隧洞内水压力作用，运行期衬砌的拉应力量值较大，分布在 3.3～4.2MPa，已超过混凝土抗拉强度。检修期，未过水的隧洞衬砌受力较小，仍过水的隧洞衬砌拉应力量值分布在 3.3～4.0MPa。考虑地震动作用将使衬砌的时程最大拉应力达到 5.4MPa，比运行期增加 28%，根据规范，采用动力法进行钢筋混凝土结构地震作用计算时，应考虑地震作用效应折减，折减系数可取 0.35。因此，只要衬砌在运行期可保证正常工作，地震动作用下的衬砌安全性也可得到保证。

综上所述，引水隧洞在施工期和运行期的变形及塑性区范围较小，锚杆受力安全裕度较大，围岩稳定性好。运行期衬砌受拉应力较大，通过加强结构配筋可以保证引水隧洞的正常使用。

9.3.6 开挖支护、灌浆

（1）开挖支护

引水隧洞围岩类别以Ⅲ、Ⅳ类为主，开挖直径 11.4m，围岩稳定性总体较差。采用系统喷锚作为初期支护，Ⅳ类段采用 1m 间距 116 工字钢加固。喷混凝土厚 10～20cm；系统锚杆采用 Φ28 长 6m 的螺纹钢筋，间、排距均为 1.25～1.5m。

（2）灌浆

上斜段、上弯段、下弯段及下平段顶部 90°范围进行回填灌浆；全洞段进行固结灌浆，灌浆孔间、排距均为 3.0m，孔深 6.0m，钢衬段灌浆压力 0.2MPa，其他部位灌浆压力取 1.0～1.2 倍内水水头。钢衬段底部 120°范围内进行接触灌浆。

9.4 地面厂房

9.4.1 安装场及进厂交通洞方案选择

卡洛特水电站共安装 4 台单机容量为 180MW 的水轮发电机机组，需布置 1 个转子工位。卡洛特水电站下游校核尾水位较高，尾水平台高程为 419.00m，而发电机层高程为 398.50m，两者高差达 20.5m，为满足转子工位及卸货场布置，结合桥机不同吊运方式，综合考虑安装场及进厂交通布置，拟定 4 种方案供选择。

9.4.1.1 布置方案拟定

（1）方案一（同向转运，进厂公路直接进厂）

安装场分 2 段，布置在 1# 机组段右侧，安Ⅱ段楼面高程与机组段发电机层楼面高程同高，为 398.50m，安Ⅰ段楼面高程与进厂公路同高，为 419.00m。安Ⅰ段与安Ⅱ段在高程 429.50m 布置一台 200t 单小车桥机，安Ⅱ段、机组段在高程 412.00m 布置一台 250t＋250t 双小车桥机。安Ⅰ段为卸货场，设备自 419.00m 高程通过厂大门进厂后可利用 200t 桥机转运至安Ⅱ段。两层桥机轨道在安Ⅱ段上下重叠。

（2）方案二（不转运，进厂公路直接进厂）

安装场分 2 段，布置在 1# 机组段右侧，安Ⅰ段和安Ⅱ段发电机层楼面与机组段同高，安Ⅰ段、安Ⅱ段及机组段在高程 429.50m 布置一台 250t＋250t 双小车桥机。安Ⅰ段为卸货场，设备自 419.00m 高程通过厂大门进厂。

（3）方案三（交叉转运，进厂公路直接进厂）

安装场分 2 段，安Ⅰ段布置在 1# 机组段右侧，上安Ⅰ段布置在安Ⅰ段上游侧，安Ⅰ段及机组段在高程 412.00m 布置一台 250t＋250t 双小车桥机，安Ⅰ段及上安Ⅰ段在高程

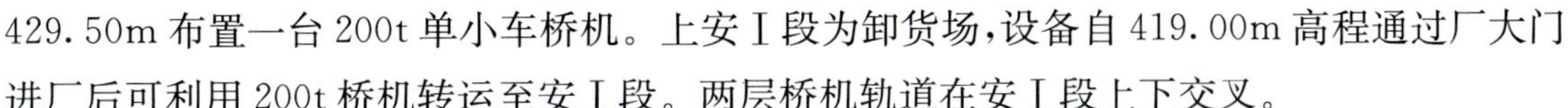

429.50m 布置一台 200t 单小车桥机。上安Ⅰ段为卸货场,设备自 419.00m 高程通过厂大门进厂后可利用 200t 桥机转运至安Ⅰ段。两层桥机轨道在安Ⅰ段上下交叉。

(4)方案四(不转运,进厂交通洞进厂)

安装场分 2 段,布置在 1# 机组段右侧,安Ⅰ段和安Ⅱ段发电机层楼面与机组段同高,安Ⅰ段、安Ⅱ段及机组段在高程 412.00m 布置一台 250t+250t 双小车桥机。安Ⅰ段为卸货场,设备自安Ⅰ段上游侧 398.50m 高程通过厂交通洞进厂,进厂交通洞与地面厂房右侧 419.00m 高程进厂公路连接。

9.4.1.2 布置方案比较

从施工组织设计、运行条件、结构可靠性、抗震性能及工程投资等方面对 4 种方案进行技术经济比较。

(1)施工组织设计

方案一、方案二及方案三桥机布置、卸货及转运方式不同,方案四则通过增设进厂交通洞进厂,经施工组织设计研究,方案一、方案二和方案三施工进度和施工组织的灵活性基本相当,方案四由于增加了进厂交通洞,多了一条施工与交通线路,可加快厂房基坑开挖速度,同时可以减少厂房混凝土浇筑及机组安装的施工干扰,施工组织更为灵活。从施工组织设计角度而言,方案四优于其他方案。

(2)运行条件

方案一安Ⅰ段楼面与进厂公路同高,设备进厂后可直接利用 429.50m 高程一台 200t 桥机卸货并转运至安Ⅱ段,再利用安Ⅱ段 412.00m 高程 250t+250t 双小车桥机吊运至安装地点。上、下层桥机在安Ⅱ段上下重叠。

方案二安Ⅰ段楼面与进厂公路同高,设备进厂后可直接利用 429.50m 高程 250t 双小车桥机卸货并吊运至安装地点。

方案三上安Ⅰ段楼面与进厂公路同高,设备进入上安Ⅰ段后可利用 429.50m 高程一台 200t 桥机卸货并转运至安Ⅰ段,再利用 412.00m 高程 250t+250t 双小车桥机吊运至安装地点。上、下层桥机在安Ⅰ段上下交叉。

方案四安Ⅰ段楼面与安Ⅱ段及机组段发电机层楼面同高,通过进厂交通洞连接至进厂公路,设备自交通洞进厂后可直接利用 412.00m 高程 250t 双小车桥机卸货并吊运至安装地点。

比较各方案设备进厂卸货及吊运方式可知,方案二和方案四基本相当,均较简洁,仅进厂方式稍有不同;方案一和方案三进厂方式与方案一相同,但均需要转运,运行条件相对复杂。

(3)结构可靠性及抗震性能

方案一及方案三桥机采用双层布置,可有效降低机组段上下游墙的高度 16m,对提高机组段上部结构的可靠性及抗震性能非常有利，但方案三安Ⅰ段及上安Ⅰ段结构及支撑体系复杂，整体性较差，对结构抗震不利，而方案一结构简单，桥机均由墙体支撑，安全可靠，抗震性能较好；方案二桥机为单层布置，为满足桥机运行要求，需将机组段上下游墙体全线加高16m，墙体的动力加速度将进一步放大，变形相应增加，对机组段上部结构的抗震不利。方案四利用进厂交通洞连接419.00m高程进厂公路至安装场、机组段发电机层楼面398.50m高程，整体降低了安装场上下游墙高度，布置更为优化。因此，就结构可靠性及抗震性能而言，方案四最优。

(4)工程投资

方案一充分利用了1号机组右侧由于基坑开挖放坡形成的空间，虽然增加了一台200t桥机，但其工程量仍相对较小。方案二虽然少布置一台200t桥机，但机组段全线加高16m，且1号机组右侧基坑开挖放坡形成的空间仍需要布置建筑物，以满足挡水及边机组桥机运行要求，工程量较大。方案三不但增加了一台200t桥机，而且增加了上安Ⅰ段，1号机组右侧仍需要布置建筑物，工程量亦较大。方案四增加了进厂交通洞的工程量，但由于安装场布置大为简化，不仅少布置一台200t桥机，同时安装场整体高度和长度均有所减小，地面厂房基坑开挖量和结构混凝土、钢筋量也相应减少。经计算，方案一与方案四投资基本相当；方案二、方案三分别比方案一投资增加约2460万元及1465万元。

卡洛特水电站地面厂房开挖、混凝土浇筑及机组安装工期为工程施工的控制性工期，厂区地震烈度为Ⅷ度，地面峰值加速度为0.26g，为高地震区，因此，从优化施工组织设计、提高结构的可靠性与抗震性能及节约工程投资出发，安装场布置选择方案四。

9.4.2 主厂房布置

为满足机电设备布置、安装、运行、检修及结构尺寸要求，拟定厂房尺寸为111.4m×27m×64m(长×宽×高)。机组安装高程为382.5m，尾水管高度为20.0m，尾水管肘管段底板厚4.0m，厂房建基面开挖高程为358.5m，尾水管出口高程364.75m，水轮机层高程为391.0m；发电机层高程为398.5m，桥机轨顶高程为412.00m，屋面结构拟采用轻型钢网架，钢网架顶面高程为422.5m。

发电机层第三象限布置2m×1.5m(长×宽，下同)的吊物孔，第二象限布置4m×3.5m的临时吊物孔。发电机层第一、三、四象限主要布置有励磁盘、控制保护盘等设备。水轮机层第一象限布置机组调速系统，第三象限布置2m×1.5m的吊物孔。蜗壳层第三象限布置2m×1.5m的吊物孔及蜗壳进人孔，下游侧上部布置机坑进人廊道。交通操作廊道层在机组段上、下游侧各布置一条交通操作廊道，左侧布置一条横向廊道连通。在上游侧廊道、第一象限布置蜗壳放空阀室，下游侧廊道布置尾水管放空阀室及尾水管进人孔。

9.4.3 安装场布置

安装场分2段，由安Ⅰ段和安Ⅱ段组成，位于1#机组右侧。尺寸主要根据一台机扩大性检修大件布置及桥机吊钩限制线等要求确定，安Ⅰ段及安Ⅱ段长度分别为19.5m和30m，其间设置永久缝。安Ⅰ段、安Ⅱ段顺流向宽度与机组段同为27m，上下游支撑墙厚度与机组段相同。

机组设备通过进厂交通洞运输至安Ⅰ段，安装场楼面与主机段发电机层楼面高程相同，为398.50m。安Ⅰ段、安Ⅱ段、主机段在高程412.00m上布置一台250t+250t双小车桥机贯通全厂。

安Ⅱ段分为两层，高程分别为398.50m和391.00m。398.50m高程布置转子、定子、顶盖和下机架等安装工位，其中转子和定子共用一个工位；391.00m高程布置透平油罐及油处理室、高低压空压机室。安Ⅱ段下部设机组检修集水井和渗漏集水井，底板高程分别为356.30m和349.00m。

9.4.4 尾水平台布置

电站厂房校核洪水位为418.08m，尾水平台高程为419.00m，尾水平台宽度为17.5m。

检修门分两孔布置，单孔尺寸9.0m×6.35m（宽×高），布置上游止水，闸门底坎高程为364.25m，尾水管出口高度为6.7m，出口流速为2.59m/s，门槽中心距机组中心线27.25m，尾水闸门利用尾水平台门机启闭。安Ⅱ段尾水平台布置有尾水门库，方便尾水闸门检修及存放。

9.4.5 副厂房布置

副厂房分别位于电站厂房上游和下游侧。

上游和下游副厂房总长度均为160.9m，宽度分别为12m和10.5m，分6段布置，各段之间设永久缝分开。机组段副厂房共4段，边机组段副厂房为30.4m，其余每段长27m，安Ⅱ段副厂房长30m，安Ⅰ段副厂房长19.5m。

机组段上游副厂房分4层布置，层高5.75～7.25m，采用混凝土框架结构。励磁变PT柜布置在391.00m高程，PT柜布置在398.50m高程，发电机断路器布置在404.50m高程，厂用干式变压器和电压互感器及避雷器柜布置在411.50m，顶层楼板高程为419.00m，与主变平台同高。机组段下游副厂房共分5层布置，层高6.5～10.15m，采用混凝土框架结构，391.00m高程布置技术供水室。下游副厂房主要作用是与主厂房下游边墙形成筒体结构，阻挡下游高尾水对厂房边墙的影响。

安Ⅱ段上游副厂房分4层布置，层高5.75～7.25m，采用混凝土框架结构，各层高程与机组段副厂房相同。机修间布置在391.00m高程，污水处理室、卫生间布置在398.50m高程，电气实验室布置在411.50m高程，419.00m高程为主消防通道。安Ⅱ段下游副厂房分4层布置，层高5.75～7.25m，高程与上游副厂房各层对应，391.00m高程布置有工具间、机修间和消防供水室。

安Ⅰ段上游副厂房分2层布置，层高为12.75m、7.2m，采用混凝土框架结构，高程分别为398.50m、411.50m，其中398.50m高程楼面为进厂交通洞与安Ⅰ段卸货场连接通道。安Ⅰ段下游副厂房分3层布置，高程分别为398.50m、404.50m和411.50m。

9.4.6 升压站

(1)升压站选择

封闭式升压站采用GIS方案，与敞开式升压站相比，除经济性较好外，在技术性能上也具有明显的优越性，具有管理方便、可靠性高、故障概率小、检修周期长、抗震性能好等优点，同时可避免当地高温对电气设备的影响。电站升压站选择采用封闭式升压站，布置于厂房上游回填区。

(2)升压站布置

升压站位于机组段上游副厂房上游侧，平面尺寸为111.4m×16m，分4层布置，采用混凝土框架结构，基础为厂房上游侧回填区。各层高程依次为404.50m、411.50m、419.00m和431.00m。高程404.50m布置电缆廊道；高程411.50m为盘柜室；高程419.00m楼面主要布置主变压器，层高为12.0m，为满足主变压器防火防爆要求，各主变压器之间采用墙体相隔，形成独立防火防爆区域；高程431.00m层布置GIS室，层高13m，GIS室上部布置1台小桥机，以满足设备安装及检修需要。GIS室屋面为电站出线场地，布置出线设备和构架。

升压站辅助楼位于安Ⅱ段上游副厂房上游侧回填区，总尺寸30m×16m×25m，分7层布置，采用混凝土框架结构，基础为填塘混凝土回填形成的平台。各层高程依次为404.50m、411.50m、419.00m、423.50m、428.00m、431.00m和436.50m。419.0m高程布置开关站蓄电池室、通信盘室和卫生间；423.50m高程布置办公室、MIS系统室和卫生间；428.00m高程为电缆夹层；431.00m高程布置辅助盘室和UPS室；436.50m高程布置中控室、计算机室和卫生间。

9.4.7 进厂交通洞

(1)进厂交通洞布置

进厂交通洞进口位于安Ⅰ段右侧边坡，对外与厂区环形通道及进厂公路相接，对内连通至安Ⅰ段楼面，是设备进厂的主要通道，进口高程419.00m，出口高程398.50m。

平面上，交通洞轴线通过两次转弯连接至安Ⅰ段上游侧垂直进厂，转弯半径均为50m，转角分别为120°和90°；立面上，进厂交通洞由底坡为7.8%的斜坡段和平直段组成，长度分别为284.76m和50.00m；交通洞断面为城门洞形，断面尺寸8m×7.5m(宽×高)。

(2)进厂交通洞支护、衬砌结构

进厂交通洞洞身段采用系统喷锚支护，并设80cm钢筋混凝土衬砌，开挖后喷C25混凝土 15cm，在Ⅳ类围岩段采用工字钢支撑，边墙与顶拱采用 Φ25，$L=6$m 系统锚杆支护，间排距为 1.25～1.5m。进出洞口采用 Φ32，$L=12$m 长锚杆进行锁口，并适当增加衬砌混凝土厚度。

9.4.8 厂内外交通及排水

9.4.8.1 厂内交通及排水

(1)厂内交通

各机组段下游副厂房发电机层布置一部楼梯、4# 机布置一部电梯与以下各层相通，可到达水轮机层、水轮机进人廊道、蜗壳进人廊道。其中 1# 机组、4# 机组下游副厂房楼梯和 4# 机电梯可达下游副厂房各层，2# 机组下游副厂房楼梯及 4# 机组下游副厂房楼梯可下至交通操作廊道，形成厂内主要垂直交通。2#、4# 机组段上游副厂房各布置一部楼梯，安Ⅱ段上游副厂房布置一部楼梯和电梯，可到达上游副厂房各层及升压站 404.50m 高程和 411.50m 高程，形成上游副厂房及升压站底部两层主要垂直向交通。升压站与 4# 机组段及安Ⅱ段对应段各布置一部楼梯，安Ⅱ段对应段设一部电梯，与安Ⅱ段上游副厂房楼梯、电梯共同形成升压站及其辅助楼 419.00m 高程以上部分主要垂直向交通。

升压站与 4# 机组段对应段布置吊物孔，与底部 404.50m 高程与 411.50m 高程相通，每个机组段发电机层第三象限布置吊物孔，与以下各层相通。交通操作廊道纵贯全厂，布置在锥管上下游侧，与安Ⅱ段下部渗漏集水井相通，高程为 373.70m，每台机组设横向廊道连接上下游侧的交通操作廊道。尾水管底板下部布置检修排水廊道，高程为 360.80m，与安Ⅱ段下部检修集水井相通。

安Ⅰ段上游侧墙设有 8m×7.5m(宽×高)的进厂大门，连接进厂交通洞，是设备进厂与运行的主要通道，也是厂内紧急情况下的主要逃生通道。

地面厂房设有 4 个对外主交通出入口：安Ⅰ段的上游侧进厂大门(连接进厂交通洞)、升压站 419.00m 楼层、2# 机组上游副厂房楼梯及 4# 机组上游副厂房楼梯均可以连通地面，满足正常使用及紧急情况下对外安全疏散出口数量及宽度要求。

(2)厂内排水

厂内排水系统分机组检修排水和渗漏排水两部分。

机组检修排水系统由放空阀、排水廊道及检修集水井组成。每台机组设 2 个尾水管放空阀，在 373.70m 高程下游侧交通廊道可操作放空阀，经排水管将水排入检修排水廊道内。每台机组设 1 个蜗壳放空阀，在 373.70m 高程上游侧交通廊道可操作放空阀，经排水管将水排入尾水管中，再排入检修排水廊道内。检修排水廊道布置在尾水管肘管段底部，底板高程为 360.80m。该廊道贯穿整个机组段，并与安装场下部的检修集水井连通。

厂内渗漏排水系统由排水沟、埋管及渗漏排水集水井组成。主要用来引排渗水和厂内生产泄漏水。厂内各层楼面设有排水沟，经埋管将渗水引致安装场下部的渗漏集水井。

(3)厂外排水

厂外排水分厂房边坡排水洞和厂房基础帷幕排水两部分。

厂房边坡内设置长排水孔，降低边坡上部地下水位，引至厂内集水井。419.00m 高程以下分高程布置 4～5 层间距为 3m 的 Φ91 排水孔，连接至厂内排水通道，同时对陡于 1∶0.5 的混凝土基岩面进行接触灌浆，以降低厂房基岩面的渗水压力。

电站下游水位较高，为降低厂房基础扬压力，主厂房底板下游侧设有灌浆排水廊道进行帷幕灌浆及排水。帷幕排水通过灌浆排水廊道支洞排至厂房内的渗漏集水井。

渗漏集水井与机组检修集水井之间设有连通管，当帷幕或边坡渗水较多时，机组检修集水井与渗漏集水井的水泵可同时进行抽排。

9.4.8.2 厂区交通及排水

厂区交通由厂前区、上游副厂房顶部、4# 机组左侧平台及尾水平台组成。厂前区布置在安装场上游侧，主变运输平台布置在上游副厂房上游侧 419.00m 平台，厂前区、上游副厂房顶部、4# 机组左侧平台及尾水平台形成厂区环形消防通道。

结合电站厂房边坡排水布置，围绕厂房环形消防通道布置厂区排水系统。

9.4.8.3 对外交通

进厂公路布置在安Ⅰ段右侧，与厂前区同高程，为 419.00m，分别连接至厂区环形通道及进厂交通洞，与电站对外交通相接。

9.4.9 尾水渠

尾水渠渠底宽为 111.4m。为使出流平顺，平面上尾水管出口后布置约 90m 长弧线段与天然河床相接；立面上尾水管出口后接 1∶3 斜坡段，斜坡段末接平底段，平底段接原始河床，平底段高程为 385.80m。

斜坡段及平底段前 5m 范围内设置厚 50cm 的钢筋混凝土护坦，护坦末端设齿墙，两侧校核水位 418.08m 以下边坡设 30cm 厚钢筋混凝土护坡。

9.4.10 结构设计

9.4.10.1 主厂房结构设计

(1)厂房整体稳定及基础应力分析

1)设计标准。

电站厂房建筑物等级为 2 级建筑物，设计地震加速度代表值为 0.26g，设计水位为按 200 年一遇洪水位设计，校核水位为按 500 年一遇洪水位校核。

2)整体稳定与基础应力分析。

厂房长度为 160.9m，分 6 段布置，段间设伸缩缝，取机组段、安Ⅰ段、安Ⅱ段及升压站为

独立计算单元，分别进行整体稳定及基础应力分析。

①设计荷载及组合。

根据《水电站厂房设计规范》(NB/T 35011—2013)，厂房整体稳定计算工况及荷载组合见表 9.12。

表 9.12　荷载及其组合

荷载组合	计算情况	上下游水位	荷载类别						
			结构自重	永久设备重	水重	静水压力	动水压力	扬压力	地震作用
基本组合	正常运行	下游设计洪水位(415.0m)	√	√	√	√		√	
特殊组合	机组检修	下游检修水位(390.1m)	√		√	√		√	
	机组未安装	下游设计洪水位(415.0m)	√		√	√		√	
	非常运行	下游校核洪水位(418.08m)	√	√	√	√		√	
	地震工况	下游满载水位(391.23m)	√	√	√	√	√	√	√
	完建未挡水		√	√					

②整体稳定及基础应力计算成果。

根据《水电站厂房设计规范》(NB/T 35011—2013)，地面厂房整体抗滑采用抗剪断公式为：

$$\gamma_0 \Psi \sum P_d \leqslant \frac{1}{\gamma_d}\left(\frac{f'_k}{\gamma_f}\sum W_d + \frac{c'_k}{\gamma_c}A\right)$$

抗浮稳定性按下列公式计算：

$$\gamma_0 \Psi (U_{fd} + U_{sd}) \leqslant \frac{1}{\gamma_d}\sum W_d$$

地面厂房建基面应力控制标准见表 9.13。

计算结果见表 9.14 至表 9.17。

从以上计算成果可知，在各种工况下，电站厂房的抗滑、抗浮稳定均满足规范要求，机组段基础压应力最大值为 0.89MPa（完建未蓄水工况），安装场段基础压应力最大值为 1.28MPa(地震工况)，升压站压应力最大值为 0.23MPa(地震工况)，均小于基岩允许承载力；机组段除机组未安装工况外，均未出现拉应力，机组段机组未安装工况拉应力为 0.068MPa，小于 0.1MPa，满足规范要求。

表 9.13　地面厂房建基面应力控制标准

建筑物级别	建基面最大压应力		建基面拉应力	
	基本组合	特殊组合	基本组合	特殊组合
2	小于地基允许压应力		不得出现	≤0.1MPa

表 9.14　　机组段整体稳定及建基面应力计算成果

荷载组合		基本组合	特殊组合					
工况		正常运行	地震（偏下游）	地震（偏上游）	机组检修	机组未安装	非常运行	完建未挡水
抗浮稳定/kN	$\gamma_0\Psi(U_{fd}+U_{sd})$	570335	301377	301377	288591	570335	608806	/
	$\frac{1}{\gamma_d}\sum W_d$	921615	896669	896669	838622	746647	925183	/
抗滑稳定/kN	$\gamma_0\Psi\cdot\sum P_d$	36753	147144	3756	/	36753	53461	/
	$\frac{1}{\gamma_d}(\frac{f'_{RK}}{\gamma_{f'}}\sum W_R+\frac{C'_{RK}}{\gamma_{C'}}A_R)$	1155291	1274179	1274179	/	1045937	1138286	/
上游侧地基面法向应力/kPa	$\sigma_{右1}$	116.35	518.88	241.59	252.82	−68.89	132.94	469.83
	$\sigma_{左1}$	120.84	548.53	271.24	269.67	−60.43	133.83	532.32
下游侧基面法向应力/kPa	$\sigma_{右2}$	641.77	525.82	803.11	726.31	536.31	584.19	826.87
	$\sigma_{左2}$	646.26	555.47	832.76	743.16	544.76	585.09	889.37

注:“+”为压应力,“−”为拉应力。

表 9.15　　安Ⅰ段整体稳定及建基面应力计算成果

荷载组合		基本组合	特殊组合				
工况		正常运行	机组检修	非常运行	地震（偏下游）	地震（偏上游）	完建未挡水
抗浮稳定/kN	$\gamma_0\Psi(U_{fd}+U_{sd})$	142228	3696	167875	6704	6704	/
	$\frac{1}{\gamma_d}\sum W_d$	340162	338246	342745	338273	338273	/
抗滑稳定/kN	$\gamma_0\Psi\cdot\sum P_d$	71055	15205	97743	15205	15205	15205
	$\frac{1}{\gamma_d}(\frac{f'_{RK}}{\gamma_{f'}}\sum W_R+\frac{C'_{RK}}{\gamma_{C'}}A_R)$	633574	700444	619039	840532	840532	840532
上游侧地基面法向应力/kPa	$\sigma_{右1}$	127.58	373.76	20.02	392.74	474.69	373.76
	$\sigma_{左1}$	643.49	371.49	819.86	408.20	314.28	384.84

续表

荷载组合		基本组合	特殊组合				
工况		正常运行	机组检修	非常运行	地震（偏下游）	地震（偏上游）	完建未挡水
下游侧地基面法向应力/kPa	$\sigma_{右2}$	392.89	522.71	324.67	503.72	661.61	522.71
	$\sigma_{左2}$	997.66	524.01	1213.39	469.70	563.62	533.79

表 9.16　安Ⅱ段整体稳定及建基面应力计算成果

荷载组合		基本组合	特殊组合				
工况		正常运行	机组检修	非常运行	地震（偏下游）	地震（偏上游）	完建未挡水
抗浮稳定/kN	$\gamma_0\Psi(U_{fd}+U_{sd})$	503469	146840	611294	172671	172671	/
	$\frac{1}{\gamma_d}\sum W_d$	948200	974039	947506	926668	926668	/
抗滑稳定/kN	$\gamma_0\Psi\cdot\sum P_d$	131530	/	169210	/	/	/
	$\frac{1}{\gamma_d}(\frac{f'_{RK}}{\gamma_{f'}}\sum W_R+\frac{C'_{RK}}{\gamma_{C'}}A_R)$	1783327	/	1747093	/	/	/
上游侧地基面法向应力/kPa	$\sigma_{右1}$	28.63	294.84	16.77	213.35	288.23	283.19
	$\sigma_{左1}$	1157.23	763.75	1266.82	880.52	615.57	984.07
下游侧地基面法向应力/kPa	$\sigma_{右2}$	180.34	312.85	141.76	328.73	253.85	302.35
	$\sigma_{左2}$	1211.20	1106.10	1173.16	964.26	1229.22	1072.61

表 9.17　升压站整体稳定及建基面应力计算成果

荷载组合		基本组合	特殊组合		
工况		正常运行	地震工况（地震力偏下游）	地震工况（地震力偏上游）	非常运行
抗浮稳定/kN	$\gamma_0\Psi(U_{fd}+U_{sd})$	40736	/	/	71915
	$\frac{1}{\gamma_d}\sum W_d$	118134	/	/	118060

续表

荷载组合		基本组合	特殊组合		
工况		正常运行	地震工况（地震力偏下游）	地震工况（地震力偏上游）	非常运行
抗滑稳定/kN	$\gamma_0\Psi\cdot\sum P_d$	36754	5028	5028	53461
	$\frac{1}{\gamma_d}(\frac{f'_{RK}}{\gamma_{f'}}\sum W_R+\frac{C'_{RK}}{\gamma_{C'}}A_R)$	568156	637048	1258634	554658
上游侧地基面法向应力/kPa	$\sigma_{右1}$	42.84	51.70	26.20	28.79
	$\sigma_{左1}$	42.84	51.70	26.20	28.79
下游侧地基面法向应力/kPa	$\sigma_{右2}$	184.04	230.76	162.85	212.09
	$\sigma_{左2}$	184.04	230.76	162.85	212.09

(2)主厂房结构

1)桥机支承结构设计。

①桥机支承结构型式选择。

卡洛特水电站地面厂房由于下游水位高，机组尺寸及重量较大，设计水平地震加速度为0.26g，对结构抗震要求高，因而采用连续墙体作为桥机轨道的支承结构。该结构简单对称，质量与刚度变化平缓，利于结构稳定。

②计算假定及荷载。

将桥机一组轮压影响范围墙体取单宽模拟为杆件柱，柱下部固端在水轮机层大体积混凝土上，顶部考虑钢网架支撑作用，利用压杆进行模拟。

计算荷载为自重、吊车最大轮压(考虑1.1的动力系数)、吊车侧向制动力(轮压×4%)、纵向制动力(轮压×5%)等。

③计算结果。

墙体均为构造配筋，考虑结构水平向挠度要求，水轮机层以上支承墙体内外侧竖直方向配筋均为Φ32@20cm，水平筋为Φ25@20cm，拉筋为Φ12@60cm×60cm，牛腿受拉钢筋为Φ36@20cm，水平架立筋为Φ25@20cm，U型拉筋采用Φ16@20cm。主厂房牛腿处水平相对位移最大为4.0mm，小于规范规定允许位移值。

2)发电机层结构设计。

①发电机层结构。

发电机层高程为398.50m，楼板厚度为50cm，采用钢筋混凝土梁板结构，上部荷载通过板梁及风罩、墙柱传递至下部大体积混凝土。框架柱的截面为80cm×80cm，厂房纵轴线方

向的梁尺寸为 80cm×160cm（宽×高，下同），最大跨度 6.8m，顺流向梁尺寸为 60cm×120cm，最大跨度 5.65m。结构混凝土强度等级为 C25。

②计算假定及荷载。

取单榀框架建立体模型进行计算，框架梁与风罩交点处按铰接进行模拟。

计算荷载为自重和楼层活荷载，发电机层均布活荷载取 45kN/m^2。

③计算结果。

发电机层楼板面层和底层配筋均为双向 Φ20@20cm 钢筋，其中楼板面层支座处增加 Φ14@20cm 负弯矩短钢筋，与 Φ20 钢筋间隔布置。

纵轴线方向梁截面跨中配筋为 6Φ28，梁顶支座配筋为 7Φ36，剪力配筋为 Φ10@15cm（四肢箍），最大裂缝开展宽度为 0.24mm，满足规范要求；顺流向梁跨中配筋为 6Φ25，梁顶支座配筋为 6Φ32，剪力配筋为 Φ10@15cm（四肢箍），最大裂缝开展宽度为 0.25mm，满足规范要求。

框架柱每侧配筋为 6Φ22，箍筋 Φ10@20cm（四肢箍，节点加密至 10cm）。

3）尾水管结构设计。

①扩散段结构。

尾水管扩散段分为两孔流道，每孔宽度为 9m，中墩厚度为 2.5m，边墩厚度为 3.25m，底板厚度为 3.5m。结构混凝土强度等级为 C25。

②计算假定及荷载。

扩散段在顺流向截取单位长度按平面框架进行计算，基底反力由地面厂房机组段整体三维有限元求得，控制工况为完建工况，最大为 577kN/m。

③计算结果。

扩散段底板面层钢筋为 Φ36@15cm，底层配筋为双排 Φ36@15cm，最大裂缝宽度为 0.23mm，满足规范要求。

9.4.10.2 安装场结构设计

（1）安Ⅰ段结构设计

1）安Ⅰ段结构。

安Ⅰ段上下游墙在 412.00m 高程布置吊车梁，轨道以下墙体厚度为 2m，以上为 1.5m，桥机跨度 22m，顶部为钢网架结构。

2）计算假定及荷载。

将桥机一组轮压影响范围墙体取单宽模拟为杆件柱，柱下部固端在底板，顶部考虑钢网架支撑作用，利用压杆进行模拟。

墙体计算荷载：自重、吊车最大轮压（考虑 1.1 的动力系数）、吊车侧向制动力（轮压×4%）、纵向制动力（轮压×5%）等。

3）计算结果。

支承墙体内外侧竖直方向配筋均为 Φ32@20cm，水平架立筋为 Φ25@20cm，拉筋为

Φ12@60cm×60cm，牛腿受拉钢筋为 Φ32@20cm，水平架立筋为 Φ25@20cm，“U”形拉筋采用 Φ16@20cm。

(2)安Ⅱ段结构设计

1)安Ⅱ段结构。

安Ⅱ段上下游墙在 412.00m 高程布置吊车梁，轨道以下墙体厚度为 2m，以上为 1.5m，桥机跨度 22m，顶部为钢网架结构。楼面高程为 398.50m，楼板厚度为 50cm，采用梁柱支承，框架柱的截面为 80cm×80cm，顺流向的梁尺寸为 60cm×150cm(宽×高，下同)，最大跨度 5.8m，纵轴线方向的梁尺寸为 70cm×160cm，最大跨度 6.8m。结构均采用 C25 混凝土。

2)计算假定及荷载。

将桥机一组轮压影响范围墙体取单宽模拟为杆件柱，柱下部固端在底板，顶部考虑钢网架支撑作用，利用压杆进行模拟。板梁结构按顺流向和垂直水流方向两个方向分别取平面框架进行计算。

墙体计算荷载为自重、吊车最大轮压(考虑 1.1 的动力系数)、吊车侧向制动力(轮压×4%)、纵向制动力(轮压×5%)。自重和楼层活荷载，安Ⅱ段 398.50m 高程均布活荷载取 $100kN/m^2$。

3)计算结果。

支撑墙墙体内外侧配筋均为 Φ36@20cm，水平架立筋为 Φ25@20cm，拉筋为 φ10@60cm×60cm，牛腿受拉钢筋分别为 Φ32@20cm、Φ36@20cm，水平架立筋为 Φ25@20cm，“U”形拉筋采用 Φ16@20cm。牛腿处水平位移为 4.6mm，小于规范规定的允许位移值。

发电机层楼板面层和底层配筋均为双向 Φ28@20cm 钢筋，其中楼板面层支座处要增加 Φ22@20cm 负弯矩短钢筋，与 Φ28 钢筋间隔布置。

顺流向梁截面跨中配筋为 7Φ32，梁顶支座配筋 7Φ32，剪力配筋为 Φ10@15cm(四肢箍)，最大裂缝开展宽度为 0.24mm，满足规范要求；纵轴线方向梁底跨中配筋为 8Φ36，梁顶支座配筋为 8Φ36，剪力配筋为 Φ10@15cm(四肢箍)，最大裂缝开展宽度为 0.25mm，满足规范要求。

框架柱每侧配筋为 6Φ22，箍筋 Φ10@20cm(四肢箍，节点加密至 10cm)。

9.4.10.3 副厂房结构设计

(1)副厂房结构

上、下游副厂房均采用框架剪力墙结构。上游副厂房楼板厚度为 25～30cm，主梁截面 60cm×100cm(宽×高，下同)～60cm×120cm，次梁截面 40cm×80cm，副厂房上游侧墙体自下而上厚度为 3.5m(高程 391.00～398.50m)、2.5m(高程 398.50～404.50m)、1.5m(高程 404.50m 以上)。下游副厂房楼板厚度为 25～30cm，主梁截面 60cm×100cm，次梁截面 40cm×80cm，副厂房下游侧墙体兼做挡水墙，自下而上厚度为 4.0m(高程 380.85～391.00m)、3.5m(高程 391.0～398.50m)、2.5m(高程 398.50～411.50m)、2.0m(高程

411.50m 以上）。

（2）计算假定及荷载

建立副厂房平面框架结构，采用通用结构计算软件 SAP84 进行，底部取固结。

计算荷载为结构自重、各层活荷载、屋面恒载。

（3）计算结果

副厂房高程顶层主梁跨中配筋为 7Φ32，端部配筋为 6Φ32，箍筋为 φ10@15cm，最大裂缝宽度为 0.21mm；419.00m 以下各层主梁跨中配筋为 6Φ28，端部配筋为 6Φ32，箍筋为 φ10@15cm，最大裂缝宽度为 0.1mm。顶层楼板面层和底层配筋为 Φ16@20cm，顶层以下各层楼板面层和底层配筋为 Φ14@20cm。

副厂房墙体均为构造配筋，考虑结构水平向挠度要求，上游支承墙体内外侧竖直方向配筋均为 Φ32@20cm，水平筋为 Φ25@20cm，拉筋为 Φ12@60cm×60cm。下游支承墙体内外侧竖直方向配筋均为 Φ32@20cm，水平筋为 Φ25@20cm，拉筋为 Φ12@60cm×60cm。

9.4.10.4 升压站结构设计

（1）升压站结构

升压站结构按 4 层计算，采用薄墙加肋柱支承型式，肋墙厚 0.4m，柱截面尺寸为 80cm×150cm（宽×高，下同），柱中心最大间距为 7.6m。GIS 层楼板厚度为 30cm，主梁截面尺寸为 70cm×140cm，净跨 8.65m，次梁截面尺寸为 60cm×120cm，最大跨度为 7.6m；顶层楼板厚度为 25cm，主梁截面尺寸为 80cm×160cm，次梁截面尺寸为 60cm×120cm。

（2）计算假定及荷载

采用通用结构软件 SAP84 建立升压站三维框架结构，底部取固结。

计算荷载为结构自重、各层活荷载，其中 GIS 层活荷载为 20kN/m^2，屋面层布置出线构架，荷载为 12kN/m^2。

（3）计算结果

顶层主梁跨中配筋为 12Φ36，端部配筋为 9Φ36，箍筋为 Φ12@15cm，最大裂缝开展宽度为 0.25mm；次梁跨中配筋为 5Φ28，端部配筋为 5Φ28，箍筋为 Φ10@15cm，最大裂缝开展宽度为 0.24mm。GIS 层主梁跨中配筋为 6Φ32，端部为 6Φ36，箍筋为 Φ10@15cm，最大裂缝开展宽度为 0.26mm；次梁跨中配筋为 5Φ32，端部配筋为 6Φ32，箍筋为 Φ10@15cm，最大裂缝开展宽度为 0.23mm。

顶层楼板双层配筋均为双向 Φ18@20cm 钢筋，其中楼板面层支座处加设 Φ16@20cm 负弯矩短钢筋，与 Φ28 钢筋间隔布置。

GIS 层楼板双层配筋均为双向 Φ18@20cm 钢筋，其中楼板面层支座处加设 Φ14@20cm 负弯矩短钢筋。

边柱每侧配筋为 7Φ25，箍筋为 Φ10@20cm（四肢箍，节点加密至 10cm）；中柱每侧配筋为 7Φ22，箍筋为 Φ10@20cm（四肢箍，节点加密至 10cm）。

9.4.11 电站厂房三维有限元数值分析

电站厂房为 2 级非壅水建筑物，根据《水工建筑物抗震设计规范》（DL 5073—2000）的规定，其抗震设防类别为丙类，设计地震加速度代表值取基准期 50 年内超越概率 10%的地震动峰值加速度，其值为 0.26g。数值分析取标准机组段及安装场（安Ⅱ）为计算单元，分静力、动力及静动力叠加三步进行，动力计算采用振型分解反应谱法。

9.4.11.1 计算条件

（1）材料参数

混凝土：弹模 28GPa，泊松比 0.167，重度 25kN/m^3。钢材：弹模 210GPa，泊松比 0.3，重度 78.5kN/m^3。基岩：粉砂质泥岩、泥质粉砂岩与粉砂质泥岩互层、中砂岩、细砂岩，变形模量分别为 2.5GPa、2.5GPa、2.5GPa 和 4.5GPa，泊松比分别为 0.31、0.31、0.26、0.23。动力计算中，动弹模取静弹模的 1.3 倍。

（2）荷载

1）静力荷载。

结构自重包括混凝土、机组埋入件等的自重。

水压力包括：下游设计洪水位 415.00m，校核洪水位 418.08m；下游运行水位（4 台机组满发时 391.23m，3 台机组发电时为 390.10m）；尾水管内按下游水位作用水压力。

设备荷载包括：楼面荷载、尾水门机、桥机、定子基础荷载、下机架基础荷载。

扬压力包括：厂房基底采用封闭灌浆帷幕＋封闭抽排，扬压力按下游水位考虑折减，折减系数取 0.25。

2）动力荷载。

桥机、尾水门机以及定子基础板、下机架基础板荷载作为竖向附加质量考虑。

（3）计算工况

静力计算包括完建、4 台机组满发（下游水位 391.23m）、正常运行（下游设计洪水位）、校核洪水运行、检修（下游水位 390.10m）等工况，动力计算取 4 台机组满发时的下游水位，结合机组段及安装场不同的运行条件，按规范要求进行相应的荷载组合。

（4）地震反应谱参数

根据《水工建筑物抗震设计规范》（DL 5073—2000）规定，同时考虑顺河向地震作用及竖向地震作用，组合时取竖向地震作用效应乘以 0.5 的遇合系数后与水平向地震作用效应直接相加。地震设计烈度为Ⅷ度，水平向设计加速度代表值为 0.26g，竖向设计加速度为水平向的 2/3。

动力反应按反应谱计算时，反应谱曲线按《水工建筑物抗震设计规范》（DL 5073—2000）

规定采用。地震主震周期 $T_0=0.20$s，反应谱最大值的代表值 $\beta_{max}=2.25$，结构阻尼比 $\xi=5\%$。地基按无质量地基考虑。

9.4.11.2 机组段

(1)静力计算

1)计算模型。

三维有限元模型见图 9.5、图 9.6。整个计算模型共划分单元 152650 个、节点 219762 个。为方便网格划分并满足计算精度要求，蜗壳段及尾水管段采用 10 节点四面体高阶单元，其他结构采用 8 节点六面体单元，四面体与六面体之间采用 20 节点单元(棱锥体等)进行过渡；基岩模拟范围为上、下游及深度方向约 2 倍结构高度，上、下游顶部取至山体顶部，左右与机组段同宽；坐标轴以机组中心为原点，X 轴指向下游为正，Y 轴指向左岸为正，Z 轴竖直向上。基岩底部全约束，上、下游面及左、右侧面为法向约束。

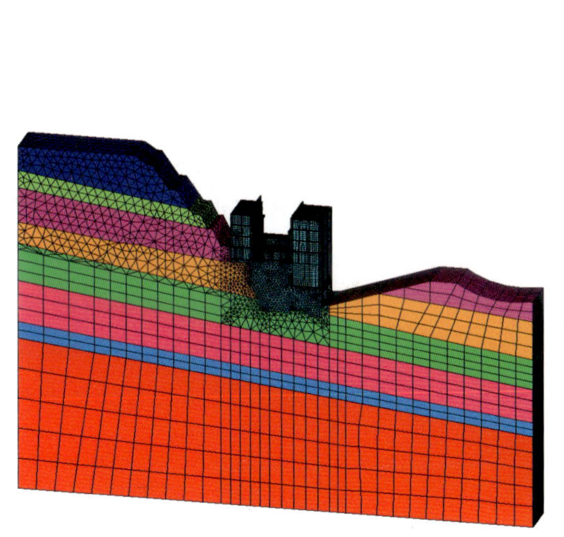

图 9.5 有限元整体计算模型网格

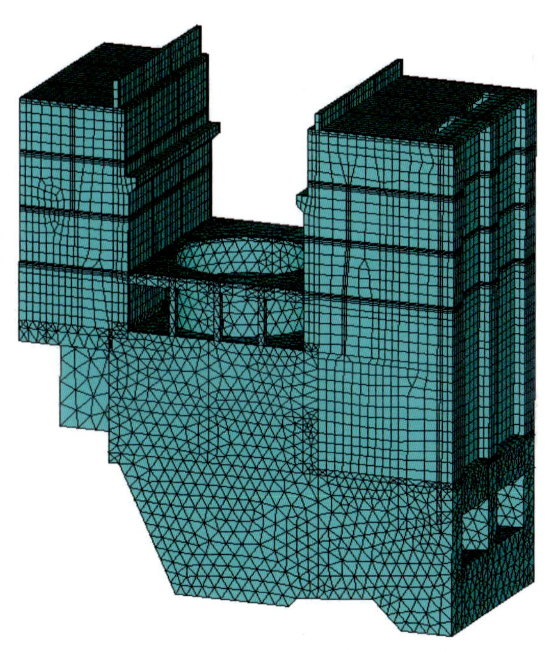

图 9.6 厂房混凝土结构模型网格

2)位移。

完建工况建基面沉降位移渲染见图 9.7，4 台机组满发工况建基面沉降位移渲染见图 9.8。

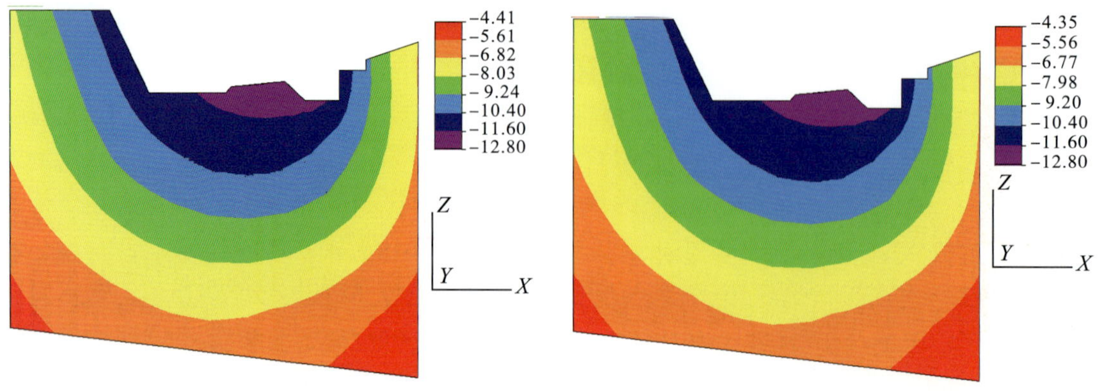

图 9.7 完建工况建基面沉降位移渲染图(单位:mm)

图 9.8 4 台机组满发工况建基面沉降位移渲染图(单位:mm)

由图 9.7、图 9.8 可见,完建工况建基面最大沉降位移为 12.8mm,建基面不均匀沉降约 1.37mm;机组满发工况、正常运行工况、校核洪水工况、检修工况下的建基面最大沉降位移分别为 12.80mm、11.77mm、11.40mm、11.96mm,建基面不均匀沉降分别为 1.03mm、0.19mm、0.25mm 和 0.62mm。

机组满发工况结构位移和校核洪水位工况结构位移(不含结构自重)分别见图 9.9、图 9.10。在水荷载及扬压力等荷载共同作用下,混凝土结构变位整体表现为上抬并向上游倾斜,机组满发工况、正常运行工况、校核洪水工况、检修工况的最大顺河向位移分别为 0.64mm、5.78mm、7.78mm、0.61mm,指向上游,机组满发工况及检修工况的竖向位移都小于 0.8mm,正常运行工况、校核洪水工况的最大竖向位移分别为 2.04mm、2.74mm(均为下游闸门墩墙处),横河向位移数值相对较小。机组满发工况、正常运行工况、校核洪水工况、检修工况桥机轨道处的竖向位移最大值分别为 0.19mm、0.67mm、0.68mm 和 0.61mm,桥机上下游轨顶水平向相对位移分别为 0.27mm、2.73mm、3.83mm 和 0.11mm,竖向相对位移分别为 0.22mm、0.10mm、0.09mm 和 0.01mm。

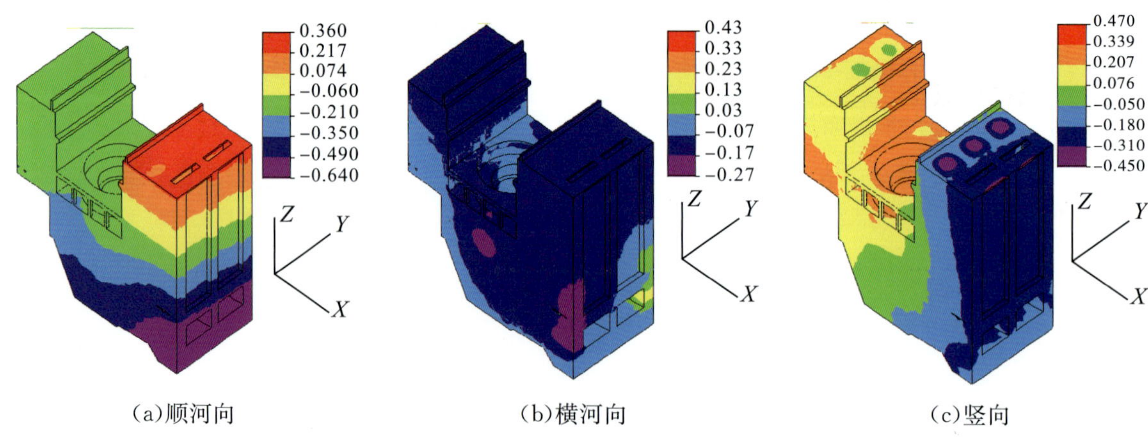

(a)顺河向　(b)横河向　(c)竖向

图 9.9 机组满发工况结构位移渲染图(不含结构自重)(单位:mm)

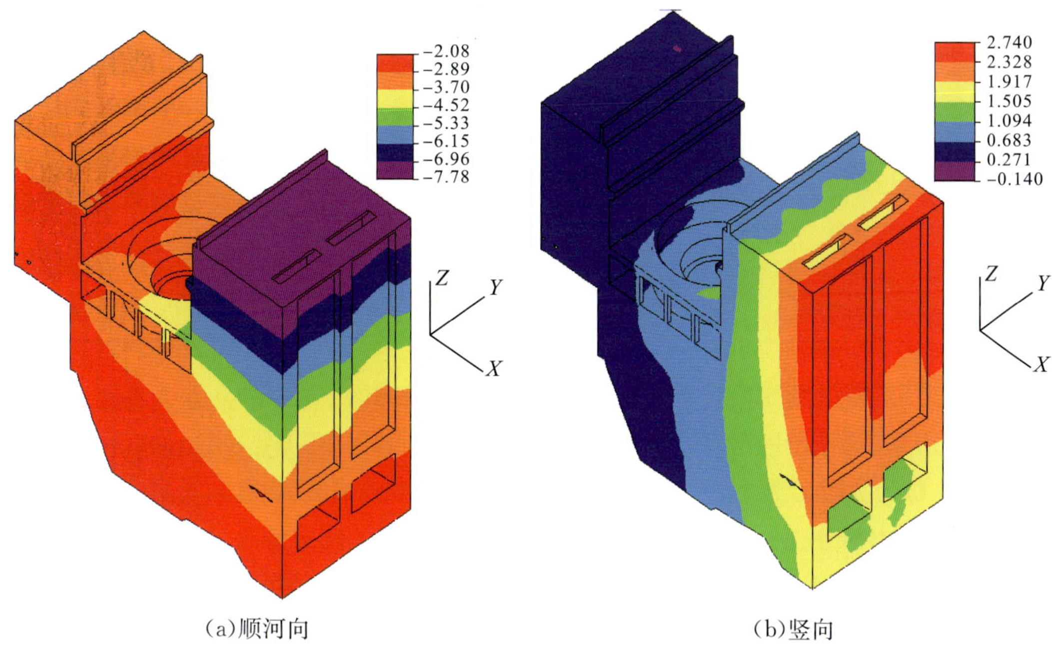

(a)顺河向　　(b)竖向

图 9.10　校核洪水工况结构位移渲染图(不含结构自重)(单位:mm)

3)应力。

各计算工况下混凝土结构均无竖向拉应力;顺河向拉应力主要位于上、下游副厂房各层楼板与墙体的交接部位及其附近,一般小于 0.8MPa;横河向拉应力主要出现在尾水管扩散段底板和顶板、上游副厂房和下游副厂房各层楼板及横梁底部,尾水管底板拉应力完建工况最大约 2.0MPa,其他工况 2.2～2.4MPa,顶板拉应力完建工况最大约 1.6MPa,其他工况 2～2.2MPa。

各计算工况下,建基面竖向应力均为压应力,完建、机组满发、正常运行、校核洪水运行和检修工况最大压应力分别为 1.43MPa、1.42MPa、1.16MPa、1.09MPa 及 1.34MPa。

(2)地震动力反应

动力计算模型与相应边界约束条件同静力计算。

1)结构自振特性。

模态分析时共计算了 18 阶振型,其自振频率见表 9.18。

表 9.18　厂房结构自振频率　(单位:Hz)

阶次	频率	模态特征	阶次	频率
1	3.86	整体横河向	10	14.71
2	4.37	整体顺河向	13	16.62
3	5.23	整体竖向	12	16.83
4	7.57	副厂房顺河向弯曲	13	19.09

续表

阶次	频率	模态特征	阶次	频率
5	8.73	上游副厂房弯曲	14	19.64
6	9.24	上游副厂房扭转	15	21.31
7	11.06	下游副厂房扭转	16	22.68
8	12.05	副厂房扭转	17	23.16
9	12.45	副厂房弯曲	18	23.45

分析振型可知，厂房第1阶振型为整体结构的横河向振动，基频为3.86Hz，第2、3阶振型分别为厂房整体顺河向和竖直向振动，频率为4.37Hz和5.23Hz，厂房横河向刚度相对较低。前18阶振型大部分为上、下游副厂房结构的振动，频率范围为7.57～23.45Hz。该部位为厂房结构中刚度较为薄弱的位置，结构抗震设计中需要重点关注。

2)动位移分布。

混凝土结构顺河向较大位移主要出现在上、下游副厂房的顶部，最大约15.3mm；横河向位移小于1.1mm；竖向位移最大约7.2mm，出现于尾水闸门的下游墙体。

3)动加速度分布。

顺河向地震作用下，结构顶部加速度为13.0m/s²，其顺河向地震动力放大系数为5.3，厂房大体积结构的动力加速度在4.3m/s²以下，动力放大系数在1.76以下；竖向地震作用下，结构顶部加速度约3.83m/s²，竖向地震动力放大系数为2.3，厂房大体积结构的动力加速度在3.6m/s²以下，动力放大系数在2.2以下。这说明地震效应主要体现在厂房上部墙体结构，特别是顺流向地震。

4)动应力。

地震响应动应力较大值主要位于发电机楼板和尾水闸门下游墙体等部位。混凝土结构的大部分区域，各向应力均较小，在0.5MPa以下。发电机楼板上表面，顺河向应力在下游墙底部存在应力集中，其他区域应力在2MPa以下；结构横河向应力一般在0.8MPa以下；竖向应力在尾水闸门下游墙体外表面及尾水管下游墩墙数值相对较大，除局部应力集中外，其他区域应力一般小于1.5MPa。

(3)静动力叠加

1)叠加位移。

静动力叠加时，考虑动位移的正、负方向，以获得最大的位移值。

结构顺河向位移以动位移为主，最大值位于下游副厂房顶部，约15.6mm；横河向位移很小，数值在1mm以下；竖向位移最大值约7.5mm，位于尾水闸门下游墙体处。桥机上、下游侧顺河向和竖直向最大相对位移差分别为5.06mm、0.79mm。建基面最大沉降值为17.4mm。

2)叠加应力。

建基面动应力分别视为压应力和拉应力考虑,叠加后竖向都为小于 2.3MPa 的压应力;混凝土结构顺河向拉应力主要位于发电机层楼板,除应力集中区域外,一般小于 2MPa;横河向拉应力主要位于尾水管底板、上下游副厂房楼板及横梁,最大值出现在尾水管底板出口部位,约为 2.6MPa;混凝土结构竖向基本无拉应力,压应力均小于 5MPa。

(4)地震作用下机组段整体稳定验算

1)抗滑稳定验算。

抗滑稳定按以下抗剪断强度公式计算:

$$\gamma_0\varphi\sum P_d\leqslant\frac{1}{\gamma_d}\left(\frac{f'_k}{\gamma_k}\sum W_d+\frac{c'_k}{\gamma_c}A\right)$$

式中,结构重要性系数 $\gamma_0=1.1$,设计状况系数 $\psi=1.00$(持久状况)、0.85(偶然状况),结构系数 $\gamma_d=1.2$。混凝土基岩摩擦系数 $f'=0.65$,材料性能分项系数 1.7。混凝土黏聚力 $c'=700\text{kPa}$,材料性能分项系数 $\gamma_m=2.0$。抗滑稳定验算成果见表 9.19。

表 9.19　机组段抗滑稳定验算

作用组合	作用效应 $\gamma_0\psi S(\cdot)$/kN	抗力 $R(\cdot)/\gamma_d$/kN	抗滑判断
基本组合	229085	589139	满足
特殊组合	396749	511764	满足

注:基本组合下,作用效应方向指向上游。

2)抗浮稳定验算。

根据《水电站厂房设计规范》(NB/T 35011—2013),抗浮稳定验算按下列公式进行计算:

$$\gamma_0\varphi(U_{fd}+U_{sd})\leqslant\frac{1}{\gamma_d}\sum W_d$$

考虑最不利地震作用下,厂房结构抗浮稳定验算成果见表 9.20。

表 9.20　机组段抗浮稳定验算

作用组合	防渗措施	抗浮稳定		
		作用效应 $\gamma_0\psi S(\cdot)$/kN	抗力 $R(\cdot)/\gamma_d$/kN	抗浮判断
特殊组合	有	145708	575971	满足

9.4.11.3　安装场

(1)静力计算

1)计算模型。

以安Ⅱ段为研究对象建立计算模型,见图 9.11、图 9.12。模型单元 128882 个,节点

147712 个。基岩模拟范围为:上、下游及坝轴线方向各取 170m(约 2 倍结构高度)范围,顶部模拟至高程 460m。基岩底部全约束,上、下游面及左、右侧面为法向约束。坐标轴以 X 轴指向下游为正,Y 轴指向左岸为正,Z 轴竖直向上。

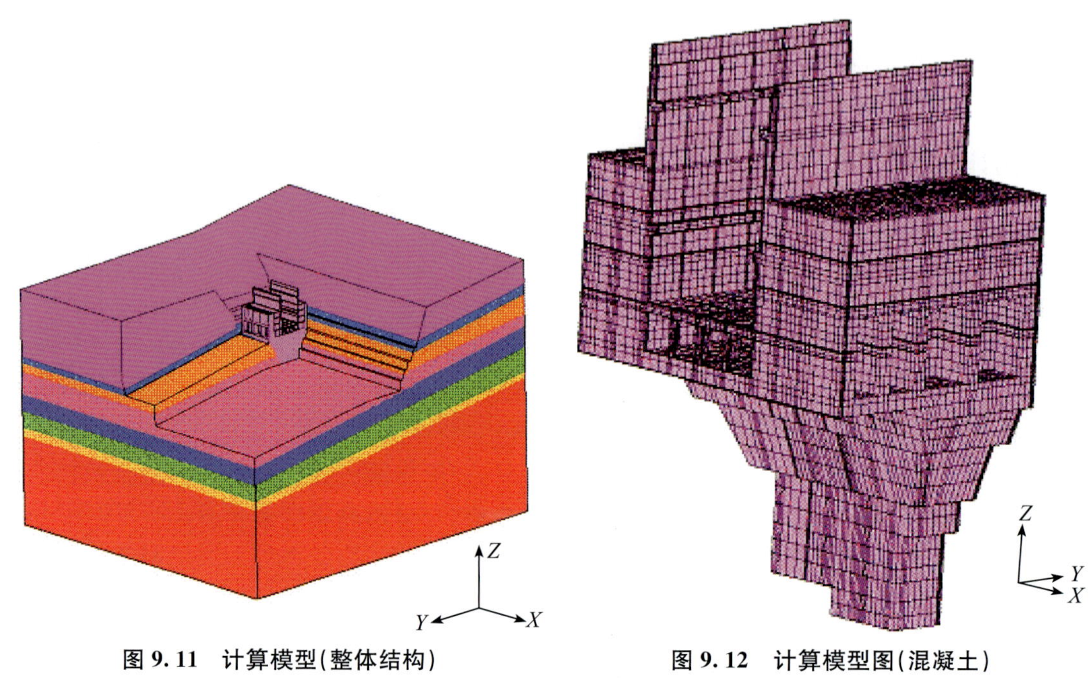

图 9.11　计算模型(整体结构)

图 9.12　计算模型图(混凝土)

2)位移。

完建工况安装场建基面最大沉降为 5.56mm,机组满发工况、正常运行工况和校核洪水位工况建基面最大沉降分别为 5.81mm、4.93mm 和 4.73mm。

混凝土结构位移均不考虑结构自重的影响。机组满发工况下,安装场上、下游两侧部分向中间变形,上、下游墙体顶部顺河向最大位移分别为 0.73mm、0.72mm,发电机层楼板竖向最大位移为 2.91mm;正常运行工况、校核洪水位工况下,下游水位较高,水压作用增强,结构向上游侧变形,顺河向最大位移分别为 6.69mm 和 9.67mm,均位于下游墙体顶部,竖向最大位移为 2.50mm 和 2.47mm,铅直向下,均位于发电机层楼板,两种工况厂房顶部最大竖向位移分别为 1.58mm 和 2.30mm;机组满发工况、正常运行工况和校核洪水位工况高程 429.50m 处桥机上、下游侧最大顺河向相对变形分别为 1.20m、4.85m 和 6.64mm。

3)应力。

各计算工况下,安装场建基面竖向应力均为压应力,除角点应力集中外,大部分压应力数值均在 0.6MPa 以内。

完建工况下,安装场段顺河向较大拉应力主要位于上、下游副厂房 419.00m 高程楼面,最大值约 1MPa,除角点应力集中外,横河向和竖直向拉应力数值均较小。机组满发工况下,顺河向拉应力较大的区域主要位于上下游副厂房顶部楼板、发电机层楼板横梁底部,其中上

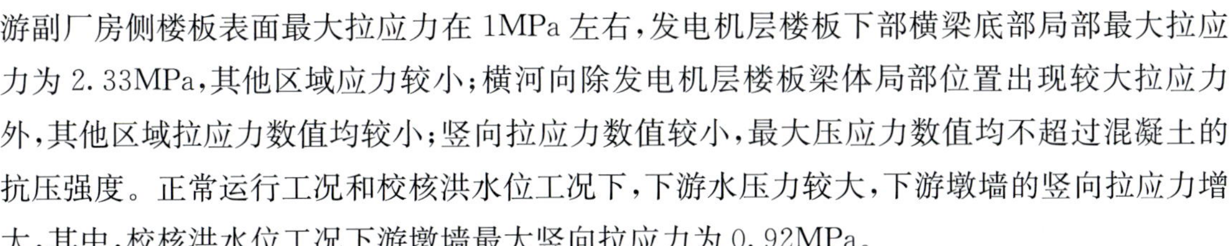

游副厂房侧楼板表面最大拉应力在1MPa左右，发电机层楼板下部横梁底部局部最大拉应力为2.33MPa，其他区域应力较小；横河向除发电机层楼板梁体局部位置出现较大拉应力外，其他区域拉应力数值均较小；竖向拉应力数值较小，最大压应力数值均不超过混凝土的抗压强度。正常运行工况和校核洪水位工况下，下游水压力较大，下游墩墙的竖向拉应力增大，其中，校核洪水位工况下游墩墙最大竖向拉应力为0.92MPa。

(2)地震动力计算

动力计算模型与相应边界约束条件同静力计算。

1)自振特性。

共计算了前18阶振型，固有频率见表9.21。从表9.21中可见，前4阶频率较低，均在5Hz以下，这也是对结构动位移及动应力贡献最大的主要振型。

表9.21　　结构固有频率

振型阶次	频率/Hz	振型阶次	频率/Hz	振型阶次	频率/Hz
1	2.446	7	6.295	13	10.761
2	2.739	8	7.255	14	11.193
3	3.936	9	7.643	15	12.141
4	4.171	10	7.804	16	12.353
5	5.108	11	8.675	17	12.465
6	5.440	12	9.744	18	13.663

分析振型可知，第1、2、5、7阶分别为上下游墙体顺河向振型，第6阶为整体横河向振型，第11阶为整体竖向振型。从振型来看，最大振型变位均出现在上下游墙顶部，表明上下游墙对地震反应相对较强。

2)动位移。

顺河向最大动位移出现在上游墙顶部，为42.8mm，除墙体外，结构其他部位由于刚度较大，动位移相对较小，最大值约7mm。横河向、竖向位移相对较小，最大值分别为6mm、6.23mm。

3)动加速度。

地震引起的顺河向动加速度、竖直向动加速度均在上下游墙体较大。顺河向设计地震作用下，厂房顶板顺河向加速度约为9.4m/s^2，放大系数约为3.84；竖向设计地震作用下，厂房顶板竖直向加速度最大值约4.8m/s^2，放大系数约为2.62。

4)动应力。

顺河向应力除角点位置(板与墙交界处)外，发电机层楼板横梁底部最大动拉应力在2MPa以下，其他区域应力大多在1MPa以下；横河向应力除上游墙体最大拉应力在1MPa左右外，其他区域应力较小；上下游墙体顶部竖向动应力为1～2MPa，其他区域应力较小。

建基面应力不折减，大部分应力数值在 0.3MPa 以下。

(3)静动叠加

1)叠加位移。

静动力叠加时，考虑动位移的正、负方向，以获得最大的位移值。地震作用明显增加了上下游墙体的顺河向变位，顺河向最大位移和横河向最大位移均位于上下游墙体，上游墙体顶部顺河向最大位移为 43.56mm；下游墙体上部横河向最大位移为 6.21mm；竖向最大位移为 6.72mm，位于桥机横梁处，桥机横梁两侧最大相对位移在 2.5mm 以内。

2)叠加应力。

静动叠加工况下顺河向应力除角点位置(板与墙交界处)外，上游侧厂房顶部楼板表面有 2MPa 以下的拉应力，发电机层楼板下部横梁底部顺河向最大拉应力为 2.6MPa，局部区域横河向拉应力达到 6MPa 以上，主要由楼面静力荷载引起；竖向较大拉应力主要位于上下游墙体，部分区域应力在 1～2.2MPa。其他区域应力较小。

为得到混凝土的最大压应力，将动应力中的正应力视为压应力后与静应力叠加。设计地震作用下，除角点应力集中外，建基面压应力在 1MPa 以内。

(4)地震作用下安装场整体稳定验算

1)抗滑稳定验算。

结构抗滑稳定按下列抗剪断强度公式计算：

$$\gamma_o\varphi\sum P_d \leqslant \frac{1}{\gamma_d}\left(\frac{f'_k}{\gamma_k}\sum W_d + \frac{c'_k}{\gamma_c}A\right)$$

式中，摩擦力系数 f'、黏聚力系数 c' 分别取 0.65MPa、0.70MPa，抗滑稳定验算成果见表 9.22。

表 9.22　安装场抗滑稳定验算

作用组合	抗滑稳定		
	作用效应 $\gamma_0\psi S(\cdot)$/kN	抗力 $R(\cdot)/\gamma_d$/kN	抗滑判断
基本组合	185060	1157486	满足
特殊组合	409296	1127060	满足

2)抗浮稳定验算。

抗浮稳定验算按下列公式进行计算：

$$\gamma_o\varphi(U_{fd}+U_{sd}) \leqslant \frac{1}{\gamma_d}\sum W_d$$

抗浮稳定验算成果见表 9.23。

表 9.23 安装场抗浮稳定验算

作用组合	作用效应 $\gamma_0\psi S(\cdot)$/kN	抗力 $R(\cdot)/\gamma_d$/kN	抗浮判断
特殊组合	33103	687511	满足

9.4.11.4 安全性评价

综上所述，机组段及安装场在完建、机组满发及正常运行工况下，各部位变形值、不均匀变形差值均在规范许可范围内，各向应力均在结构允许范围内，可保证结构安全及电站正常运行。遭遇设计烈度地震时，机组段上下游副厂房及安装场上下游墙有一定变形，墙体及楼板部位应力较高，加强配筋及适当增加结构刚度可保证结构安全；机组段及安装场整体稳定性较好，各工况地基应力、整体抗滑、抗浮稳定满足规范要求。

9.4.12 进厂交通洞围岩与衬砌结构有限元分析

进厂交通洞为 2 级非壅水建筑物。采用准三维弹塑性有限元法对进厂交通洞开挖及支护条件下围岩稳定情况、运行期衬砌结构受力情况进行计算分析。

(1)计算模型

进厂交通洞位于近于水平的岩层中，根据沿线的地质条件，选取了靠近隧洞进口处稍差围岩作为计算对象，建立准三维模型。洞周围岩主要为Ⅳ类，顶部 1.8m 以上为厚层砂岩，为Ⅲ类围岩，最大水平主应力方向考虑与计算截面平行的情况。进厂交通洞开挖支护计算网格模型见图 9.13，进厂交通洞锚杆布置见图 9.14，水平方向上跨度为 90m，铅直向跨度为 95m，共剖分了 13572 个六面体单元和 15124 个节点。模型水平方向及下部边界均大于 3 倍隧洞跨度。

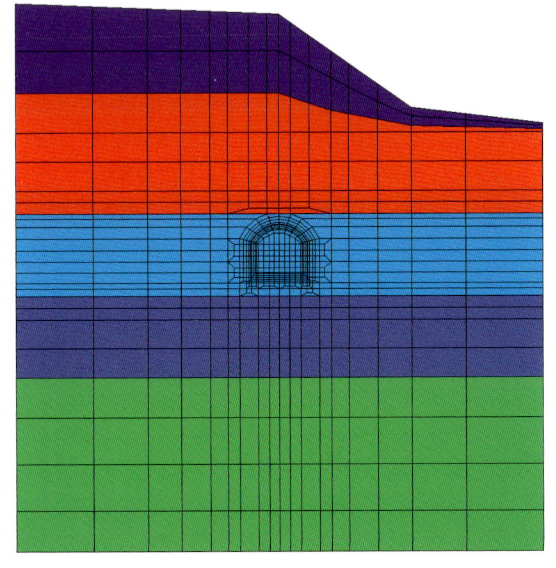

图 9.13 进厂交通洞开挖支护计算网格模型

图 9.14 进厂交通洞锚杆布置

计算中使用的岩体力学参数见表 9.11。岩体本构模型采用弹塑性模型；衬砌单元采用弹性模型，弹性模量取 28GPa，泊松比取 0.167。

(2)计算工况及荷载

进厂交通洞实际施工及运行过程为：开挖及支护→衬砌浇筑→灌浆→运行。

考虑到衬砌浇筑、灌浆及运行期外水作用对围岩稳定不利影响较小。计算过程中首先模拟进厂交通洞开挖及支护过程，分析围岩稳定情况；然后模拟衬砌浇筑、灌浆，再施加外水压力，分析衬砌受力情况。

计算分析包括以下 2 种工况：

1)施工期工况。

进厂交通洞开挖支护后围岩稳定分析。

2)运行期工况。

在施工期工况的基础上，进行衬砌浇筑，并考虑外水作用等，分析衬砌受力情况。

计算荷载主要包括：①施工期。交通洞开挖后，围岩初始地应力释放，产生开挖释放荷载，由围岩及喷层、锚杆支护共同承担。②运行期。衬砌浇筑后，主要荷载为：衬砌自重，取容重 $25kN/m^3$；回填灌浆压力 0.3MPa(短暂)；外水压力，根据地下水位计算，洞顶水头为 13m，考虑洞周设置排水孔等措施，取外水折减系数 0.7；Ⅳ类围岩条件下，考虑 10%的开挖释放荷载作为蠕变荷载。

(3)主要结论

1)进厂交通洞开挖支护完毕，洞周变形均指向洞内，顶拱最大位移值为 3.5mm，拱座最大位移值为 5.5m，边墙最大位移值为 6.3mm，底板最大位移值为 5.9mm，见图 9.15。

2)进厂交通洞开挖支护完毕，由于开挖卸荷作用，洞周岩体应力调整，岩体单元进入塑性或应变超过极限拉应变发生拉裂破坏。计算结果显示，洞周塑性区深度为 0～2.12m，顶拱拉裂区最大深度为 0.45m，底板由于初始应力值较大，释放荷载较大，且未布置锚杆，拉裂深度最大为 2.2m，见图 9.16。

3)进厂交通洞开挖支护完毕，洞周锚杆应力量值均较小，一般在 30～55MPa，均未达到屈服值，安全裕度较大。喷层第一主应力基本为压应力，量值为－0.19～－1.98MPa，第三主应力基本为拉应力，量值 1.15～2.18MPa，局部达到 4.12MPa，可能造成开裂。

4)运行期衬砌变形均指向洞内，内外边界变形基本一致，顶拱变形量为 0.5mm，边墙最大变形量为 1.3mm，底板受外水作用较大，最大变形量为 2.1mm。运行期衬砌第一主应力沿切向方向，基本为压应力，量值为－0.02～－3.51MPa，拱座及边墙与底板交叉处产生应力集中，最大压应力为－11.98MPa；第三主应力沿径向方向，主要为拉应力，量值为－0.22～0.87MPa，局部拉应力集中，达到 3.05MPa，位于边墙与底板交叉处。经计算，进厂交通洞洞周衬砌内、外层环向受力钢筋均为 Φ25@20 cm，纵向架立筋采用 Φ25@20cm，最大裂缝开展宽度 0.22mm。

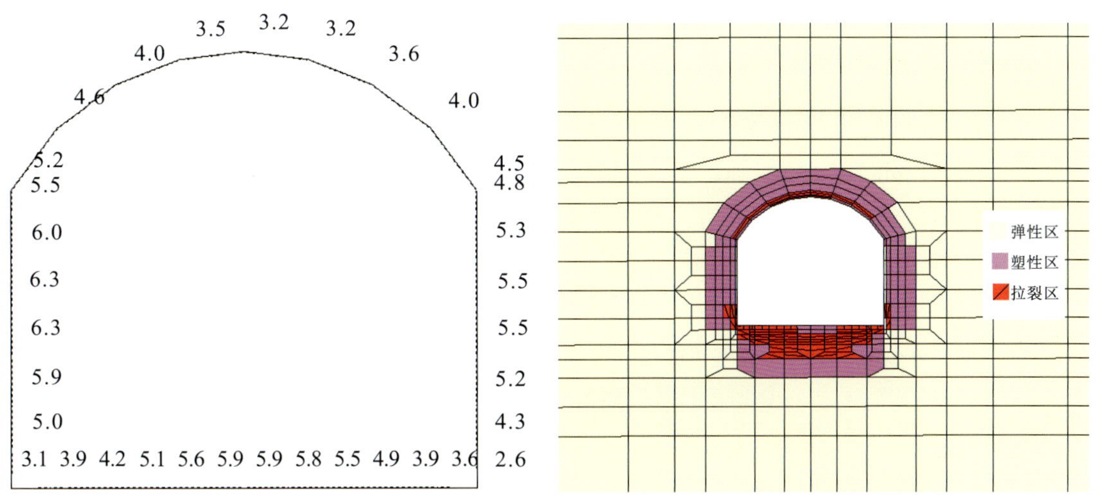

图 9.15　开挖支护完洞周位移量值　　　图 9.16　开挖支护完洞周破坏区分布

综上所述，进厂交通洞开挖支护完成后围岩变形及塑性区范围较小，锚杆受力安全裕度较大，围岩稳定性好。运行期衬砌整体应力水平较低，变形幅度较小，局部应力集中部位，通过加强结构配筋可以保证进厂交通洞的正常使用。

9.4.13　地面厂房及尾水边坡

9.4.13.1　边坡开挖与支护设计

厂房边坡坡顶最大高程约 467.00m，边坡局部最大高度约 108m，其中永久边坡高约 48m。岩层倾角平缓，岩性主要为砂岩与泥质粉砂岩及粉砂质泥岩，呈不等厚互层。边坡开挖坡比为：覆盖层 1∶1～1∶1.5，永久岩石边坡 1∶0.6～1∶0.7，临时坡 1∶0.4～1∶0.6。

主厂房边坡坡面开挖后采用 10cm 厚挂网喷混凝土保护，坡面系统锚杆 Φ28mm，长 6m，间排距均为 1.0～1.5m，坡顶布置锁口锚杆，Φ32mm，长 9m，间排距均为 1.0m；上游副厂房下部掏槽直坡段坡面设 50cm 厚护坡混凝土，布置 150 吨级系统预应力锚索，$L=20\sim25$m，间排距均为 4.5m，398m 高程以上隔级坡顶采用 150 吨级预应力锚索加固，$L=20\sim25$m，间隔 4.5m。边坡排水分为系统排水孔和深层排水孔，其中系统排水孔孔径 Φ56，深度 6.0m，间排距均为 4.5m；深层排水孔孔径 Φ91，深度 35.0m，间距为 3.0m。

尾水渠边坡采取喷锚支护，并辅以一定的预应力锚索、混凝土坡面保护、排水等措施。岩石边坡开挖坡比 1∶0.6，开挖后边坡高度约为 50m，永久边坡最高约 48m。坡面开挖后采用 10cm 厚挂网喷混凝土保护，坡面设 30cm 厚护坡混凝土，系统锚杆 Φ28mm，长 6m，间排距均为 1.5m；387.9m 高程以上隔级坡顶采用 150 吨级预应力锚索加固，$L=20\sim25$m，水平间距 4.5m，坡面设置满布 Φ56 排水孔，孔深 6.0m，间排距均为 4.5m。

9.4.13.2 边坡稳定性分析

(1)计算模型、力学参数与本构模型

沿顺流向截取 1[#] 机组段建立准三维计算模型，其有限差分网格模型以及对应的岩层分布见图 9.17，水平方向上跨度为 380m，铅直方向上跨度为 250m，共剖分了 8590 个单元，17512 个节点。

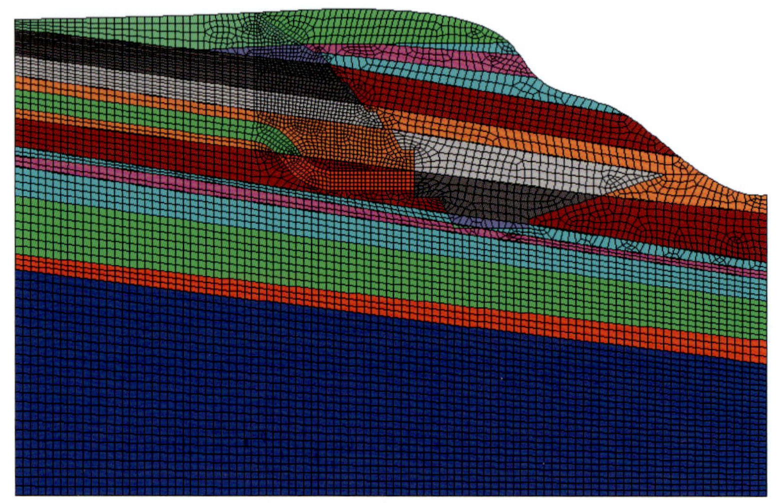

图 9.17 厂房计算模型网格

(2)计算工况

厂房边坡计算分析包括以下 6 种工况：

1)施工期工况。厂房边坡开挖支护分析。

2)运行期工况一。在施工期工况基础上，考虑上游正常蓄水位和下游机组满发水位条件(下游水位 391.23m)的计算分析。

3)运行期工况二。在施工期工况基础上，考虑上游正常蓄水位和下游校核洪水位条件(下游水位 418.08m)的计算分析。

4)运行期工况三。在施工期工况基础上，考虑上游正常蓄水位和下游最低发电水位条件(下游水位 386.66m)的计算分析。

5)运行期工况四。在施工期工况基础上，考虑暴雨条件的计算分析。

6)地震工况。在运行期工况一的基础上，施加地震动作用，采用时程法计算分析。

上述 6 种工况中，施工期工况、运行期工况二、运行期工况三和运行期工况四是短暂工况，运行期工况一是持久工况，地震工况是偶然工况。

(3)厂房边坡静力计算结果

由计算结果可知，天然状态下，坡体内的应力分布总体上符合自然边坡应力场分布的一般规律，竖向主压应力基本上从坡表至边坡内部随埋深增大而增加。由于各岩层之间岩性差异不大，应力分布较为均匀，没有出现较为明显的应力松弛和集中区域。

施工期工况条件下，边坡整体上处于压应力状态，在开挖坡表浅部岩体处出现部分拉应力，最大拉应力值在0.3MPa之内；塑性区主要分布在417.00m高程以下开挖坡面及底板处，深度一般在2～10m，随高程降低，塑性区深度有所增加，层面部位塑性区延伸深度略大，塑性区以剪切破坏为主，坡表存在少量拉剪破坏。

运行期工况一、工况二和工况三引起边坡产生的增量位移在4～7mm，主要为厂房边坡受库水位上升及坡前坡内水头差影响引起的向坡外斜向上的变形，对边坡的应力场和塑性区分布影响较小。运行期工况四为暴雨工况，主要影响厂房边坡浅表层风化带岩体，降雨入渗引起边坡的增量变形主要为斜向下朝向坡外的顺坡向变形，增量变形分布在2～4mm，最大值位于边坡顶部。降雨入渗的影响区域主要集中在厂房坡面浅层岩体内，对整个边坡的应力及塑性区分布影响较小。

(4)厂房边坡的地震响应分析结果

对厂房边坡进行了地震工况下的稳定分析。地震动作用后，应力场分布与开挖边坡相比较，无明显变化，边坡浅表部拉应力区范围有所扩大；塑性区的分布与开挖边坡相比较，无明显变化。

边坡临空面岩体加速度反应随边坡高程的增加而增大，坡顶放大系数最大，最大为1.90左右。边坡内部岩体的加速度反应规律与临空面岩体加速度反应规律基本一致。

在地震动荷载作用下，岩体均处于受迫振动状态，边坡不同部位之间的相对动位移较小，最大相对动位移幅值在15mm以内。

地震动作用过程中，锚杆应力和锚索受力变化幅度不大，整个支护系统锚杆的应力均在最大允许工作应力范围内。

通过强度折减分析，发现当强度参数折减系数达到1.65时，边坡进入临界失稳状态。

(5)极限平衡法计算结果

采用临界滑动场方法对厂房边坡进行滑动面搜索和安全系数计算。极限平衡方法搜索得到的最危险滑移面与数值方法得到的结果基本相同，见图9.18。

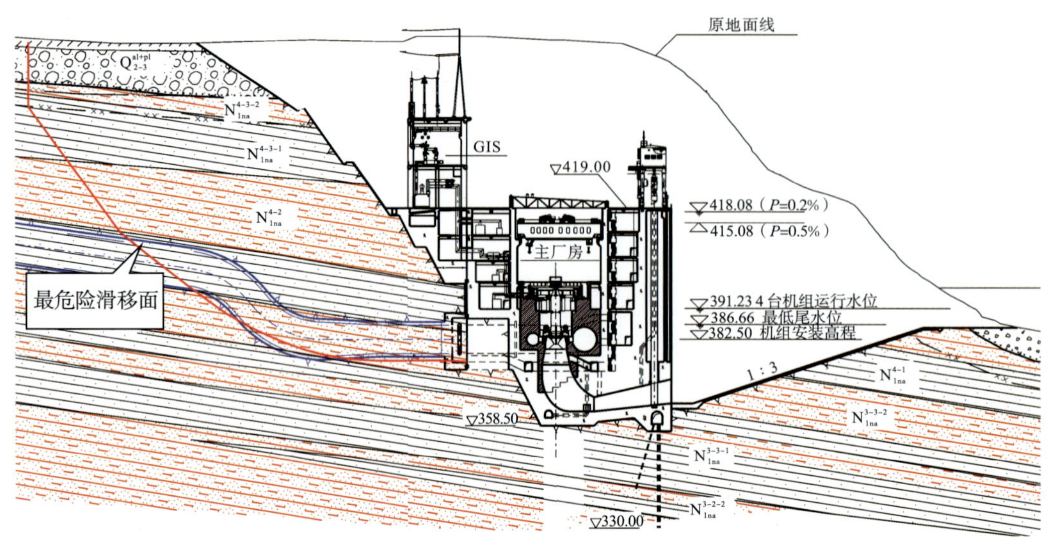

图 9.18　厂房边坡最危险滑移面(极限平衡法,施工期工况)

(6)小结

表 9.24 所列为厂房边坡各种工况下的稳定性分析成果。

表 9.24　　厂房边坡稳定安全系数成果

设计工况及作用组合		稳定安全系数（有限差分法）	稳定安全系数（极限平衡法）	允许最小稳定安全系数
持久工况	运行期工况一:上游正常蓄水位+下游四机满发水位	1.88	1.76	1.2
短暂工况	施工期工况	2.09	1.97	1.1
	运行期工况二:上游正常蓄水位+下游校核水位	1.85	1.73	
	运行期工况三:上游正常蓄水位+下游最低发电水位	1.89	1.76	
	运行期工况四:运行期工况一+暴雨	1.74	1.61	
偶然工况	地震工况:运行期工况一+地震	1.65	1.49	1.05

综上所述,厂房基坑边坡开挖后,在 50 年超越概率 10%的地震动作用下,其各关键部位的变形、塑性区体积及分布范围均较小,锚杆应力和锚索受力变化幅度不大,整个支护系统锚杆的应力均在最大允许工作应力范围内,地震作用下厂房边坡整体稳定性较好,安全系数均满足规范要求。此外,边坡岩体中的泥质粉砂岩、粉砂质泥岩及其互层岩体具

快速风化、遇水崩解的特性，在高地应力条件下存在一定程度流变影响，在边坡开挖后，软岩强度会进一步劣化，在计算中尚未考虑，实际边坡开挖卸荷后其安全系数应略低于表 9.24 中的结果。

9.5 关键技术问题研究

9.5.1 电站进水口防沙排沙设计

卡洛特电站泥沙含量高，库沙比约为 5，水库排沙运行水位拟定在 446m 高程。溢洪道控制段左端设置 2 个中孔，为枢纽主要排沙设施，中孔前布置排沙槽，宽 28.4m，底高程为 423.00m。

为保证电站最低引水高程高于水库冲淤平衡高程，并在各运行条件下减少大粒径泥沙进入引水流道，进水口直接布置在溢洪道控制段前沿，利用中孔排沙，避免单独设置排沙设施。同时在进水口引渠前沿溢洪道引渠开挖边线设拦（导）沙坎，增强中孔（排沙孔）排沙效果，坎顶最大流速按在非常运行工况（451.00m 死水位）下 1m/s 控制，其高程定为 440.00m，为电站最低引水高程，比泄洪洞中孔底板高 17m。按照水工模型试验成果及参考相关的泥沙设计经验，电站进水渠前缘均在溢洪道中孔拉沙漏斗之内。在水库达到冲淤平衡后，如监测发现坎前泥沙淤积到一定高程，立即开启中孔排沙，排走进水口前淤积的泥沙，保证进水口“门前清”效果。

根据坝址河段泥沙粒径分析成果，小于 0.25mm 粒径的泥沙占悬移质比例约为 92%，电站最低引水高程为 440.00m，取渠内表层水引水发电，可明显减少大粒径泥沙过机。

水工试验成果表明，各工况下进水口流态较好，未发现有漩涡漏斗，泄洪排沙孔运行时，能保证进水口“门前清”。泥沙模型试验成果表明，枢纽运行 5 年后进水口拦沙坎内淤积基本达到平衡状态，淤积高程小于 0.5m，不影响电站引水发电。

9.5.2 发电引水隧洞设计

卡洛特水电站坝址区属中低山地貌，吉拉姆河在坝址区内呈“几”字形展布，在右岸形成宽约 700m 的河湾地块，发电引水隧洞横穿右岸山脊可获得下游河段约 4m 水头。根据工程总体枢纽布置，选取合适的电站进水口、地面厂房及尾水出口位置，结合地形地质条件，确定合理的引水隧洞布置线路，将大部分洞段置于相对较好的厚层砂岩中，改善了洞周围岩条件。

坝址区地层岩性总体为红层软岩，引水隧洞洞周围岩强度相对较低，因此隧洞断面优先考虑受力及水力条件均较好的圆形断面。参考表 9.25 中统计的国内部分电站引水隧洞的参数，发电引水隧洞流速取值范围一般为 4～6m/s，由于本电站为大流量、中低水头电站，流速取较低值。

表 9.25　　国内部分电站引水隧洞流速

工程	总装机容量/MW	额定水头/m	单机额定流量/(m^3/s)	洞径/m	流速/(m/s)
三峡	6×700	85	982.15	13.5	6.86
龙滩	9×600	125	574	10	7.3
溪洛渡	18×700	186	423.8	10	5.4
拉西瓦	6×700	205	380	9.5	5.36
瀑布沟	6×600	156.7	417	9.5	5.89
小湾	6×714	216	390	9.6	5.39
向家坝	8×750	95	900.7	14.4/13.4	5.53/6.4

方案论证阶段综合上述调研成果，并考虑洞室围岩以Ⅲ、Ⅳ类为主的地质条件，拟定9.6m、9.0m两种引水隧洞洞径方案，从调保设计、经济性及洞室安全性等方面对上述洞径方案进行了比较，最终选定了9.6m方案。

由于引水隧洞所在地层为红层软岩，洞周围岩由弱风化—微风化泥质粉砂岩与粉砂质泥岩互层及砂岩组成，岩层走向N5°E～N10°E，倾向SEE，倾角9°～10°，完整性总体较好，砂岩一般为较软岩，泥质粉砂岩与粉砂质泥岩一般为软岩，泥质粉砂岩、粉砂质泥岩强度低，具失水干裂遇水崩解的特性。

引水隧洞最大开挖洞径11.4m，采用系统喷锚作为初期支护，隧洞进、出口及Ⅳ、Ⅴ类围岩洞段采用1m间距I16工字钢加固。喷混凝土厚10～20cm；系统锚杆采用Φ25长6m的螺纹钢筋，间、排距均为1.25～1.5m。隧洞二次衬砌，上斜段承受的水头相对较小，且围岩以Ⅲ类为主，采用钢筋混凝土衬砌，衬砌厚度0.8m；上弯段、斜直段、下弯段和下平段承受的水头较高，且距离地面厂房开挖边坡距离较近，防渗要求高，围岩以Ⅳ类为主，采用钢管衬砌，钢管与围岩之间采用混凝土回填，厚0.8m。

引水隧洞衬砌及回填混凝土实施后顶部90°范围进行回填灌浆，隧洞围岩全断面进行固结灌浆，灌浆孔间、排距均为3.0m，孔深6.0m，钢衬段灌浆压力0.2MPa，其他部位灌浆压力取1.0～1.2倍内水水头。钢衬段底部120°范围内进行接触灌浆。

根据地形地质资料，引水隧洞埋深一般为30～55m，埋深相对较浅，洞周围岩强度较低(饱和抗压强度8～30MPa)，最大水平主应力为2.5～7.9MPa，岩石强度应力比相对较低。采用数值分析方法对引水隧洞进行施工期、正常运行、检修及地震各工况下整体稳定计算，计算模型见图9.19。在设计洞径下，引水隧洞在施工期和运行期的变形及塑性区范围较小，锚杆受力有一定的安全裕度，围岩总体稳定。运行期衬砌受拉应力较大，通过加强结构配筋可以保证引水隧洞的正常使用。施工期监测数据表明，隧洞开挖支护完成后，洞周变形及塑性区均较小，支护系统受力均在正常范围内，引水隧洞整体安全性可以保证。

图 9.19 引水隧洞计算模型

9.5.3 引水发电建筑物抗震措施

地面厂房抗震设防类别为丙类，采用基本烈度作为设计烈度，设计地震加速度代表值取基准期 50 年超越概率 10% 的地震动峰值加速度，根据地震危险性分析结果，其值为 263.3gal(0.26g)，相应基本烈度为Ⅷ度。地面厂房具有高度大、厂址区地震烈度高的特点，需重点开展结构抗震措施研究，提高结构抗震性能以满足电站安全运行需求。

9.5.3.1 进厂交通洞方式调整

卡洛特水电站地面厂房设计洪水标准非常运用情况下洪水重现期按 500 年考虑，下游校核尾水位 418.08m，电站厂区进厂交通通道、地面厂房结构挡水高程均按满足校核尾水位条件下不出现水淹厂房的情况进行设计，考虑各项超高后确定其高程为 419.00m。地面厂房主机间发电机层高程为 398.50m，与进厂交通路面高差达 20.5m，机组大件设备通过地面交通无法直接运输至发电机层，需要进行专门的进厂交通布置设计。工程前期方案论证阶段主要提出的设备进厂交通方式有 3 种：①方案一，同向转运，进厂公路直接进厂；②方案二，不转运，进厂公路直接进厂；③方案三，交叉转运，进厂公路直接进厂。从结构抗震安全性角度，方案一结构布置简单，桥机运行全部由实体墙支撑，安全可靠，同时仅增加安装场部分的整体高度，在 3 种直接进厂方案中相对较优。在进一步的方案研究过程中，为较好解决本工程地面厂房结构对高地震作用的适应性，对机电设备进厂交通方式进行了调整，具体为：增设进厂交通洞，安装场分Ⅰ段和Ⅱ段两段设置，布置在 1# 机组段右侧，安装场Ⅰ段和安装场Ⅱ段发电机层楼面与各机组段同高，安装场Ⅰ段、安装场Ⅱ段及 1#～4# 机组段在高程 412.00m 布置一台 250t+250t 双小车桥机。安装场Ⅰ段为卸货场，设备自安装场Ⅰ段上游侧398.50m高程进厂交通洞进厂，利用桥机在整个地面厂房主机间内实现自由吊运，进厂交通洞与地面厂房右侧419.00m高程进厂公路连接。调整后方案地面厂房顶部高度不再受限于进厂交通需求，仅需满足下游侧尾水挡水高程，能大幅降低机组段及安装场整体高度，提高结构抗震性能，同时经分析，该方案设备进厂卸货及吊运方式简洁，工程综合投资更省，因此，最终在卡洛特水电站地面厂房设计中采用此进厂交通方案。

9.5.3.2 升压站布置优化

卡洛特水电站地面厂房升压站采用封闭式GIS方案。该方案经济性较好，技术性能优越，具有管理方便、可靠性高、故障概率小、检修周期长、抗震性能好等优点，同时也可避免当地高温对电气设备的影响。

升压站为多层框架结构，其顶部布置出线塔架，平面尺寸为111.4m×16m（长×宽）。升压站布置位置应尽量靠近厂房，便于运行管理的同时，也可减小线路连接长度，减少电损。考虑励磁变、PT柜、发电器断路器、厂用干式变压器、电压互感器等设备均布置在地面厂房上游副厂房各层，升压站优先选择布置在上游副厂房顶部。为满足主变压器、GIS等机电设备以及屋顶出线门构的布置需求，升压站布置于上游副厂房顶部后，地面厂房整体高度由60.5m增加至85.5m，增幅达41.3%，结构抗震控制的难度大幅增加，抗震性能进一步降低。为此，在进行充分研究的基础上，调整地面厂房内部机电设备布置，对升压站布置方案进行优化：将升压站置于地面厂房上游侧开挖边坡回填区，平面布置上仍然是紧靠上游副厂房，运行管理条件与原布置方案基本一致，其优点是升压站下部基础为开挖边坡回填大体积混凝土，与厂房结构之间设永久缝分开，升压站结构的设置不增加地面厂房整体高度，能较好改善地面厂房和升压站结构及相关机电设备的抗震性能。

9.5.3.3 上下游布设副厂房

工程电站尾水位较高，岸边式地面厂房结构挡水水头接近60m，为避免水压力直接作用于主机间上、下游桥机边墙，影响主厂房桥机的运行稳定，在进行厂房结构设计时，在主机间上、下游侧均布设有副厂房，同时在副厂房高程391.00m（水轮机层高程）和高程398.50m（发电机层高程）设置顺流向实体隔墙，上、下游副厂房外侧边墙与主机间上、下游桥机墙体之间分别通过各层楼板、实体混凝土梁及实体隔墙连接形成独立的筒体结构，增大结构整体刚度，较好适应高尾水工况下地面厂房受力需求。

从结构抗震角度，卡洛特水电站厂房主机间上、下游侧筒体结构的形成，在结构设计中通过简单的结构措施加强，大幅提升了结构的整体性和结构刚度，有效提升了地面厂房结构的抗震稳定性。

9.5.3.4 封闭帷幕设置

卡洛特水电站地面厂房建基岩体主要由微风化 $N_{1na}{}^{3-3-2}$～$N_{1na}{}^{3-3-1}$ 砂岩及泥质粉砂岩、粉砂质泥岩互层组成，以 $N_{1na}{}^{3-3-1}$ 中砂岩、细砂岩为主，岩体质量为Ⅲc类，局部为 $N_{1na}{}^{3-3-2}$ 泥质粉砂岩、粉砂质泥岩互层及 $N_{1na}{}^{3-3-1}$ 泥质粉砂岩、粉砂质泥岩夹层，岩体质量为Ⅳc类。对于泥质粉砂岩和粉砂质泥岩，存在遇水软化、失水崩解及干湿交替呈粉末状等不良因素，电站尾水水位较高，尾水绕渗进入厂房建基面，会降低厂房建基面岩体质量，影响其抗震性和耐久性，同时在高尾水工况下，地面厂房的抗浮稳定安全度较低，叠加地震作用后结构整体稳定性存在一定风险。因此，本工程在进行地面厂房基础处理时，除对全建基面进行固结灌浆外，地面厂房靠尾水侧设置封闭帷幕，限制电站尾水入渗厂房建基面，减少尾水对基础岩体的不利影响，降低高尾水工况下地面厂房基底扬压力，总体提高地面厂房建基面的抗震性和地面厂房结构地震作用下的整体稳定性。

9.5.3.5 其他结构措施

(1)电站进水塔抗震措施

1)进水塔基础主要为粉砂质泥岩与泥质粉砂岩互层，为加固处理爆破、卸荷裂隙及构造裂隙等地质缺陷，提高基岩的整体性，减少其承载后的不均匀变形，对进水塔基岩进行全面积固结灌浆处理，并考虑将基础埋入岩体中1～2m。

2)进水塔采用岸塔式，其结构为刚度大、抗倾覆能力强、承载力均较大、整体性好、对抗震有利的箱筒结构。对拦污栅段等部位的框架结构，加强了连接点和支撑部件的强度和刚度，保证结构的整体性和足够的抗扭刚度，所有节点均按抗震计算成果及抗震构造要求进行配筋。

3)塔身结构在满足运行要求的前提下，力求简单对称，质量和刚度变化平缓，减小应力集中，并有足够的刚度。沿塔高设置梁、板等横向支撑，进一步增加塔体的刚度。

4)进水塔采用“一”字形排列，分段布置，段间墙体顶部利用钢筋相互连接，以增加横向整体性。进水口边坡采用合适的开挖坡比，塔体下部紧贴边坡，并采用锚杆及锚索对边坡进行加固，边坡与塔体间设锚杆连接。

5)启闭机房采用塔内布置，以减轻塔体上部的重量。增加交通桥桥面在塔体上的支承面积，并采用柔性连接，防止桥梁掉落。利用锚桩加固桥台，以提高其抗震能力。

6)进水塔设工作门(快速事故门)，门槽顶部设置不影响通风的钢格栅盖板，防止地震时零星碎物掉入门槽影响闸门启闭。

(2)引水隧洞抗震措施

1)引水隧洞横穿河湾布置，围岩主要为砂岩、泥质粉砂岩和粉砂质泥岩，为Ⅲ～Ⅳ类围岩，上覆岩体有足够厚度，洞室的规模不大，洞间岩柱厚度适中，为提高引水隧洞的抗震性能提供了前提条件。

2)隧洞开挖过程中首先及时快速封闭，对隧洞洞脸边坡采用长锚杆及锚索支护，洞身段采用了系统锚杆进行支护，开挖过程中，将对地质缺陷洞段的围岩进行加强支护。

3)隧洞上斜段(围岩主要为砂岩)采用 0.8m 厚钢筋混凝土衬砌，并对进口段局部加厚至 1.5m，并加强配筋。根据计算成果，上斜段末端配筋为双层 6Φ36mm，严格控制衬砌的裂缝开展宽度。隧洞上弯段下游洞段进入泥质粉砂岩夹粉砂质泥岩互层，全部采用钢衬，减小内水外渗对围岩稳定造成不利的影响。

4)对隧洞围岩进行系统固结灌浆，以增加围岩及洞间岩柱的整体性及承载能力。

5)根据地质条件、隧洞线路及结构布置，在转弯段、渐变段及围岩有地质缺陷的部位均设置防震缝，缝面宽度结合结构变形及止水要求确定。

(3)地面厂房抗震措施

1)建基面主要为砂岩、粉砂质泥岩与泥质粉砂岩互层，有一定的承载能力。为提高基岩的整体性，减少其承载后的不均匀变形，对建基面进行全面积固结灌浆，为提高电站厂房的抗震性能创造了前提条件。

2)电站厂房结构在水轮机层以下为尺寸较大的大体积混凝土，电站厂房吊车梁采用刚度及承载力均较大、整体性好、对抗震有利的墙式支撑结构，尾水管底板采用整体式底板。对厂内框架结构，加强连接点和支撑部件的强度和刚度，保证结构的整体性和足够的抗扭刚度。

3)电站厂房结构在满足机电设备布置及运行要求的前提下，力求简单对称，质量和刚度变化平缓，减小应力集中，并有足够的刚度。利用上下游筒体结构、尾水闸墩加强厂房的整体刚度，提高电站厂房的抗震能力。

4)厂房边坡采用合适的开挖坡比，并快速封闭，采用锚杆及锚索对厂房边坡进行加固，并采用钢筋混凝土护坡加强对边坡的保护，护坡与边坡间利用系统锚杆连接。

5)厂房屋顶采用空间网架结构，与上下游墙体间通过埋件可靠连接固定，屋面采用轻质面板，这种质量轻、刚度大、整体性强的屋盖型式，有利于抗震。

6)动力计算表明，厂房上部结构对输入的地震动参数有较大的放大效应，且随高度的增加而增大。因此，减小上部结构的高度将有利于提高结构的抗震性能。通过安装场不同布置方案的综合比较，采用安装场按 2 段分开布置，设置进厂交通洞进厂，有效降低了安装场上下游支撑墙高度，提高了其抗震性能。

7)厂房结构设计时，厂房永久缝宽度、止水材料和型式等的设计均考虑了抗震要求。结构构件设计时，严格按照《水工混凝土结构设计规范》(DL/T 5057—1996)中有关抗震条款，对厂房钢筋混凝土构件的最小配筋率、钢筋直径、锚固长度、箍筋直径及间距等进行严格控制。

9.5.4 地面厂房高尾水高地震综合应对措施

卡洛特水电站地面厂房500年一遇校核尾水位418.08m，最低发电尾水位386.66m，最大尾水变幅31.42m，厂房建基面高程358.5m，下游最大挡水水头约60m，厂房结构挡水压力大。同时，地面厂房抗震设防类别为丙类，设计地震加速度代表值取基准期50年内超越概率10%的地震动峰值加速度，其值为0.26g，厂房结构还需应对高地震风险。

为应对高尾水变幅，在地面厂房结构设计中采取了以下相关措施：①厂房结构下游侧设灌浆帷幕加排水幕，降低地面厂房建基面扬压力，提高地面厂房结构抗浮稳定性，同时降低尾水入渗引起地基岩体软化，减小基础的不均匀变形，保证机组的长期稳定运行；②厂房主机间与上下游侧副厂房连接为整体，形成筒体结构，避免桥机支撑墙直接面临下游高尾水，确保地面厂房结构挡水安全性，同时也有利于提高结构抗震性能；③合理选择安装场布置方案，优化进厂交通布置，通过增设进厂交通洞，有效降低机组段及安装场高度16m，大大减小高地震对结构安全性的影响，降低结构设计的难度；④升压站结构独立布置于地面厂房结构上游侧的回填平台，并设永久缝分开，同时降低地面厂房结构和升压站结构的整体高度，优化厂区结构布置，较好适应高地震带来的设计风险。

9.5.5 基坑、洞室开挖及缺陷处理

9.5.5.1 基坑及洞室开挖

边坡开挖应采用自上而下分梯段、逐层开挖、逐层保护的方法施工，应采用预裂或光面爆破技术，必要时应预留岩体水平保护层。严格控制开挖梯段高度，在完成上层开挖后，必须立即喷混凝土封闭以防止基岩快速风化，同时采用砂浆锚杆加固。未完成上一层的支护，严禁进行下一层的开挖，上层的支护应保证下一层的开挖安全顺利进行。

直立坡要求坡顶进行锁口加固后才能进行下一梯段的预裂及开挖。邻近水平建基面，应预留岩体垂直保护层，其保护层的厚度应由现场爆破试验确定。为防止软岩快速风化及遇水软化，开挖至建基面后，应及时进行封闭处理。

厂房基坑施工前应完成厂房边坡排水洞施工，并做好施工期地面和基坑内排水措施。

施工过程中应加强边坡变形和应力监测，根据监测数据结合施工记录正确分析边坡稳定性，并采取相应对策。

为减轻地下洞室开挖时对围岩稳定的不利影响，引水隧洞及进厂交通洞应间隔开挖。在洞脸完成锁口加固、边坡完成支护排水后，方可进洞开挖。洞室开挖应采用光面爆破或预裂技术，采取适当的超前支护，及时进行喷锚支护，对有地下水渗漏的部位，采取措施进行减压排水，并保证其排水畅通。

Ⅳ、Ⅴ类围岩洞段必须做好安全监测，采用弱爆破、短进尺，每个循环进尺不得超过

0.8～1.5m，开挖前必须采取超前支护。开挖后应及时进行安全处理及初期支护，在确保洞室稳定后，方可进行下一道工序的施工。

9.5.5.2 地质缺陷处理

开挖过程中，应密切注意边坡及洞室围岩中由结构面切割形成的块体的稳定情况，不利块体未进行有效加固前，不得继续进行开挖施工，以保证施工安全和工程的顺利进行。对于边坡及洞室出露的软弱层带，采取扩挖回填混凝土，以及增加锚杆、锚索、固结灌浆或贴坡混凝土等必要的加固支护措施。

对于在建基面局部出露的裂隙密集带等软弱层带，采取扩挖回填混凝土的方式进行处理，扩挖深度为软弱带宽度的1.0～1.5倍，并视揭露的地质情况，对软弱带两侧的破碎岩体进行同样的处理。建基面布置有系统固结灌浆，对建基面出露的软弱层带及其交会区等地质缺陷部位固结灌浆孔适当加密、加深。

10 导流建筑物

10.1 导流标准

10.1.1 导流建筑物级别

卡洛特水电站工程为Ⅱ等工程，主要建筑物级别为2级。根据《水电工程施工组织设计规范》(DL/T5397—2007)，保护永久建筑物施工的导流建筑物为4级建筑物，保护导流建筑物施工的围堰为5级建筑物。

导流隧洞进出口明渠预留岩埂围堰保护导流隧洞及其进出口明渠施工，为5级建筑物；上下游土石围堰、导流隧洞及厂房预留岩埂围堰、溢洪道进出口预留土埂围堰为4级建筑物。

10.1.2 导流洪水设计标准

(1)上、下游土石围堰

本工程前期开挖工程量较大，土、石材料丰富，上、下游围堰均采用全年挡水土石围堰。根据规范规定，4级土石围堰设计洪水标准可在10～20年一遇之间选取，其中10年一遇洪水对应流量为6740m^3/s，20年一遇洪水对应流量为9020m^3/s。在保证上游土石围堰规模不变的情况下，10年一遇洪水对应布置3条直径12.5m的圆形导流隧洞，20年一遇洪水需布置4条直径12.5m的圆形导流隧洞或3条直径13.8m的圆形导流隧洞，投资增加约1.5亿元。因此洪水设计标准选用全年10年一遇洪水，相应流量为6740m^3/s。

(2)厂房预留岩埂围堰

厂房全年预留岩埂围堰保护电站厂房施工，为4级建筑物，其设计洪水标准采用全年10年一遇洪水，相应流量6740m^3/s；厂房枯水期预留岩埂围堰保护厂房尾水渠施工，为4级建筑物，其设计洪水标准采用10月至次年2月5年一遇洪水，相应流量1160m^3/s。

(3)溢洪道进出口预留岩埂围堰

溢洪道进出口预留岩埂围堰保护溢洪道施工，为4级建筑物，其设计洪水标准采用全年10年一遇洪水，相应流量6740m^3/s。

(4)导流隧洞进出口明渠预留岩埂围堰

导流隧洞进出口明渠预留岩埂围堰保护导流隧洞及其进出口明渠施工，为5级建筑物，其设计洪水标准采用5年一遇洪水，相应流量4660m³/s。

(5)坝体挡水度汛标准

根据施工进度安排，第4年10月至第5年2月大坝填筑高程超过上游土石围堰顶高程并填筑到顶，坝体挡水度汛标准为10月至次年2月50年一遇洪水，相应流量2420m³/s。

坝体填筑到顶后，第5年汛期坝体挡水度汛标准为全年200年一遇洪水，相应流量17300m³/s。

10.1.3 截流、下闸和蓄水标准

根据《水电工程施工组织设计规范》(DL/T 5397—2007)，截流标准和下闸标准可采用截流或封堵下闸时段5～10年一遇的月或旬平均流量；导流泄流建筑物封堵标准为封堵时段10～20年一遇洪水流量。河床截流标准采用10月10年一遇月平均流量462m³/s，导流隧洞下闸标准采用2月10年一遇月平均流量543m³/s。

按规范要求，水库施工期蓄水标准保证率取85%。

10.2 导流方案

10.2.1 导流隧洞规模

10.2.1.1 导流洞条数比选

在导流流量和围堰规模确定的条件下，根据工程枢纽布置和坝区的地形、地质条件，导流标准采用全年10年一遇设计流量6740m³/s，研究比较了2条导流洞、3条导流洞导流方案。2条导流洞方案隧洞断面尺寸为直径15.2m的圆形，单洞断面面积约181.4m²，3条导流洞方案隧洞断面尺寸为直径12.5m的圆形，单洞断面面积约122.2m²。

根据坝址地形条件和枢纽建筑物布置，两种方案导流隧洞均宜布置在右岸。由于两种方案上游土石围堰规模基本一致，仅对导流隧洞进行技术经济比较，见表10.1。

从布置来看，2条导流洞方案与3条导流洞方案差别不大。从施工条件来看，结合本工程的实际地质条件，导流隧洞穿越地层主要为泥质粉砂岩夹粉砂质泥岩，岩性为软岩，洞身围岩主要以Ⅳ类为主，Ⅳ类和Ⅴ类所占比例达到70%，且岩层产状与洞轴线夹角较小，隧洞典型纵剖面见图10.1。此类岩石受水浸泡后迅速软化，手可掰动，局部可手捏碎搓成泥团，围岩自稳时间较短，开挖后易塌方，如小浪底水利枢纽导流隧洞就发生过较大规模的塌方。为保证开挖过程中围岩稳定时间尽可能地延长，有效降低围岩变形速率，施工时需制定合理的开挖分层、开挖顺序及进尺，洞室越大，所采取的分层分序步骤就越复杂，施工周期越长，

承担的风险相对较大,因此,3 条导流洞方案施工难度及施工风险略低。从截流来看,3 条导流洞方案截流难度较低,风险略小。从运行工况看,两方案隧洞断面平均流速均近 20m/s,在目前国内已建工程泄流工况范围之内。从工程投资来看,差别不大。

表 10.1　　2 条导流洞方案和 3 条导流洞方案对比

项目	2 条导流洞方案	3 条导流洞方案
导流布置	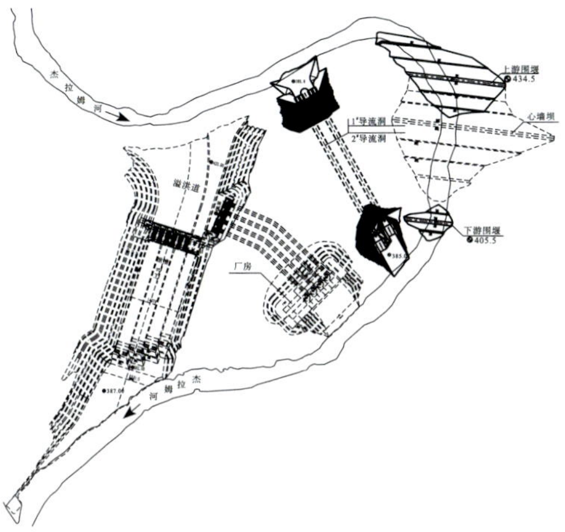	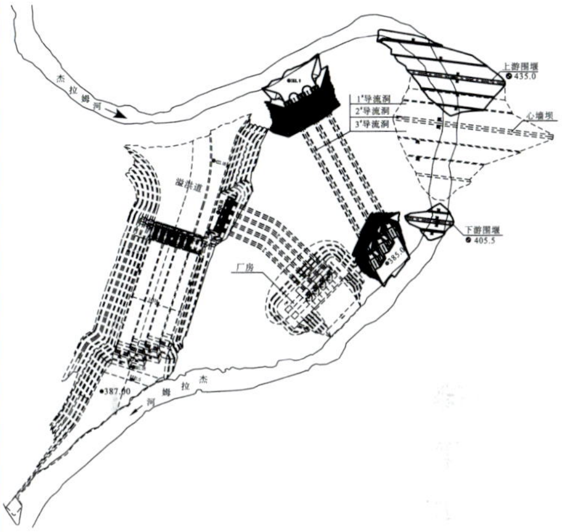
导流隧洞	导流隧洞进口底板高程 388m,出口高程 385m,隧洞断面为直径 15.2m 的圆形洞。导流隧洞洞身为直线段,两条导流隧洞长度分别为 417.7m、444.3m。洞身标准段最大开挖尺寸 18.6m×18.4m(宽×高),进口段最大开挖尺寸 25.6m×21.4m(宽×高)	导流隧洞进口底板高程 388m,出口高程 385m,隧洞断面为直径 12.5m 的圆形洞。导流隧洞洞身为直线段,3 条导流隧洞长度分别为 420.7m、447.3m、473.8m。洞身标准段最大开挖尺寸 15.3m×15.1m(宽×高),进口段最大开挖尺寸 21.9m×17.7m(宽×高)
导流隧洞主要工程量	土石方明挖:85.86 万 m^3; 石方洞挖:25.76 万 m^3; 混凝土:15.04 万 m^3; 钢筋:9292t; 钢筋网:243t; 钢支撑:1701t; 锚杆:59454 根; 锚杆束:1112 根; 锚索:556 束	土石方明挖:109.04 万 m^3; 石方洞挖:26.46 万 m^3; 混凝土:15.30 万 m^3; 钢筋:8349t; 钢筋网:266t; 钢支撑:1381t; 锚杆:54686 根; 锚杆束:1280 根; 锚索:640 束
截流落差	4.4m	3.4m
导流工程投资	4.71 亿元	4.76 亿元

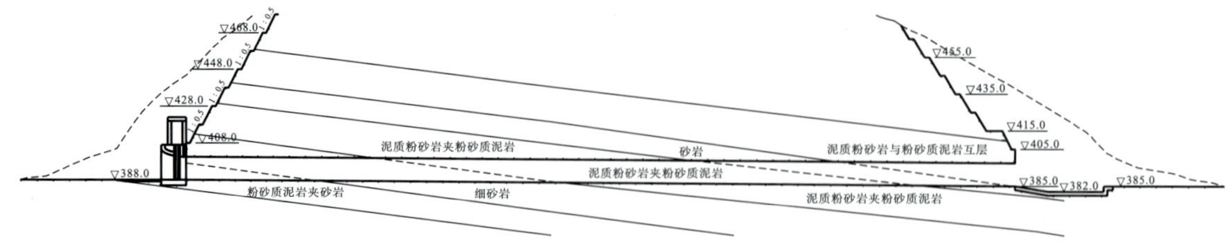

图 10.1　导流隧洞典型纵剖面

从工程实践经验来看，国内外类似岩性布置导流隧洞情况见表 10.2。

表 10.2　国内外软岩地层导流隧洞工程特性

序号	工程名称	地层岩性	断面型式	断面尺寸/m
1	原咨询联合体卡洛特水电站	泥岩与砂岩互层	圆形	10
2	巴基斯坦阿扎德帕坦水电站	页岩与砂岩互层	圆形	14
3	巴基斯坦曼格拉水电站	泥岩与砂岩互层	圆形	10
4	小浪底水利枢纽	层状砂岩	圆形	14.5
5	百色水利枢纽	泥岩与泥质灰岩互层	圆形	13.2
6	徐村水电站	板岩与砂岩互层	圆形	8.5
7	天生桥一级水电站	泥岩与灰岩互层	马蹄形	13.5
8	南沙水电站	砂砾岩与砾岩互层	城门洞形	9×13
9	盘石头水库	页岩与灰岩互层	城门洞形	7×11.9

综上所述，参考国内外其他工程经验及本工程的地质情况，此类围岩下导流隧洞洞径未超过 14.5m，因此推荐采用 3 条导流洞方案。

10.2.1.2　导流洞断面比较

根据工程枢纽布置和坝区的地形、地质条件，对导流洞洞身 3 种横断面型式（城门洞形、马蹄形、圆形）进行结构应力分析和技术经济比较。

（1）断面拟定

3 种断面型式净面积基本一致。城门洞形断面尺寸 10m×13m，净面积 121.6m^2；马蹄形断面尺寸 12m×12m，顶拱半径 6m，侧拱半径 12m，净面积 122.3m^2；圆形断面直径 12.5m，净面积 122.6m^2。3 种断面典型横剖面见图 10.2 至图 10.4。

（2）水力条件

3 种断面型式在宣泄枯水期设计洪水时，过水能力主要受进口控制，高水位时过水面积基本相同，上游水位基本一致；3 种断面型式主要区别在于截流期间的过流情况。截流时流量小，水位低，不同断面型式洞内过水面积不同，其中城门洞形断面底部过水面积较大，马蹄形次之，圆形最小，截流时圆形断面难度稍大，马蹄形次之，城门洞形最小。采用圆形断面的截流水力计算落差为 3.4m，根据目前的施工水平和施工机械，截流难度不大。

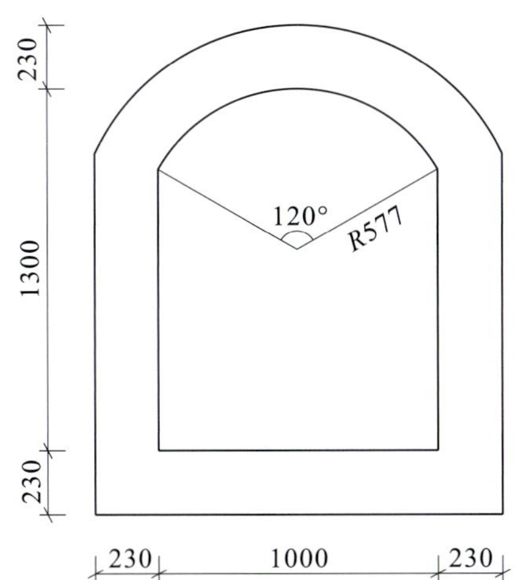

图 10.2 城门洞形隧洞典型横剖面(单位:cm)

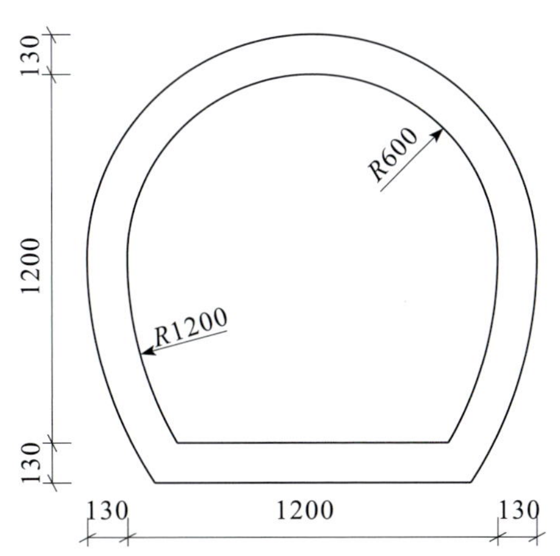

图 10.3 马蹄形隧洞典型横剖面(单位:cm)

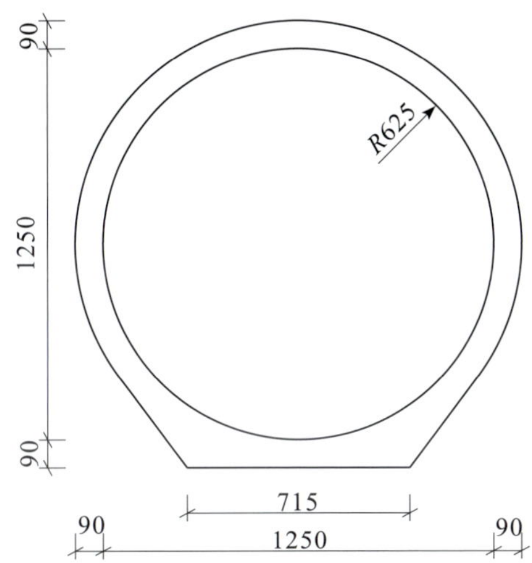

图 10.4 圆形隧洞典型横剖面(单位:cm)

(3)受力条件

从导流洞洞身衬砌角度看,洞身所在地层主要为泥质粉砂岩夹粉砂质泥岩,此类岩石遇水易软化,并在水流的作用下会流失,如果采用在洞身设置排水孔的透水衬砌,会导致衬砌后保留的岩体在水流作用下力学性能下降或丧失。由于隧洞结构计算是考虑衬砌与岩体共同受力,在此情况下隧洞的安全难以得到保证,因此导流隧洞洞身采用不透水衬砌。城门洞形隧洞主要适用于岩性坚硬、山岩压力很小的情况,如外水荷载较大时,其边墙及底板剪应力较大,为满足抗剪要求,一般采用增加衬砌的厚度来处理。马蹄形隧洞适用于岩性较差、山岩压力较大的情况,其受力条件较城门洞形好,比圆形稍差;圆形隧洞适用于各类地质条件,在内、外水压力作用下,其受力条件也最好。

经对洞身衬砌进行结构计算,城门洞形断面衬砌厚度为 2.3m,马蹄形断面为 1.3m,圆形断面Ⅲ类、Ⅳ类和Ⅴ类围岩衬砌厚度分别为 0.7m、0.9m 和 1.2m。不同断面型式导流隧洞衬砌内力分析计算成果见表 10.3。

表 10.3 隧洞内力分析计算成果表

工况	洞型	围岩类别	弯矩/(kN·m)	轴力/kN
封堵期	城门洞形	Ⅲ	7195	4538
		Ⅳ	7243	4583
		Ⅴ	7253	4540
	马蹄形	Ⅲ	3278	4240
		Ⅳ	3214	4319
		Ⅴ	3214	4319
	圆形	Ⅲ	140	3634
		Ⅳ	271	3841
		Ⅴ	422	4035
运行期	城门洞形	Ⅲ	1396	−577
		Ⅳ	1593	−648
		Ⅴ	1911	−757
	马蹄形	Ⅲ	683	−403
		Ⅳ	795	−414
		Ⅴ	990	−511
	圆形	Ⅲ	200	−496
		Ⅳ	359	−656
		Ⅴ	580	−726

从表 10.3 可知，由于导流隧洞采用不透水衬砌，外水压力对结构影响较大，两种工况下圆形断面受力条件最好，马蹄形次之，城门洞形最差。

(4)施工条件

从目前施工技术和手段来看，城门洞形对施工的影响较小。

(5)工程量及投资

经过比较，3 种断面型式中圆形断面工程量及投资最省，马蹄形次之，城门洞形最高。3 种洞型洞身段主要工程量及投资见表 10.4。

表 10.4 3 种洞型洞身段主要工程量及投资对比

项目	城门洞形	马蹄形	圆形
洞挖石方/万 m^3	35.91	28.23	26.46
洞身衬砌混凝土/万 m^3	17.07	9.53	7.61
堵头混凝土/万 m^3	2.15	2.47	2.47

续表

项目	城门洞形	马蹄形	圆形
喷混凝土/万 m^3	0.95	0.83	0.84
钢筋/t	12784	9399	6769
钢筋网/t	168	148	150
钢支撑/t	1605	1396	1381
锚杆/根	61142	50170	48350
投资/亿元	4.73	3.71	3.29

综合考虑，从水力条件来看，圆形断面稍差，但差别不大；从受力条件、工程量及投资来看，圆形断面优势较明显。因此推荐采用圆形断面。

10.2.2 导流隧洞布置

根据工程枢纽布置和坝区的地形、地质条件，导流洞只宜布置在右岸，研究比较了导流洞布置在厂房与大坝之间（方案一）、溢洪道与厂房之间（方案二）的导流方案，分述如下：

（1）方案一

3 条导流隧洞进口底板高程均为 388m，出口高程均为 385m，隧洞断面为直径 12.5m 的圆形洞。导流隧洞洞身为直线段，3 条导流隧洞长度分别为 420.7m、447.3m 和 473.8m，总长度 1341.8m。

上游围堰轴线长 277.8m，堰顶高程 435m，最大高度 55m，围堰防渗采用塑性混凝土防渗墙上接复合土工膜，防渗墙最大深度为 24m。下游围堰轴线长 134.8m，堰顶高程 405.5m，最大高度 25.5m，围堰防渗采用塑性混凝土防渗墙，防渗墙最大深度为 32m。

（2）方案二

3 条导流隧洞进口底板高程均为 388m，出口高程均为 382m，隧洞断面为直径 12.5m 的圆形洞。隧洞洞身由进口直线段、圆弧段及出口直线段组成，3 条导流隧洞长度分别为 570.8m、585.6m 和 600.4m，总长 1756.8m。

上游围堰轴线长 280.8m，堰顶高程 436m，最大高度 56m，围堰防渗采用塑性混凝土防渗墙上接复合土工膜，防渗墙最大深度为 24m。下游围堰同方案一。

（3）方案比较

由于两种方案上游土石围堰规模基本一致，仅对导流隧洞进行技术经济比较，见表 10.5。

表 10.5　　方案一和方案二对比

项目	方案一	方案二
导流布置	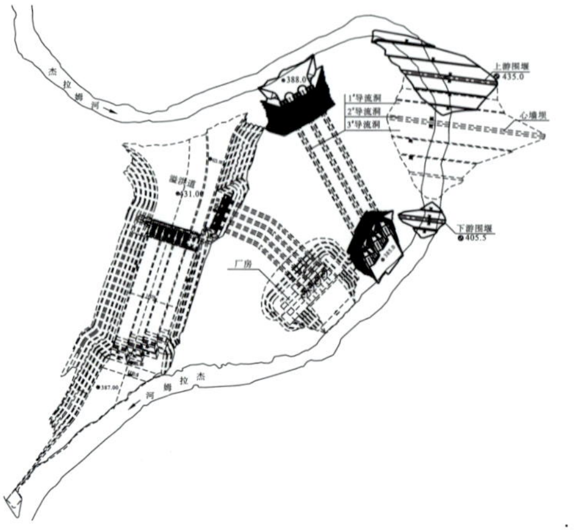	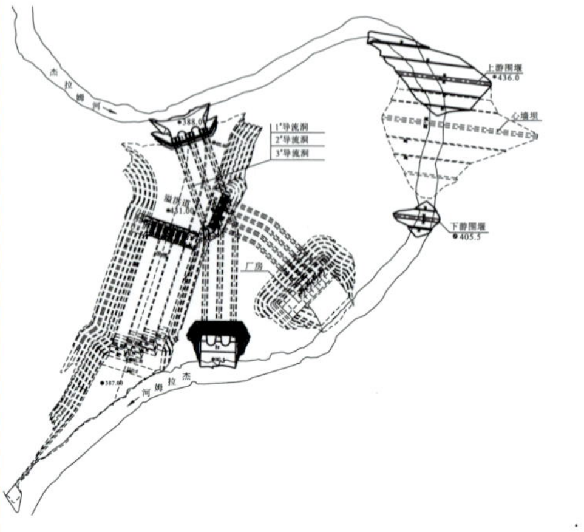
导流隧洞	导流隧洞进口底板高程 388m，出口高程 385m，隧洞断面为直径 12.5m 的圆形洞。导流隧洞洞身为直线段，3 条导流隧洞长度分别为 420.7m、447.3m、473.8m	导流隧洞进口底板高程 388m，出口高程 382m，隧洞断面为直径 12.5m 的圆形洞。导流隧洞洞身由进口直线段、圆弧段及出口直线段组成，3 条导流隧洞长度分别为 570.8m、585.6m 和 600.4m
导流隧洞主要工程量	土石方明挖：109.04 万 m^3； 石方洞挖：26.46 万 m^3； 混凝土：15.30 万 m^3； 钢筋：8349t； 钢筋网：266t； 钢支撑：1381t； 锚杆：54686 根； 锚杆束：1280 根； 锚索：640 束	土石方明挖：77.32 万 m^3； 石方洞挖：32.92 万 m^3； 混凝土：16.55 万 m^3； 钢筋：9363t； 钢筋网：257t； 钢支撑：1490t； 锚杆：62032 根； 锚杆束：553 根； 锚索：277 束
截流落差	3.4m	4.1m
导流工程投资	4.76 亿元	5.14 亿元

从布置来看，方案一相对独立，整体布置均匀；方案二布置紧凑，导流隧洞进口开挖可以与溢洪道结合，可减少隧洞进口明挖工程量，但易受其他建筑物干扰。从施工条件来看，根据施工进度安排，在导流隧洞施工及运行期间，溢洪道和厂房一直持续在施工，针对本工程导流洞所在地层的软岩特性，方案二受到施工干扰较大，极易危及导流洞的开挖及结构安全，而方案一不受此影响，优势明显。从截流指标及工程投资来看，方案一占优。

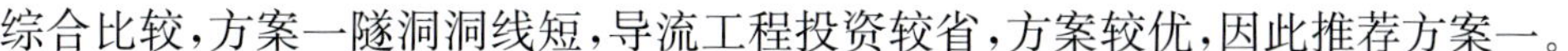

综合比较,方案一隧洞洞线短,导流工程投资较省,方案较优,因此推荐方案一。

10.2.3 导流方案拟定

(1)大坝施工导流方案

采用上下游全年挡水土石围堰拦断河床,形成基坑,施工沥青心墙坝,洪水由导流隧洞下泄。导流洪水标准为10年一遇,相应流量6740m^3/s。导流隧洞采用3条直径为12.5m的圆形洞。

(2)厂房施工导流方案

电站厂房的施工进度直接关系到工程的发电工期,因此电站厂房必须全年施工。在厂房尾水渠预留全年岩埂围堰施工地面厂房,后期拆除至枯水期岩埂围堰施工尾水渠,由原河床过流。全年预留岩埂围堰设计标准为10年一遇洪水,相应流量6740m^3/s;枯水期预留岩埂围堰设计标准为10月至次年2月5年一遇洪水,相应流量1160m^3/s。

(3)溢洪道施工导流方案

溢洪道进出口预留岩埂围堰保护溢洪道施工,由原河床过流,其设计标准采用10年一遇洪水,相应流量6740m^3/s。

10.2.4 导流程序

(1)Level 1阶段导流程序

根据施工总进度计划安排,施工导流程序如下:

第1年1月开始导流隧洞施工,原河床泄流。

第2年9月底导流隧洞具备通水条件,10月上旬河床截流,填筑土石围堰至防渗墙施工平台,进行围堰防渗墙施工。截流后,水流由导流隧洞下泄。

第3年2月完成围堰防渗墙施工,汛前将围堰填筑至设计顶高程,施工期洪水由导流隧洞下泄。

第3年3月至第4年9月,在上下游土石围堰、厂房预留岩埂围堰及溢洪道预留土埂围堰的保护下进行大坝、厂房及溢洪道工程施工,大坝填筑未超堰顶,来水通过导流隧洞下泄。

第4年10月至第5年2月,在上下游土石围堰、厂房预留岩埂围堰及溢洪道预留土埂围堰的保护下进行大坝、厂房及溢洪道工程施工,来水通过导流隧洞下泄。其间大坝填筑高程超过上游围堰顶高程后,由坝体挡水度汛,标准为10月至次年2月50年一遇洪水,相应流量2420m^3/s。

第5年2月底,大坝到达设计顶高程,溢洪道具备泄流条件,导流隧洞下闸,水库开始蓄水,至初期发电水位458m,第一台机组发电。

第5年3月至第5年7月,进行导流隧洞封堵施工,隧洞封堵施工期洪水由溢洪道下泄。其间坝体挡水度汛标准为全年 200 年一遇洪水，相应流量 17300m³/s。

第 5 年 8 月，工程完工。

施工导流程序见表 10.6。

表 10.6　　施工导流程序

<table>
<tr><th>时段</th><th>挡水建筑物</th><th>过水通道</th><th>洪水标准及导流流量</th><th>施工项目</th><th>上游水位/m</th><th>下游水位/m</th></tr>
<tr><td rowspan="3">第 1 年 1 月至第 2 年 9 月</td><td>导流隧洞进、出口预留土埂围堰</td><td>原河床</td><td>全年 $P=20\%$，$Q=4660m^3/s$</td><td>导流隧洞</td><td>403.4</td><td>400.6</td></tr>
<tr><td>厂房预留岩埂围堰</td><td>原河床</td><td>全年 $P=10\%$，$Q=6740m^3/s$</td><td>主厂房开挖及混凝土浇筑、引水隧洞开挖</td><td>—</td><td>403.0</td></tr>
<tr><td>溢洪道预留岩埂围堰</td><td>导流隧洞</td><td>全年 $P=10\%$，$Q=6740m^3/s$</td><td>溢洪道控制段开挖及混凝土浇筑</td><td>433.2</td><td>400.5</td></tr>
<tr><td>第 2 年 10 月</td><td></td><td>导流隧洞</td><td>$P=10\%$，10 月月平均流量，$Q=462m^3/s$</td><td>主河道截流</td><td>393.5</td><td>388.6</td></tr>
<tr><td rowspan="3">第 2 年 10 月至第 3 年 2 月</td><td></td><td>导流隧洞</td><td>10—2 月 $P=20\%$，$Q=1160m^3/s$</td><td>上、下游土石围堰</td><td>397.1</td><td>392.0</td></tr>
<tr><td>厂房预留全年岩埂围堰</td><td>原河床</td><td>全年 $P=10\%$，$Q=6740m^3/s$</td><td>主厂房混凝土浇筑及引水隧洞开挖</td><td>—</td><td>403.0</td></tr>
<tr><td>溢洪道预留岩埂围堰</td><td>导流隧洞</td><td>全年 $P=10\%$，$Q=6740m^3/s$</td><td>溢洪道泄槽段开挖及控制段混凝土浇筑</td><td>433.2</td><td>400.5</td></tr>
<tr><td rowspan="3">第 3 年 3 月至第 4 年 9 月</td><td>上、下游土石围堰</td><td>导流隧洞</td><td>全年 $P=10\%$，$Q=6740m^3/s$</td><td>大坝基础开挖、填筑及心墙沥青混凝土浇筑</td><td>433.2</td><td>403.5</td></tr>
<tr><td>厂房预留全年岩埂围堰</td><td>原河床</td><td>全年 $P=10\%$，$Q=6740m^3/s$</td><td>主厂房、引水隧洞及进水塔混凝土浇筑，机组安装</td><td>—</td><td>403.0</td></tr>
<tr><td>溢洪道预留岩埂围堰</td><td>导流隧洞</td><td>全年 $P=10\%$，$Q=6740m^3/s$</td><td>溢洪道泄槽段、进口段开挖及混凝土浇筑</td><td>433.2</td><td>400.5</td></tr>
<tr><td rowspan="2">第 4 年 10 月至第 5 年 2 月</td><td>上、下游土石围堰</td><td>导流隧洞</td><td>全年 $P=10\%$，$Q=6740m^3/s$</td><td>大坝填筑及心墙沥青混凝土浇筑</td><td>433.2</td><td>400.5</td></tr>
<tr><td>厂房预留枯水期岩埂围堰</td><td>原河床</td><td>10—2 月 $P=20\%$，$Q=1160m^3/s$</td><td>尾水渠开挖及混凝土浇筑</td><td>—</td><td>391.5</td></tr>
</table>

续表

<table>
<tr><th>时段</th><th>挡水建筑物</th><th>过水通道</th><th>洪水标准及导流流量</th><th>施工项目</th><th>上游水位/m</th><th>下游水位/m</th></tr>
<tr><td rowspan="2">第 4 年 10 月至第 5 年 2 月</td><td>溢洪道预留岩埂围堰</td><td>导流隧洞</td><td>全年 $P=10\%$，$Q=6740m^3/s$</td><td>溢洪道泄槽段、进口段开挖及混凝土浇筑，闸门安装</td><td>433.2</td><td>400.5</td></tr>
<tr><td colspan="2">坝体挡水度汛</td><td>10 月至次年 2 月 $P=2\%$，$Q=2420m^3/s$</td><td></td><td>402.0</td><td></td></tr>
<tr><td>第 5 年 2 月</td><td>大坝</td><td>导流隧洞</td><td>$P=10\%$，2 月月平均流量，$Q=543m^3/s$</td><td>导流隧洞下闸</td><td>394.0</td><td>389.1</td></tr>
<tr><td rowspan="2">第 5 年 3 月至第 5 年 7 月</td><td>导流隧洞闸门</td><td>溢洪道</td><td></td><td>导流隧洞封堵</td><td>461.0</td><td>—</td></tr>
<tr><td>坝体挡水度汛</td><td>溢洪道</td><td>全年 $P=0.5\%$，$Q=17300m^3/s$</td><td></td><td>461.0</td><td></td></tr>
<tr><td>第 5 年 8 月</td><td colspan="6">永久建筑物正常运行</td></tr>
</table>

(2)Level 2 阶段导流程序

根据现场实际情况及疫情影响等因素，Level 2 阶段导流程序如下：

2016 年 3 月开始导流隧洞施工，原河床泄流。

2018 年 9 月 6 日，导流洞进出口围堰拆除，开始过流；9 月 22 日，河床截流，开始填筑土石围堰。截流后，水流由导流隧洞下泄。2019 年 4 月，围堰填筑至设计顶高程，施工期洪水由导流隧洞下泄。

2019 年 4 月至 2020 年 9 月，在上下游土石围堰、厂房预留岩埂围堰及溢洪道预留土埂围堰的保护下进行大坝、厂房及溢洪道工程施工，大坝填筑未超堰顶，来水通过导流隧洞下泄。

受施工进度计划调整及疫情的影响，2020 年汛期，大坝填筑高程未超过上游围堰高程，汛期度汛模式为上下游围堰挡水、导流隧洞泄流。大坝汛期继续施工，考虑到导流标准选择时采用下限，汛期遭遇超标准洪水时未完建土石坝过流会造成较大的安全风险和经济损失，因此为保证工程安全，减少超标准洪水造成的经济损失，围堰挡水标准提高至 20 年一遇。2021 年汛前，围堰顶高程加高至 442m。

2021 年 4 月至 2021 年 9 月，大坝填筑顶高程不超过上游围堰，即不超过高程 442m。大坝上下游围堰度汛标准为全年 10 年一遇设计洪水，洪峰流量 $6420m^3/s$。

2021 年 10 月至 2022 年 2 月，在上下游土石围堰、厂房预留岩埂围堰及溢洪道预留土埂围堰的保护下进行大坝、厂房及溢洪道工程施工，来水通过导流隧洞下泄。其间大坝填筑高程超过上游围堰顶高程后，由坝体挡水度汛，标准为10月至次年2月100年一遇洪水。

2021年11月，导流隧洞下闸，水库开始初期（第一阶段）蓄水，大坝填筑顶高程至455m。

2022年2月，大坝到达设计顶高程，溢洪道具备泄流能力。

2021年11月至2022年5月，进行导流隧洞封堵施工，隧洞封堵施工期洪水由溢洪道下泄。期间坝体挡水度汛标准为全年200年一遇洪水，相应流量17300m^3/s。

2022年，工程完工。

10.3 导流挡水建筑物设计

10.3.1 围堰型式选择

10.3.1.1 围堰型式

本工程大坝为沥青混凝土心墙堆石坝，工程前期开挖工程量较大，土、石材料丰富。考虑到土石围堰能充分利用当地材料，结构简单，施工方便，又可使用大型施工设备进行高强度堆筑，在一个枯水期内完建，满足汛期挡水条件，故上、下游围堰均采用土石围堰。

(1)Level 1方案：上游围堰与大坝结合

坝顶高程469.50m，坝顶轴线长460.0m，坝顶宽度12.0m，最大坝高95.5m。大坝上游坝坡1∶2.25，在高程449.5m设置宽3.0m的马道，高程435.0m与河床上游土石围堰相接，该处平台总宽度51.3m（含上游围堰顶宽10m）。上游土石围堰轴线长277.8m，堰顶高程435.0m，顶宽10m，最大堰高约55m。围堰下游堰脚为截流戗堤，戗堤顶高程395.0m，顶宽10m，上游坡比为1∶1.3，下游坡比为1∶1.5；截流戗堤上游侧尾随跟进填筑砂砾石过渡料、粒径小于20cm的混合料和石渣料，最上游侧抛块石，跟进填筑料顶高程为398.5m；跟进料中砂砾石过渡料上游坡比为1∶1.75，混合料和石渣料上游坡比为1∶1.5。围堰填筑材料主要为石渣料，高程398.5m上、下游设马道，宽分别为5m和2m，马道以上围堰上、下游边坡坡比均为1∶2，并在高程417.0m处设置2m宽马道，上游迎水侧边坡采用50cm厚干砌块石（下设30cm厚砂砾石垫层）保护，堰顶设0.5m厚碎石路面（图10.5和图10.6）。

(2)Level 2方案：上游围堰与大坝不结合

Level 2阶段，根据业主工程师审批意见，并经方案比选。在Level 1设计方案基础上，将上游围堰移出到沥青混凝土心墙堆石坝以外，大坝布置位置不变，上游围堰轴线向上游移动约270m，布置于导流洞进口与大坝之间，其他建筑物布置不变。

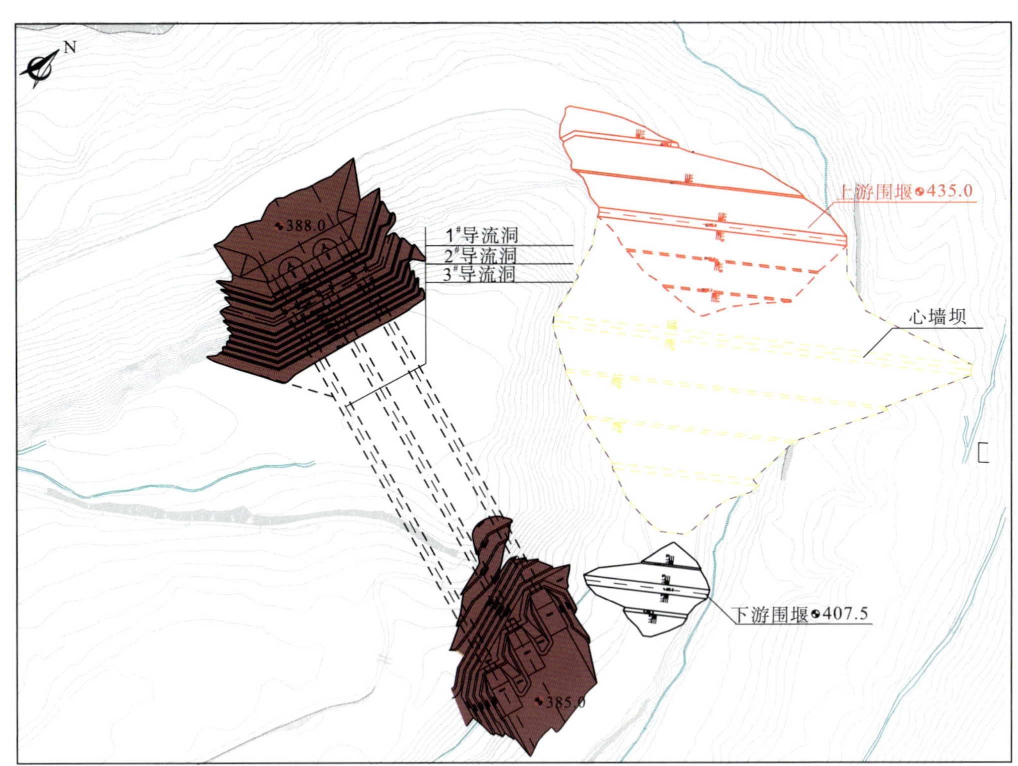

图 10.5 大坝及上游围堰结合方案平面布置

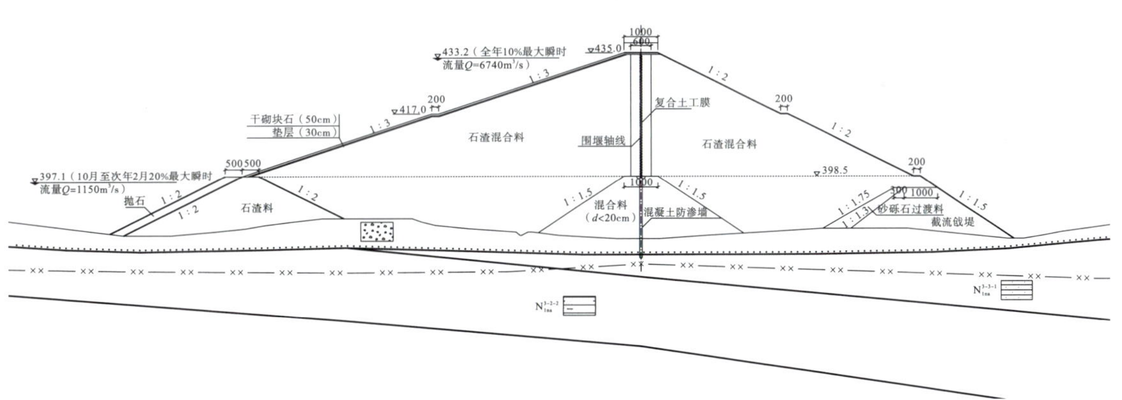

图 10.6 上游土石围堰典型剖面

上游土石围堰轴线长 216.6m，堰顶高程 435.0m，顶宽 10m，最大堰高约 55m。围堰下游堰脚为截流戗堤，戗堤顶高程 395.0m，顶宽 10m，上游坡比为 1∶1.3，下游坡比为 1∶1.5；截流戗堤上游侧尾随跟进填筑砂砾石过渡料、混合料和石渣料，最上游侧抛块石，跟进填筑料顶高程为 398.5m；跟进料中砂砾石过渡料上游坡比为 1∶1.75，混合料和石渣料上游坡比为 1∶1.5。围堰填筑材料主要为石渣料，高程 398.5m 上、下游设马道，宽分别为 5m 和 3m，马道以上围堰上、下游边坡坡比均为 1∶2.5，并在高程 417.0m 处设置 3m 宽马道，上游迎水侧边坡采用 1m 厚大块石（下设 30cm 厚砂砾石垫层）保护，堰顶设 0.5m 厚碎石路面(图 10.7 和 10.8)。

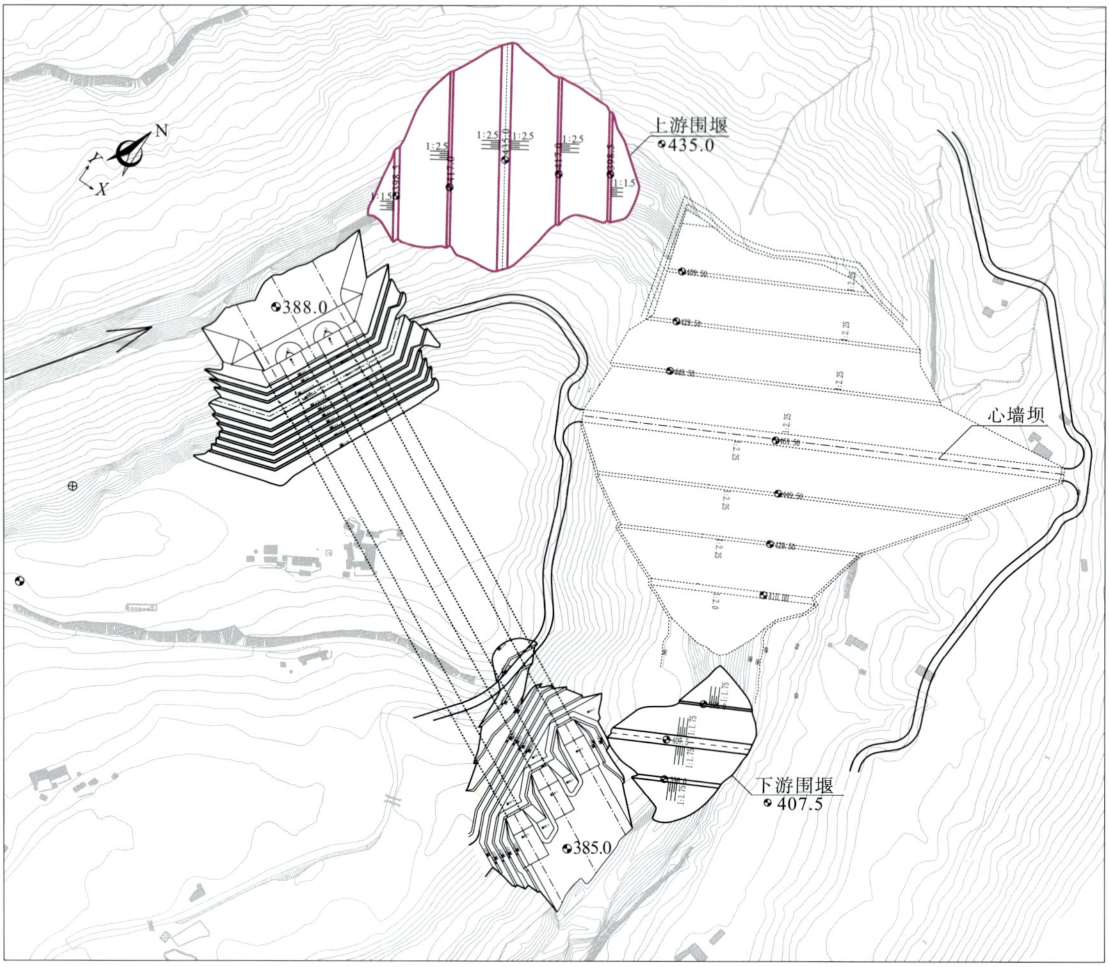

图 10.7　大坝及上游围堰不结合方案平面布置

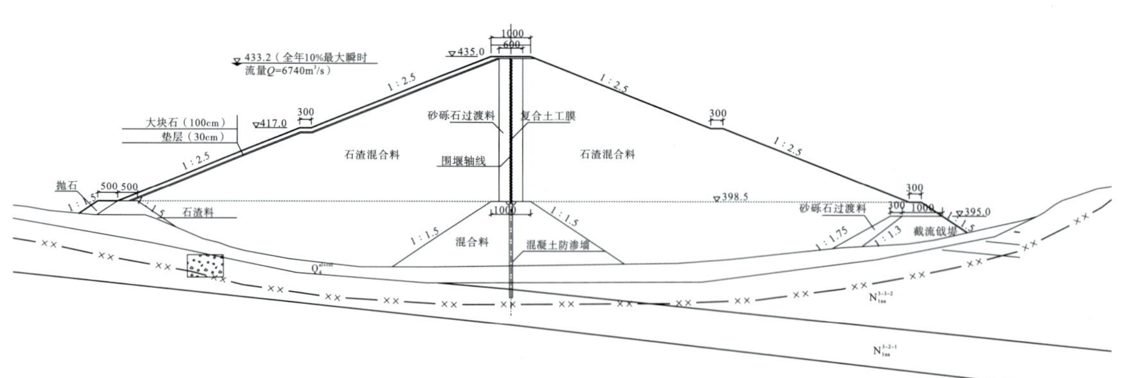

图 10.8　上游土石围堰典型剖面

10.3.1.2 基础防渗型式

受地形、地质条件及初期导流洞布置制约，围堰防渗不具备水平铺盖条件；河床覆盖层结构较松散，透水性强，多分布碎块石及少量漂卵石，厚 8～10m；同时考虑到大坝基坑工程量大，施工历时长，为确保基坑边坡稳定、降低基坑排水强度、节约工程投资，围堰基础防渗推荐采用技术可靠的塑性混凝土防渗墙。

10.3.1.3 堰体防渗型式

由于混凝土防渗墙完工后，需在较短时间内完成混凝土防渗墙顶与上部防渗体的连接并将围堰加高至堰顶，为保证围堰按期建成挡水度汛，上部堰体的防渗型式需与其协调。为满足此要求，填筑体内可采用碎石土斜墙、复合土工膜斜墙、碎石土斜心墙或复合土工膜心墙等防渗型式。

由于碎石土斜(心)墙结构较为复杂，对碎石土质量要求高，施工质量控制难度大，施工受雨天影响大，且存在较大的施工干扰；而复合土工膜防渗近年在水利工程中使用较广泛，性能较好，且施工简便快捷，受天气影响较小，造价较低，因此重点研究土工膜斜(心)墙防渗的方案。

土工膜心墙防渗结构围堰工程量及投资较小，防渗心墙与两岸连接结构简单，施工方便；土工膜适应围堰变形能力强，结构安全可靠；其缺点是防渗心墙必须在基础防渗墙完工后才能施工，心墙与堰体堆筑施工干扰较大。

土工膜斜墙防渗结构围堰边坡较缓，填筑量增大，工程量相对较大；围堰上游堰脚距导流隧洞进口近，对围堰运行不利，隧洞进口宜向上游调整；堰肩两岸覆盖层较厚，两岸接头开挖工程量大，防渗体与两岸连接不如心墙方便；土工膜坝坡存在抗滑抗浮稳定性要求，需防止土工膜以上保护层沿土工膜表面的滑动及保护层和膜一起沿下垫层的滑动，保护层和下垫层结构较复杂；当上游水位骤降时，膜下的水压力消散较慢，膜受到反向渗压作用时易失稳；其优点是堰体填筑可与基础防渗墙同时施工，有利于争取工期。

两种堰体防渗型式均可行，在施工进度可满足工期要求的情况下，推荐采用结构简单、施工方便、投资较省的土工膜心墙防渗。

10.3.2 大坝上游围堰设计

(1)地形地质条件

上游土石围堰堰基河床最低处高程约 381m，枯水期江面宽 40～50m，水深一般 4～6m。左岸下部漫滩部位地形较缓，地形坡度 8°～10°，高程 405m 以上地形坡度 25°～35°，右岸地形坡度 50°～60°。

左岸漫滩部位分布厚度不大的砂层及崩坡积巨块石，右岸局部零星分布厚度不大的崩坡积物，河床多分布碎块石及少量漂卵石，厚 8～10m。下伏基岩主要为 $N_{1na}{}^{3-3}$ 层及 $N_{1na}{}^{3-2}$ 层砂岩、泥质粉砂岩及粉砂质泥岩互层。基岩强风化一般厚 0～2m，弱风化厚度一般为 5～

10m。覆盖层一般具中等—强透水性，强风化基岩一般具弱—中等透水性，弱风化基岩一般具弱透水性，微新基岩多具微透水性。

(2)围堰结构设计

上游围堰为全年挡水土石围堰，按 4 级建筑物设计，设计洪水为 10 年一遇，流量 6740m^3/s，相应设计水位 433.2m。考虑堰顶安全超高，确定堰顶高程为 435.0m。

上游土石围堰轴线长 213.8m，堰顶高程 435.0m，顶宽 10m，最大堰高约 55m。围堰下游堰脚为截流戗堤，戗堤顶高程 398.5m，顶宽 10m，上游坡比为 1∶1.3，下游坡比为 1∶1.5；截流戗堤上游侧尾随跟进填筑砂砾石过渡料、混合料和石渣料，最上游侧抛块石，跟进填筑料顶高程为 398.5m；跟进料中砂砾石过渡料上游坡比为 1∶1.75，混合料和石渣料上游坡比为 1∶1.5。围堰填筑材料主要为石渣料，高程 398.5m 上、下游设马道，宽分别为 5m 和 3m，马道以上围堰上、下游边坡坡比均为 1∶2.5，并在高程 417.0m 处设置 3m 宽马道，上游迎水侧边坡采用 1m 厚大块石(下设 30cm 厚砂砾石垫层)保护，堰顶设 0.5m 厚碎石路面。

上游土石围堰典型剖面见图 10.9。

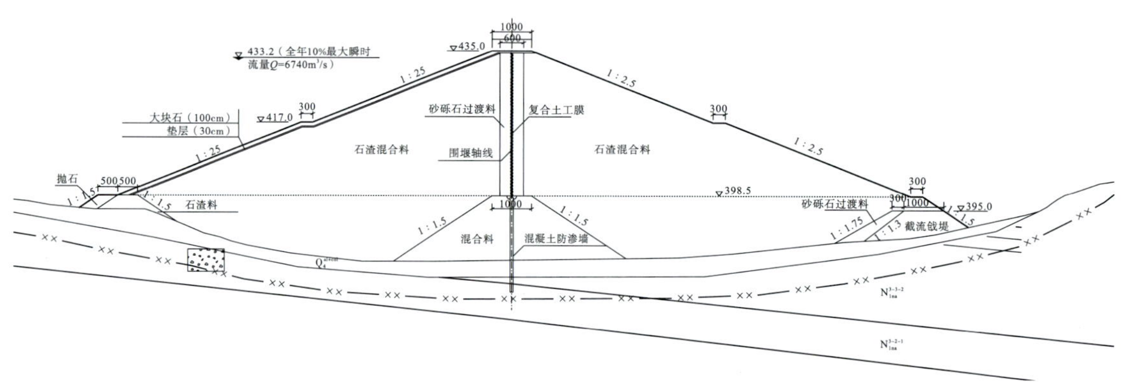

图 10.9　上游土石围堰典型剖面

(3)围堰防渗设计

围堰防渗采用塑性混凝土防渗墙上接复合土工膜，防渗墙施工平台高程 398.5m，塑性混凝土防渗墙厚 0.8m，防渗墙嵌入弱风化岩层深度要求不小于 0.5m。复合土工膜下端埋入混凝土防渗墙顶的混凝土盖帽，上端垂直铺设至高程 434.5m。

(4)围堰拆除

上游土石围堰无需拆除。

10.3.3　大坝下游围堰设计

(1)地形地质条件

下游土石围堰布置于大坝下游约 277m 处，堰顶轴线处河谷宽约 134.8m，堰基河床最低处高程约380m。枯水期江面宽45～55m，水深一般5～7m。左岸岸坡较陡，局部分布基岩陡坎，右岸相对稍缓，地形坡度25°～40°。

河床及两岸河滩分布薄层碎块石，局部较厚。下伏基岩主要为N_{1na}^{4-1}层及N_{1na}^{4-2}层砂岩、粉砂质泥岩。基岩微新岩体埋深多为10～20m。河床及两岸覆盖层一般具中等—强透水性，强风化基岩一般具中等透水性，弱风化基岩一般具弱透水性，微新基岩多具微透水性。

(2)围堰结构设计

下游围堰为全年挡水土石围堰，按4级建筑物设计，设计洪水为10年一遇，流量6740m³/s，相应设计水位404.0m，考虑堰顶安全超高，确定堰顶高程为405.5m。

下游土石围堰轴线长约134.8m，堰顶高程405.5m，顶宽10m，最大堰高约25.5m。围堰中部设混合料堤，堤顶高程394.0m，上、下游坡比均为1∶1.75，截流时尾随上游戗堤进占，混合料堤上、下游侧填筑石渣混合料。高程394.0m上、下游设马道，宽分别为2m和4m，边坡坡比均为1∶1.75，迎水侧边坡采用50cm厚干砌块石(下设30cm厚砂砾石垫层)保护，堰顶设0.5m厚碎石路面。

下游土石围堰典型剖面见图10.10。

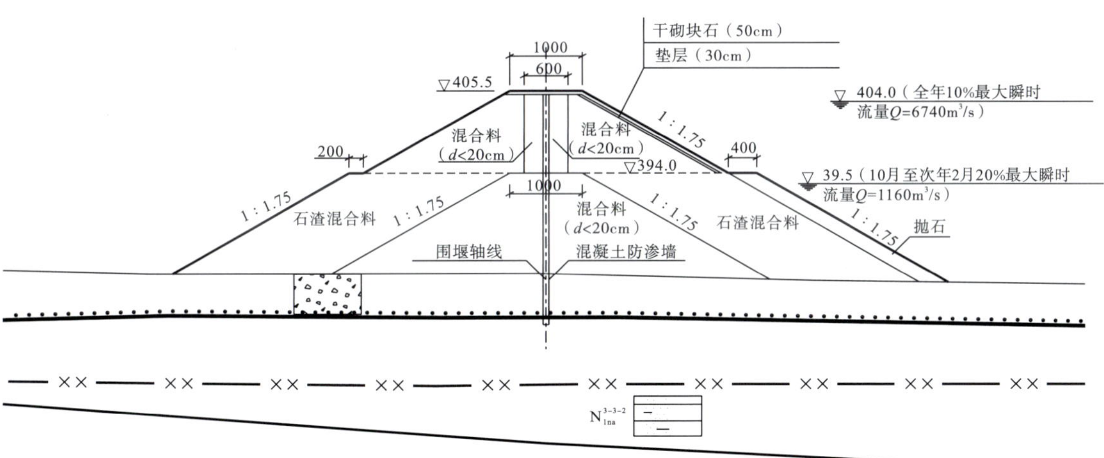

图10.10 下游土石围堰典型剖面

(3)围堰防渗设计

围堰防渗采用塑性混凝土防渗墙，防渗墙施工平台高程405.5m，塑性混凝土防渗墙厚0.8m，防渗墙嵌入弱风化岩层深度要求不小于0.5m。

(4)围堰拆除

下游围堰影响大坝设置排水体运行，需全部拆除。

10.3.4 厂房围堰设计

厂房围堰采用预留岩埂型式，按 4 级建筑物设计，全年预留岩埂围堰设计标准为 10 年一遇洪水，相应流量 6740m³/s；枯水期预留岩埂围堰设计标准为 10 月至次年 2 月 5 年一遇洪水，相应流量 1160m³/s。

在厂房尾水渠预留岩埂围堰，帷幕灌浆防渗（图 10.11）。在第 4 年 10 月前按全年挡水围堰设计，堰顶高程 404.0m，顶宽 15m，基坑内开挖坡比为 1∶0.75，每隔 10m 设一宽 2m 的马道；边坡用间排距 3m、长 6m 的 Φ28 砂浆锚杆加固，挂网喷 10cm 厚混凝土保护，并设间排距为 3m、深 2m 的排水孔。在全年围堰保护下施工厂房开挖及混凝土浇筑等。

第 4 年 10 月将围堰拆除至枯水期围堰，施工尾水渠。枯水期围堰堰顶高程 392.5m，顶宽 5m。待尾水渠施工完成后全部拆除。

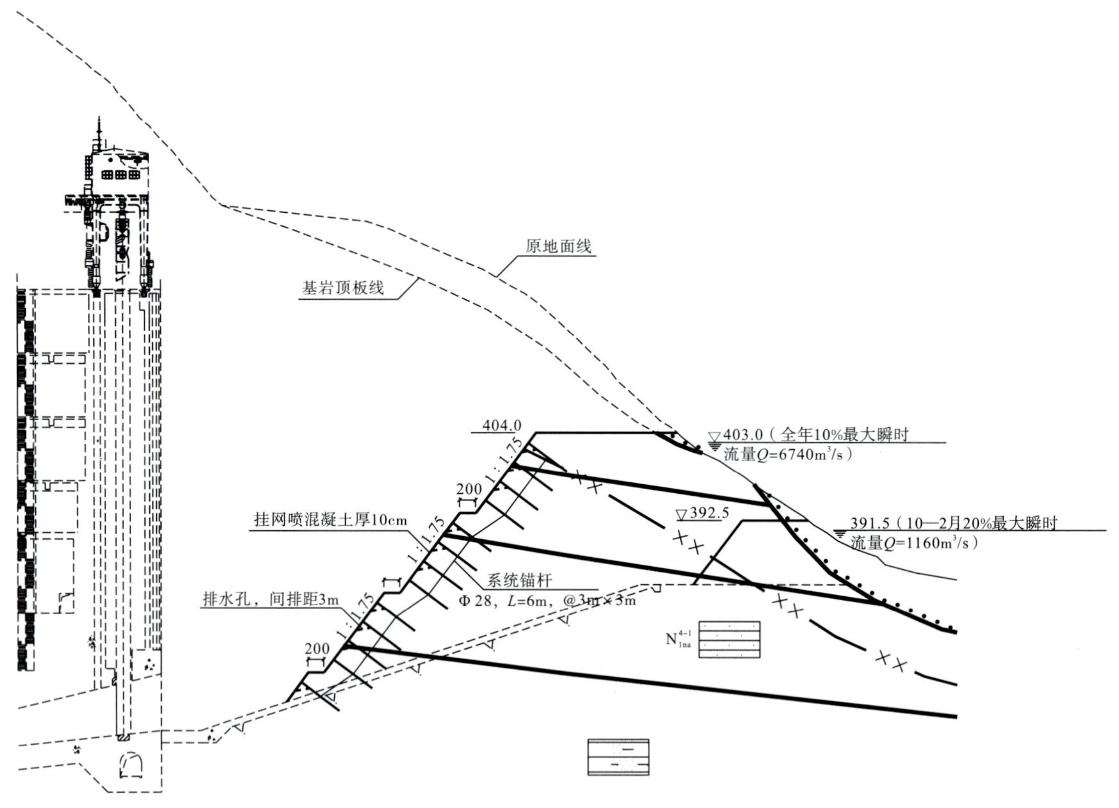

图 10.11 厂房预留岩埂围堰典型剖面

10.3.5 溢洪道进出口围堰设计

溢洪道进出口围堰采用预留岩埂型式，按 4 级建筑物设计，设计洪水标准采用 10 年一遇洪水，相应流量 6740m³/s。

溢洪道进出口明渠预留岩埂围堰，帷幕灌浆防渗。进口围堰顶高程 434.5m，顶宽 5m，

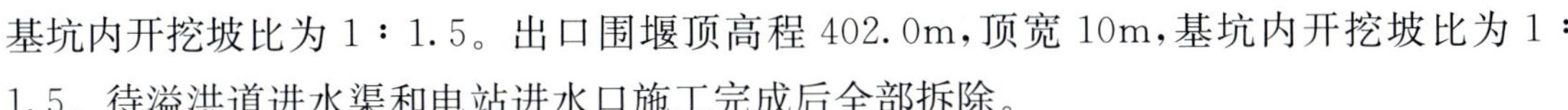

基坑内开挖坡比为 1∶1.5。出口围堰顶高程 402.0m，顶宽 10m，基坑内开挖坡比为 1∶1.5。待溢洪道进水渠和电站进水口施工完成后全部拆除。

10.4 导流泄水建筑物设计

10.4.1 地形地质条件

导流隧洞沿线地表高程 514～439m，轴线与岩层走向夹角一般为 20°～30°，进出口边坡开挖后，隧洞埋深 7.5～115.5m，上覆岩体厚度 7.5～106m。隧洞围岩为 N_{1na}^{3-2-2}～N_{1na}^{4-2} 层薄—中厚层泥质粉砂岩、粉砂质泥岩互层及厚层—巨厚层砂岩。区内地下水主要为基岩裂隙水和第四系孔隙潜水（部分为上层滞水），水量小。洞身围岩主要以Ⅳ类为主，占比 52.6%～57.8%，Ⅲ类围岩占比 22.8%～32.2%，Ⅴ类围岩占比 10%～24.6%。

隧洞进口布置在大坝上游吉拉姆河右岸，岸坡综合地形坡度 45°，岸坡由砂岩、粉砂质泥岩互层组成，岩层倾坡内偏下游，倾角约 13°，砂岩单层厚 4～20m，粉砂质黏土岩单层厚一般为 2～26m。除岸坡顶部平台分布厚 6～13m 含砾壤土、砂壤土及砂砾卵石夹漂石层外，岸坡其他地段基岩裸露，仅局部覆盖有崩坡积块碎石土。

隧洞出口位于大坝下游吉拉姆河右岸，高程 440m 以上为陡崖，岩性主要为新近系多克帕坦组砂岩、黏土岩互层。岩层倾下游偏左岸，为斜交顺向坡。高程 440m 以下坡度较缓，为崩坡积堆积体岸坡，钻孔揭示，堆积体厚 1.3～9.3m，为碎块石土。

10.4.2 导流隧洞进口设计

（1）进口明渠

进口明渠全长约 90m，设计底高程 388m，分为引渠段、翼墙段、喇叭口和进水塔。

根据地质情况与结构要求，初步拟定高程 408m 以下岩石开挖边坡按进水口体型控制：进水塔及喇叭口部位为垂直坡；翼墙段两侧边坡坡度由垂直坡扭曲渐成 1∶1，渐变段长 20m；引渠段开挖边坡暂采用 1∶1。高程 408m 以上洞脸及两侧开挖根据地质条件，每隔 10m 设一宽 2m 的马道，开挖边坡暂采用 1∶0.5。

翼墙段底板及高程 408m 以下边坡采用 0.8m 厚 C20 钢筋混凝土衬砌，并在翼墙段、喇叭口和进水塔底板布置间排距 3m、长 6m 的 Φ28 砂浆锚杆；整个边坡设间排距 3m、长 6m/Φ28 和 9m/Φ32 的砂浆锚杆或间距 3m、长 16m 锚杆束加固，并挂网喷 10cm 厚混凝土保护；边坡设间排距均为 3m、深 2m 的排水孔。对局部不稳定边坡采用锚索支护。

（2）进水塔与喇叭口段

隧洞进水口采用岸塔式进水塔，考虑到封堵闸门水头高，洞径大，在进口闸室设厚 4m 的分流墩，导流洞左右孔口分别设置封堵闸门，闸门孔口尺寸 6.25m×12.5m。进水塔外框平面尺寸 10.0m×22.5m，底板高程 388.0m，桶体顶高程 407.0m，塔架顶高程 422.0m。

喇叭口结合进水塔布置，仅顶板收缩，底边和两侧边墙均不收缩。喇叭口段长13.5m，边墙垂直，顶拱为1/4椭圆曲线。喇叭口结构混凝土厚度为2m。

10.4.3 导流隧洞洞身设计

（1）隧洞型式与支护

导流隧洞进口底板高程388m，出口高程385m，隧洞断面为直径12.5m的圆形洞。导流隧洞洞身为直线段，3条导流隧洞长度分别为420.7m、447.3m和473.8m，总长1341.8m。

导流隧洞断面型式选用受力条件较好的圆形，采用全断面不透水钢筋混凝土衬砌型式。为保证隧洞开挖过程中的安全，洞室开挖后及时进行隧洞初期支护。根据导流隧洞穿越地层条件及隧洞运行条件，提出初期支护措施及衬砌型式如下：

Ⅲ类围岩，初期支护采用Φ28系统砂浆锚杆进行加固，锚杆长为6m（伸入岩石内5.5m），间、排距均为1.5m，并设置10cm厚喷射混凝土。混凝土衬砌厚度为0.7m。

Ⅳ类围岩，初期支护采用Φ28和Φ32系统砂浆锚杆进行加固，锚杆长为6m（伸入岩石内5.5m），间、排距均为1.25m，并设置15cm厚喷射混凝土，全断面布置钢拱架支撑加固；对局部失稳段，采用超前锚杆、管棚注浆等措施先行加固。混凝土衬砌厚度为0.9m。

Ⅴ1类围岩，初期支护采用Φ32系统砂浆锚杆进行加固，锚杆长为6m（伸入岩石内5.5m），间、排距均为1m，并设置20cm厚钢筋网喷射混凝土，全断面布置钢拱架支撑加固；对局部失稳段，采用超前锚杆、管棚注浆等措施先行加固。混凝土衬砌厚度为1.0m。

Ⅴ2类围岩，初期支护采用Φ32系统砂浆锚杆进行加固，锚杆长为9m（伸入岩石内8.5m），间、排距均为1m，并设置20cm厚钢筋网喷射混凝土，全断面布置钢拱架支撑加固；对局部失稳段，采用超前锚杆、管棚注浆等措施先行加固。混凝土衬砌厚度为1.2m。

（2）细部结构

导流洞洞身全断面钢筋衬砌的顶部，并进行回填灌浆。回填灌浆范围为顶拱中心角120°以内，孔距2m，排距2m，梅花形布置，孔深深入围岩20cm，灌浆压力为0.2MPa，于衬砌混凝土强度达到70%设计强度后进行施工。

对隧洞进口段、Ⅳ类围岩局部段、Ⅴ类围岩段和进水塔基础进行固结灌浆，以提高围岩的整体强度和抗渗性能，固结灌浆孔排距2.5～3m，梅花形布置，孔深深入围岩7m，局部地质缺陷部位适当加密或加深灌浆孔。灌浆压力为0.6～0.8MPa。

沿隧洞轴线每10m设1条伸缩缝，缝宽1～2cm，为方便施工，减少衬砌混凝土浇筑过程中的干扰，缝间设BW-Ⅱ型止水条与闭气泡沫板。

（3）施工情况简介

导流隧洞工程开工时间为2016年3月1日，完工时间为2018年9月10日，总工期31.3个月。各部位具体进度见表10.7。

表 10.7　　导流洞工程总进度情况

部位	项目	开工日期	完成日期	工期/月
导流洞进口	开挖支护	2016年3月1日	2017年11月15日	22.5
	进水塔混凝土衬砌	2017年10月1日	2018年5月30日	8.0
	护坡混凝土衬砌	2018年1月2日	2018年7月8日	6.2
	启闭机系统安装、调试	2018年2月22日	2018年7月20日	5.0
导流洞洞身	开挖支护	2016年11月1日	2018年2月15日	15.5
	混凝土衬砌	2017年7月25日	2018年7月24日	12.0
	灌浆施工	2018年4月26日	2018年8月10日	3.5
导流洞出口	开挖支护	2016年6月1日	2017年11月15日	18.5
	混凝土衬砌	2017年11月6日	2018年8月12日	9.2
导流洞施工支洞	开挖支护	2016年3月1日	2016年10月20日	7.7
	支洞封堵	2018年2月20日	2018年3月25日	1.1
导流洞具备过流条件			2018年9月10日	

招标设计阶段，卡洛特水电站导流隧洞洞身围岩按分类法分为Ⅲ($Q>1$)、Ⅳ($1\geq Q>0.1$)、Ⅴ($Q\leq 0.1$)3类，衬砌厚度分别为0.7m、0.9m、1.2m；施工详图阶段，经进一步地质勘查和分析，导流隧洞洞身围岩按分类法分为Ⅲ($Q>1$)、Ⅳ($1\geq Q>0.1$)、Ⅴ1($0.1\geq Q>0.01$)、Ⅴ2($Q\leq 0.01$)4类，衬砌厚度分别为0.7m、0.9m、1.0m、1.2m。

招标设计阶段，导流隧洞洞身Ⅲ、Ⅳ、Ⅴ类围岩长度分别为382.3m、734.9m和224.6m；施工详图阶段，经认定，导流隧洞洞身Ⅲ、Ⅳ、Ⅴ类围岩长度分别为231.9m、880.9m和229.0m，见表10.8。

表 10.8　　导流隧洞围岩工程地质分类统计

隧洞编号	隧洞总长/m	各围岩类别累计长度/m							
		Ⅲ		Ⅳ		Ⅴ1		Ⅴ2	
		招标阶段	施工详图阶段	招标阶段	施工详图阶段	招标阶段	施工详图阶段	招标阶段	施工详图阶段
1#导流隧洞	473.8	152.5	120.0	273.9	286.5	0	67.3	47.4	0
2#导流隧洞	447.3	133.8	58.0	239.9	308.9	0	80.4	73.6	0
3#导流隧洞	420.7	96.0	53.9	221.1	285.5	0	81.3	103.6	0
总计	1341.8	382.3	231.9	734.9	880.9	0	229.0	224.6	0

10.4.4 导流隧洞出口设计

(1)出口明渠

出口明渠分为翼墙段、消力池和引渠段。翼墙段两侧扩散角为7.125°，边坡坡度由垂直坡扭曲渐成 1∶0.5，渐变段长 18m，底板高程由 385m 渐变至 382m，底坡坡比 1∶6；消力池底板高程 382m，宽 60.3m，长 30m；引渠段底板高程 385m；消力池及引渠段开挖边坡暂采用 1∶0.5。高程 405m 以上洞脸及两侧开挖根据地质条件，每隔 10m 设一宽 2m 的马道，开挖边坡暂采用 1∶0.5。

翼墙段、消力池底板及高程 405m 以下边坡采用 2m 厚 C20 钢筋混凝土衬砌，并在翼墙段和消力池底板布置间排距 3m、长 6m 的 Φ28 砂浆锚杆；整个边坡设间排距 3m、长 6m/Φ28 和 9m/Φ32 的砂浆锚杆或间距 3m、长 16m 锚杆束加固，并挂网喷 10cm 厚混凝土保护；边坡设间排距均为 3m、深 2m 的排水孔。对局部不稳定边坡采用锚索支护。

(2)出口消能设计

根据《水利水电工程等级划分及洪水标准》(SL 252—2000)，对于 4 级永久性泄水建筑物，其消能防冲标准为 20 年一遇设计洪水，考虑到导流隧洞属临时建筑物，导流隧洞出口消能防冲取 10 年一遇设计洪水，相应洪水流量 $6740m^3/s$。消能计算结果见表 10.9。

表 10.9　导流隧洞出口消能计算结果

流量 /(m^3/s)	上游水位 /m	下游水位 /m	下游水深 /m	跃后水深 /m	弗罗德数	水跃长度 /m	跃后流速 /(m/s)
6740	433.2	403.5	18.5	18	5.47	105.2	4.2

由表 10.9 计算结果可知，出口发生淹没水跃，弗罗德数 *Fr* 在稳定水跃范围之内，出口水跃可保证稳定的均衡状态，下游水面比较平静，消能率较高。在现有导流出口布置条件下，隧洞出口距对岸约 154m，大于产生的水跃范围，且跃后流速仅有 4.2m/s，冲击到对岸的流速较小，不会对河道边坡造成影响。

根据模型试验成果，在小流量时导流隧洞出口流速低于设计工况。

(3)导流隧洞出口左岸岸坡防护

导流洞出口位于大坝下游约 400m 处，出口左岸岸坡范围内河床覆盖层以块石、巨石为主，夹少量卵砾石，左岸受导流洞水流冲刷影响段为基岩陡崖，为 N_{1na}^{4-3-1} 中砂岩，厚度 16～17m，抗冲刷能力相对较高。其地形及地质情况见图 10.12。根据计算及模型试验成果，导流隧洞出口左岸岸坡在设计工况下流速小于 6m，因此，对其采用挂钢筋网并喷 10cm 厚混凝土保护，并设间排距均为 3m、深 2m 的排水孔。

图 10.12 导流隧洞出口左岸岸坡情况

10.4.5 导流水力学分析与水工模型试验

10.4.5.1 导流隧洞泄流能力计算

根据导流隧洞泄流的流态，分别按明流、半有压流和有压流进行泄流能力计算。导流隧洞泄流能力见表 10.10。

表 10.10 导流隧洞泄流能力(计算值)

流量/(m^3/s)	上游水位/m	流量/(m^3/s)	上游水位/m	流量/(m^3/s)	上游水位/m
17.9	389.1	994	396.3	5170	422.9
48.8	389.7	1250	397.4	5880	424.9
102.0	390.5	1510	398.5	6630	432
185.0	391.4	1790	399.5	7410	440.1
292.0	392.3	2130	400.8	8200	449.2
424.0	393.3	2520	402.2	9000	459.1
584.0	394.2	2950	405.3	9800	469.9
772.0	395.2	3960	412.1		

10.4.5.2 水工模型试验研究

卡洛特水电站施工导流具有导流流量及围堰规模大等特点，导流隧洞泄流能力不仅关系到截流难度、围堰规模及导流隧洞下闸操作难度等，而且其进出口及洞身水力学条件关系到导流隧洞、下游围堰及出口岸坡的稳定性。为进一步论证导流隧洞的泄流能力、水流流态及出口明渠防冲保护能力等，开展了 1∶100 导流水工模型试验研究，从水力学角度分析论证导流方案的可行性与合理性，为施工导流设计决策提供科学依据。

(1)泄流能力

为了验证上下游围堰高程的合理性，对导流隧洞进行了泄流能力测试，泄流能力见表 10.11。试验结果表明上游土石围堰高程满足挡水要求。

表 10.11　　导流隧洞泄流能力曲线表(试验值)

流量/(m^3/s)	上游水位/m	流量/(m^3/s)	上游水位/m
330	391.96	4500	413.68
1230	396.37	5600	423.12
2400	400.63	6740	432.2
3050	404.31	7700	442.53
3750	408.07	8700	452.85

(2)流态

当导流洞下泄 6740m^3/s 流量时，受上游河道弯道地形影响，上游来流偏右岸，由于导流洞引水渠右侧与上游地形交角较大，水流进入导流洞引水渠时，右侧存在一定程度的绕流，与 1# 导流洞前形成一股回流(顺时针)，有间歇性浅涡形成，同时 3# 导流洞偶有吸气漩涡形成。导流洞内沿程均为有压流，出口基本完全淹没，消能区内水面波动较强，引渠内主流流向偏右。

(3)出口消能

当导流洞下泄 6740m^3/s 流量时，导流洞出口消力池内底部流速最大值约为 20.24m/s；高程 385m 平台范围内底部流速最大值约为 14.44m/s，平台末端底部流速最大值约 6.58m/s；出口所对应河槽区域底部流速值相比坎后有显著降低，最大值为 4.05～5.90m/s。导流洞出口上游河道内，底部流速最大值约为 2.72m/s(回流)，下游河道内底部流速最大值约为 6.01m/s。出口流速分布见图 10.13。

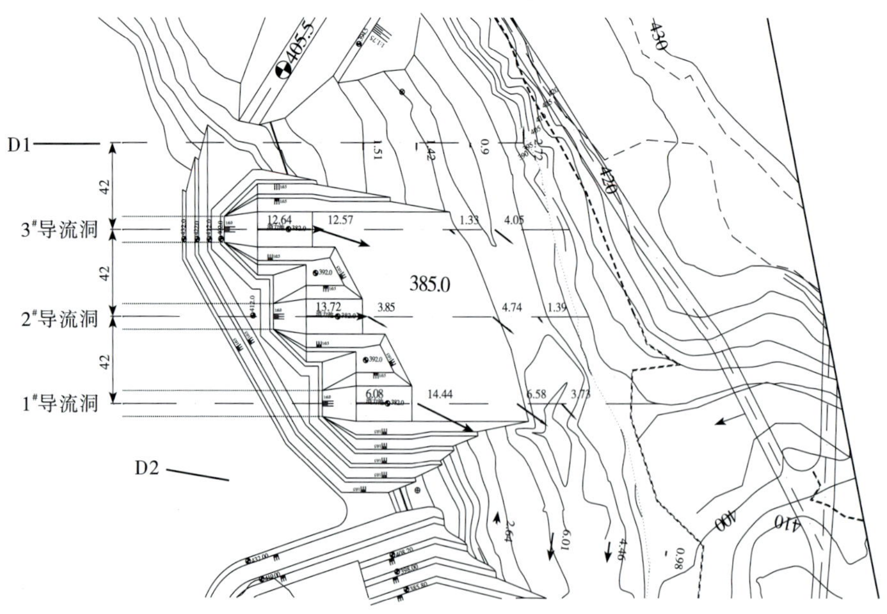

图 10.13　导流隧洞出口流速分布

10.5 截流设计

10.5.1 截流时段、标准及流量

根据《水电工程施工组织设计规范》(DL/T 5397—2007),截流标准可采用截流时段重现期5～10年的月或旬平均流量。

根据本工程进度安排和水文条件,主河道截流时间选在第2年10月上旬。截流流量选取10年一遇月平均流量$Q=462\text{m}^3/\text{s}$。成功截流后导流隧洞出口水位388.6m,计算上游水位393.5m,考虑导流隧洞进口至戗堤处的天然坡降,戗堤处水位392.0m,最大截流落差3.4m。截流戗堤顶高程及裹头防冲采用10月10年一遇洪水$Q=876\text{m}^3/\text{s}$。具体截流流量标准见表10.12。

表10.12　　截流流量标准

工况	龙口段10月	非龙口段10月
戗堤进占施工/(m^3/s)	462	462
裹头防冲与戗堤顶高程控制/(m^3/s)	876	—

10.5.2 截流方式

根据本工程坝址的地形、施工条件、截流条件及截流难度分析,立堵截流不需要修建栈桥或浮桥,具有施工简单、快速、施工准备工程量小和费用较低等优点。本工程截流最大落差为3.4m,截流指标在已有立堵截流水平范围之内,截流戗堤所处河道左岸岸坡较缓,主河道偏右岸,因此采用从左至右单向进占单戗立堵截流的方式。

10.5.3 截流戗堤布置

根据围堰断面结构型式及场内施工道路布置,确定截流戗堤轴线布置在上游土石围堰的背水侧,截流戗堤兼作排水棱体,有利于围堰的渗透稳定,可减少截流过程中围堰基础覆盖层的冲刷。当围堰采用防渗墙垂直防渗时,可避免截流抛投的大块体流失到防渗轴线范围内而增加防渗墙造孔难度。截流戗堤轴线与堰轴线平行,距上游土石围堰堰轴线82.25m,截流轴线总长92m。

截流施工期,应防止施工期洪水漫溢截流戗堤,堤顶高程按不同进占时段的设计水位加超高确定。按10月10%洪峰流量$Q=876\text{m}^3/\text{s}$进占至52m时,对应口门平均流速3.11m/s,落差0.79m,水位390.7m,低于成功截流后戗堤前水位,出于安全考虑,确定戗堤顶高程为395.0m,顶宽10m;戗堤上、下游边坡分别为1∶1.3和1∶1.5,进占向堤头边坡1∶1.5。截流戗堤布置见图10.14。

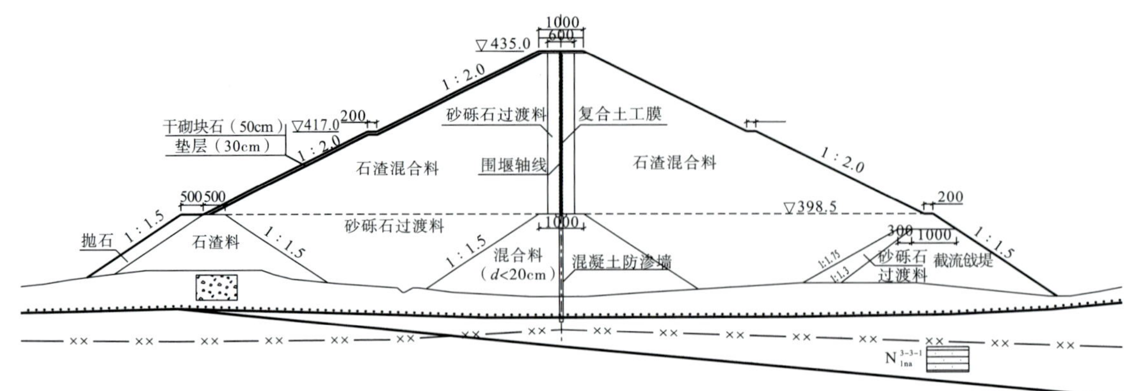

图 10.14　截流戗堤布置

10.5.4　龙口位置及宽度选择

由于截流戗堤所处河道左岸岸坡较缓，主河道偏右岸，截流宜从左岸向右进占，故将龙口布置在右侧。龙口宽度的确定，不仅需要考虑渣场石渣粒径级配状况及非龙口段进占时的允许流速和单宽功率，减少石渣流失量及裹头抛投材料的用量；同时也要考虑龙口截流的总工程量不宜过大，抛投强度要适中，以减少截流施工组织的难度。

根据类似工程截流经验，为了既不加大非龙口段进占及堤头保护难度，又不让截流时间太长，通常可控制束窄口门平均流速 4m/s，落差 1m 左右，并尽量用石渣抛投进占。根据非龙口段水力学计算结果，选定龙口宽度 52m，对应口门平均流速 3.11m/s，落差 0.79m。

10.5.5　非龙口段进占

(1)截流期分流条件

截流分流建筑物为右岸 3 条导流隧洞，隧洞进口底板高程均为 388m，出口高程均为 385m，断面为直径 12.5m 的圆形洞，3 条导流隧洞长度分别为 420.7m、447.3m 和 473.8m。

(2)非龙口段水力学计算

非龙口段水力学计算的目的是根据水力学指标确定龙口宽度及非龙口进占过程中抛投料的规格和数量。

10 月非龙口段进占水力学指标计算结果见表 10.13、表 10.14。按控制口门落差不大于 1m，平均流速不大于 4m/s，确定 10 月预留龙口宽度为 52m。

表 10.13 10 月 $P=10\%$洪峰流量截流非龙口段进占水力学指标(计算值)

口门宽度/m	上游水位/m	落差/m	口门流量/(m^3/s)	隧洞分流量/(m^3/s)	平均流速/(m^3/s)	单宽流量/($m^3/(s·m)$)	单宽功率/(t·m/(s·m))	抛投粒径/m
92	390.0	0.14	673	203	1.43	10.10	1.69	0.08
88	390.1	0.17	671	205	1.52	10.71	2.15	0.09
84	390.1	0.20	667	209	1.61	11.35	2.69	0.10
80	390.1	0.23	663	213	1.72	12.12	3.40	0.12
76	390.2	0.28	659	217	1.84	12.99	4.31	0.13
72	390.2	0.32	653	223	1.97	13.98	5.44	0.15
68	390.3	0.38	647	229	2.13	15.13	6.95	0.18
64	390.4	0.45	639	237	2.32	16.49	8.97	0.21
60	390.4	0.54	630	246	2.54	18.09	11.72	0.25
56	390.5	0.65	617	259	2.80	20.01	15.58	0.31
52	390.7	0.79	600	276	3.11	22.29	21.02	0.38

注:截流戗堤顶高程及裹头防冲水力学指标 10 月 $P=10\%$洪峰流量,$Q=876m^3/s$,$H_下=390.9m$。

表 10.14 10 月 $P=10\%$月平均流量截流非龙口段进占水力学指标(计算值)

口门宽度/m	上游水位/m	落差/m	口门流量/(m^3/s)	隧洞分流量/(m^3/s)	平均流速/(m^3/s)	单宽流量/($m^3/(s·m)$)	单宽功率/(t·m/(s·m))	抛投粒径/m
92	388.6	0.04	385	77	1.04	5.95	0.29	0.04
88	388.7	0.06	383	79	1.10	6.31	0.45	0.05
84	388.7	0.08	383	79	1.18	6.76	0.66	0.06
80	388.7	0.11	382	80	1.27	7.24	0.92	0.06
76	388.7	0.13	380	82	1.36	7.79	1.25	0.07
72	388.8	0.17	376	86	1.47	8.41	1.68	0.08
68	388.8	0.21	374	88	1.60	9.17	2.27	0.10
64	388.9	0.25	370	92	1.75	10.06	3.08	0.12
60	388.9	0.32	365	97	1.94	11.14	4.22	0.15
56	389.0	0.39	360	102	2.17	12.49	5.90	0.18
52	389.1	0.49	351	111	2.44	14.13	8.39	0.23

注:进占水力学指标 10 月 $P=10\%$月平均流量,$Q=462m^3/s$,$H_下=388.6m$。

(3)进占程序

截流时上游围堰截流戗堤轴线长 92m,非龙口段长 40m,龙口段长 52m。非龙口段从第 2 年 10 月初开始预进占形成龙口宽度 52m,设计截流量 $462m^3/s$。当口门泄流量 $351m^3/s$、导流隧洞分流量 $109m^3/s$ 时,口门平均流速 2.44m/s;遇防冲流量 $876m^3/s$ 时,口门泄流量

600m³/s，导流隧洞分流量 276m³/s，口门平均流速 3.11m/s；堤头抛投中石和大石形成防冲裹头。非龙口段进占抛投材料工程量为 1.50 万 m³，截流戗堤非龙口段进占程序见图 10.15。

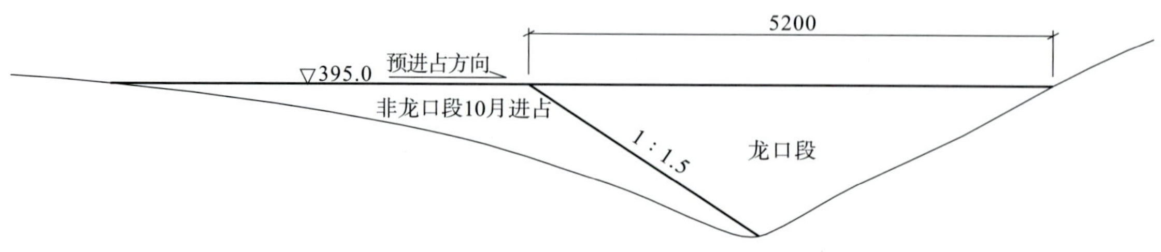

图 10.15　截流戗堤非龙口段进占程序

(4)抛投材料

截流戗堤非龙口段抛投材料主要是石渣料、中石。

非龙口段抛投材料数量按设计戗堤断面计算，并计入 10%的流失量。截流戗堤非龙口段进占抛投材料见表 10.15。

表 10.15　非龙口段进占抛投材料用量

施工部位/m	进占长度/m	束窄口门宽度/m	抛投工程量/万 m³	块石/万 m³		
				石渣	中石	大石
左岸	40	52	0.58	0.56	0.02	/
右岸	0	52	0	0	0	/
合计	40	/	0.58	0.56	0.02	/

10.5.6 龙口段进占

(1)龙口段水力学计算

龙口段水力学计算的目的是计算龙口合龙过程中戗堤不同束窄口门宽度时的水力学指标，如口门流量、束窄口门流速落差、上游水位、单宽流量、单宽能量等，据此计算不同施工区段抛投材料的粒径及数量，确定戗堤进占方案。龙口段进占水力学指标见表 10.16。

表 10.16　龙口段进占水力学指标(计算值)

口门宽度/m	上游水位/m	落差/m	口门流量/(m³/s)	隧洞分流量/(m³/s)	平均流速/(m³/s)	单宽流量/(m³/(s·m))	单宽功率/(t·m/(s·m))	抛投粒径/m
52	389.1	0.49	351	111	2.44	14.13	8.39	0.23
48	389.2	0.63	339	123	2.79	16.24	12.34	0.31
44	389.4	0.83	321	141	3.22	18.95	18.94	0.41

续表

口门宽度/m	上游水位/m	落差/m	口门流量/(m^3/s)	隧洞分流量/(m^3/s)	平均流速/(m^3/s)	单宽流量/(m^3/(s·m))	单宽功率/(t·m/(s·m))	抛投粒径/m
40	389.7	1.13	293	169	3.73	22.36	30.34	0.55
36	390.2	1.58	246	216	4.24	26.16	49.66	0.71
32	390.7	2.14	180	282	4.50	23.27	59.82	0.80
28	391.2	2.58	123	339	4.17	18.55	57.32	0.69
24	391.5	2.92	75	387	3.78	13.77	48.19	0.56
20	391.8	3.17	38	424	3.30	9.15	34.76	0.43
16	391.9	3.33	13	449	2.68	4.90	19.55	0.28
12	392.0	3.40	2	460	1.79	1.46	5.96	0.13
8	392.0	3.40	0	462	/	/	/	/

注：进占水力学指标10月 $P=10\%$ 月平均流量，$Q=462m^3/s$，$H_下=388.6m$。

(2)进占程序

截流戗堤龙口段从左岸往右岸抛投进占合龙，根据合龙过程中不同宽度口门流速、落差等水力学指标，将龙口划分为两个施工区段，以便于施工时控制抛投材料及采用适当的抛投技术。龙口进占分区见图10.16。

1)龙口1区。

口门宽52～16m，龙口平均流速4.50～2.44m/s，最大平均流速4.50m/s，为困难段，最大流速出现在本区。

2)龙口2区。

口门宽16～0m，龙口平均流速2.68～0m/s，最大平均流速2.68m/s，为合龙段。

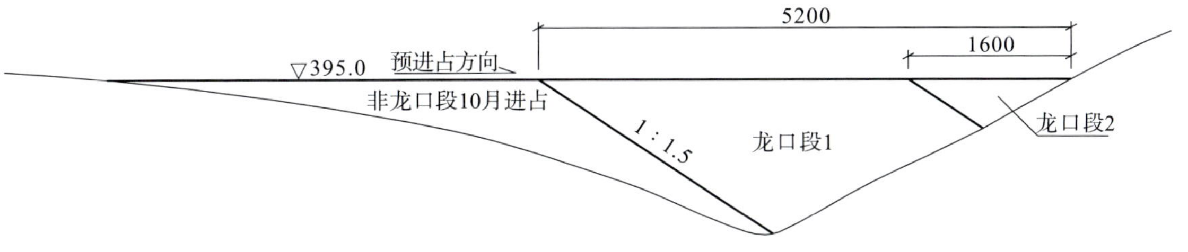

图10.16 龙口进占分区示意

(3)抛投材料

龙口段抛投材料主要是石渣、中石和大石。截流龙口段进占分区及抛投材料见表10.17，抛投材料数量按设计戗堤断面计算，并计入20%的流失量；戗堤断面范围内未设护底，河床覆盖层按冲刷100%计入抛投量。

表 10.17　截流龙口抛投材料

区段	口门宽度/m	抛投材料/万 m^3				用料原则建议
		石渣	中石	大石	合计	
龙口 1	52～16	/	0.75	1.48	2.23	大石进占形成上挑角，用中石尾随进占
龙口 2	16～0	/	0.2	/	0.2	中石全断面进占，直至龙口合龙
合计		/	0.95	1.48	2.43	

注：表中工程量已计入 20%的流失量及 100%河床覆盖层冲刷量。

10.5.7　截流材料规格

截流抛投石料分为 3 种规格。

（1）石渣

岩性坚硬，不易破碎和水解，一般粒径 0.5～80cm，其中粒径 20～60cm 块石含量大于 50%，粒径 2cm 以下含量小于 20%。

（2）中小石

粒径 0.3～0.7m（重量 40～480kg）的块石，备料可按粒径大于 0.4m，重量大于 170kg 的块石含量大于 50%石渣料控制。

（3）大块石

粒径 0.7～1.3m，重量 0.48～3t 的块石。

10.5.8　截流施工

（1）施工布置

采用单向单戗堤立堵进占方式截流，从左岸向右岸进占。

（2）施工程序

预进占→形成龙口→截流→防渗体施工→基坑闭气抽水。

（3）施工方法

截流材料均为水下抛投施工，抛投料采用 25t 自卸汽车运输，端进法抛填，使大部分抛投料直接抛入江中，320Hp 推土机配合施工；深水区进占时，为安全计，部分采用堤头集料，推土机赶料抛投。为减少抛投料流失，龙口 1 段堤头上游侧先用大石抛投形成挑角，中石尾随进占；龙口 2 段采用中石全断面进占，直至龙口合龙。

加强对戗堤上的施工机械及工作人员统一指挥，为防止堤头坍塌而危及设备及施工人员的安全，可在堤头前沿设置安全排，并配备专职安全员巡视堤头边坡变化，观察堤头前沿有无裂缝出现，发现异常情况及时处理以防患于未然。

(4)截流备料计划

根据相关工程经验,拟定截流备料系数为1.3。

围堰填筑石渣料、土石混合料、块石料均利用备存的前期建筑物开挖料;反滤料由砂石加工系统提供上堰。

截流戗堤备料计划见表10.18。

表10.18 截流戗堤备料计划 (单位:万 m^3)

项目	截流戗堤抛投量	备料数量
石渣料	0.58	0.754
中石	0.95	1.235
大石	1.48	1.924
合计	3.01	3.913

(5)施工进度及强度

2018年9月初安排2~3d完成戗堤非龙口段预进占工作,抛投总量0.58万 m^3,戗堤抛投强度1900~2900m^3/d。

2018年9月中旬安排7d完成戗堤龙口段1区抛投施工,抛投总量2.23万 m^3,戗堤平均抛投强度3200m^3/d。

口门段缩窄至龙口段2区后,根据上游来水情况,择机截流,计划1d内完成戗堤龙口段2区抛投,抛投量0.2万 m^3,抛投强度2000m^3/d。实际于2018年9月18日截流,当日最大流量304m^3/s,较计算值小,顺利完成河道截流。

(6)主要施工机械

根据截流工程施工特性、施工进度和相应的施工强度,结合场内施工布置条件,截流工程施工主要机械设备见表10.19。

表10.19 截流工程施工主要机械设备

设备名称	型号规格	数量
推土机	320Hp/台	4
自卸汽车	25t/辆	24

10.6 导流隧洞封堵设计

10.6.1 堵头设计标准

按《防洪标准》(GB 50201—2014)及《水电枢纽工程等级划分及设计安全标准》(DL

5180—2003）的规定，卡洛特水电站属Ⅱ等大（2）型工程，大坝、泄水建筑物、电站引水及尾水系统、电站厂房等主要永久性水工建筑物为 2 级建筑物，次要建筑物为 3 级建筑物，主要水工建筑物结构级别为 2 级，次要建筑物结构级别为 2 级。沥青混凝土心墙堆石坝设计洪水标准为 500 年一遇，校核洪水标准为 5000 年一遇。

根据《水电水利工程施工组织设计规范》（NB/T 10481—2021）第 3.3.8 节，导流泄水建筑物的封堵体的级别应与永久挡水建筑物相同。因此，导流隧洞永久堵头为 2 级建筑物，设计洪水标准与大坝一致，设计水位为 461.13m，校核水位为 467.06m。

导流隧洞临时堵头为 4 级建筑物，其设计标准与水库蓄水位和发电运行水位要求相关，根据《巴基斯坦卡洛特工程建设指挥部导流洞堵漏及永久封堵专题会议纪要》要求，在临时堵头投入运行之前，水库蓄水位控制在高程 446m 以下；在永久堵头投入运行之前，水库蓄水位控制在高程 451m 以下。因此，临时堵头设计水位 451.0m，校核水位按 455.0m。

10.6.2 堵头布置方案

导流隧洞穿越岩体主要为泥岩和砂岩互层，大坝帷幕线未穿过导流隧洞，导流隧洞永久堵头主要考虑选择岩体较好的位置。经分析，永久堵头段主要选择Ⅲ类围岩区域，1# 导流隧洞堵头桩号为导 1# 0＋321.310～导 1# 0＋351.310，2# 导流隧洞堵头桩号为导 2# 0＋329.370～导 2# 0＋359.370，3# 导流隧洞堵头桩号为导 3# 0＋305.00～导 2# 0＋335.00。临时堵头长度 15m，均紧邻永久堵头上游面。具体布置见图 10.17、图 10.18。

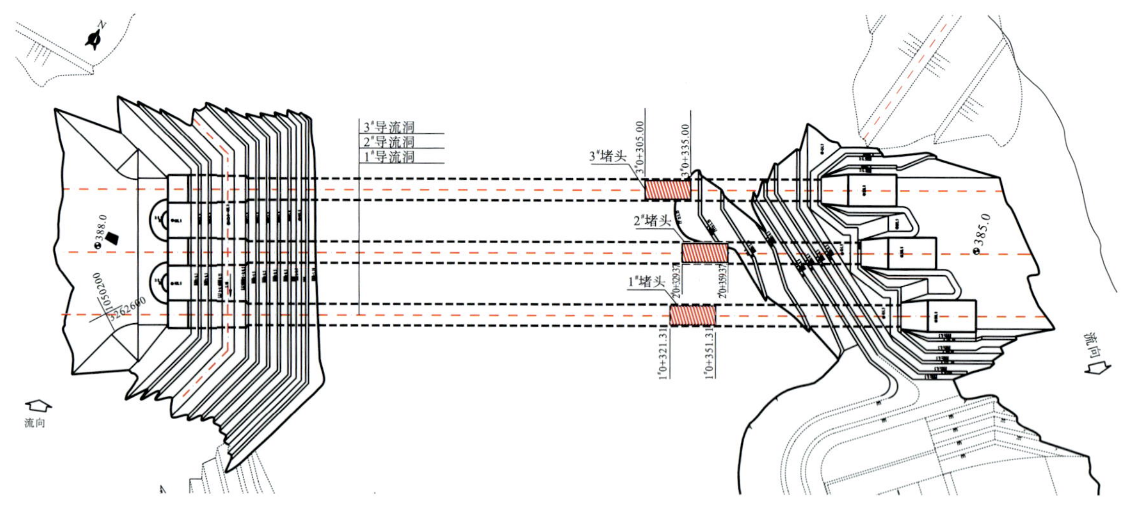

图 10.17　导流隧洞永久堵头布置

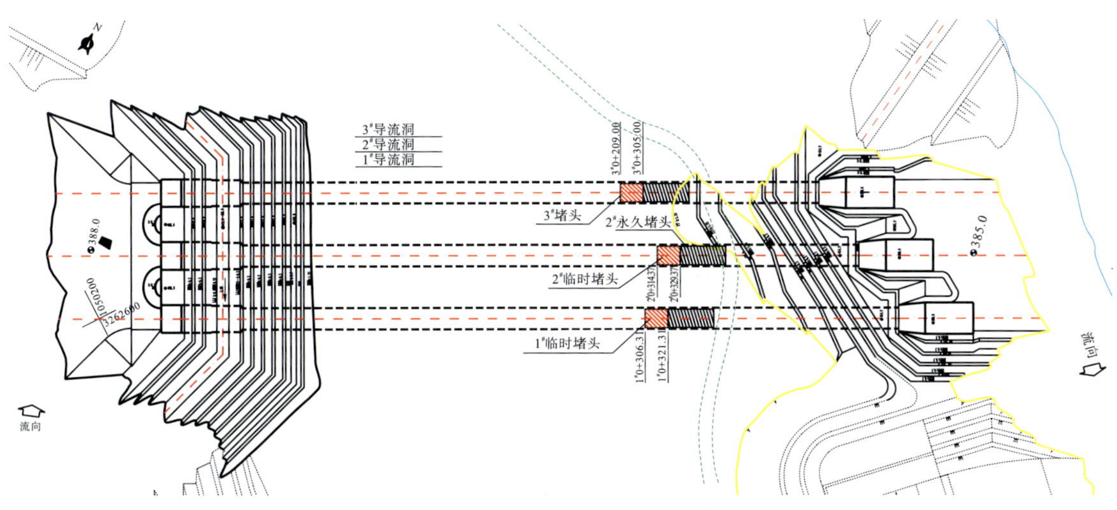

图 10.18　导流隧洞临时堵头布置

10.6.3　临时堵头设计

根据导流隧洞临时堵头布置情况，1# ～3# 导流隧洞临时堵头采用圆柱形结构型式，长度均为 15m。

导流隧洞临时堵头混凝土强度等级为 C25，抗渗等级为 W8。冷却水管采用 φ25PVC 管，沿堵头高度方向每隔 1.5m 布置一层，每层管道间距 1.5m。顶拱部位堵头及原衬砌之间进行回填灌浆，回填灌浆压力 0.3～0.5MPa。

导流隧洞临时堵头纵剖面见图 10.19，导流隧洞临时堵头平切面见图 10.20，导流隧洞临时堵头横剖面见图 10.21。

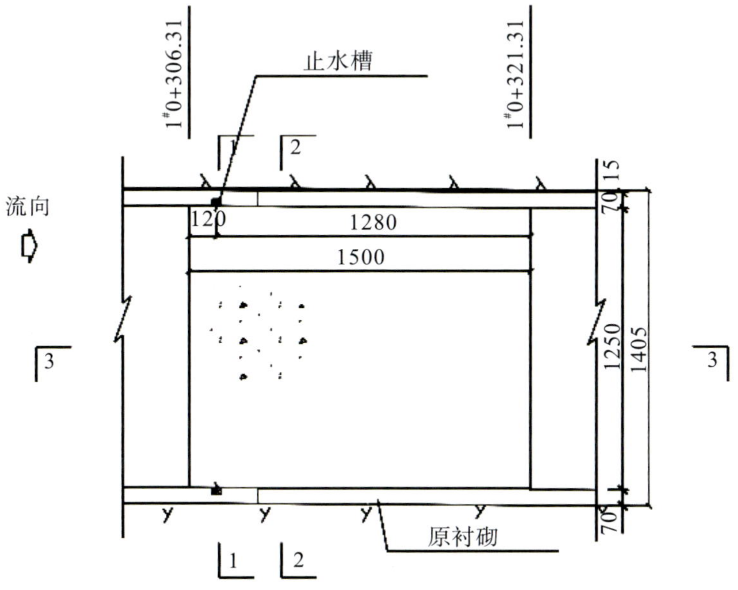

图 10.19　导流隧洞临时堵头纵剖面(单位:cm)

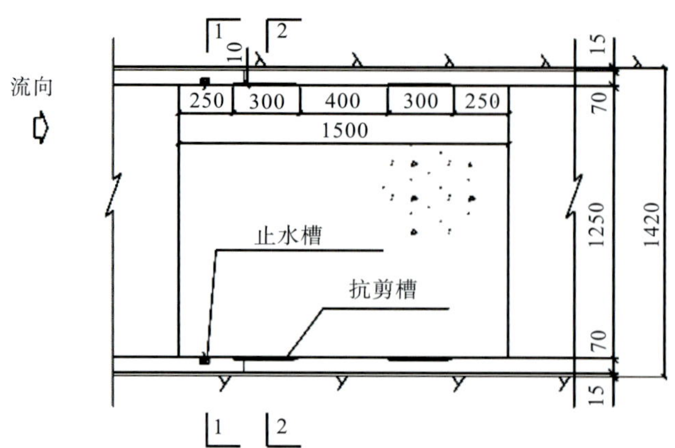

图 10.20　导流隧洞临时堵头平切面(单位:cm)

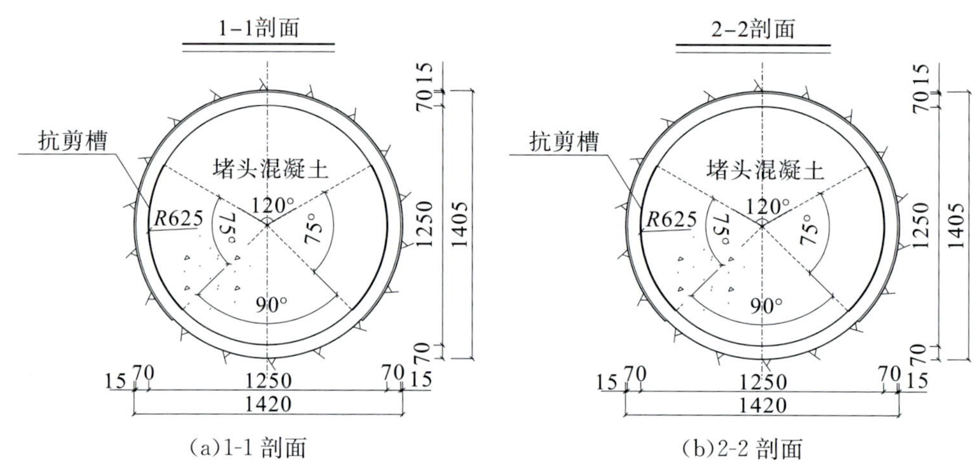

(a)1-1 剖面　　(b)2-2 剖面

图 10.21　导流隧洞临时堵头横剖面(单位:cm)

为了加快施工速度,临时堵头灌浆采用预埋管型式,将回填灌浆管沿洞轴线相间布置,引至下游侧进行灌浆。在临时堵头第一段上游端设置 1 道止水片,止水片采用开槽型式埋设,开槽开口线距离堵头迎水面 100cm,止水片轴线距离堵头迎水面 125cm,止水槽为矩形槽,宽度 40cm,槽深 30cm,止水片采用一级配 C25 混凝土埋设。

为了有利于新老混凝土的结合,保证新浇堵头与衬砌结构整体性,进一步提高结构安全度,另采取以下结构措施。

1)导流隧洞临时堵头段原衬砌周边厚 10cm 钢筋混凝土保护层中设置 2 道梯形抗剪齿槽,宽度 300cm,第 1 道梯形抗剪齿槽距离堵头迎水面 250cm,第 1 道与第 2 道梯形抗剪齿槽间距 400cm。梯形抗剪齿槽深约 10cm(为简化施工,以不破坏原衬砌钢筋为准),上下游侧分别按 1∶0.5 和 1∶3 开口。

2)在隧洞临时堵头段,沿衬砌混凝土施工缝将两侧钢筋保护层 10cm 混凝土采用切割方式形成宽 20cm、深 30cm 矩形槽,并清除槽底所有填缝材料。

导流隧洞临时堵头抗剪槽大样、止水槽大样和衬砌伸缩缝处理大样分别见图 10.22 至

图 10.24。

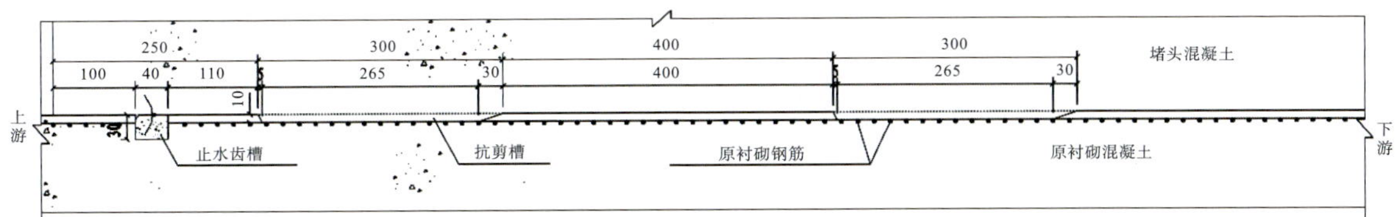

图 10.22　堵头抗剪槽大样

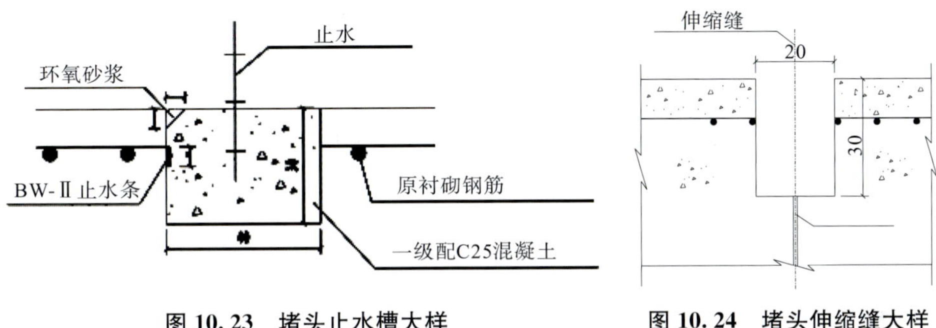

图 10.23　堵头止水槽大样

图 10.24　堵头伸缩缝大样

10.6.4　永久堵头设计

10.6.4.1　堵头结构设计

永久堵头采用楔形结构，长度均为 30m。导流隧洞永久堵头混凝土强度等级为 C25，抗渗等级为 W8。冷却水管采用 φ25PVC 管，沿堵头高度方向每隔 1.5m 布置一层，每层管道间距 1.5m。导流隧洞永久堵头剖面见图 10.25，导流隧洞永久堵头平切面见图 10.26，导流隧洞永久堵头上游扩挖和下游不扩挖剖面见图 10.27。

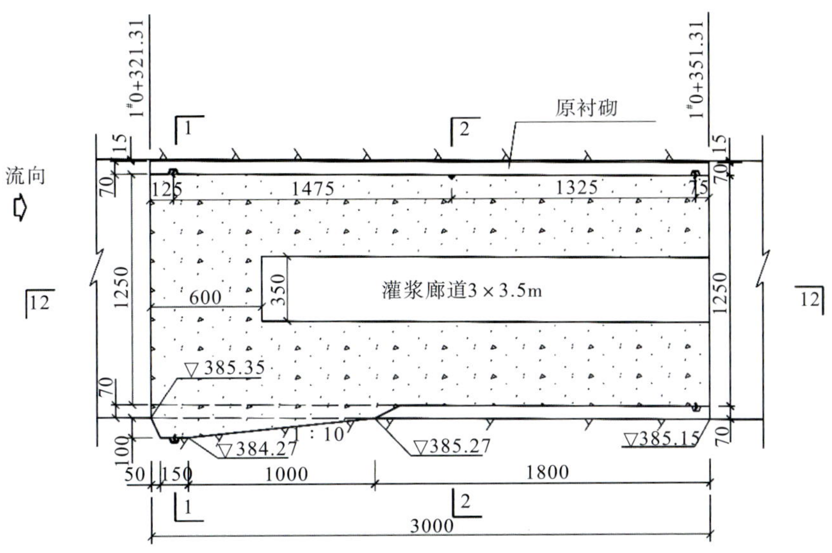

图 10.25　导流隧洞永久堵头纵剖面(单位:mm)

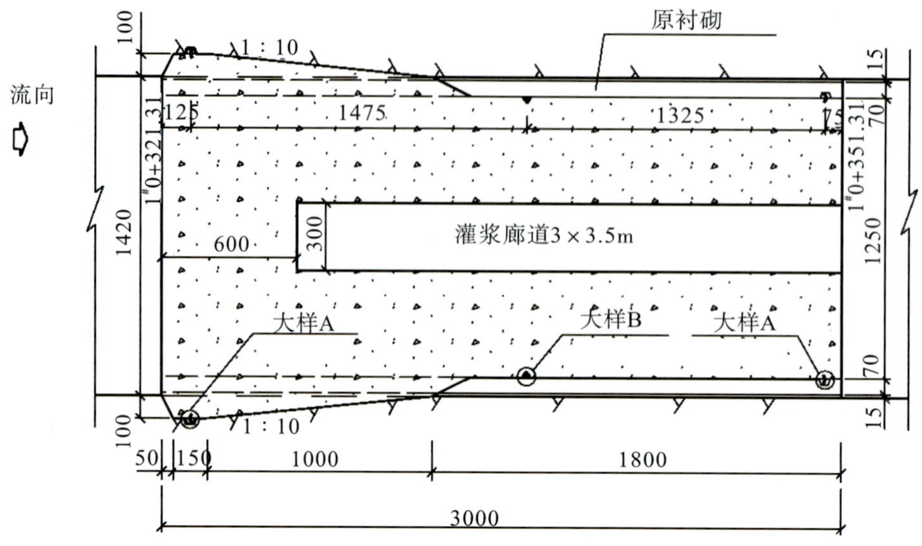

图 10.26　导流隧洞永久堵头平切面(单位:cm)

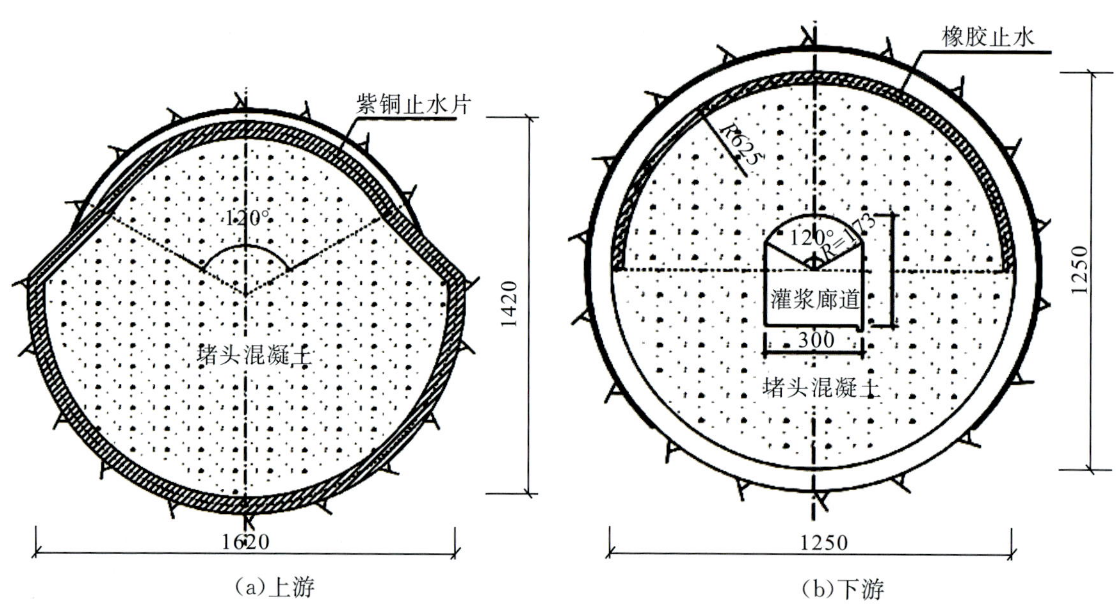

图 10.27　导流隧洞永久堵头上游扩挖和下游不扩挖剖面(单位:cm)

10.6.4.2　堵头灌浆设计

堵头各部位进行固结灌浆、回填灌浆和接触灌浆，具体如下：

(1)固结灌浆

堵头部位全洞段进行固结灌浆，其中Ⅲ类围岩固结灌浆孔深入岩石7m，Ⅳ类围岩固结灌浆孔深入岩石14m，固结灌浆排距2.5m，每排16孔，在堵头内预埋钢管，灌浆完成后应封孔，固结灌浆采用循环式分段法灌浆，分序施工。第一序孔灌浆压力1.0MPa，第二序孔灌浆压力1.5MPa，固结灌浆合格标准为灌后基岩透水率≤1Lu。

(2)回填灌浆

顶拱部位堵头及原衬砌之间进行回填灌浆,回填灌浆压力0.3～0.5MPa。

(3)接触灌浆

堵头中部封堵体与衬砌之间、衬砌与围岩之间进行接触灌浆,接触灌浆压力0.3～0.5MPa。

10.7 关键技术问题研究

10.7.1 软岩大断面隧洞围岩稳定性及措施研究

沉积岩作为组成地球岩石圈的主要岩石之一,在地球地表的岩石中占比达到70%左右。其中,砂岩、泥岩、页岩、砾岩等占到了沉积岩的95%以上,而这些岩体几乎都是红色岩层,如四川盆地侏罗系沙溪庙组、遂宁组、蓬莱镇组等地层。红层岩体一般互层产出、软弱相间,软硬岩层风化差异明显,岩体中节理发育、岩体破碎,软弱岩层成为红层岩体薄弱部位,常在工程中引起隧洞和边坡的崩塌破坏。

在国内外各种工程建设中,红层软岩问题并不少见,如丹江口、葛洲坝、亭子口、三峡、小浪底、百色、徐村、巴基斯坦阿扎德帕坦、巴基斯坦曼格拉等水电站,以及其他像葛泉煤矿工程、广(通)—大(理)线铁路工程等均不同程度地遇到过红层软岩隧洞或边坡问题。此类岩体受水浸泡后迅速软化,手可掰动,局部可手捏碎搓成泥团,围岩自稳时间较短,开挖后易塌方,如小浪底水利枢纽导流隧洞就发生过较大规模的塌方,巴基斯坦阿扎德帕坦和曼格拉水电站导流隧洞也存在局部掉块严重等诸多问题,严重威胁着隧洞安全。

红层自身特殊的工程特性决定了红层软岩隧洞问题的复杂性。岩石室内耐崩解性试验和膨胀性试验表明,泥质粉砂岩和粉砂质泥岩具有较强的崩解性和弱膨胀性。现场钻探取芯表明,该类岩石具有遇水膨胀、失水干裂的特点。随着红层地区工程建设发展,尤其是水电的开发建设,大断面导流隧洞的围岩稳定性成为影响工程建设的一个重要问题。

10.7.1.1 隧洞断面选择研究

(1)国内外类似工程调研

隧洞围岩的稳定性对隧洞的施工和运行起着至关重要的作用,除岩石的性质、岩体的结构与构造、地下水、岩体的天然应力状态等自然因素外,其主要影响因素还有隧洞规模(洞径)和隧洞洞形。

根据目前国内外类似水电工程导流隧洞工程实践经验分析,红层软岩导流隧洞洞径为10～15m,洞形大部分为圆形,马蹄形和城门洞形也有采用(表10.20)。

表 10.20　国内外软岩地层导流隧洞工程特性表

序号	工程名称	地层岩性	断面型式	断面尺寸/m
1	巴基斯坦阿扎德帕坦水电站	页岩与砂岩互层	圆形	14
2	巴基斯坦曼格拉水电站	泥岩与砂岩互层	圆形	10
3	小浪底水利枢纽	层状砂岩	圆形	14.5
4	百色水利枢纽	泥岩与泥质灰岩互层	圆形	13.2
5	徐村水电站	板岩与砂岩互层	圆形	8.5
6	天生桥一级水电站	泥岩与灰岩互层	马蹄形	13.5
7	南沙水电站	砂砾岩与砾岩互层	城门洞形	9×13
8	盘石头水库	页岩与灰岩互层	城门洞形	7×11.9

（2）隧洞规模和洞形选择

根据工程枢纽布置和坝区的地形、地质条件，导流标准采用全年 10 年一遇设计流量 6740m^3/s，研究比较 2 条导流隧洞、3 条导流隧洞以及导流洞采用圆形、马蹄形和城门洞形等不同导流方案。

1）计算模型。

考虑下闸因素，卡洛特水电站导流隧洞进口 20m 段为城门洞形，其后渐变为标准洞段。为分析卡洛特水电站导流隧洞不同洞段和岩性条件下的围岩稳定性和支护受力，建立卡洛特水电站导流隧洞三维计算分析模型，选取了截面 A、截面 B 和截面 C 三个典型截面进行分析。其中，截面 A 位于距洞脸约 10m 的部位，作为进口段（城门洞形）的典型分析截面；截面 B 位于距洞脸约 90m 的部位，处于Ⅴ类围岩洞段（标准段）；截面 C 位于距洞脸约 150m 的部位，处于Ⅳ类围岩洞段（标准段）。截面 A、截面 B 和截面 C 围岩均为泥质粉砂岩与粉砂质泥岩互层。根据卡洛特水电站初始地应力实测成果，导流隧洞区域的最大水平主应力方向稳定在 N7°E～N16°E，水平向大主应力侧压力系数约为 2.2，水平向小主应力侧压力系数约为 1.5。计算分析时，根据上述信息，计算得到模型的初始地应力场，以考虑构造应力的影响。计算模型见图 10.28 至图 10.30，计算参数取值见表 10.21。

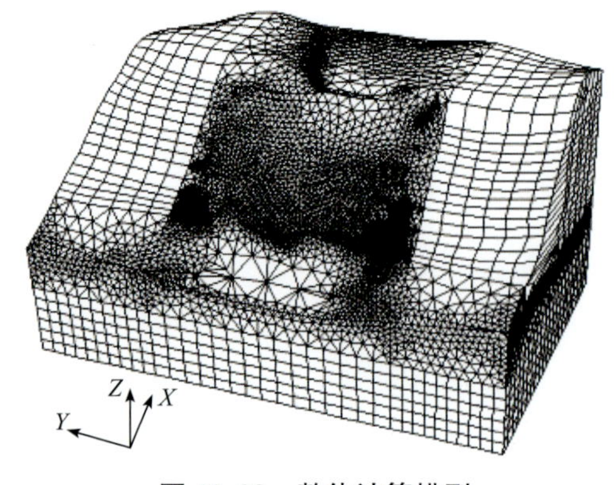

图 10.28　整体计算模型

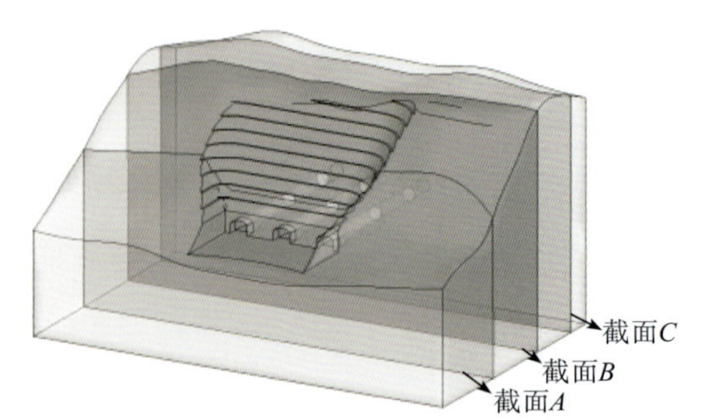

图 10.29　典型截面位置（以圆形—3 洞方案为例）

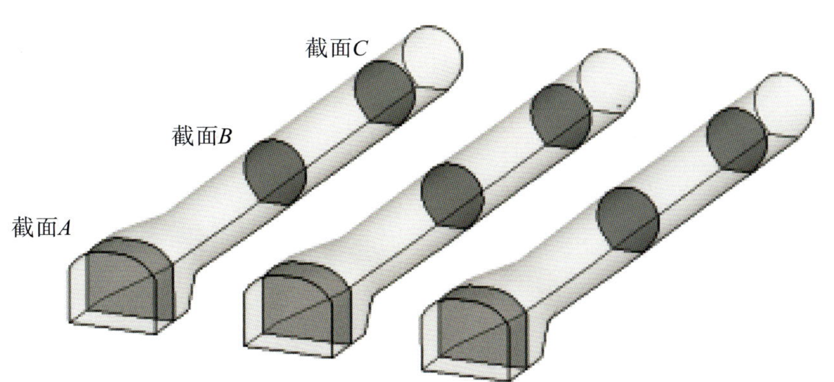

图 10.30 洞室计算模型及典型截面位置(以圆形—3 洞方案为例)

表 10.21 岩体力学参数取值

岩性	湿容重/(kN/m³)	变形模量/GPa	泊松比	抗拉强度/MPa	抗剪断强度	
					f'	C'/MPa
粉砂质泥岩	23.4	2.0	0.30	0.2	0.5	0.4
泥质粉砂岩	23.6	2.5	0.28	0.3	0.6	0.6
中砂岩	24.7	4.0	0.22	0.4	0.9	0.8

2)隧洞规模比选研究。

①围岩变形。

统计国内外类似岩体条件导流隧洞设计情况,洞径为 10～15m,因此隧洞规模拟定 2 洞(洞径 15.2m)和 3 洞(洞径 12.5m)2 种布置方案进行比选研究。不同隧洞规模条件下,标准段体型为圆形和马蹄形规律基本一致,本节以圆形方案进行论证。圆形断面条件下,3 洞方案典型截面各部位的围岩变形量值总体上均要小于 2 洞方案的围岩变形量值。其中,截面 A,3 洞方案除底板部位以外,顶拱和边墙区域的围岩变形比 2 洞方案小 9.8%～13.2%;截面 B,3 洞方案各部位的围岩变形比 2 洞方案小 16.6%～30.5%;截面 C,3 洞方案各部位的围岩变形比 2 洞方案小 15.3%～19.6%,见图 10.31 和图 10.32。

②围岩塑性区。

进口段截面 A,2 洞和 3 洞方案塑性区均贯穿于顶拱上覆岩体(量值较大且对比不明显,图 10.33 未列出)。截面 B 和截面 C,采用 3 洞布置方案洞周塑性区深度比 2 洞布置方案小 0.2～2.6m,见图 10.34。

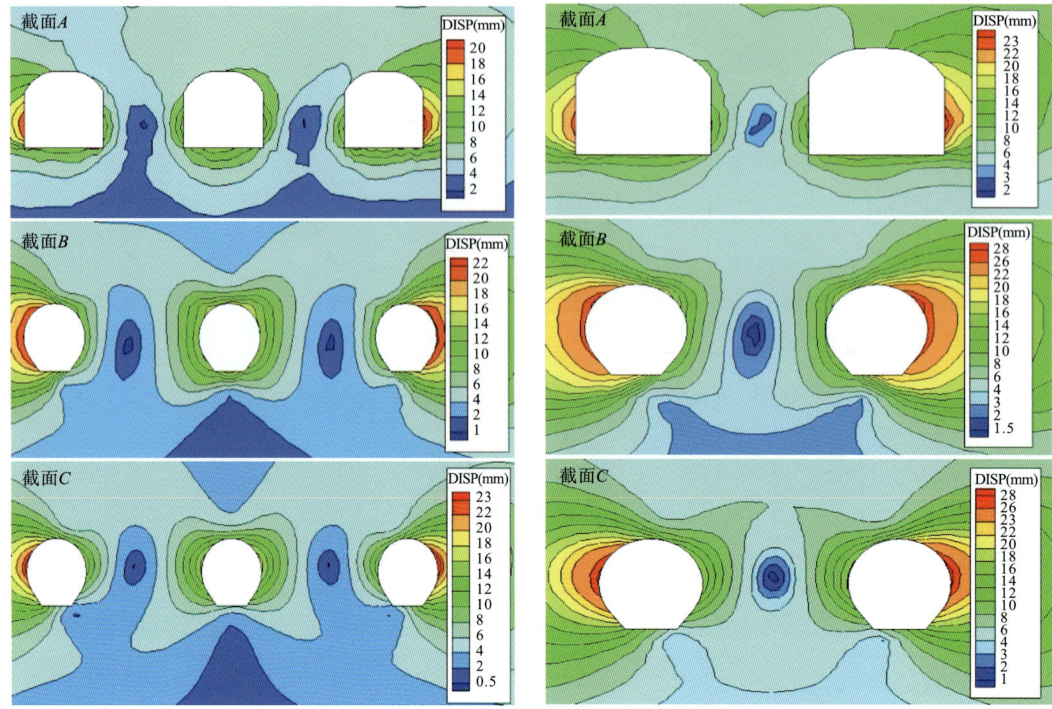

(a)3 洞方案　　　　(b)2 洞方案

图 10.31　圆形断面条件下不同布置方案的围岩变形云

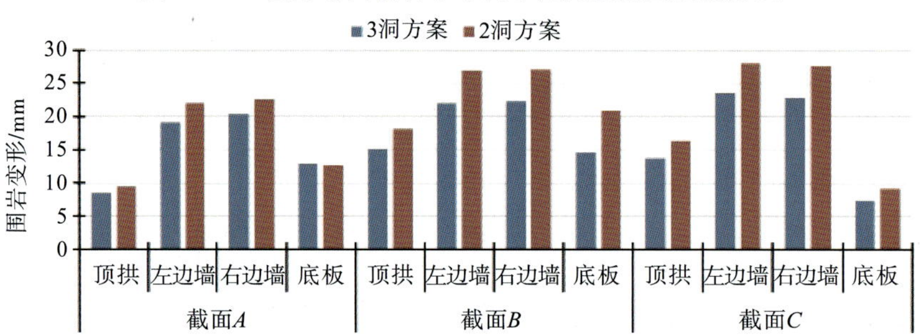

图 10.32　圆形断面条件下不同布置方案的围岩变形对比柱状

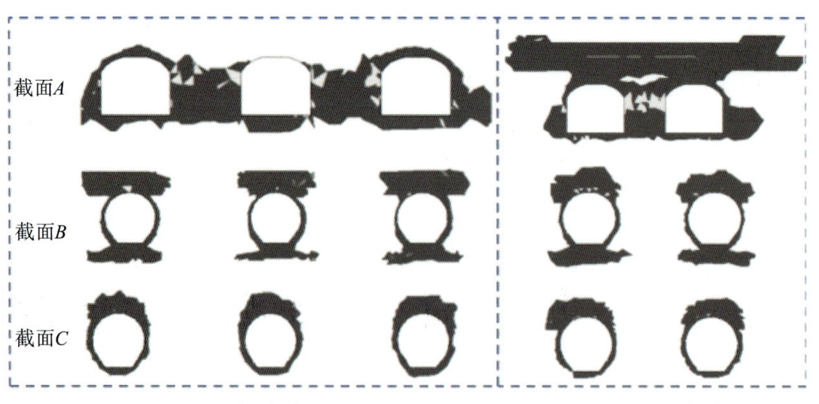

(a)3 洞方案　　　　(b)2 洞方案

图 10.33　圆形断面条件下不同布置方案的围岩塑性区深度

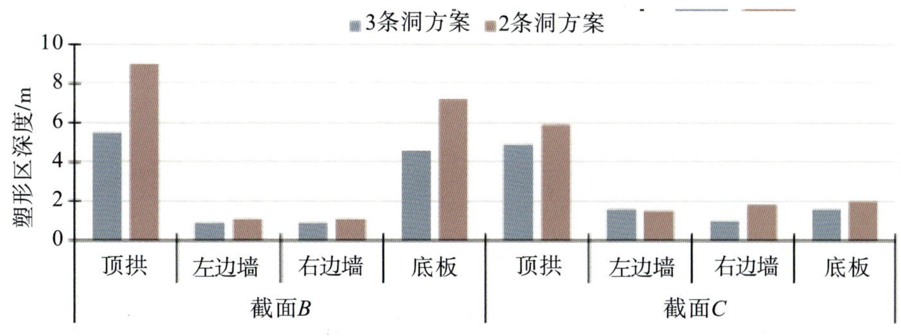

图 10.34　圆形断面条件下不同布置方案的围岩塑性区深度对比

③锚杆应力。

开挖完成后，3 洞方案的锚杆应力值在总体上稍小于 2 洞方案。其中，3 洞方案的截面 A 洞周锚杆应力与 2 洞方案基本相当；截面 B 洞周锚杆应力比 2 洞方案小 11～24MPa；截面 C 洞周锚杆应力比 2 洞方案小 3～4MPa(图 10.35)。

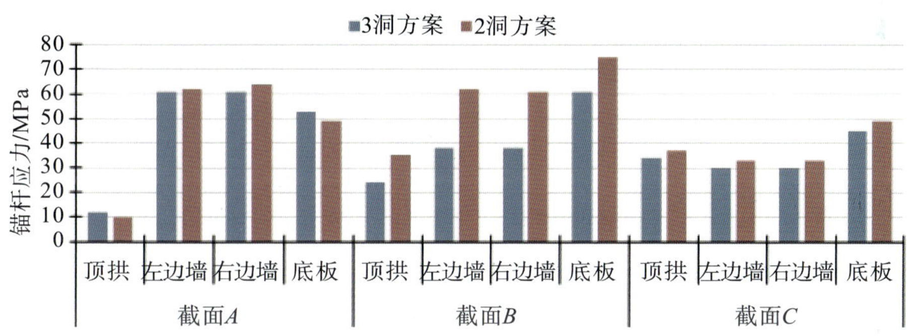

图 10.35　圆形断面条件下不同布置方案的锚杆应力对比

可以看出，采用 3 洞布置方案时，圆形断面和马蹄形断面条件下的标准段围岩塑性区深度、围岩变形和锚杆应力等指标均小于 2 洞布置方案，围岩成洞条件及稳定性更好。同时由于 2 洞方案和 3 洞方案隧洞过流断面面积基本相同，投资相差较小。综上对比分析，3 洞布置方案的开挖断面尺寸相对较小，施工开挖对围岩的卸荷扰动程度也较小，对保障围岩稳定性更为有利，因此推荐采用 3 洞布置方案。

(3)隧洞洞形比选研究

1)围岩变形。

隧洞洞形主要有城门洞形断面、圆形断面和马蹄形断面，考虑软岩地区城门洞形一般洞径较小，结合围岩受力条件和施工便利性，主要对标准段采用圆形断面和马蹄形断面进行对比研究。

标准段为圆形断面方案的截面 A 围岩变形量值均比马蹄形断面方案的围岩变形增加 1.1%～6.3%，这是由于与圆形断面对应的进口段开挖断面尺寸为 21.9m×17.7m(宽×高)，要稍大于与马蹄形断面对应的进口段开挖断面尺寸(21.4m×17.2m)。截面 B 和截面

C 位于标准段，圆形断面的开挖断面尺寸与马蹄形基本相当，但围岩变形量值在总体上比马蹄形断面小 9.3%～24.0%（图 10.36，图 10.37），表明标准段为圆形断面时，有利于限制围岩变形。

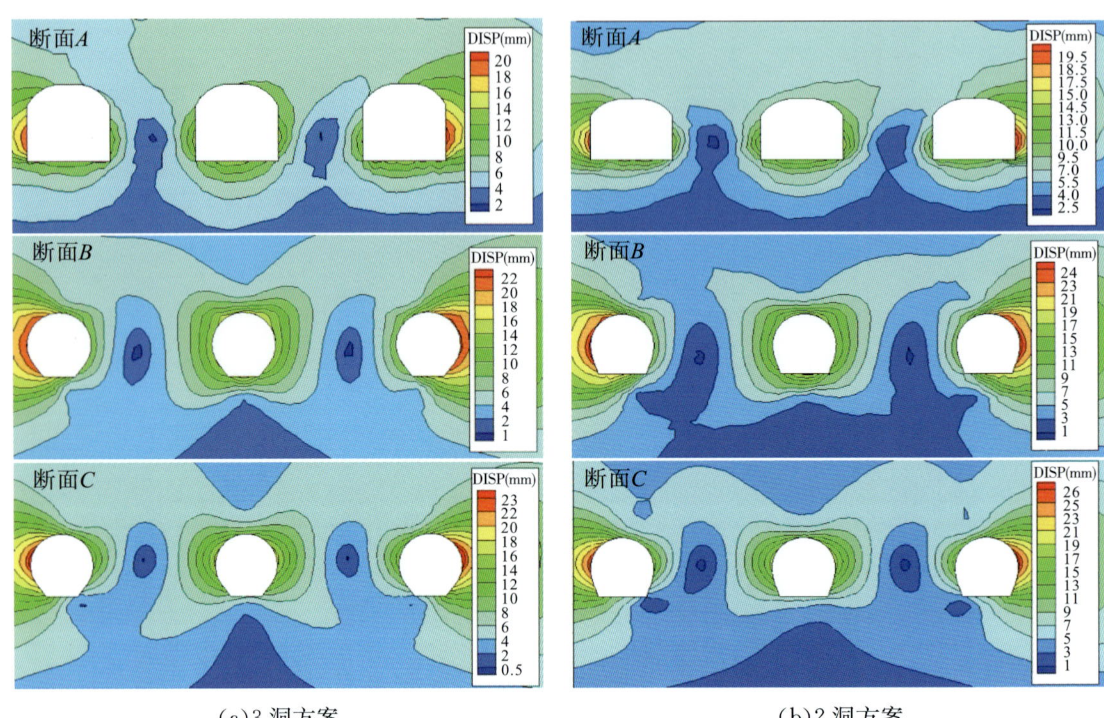

图 10.36　圆形和马蹄形断面的典型截面围岩变形云图

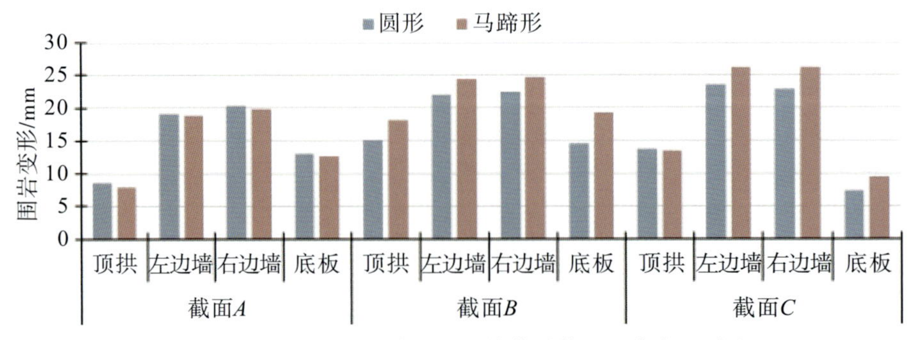

图 10.37　圆形和马蹄形断面的典型截面围岩变形对比

2）围岩塑性区。

圆形断面方案与马蹄形断面方案截面 A 的围岩塑性区深度和分布特征基本相当，均是顶拱和底板的塑性区深度较小（图 10.38），而洞间岩柱塑性区贯通（量值较大且对比不明显，图 10.39 未列出）。截面 B 和截面 C 位于标准段，圆形断面的开挖断面尺寸与马蹄形基本相当，但围岩塑性区深度在总体上比马蹄形断面减小 0.2～2.4m，表明标准段为圆形断面时，有利于限制围岩塑性区深度，降低开挖卸荷对洞周岩体的扰动。

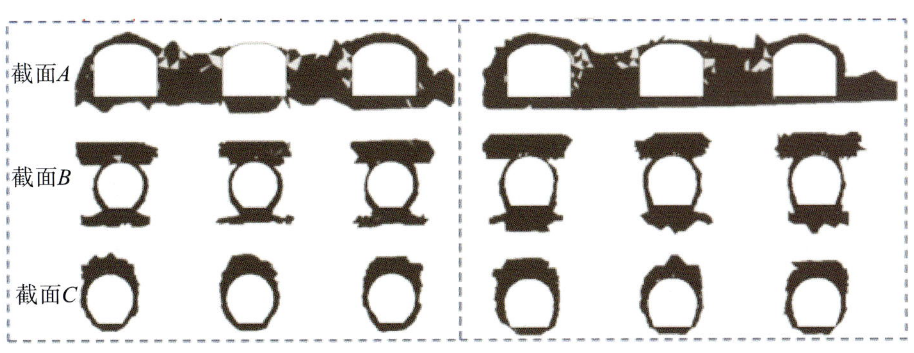

(a)3 洞方案　　(b)2 洞方案

图 10.38　圆形和马蹄形断面的典型截面围岩塑性区

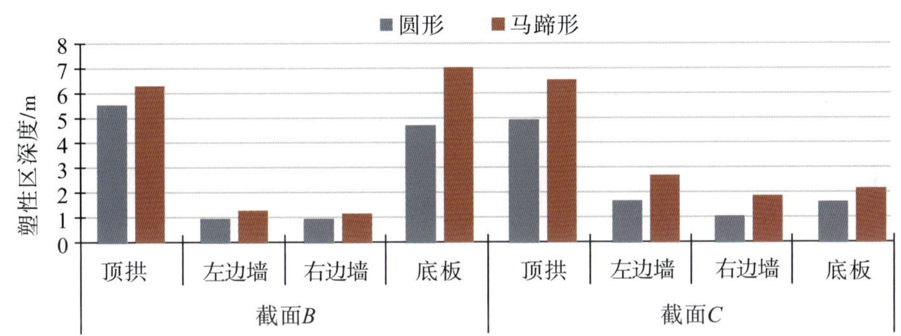

图 10.39　圆形和马蹄形断面的典型截面围岩塑性区对比

3)锚杆应力。

圆形断面方案和马蹄形断面方案各截面的锚杆应力量值基本相当，差别较小(图 10.40)。

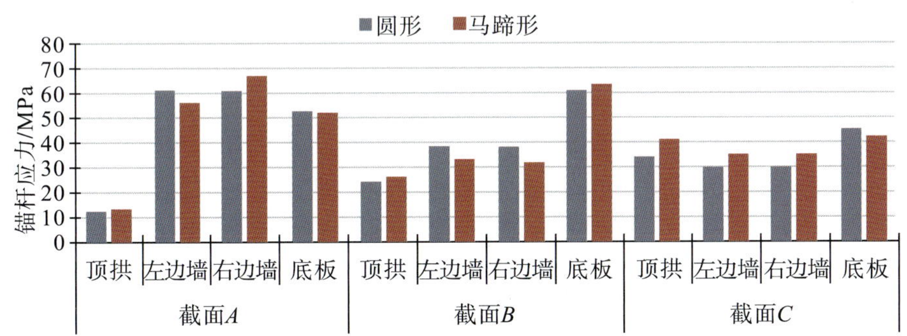

图 10.40　圆形和马蹄形断面的典型截面锚杆应力对比

综上对比分析，圆形断面和马蹄形断面的围岩稳定计算结果规律及特征基本相似，但部分计算指标在量值上有所差异。标准段为圆形断面时，更有利于限制围岩变形、围岩塑性区深度和降低开挖卸荷对洞周岩体的扰动，因此建议采用圆形作为软岩导流隧洞标准段的断面形状。

10.7.1.2 初次支护时机研究

(1)初次支护时机研究现状及存在问题

通常情况下，岩体受构造应力作用及施工方式与技术等因素的影响，在开挖过程中隧洞围岩的自稳能力一般较弱，需在施工开挖的同时对围岩进行支护。据文献统计可知，80%以上的隧洞事故发生于开挖后较短一段时间内，此时围岩主要靠自身以及初次支护克服围岩的破坏变形，可见在开挖岩性较弱的岩体时，初次支护及早进行十分必要。但根据新奥法理论，若支护过早，围岩的自身承载能力未能完全发挥，容易造成支护因围岩变形的挤压产生较大变形而出现破坏现象，因此初次支护时机是隧洞设计时的一个重要参数。

随着理论研究的发展与数值模拟方法的推广和应用，尤其是现场监测技术的进步和大量数值分析软件的出现，关于开挖面时空效应和隧洞支护问题，国内外众多学者已经进行了较多的研究。徐帮树等系统地研究了初期支护安全性评价问题，提出了数值模拟计算型钢喷射混凝土的安全性评价方法，并通过监测和数值分析对初期支护的作用机理进行了安全评价。Panet 等提出平面应变的假定，将隧洞的三维分析简化为二维平面模型；在此基础上，孙钧、朱合华等提出了广义虚拟支撑力法，通过对隧洞施工过程中不同“开挖释放荷载”的施加，将复杂的三维问题转化为二维平面问题，使分析过程大大简化。杨灵等通过数值模拟的方式，对隧洞开挖后在不同荷载释放率条件下进行支护的作用效果进行了分析，初步确定了二维数值分析中较理想的初期支护时机。然而，二维数值模拟是三维问题的理想假定，已不能满足工程和学术研究的需求，三维数值模拟分析越来越得到国内外学者的重视。孙元春依据 76 个隧道监测面的实测数据，总结了隧洞开挖过程中围岩变形 3 个阶段的特点，注重分析了围岩变形的时空效应，发现空间效应主要集中在急剧变形段，而时间效应则较晚体现，主要在流变阶段。谭代明等对软岩隧道施工中稳定性问题进行三维分析研究，得出围岩和支护的受力状态随时间的变化规律，并与实测结果进行了对比，发现软岩隧道围岩变形是由掌子面的空间效应逐渐消失导致开挖荷载释放增大而引起的。杨有海引入了位移释放系数并在考虑时空效应的条件下，对三维隧洞开挖过程中围岩的变形规律进行了研究。赵旭峰等以数值模拟的方式对三维深埋软岩隧道工程施工过程中围岩的受力状态和变形的时空效应进行了非线性粘弹性计算，并与现场监测结果进行了对比，验证了数值模拟的合理性。

从以上研究可以看出，众多学者针对隧洞开挖后支护问题的分析逐步从施工监测过渡到理论分析和数模仿真，从二维过渡到三维，取得了丰硕的成果，尤其在隧洞围岩的变形规律、合理的支护方式方面进行了全面深入的研究。但是对于初次支护的问题，国内外目前主要研究均侧重于支护方式和支护评价，手段多依靠工程监测和二维分析，对初次支护时机的分析相对较少，且都未能提出有效可行的控制条件或选择方法，大部分工程施工仍以工程经验或工程类比的方式进行操作。

(2)隧洞开挖初次支护时机分析

1)支护时机优化方法。

①二维分析。

对于长距离隧洞，基于平面应变的假设，建立平面计算模型，根据二维数值模型一次完全开挖后进一步运算得到隧洞开挖后围岩瞬时的开挖荷载等效节点力，然后根据荷载系数将得到的开挖荷载等效节点力按一定比例分配，如等分为10份，每份10%，依次施加在开挖边界上，并统计各开挖荷载释放过程中典型位置的位移变化规律，其中开挖荷载释放率 $r=100\%$ 时的隧洞位移值即为隧洞最终的变形值。

同时，为了更加清晰直观地反映围岩特性的变化过程，下面引出围岩位移增量和塑性区体积率的概念：用某一释放率下的围岩位移值减去前一释放率下的围岩位移值，即得到该释放率下的围岩位移增量；而围岩塑性区体积率为塑性区体积与开挖体体积之比：

$$d_i(r)=d_u(r)-d_u(r-10\%)$$

$$p(r)=v(r)/v_e\times 100\%$$

式中，$d_u(r)$ 和 $v(r)$ 分别是某一监测点在开挖荷载释放率为 r 时的位移和塑性区体积，v_e 代表开挖掉的山体总体积。

从图10.41可以看出，随着开挖荷载释放率的增大，围岩的位移以及塑性区体积率也都在不断增加；当开挖荷载释放率小于 r_0 时，围岩的位移和塑性区体积率呈线性增加，而当开挖荷载释放率达到 r_0 之后迅速上升。因此，本书认为初次支护应该在开挖荷载释放率为 r_0 时进行施加。

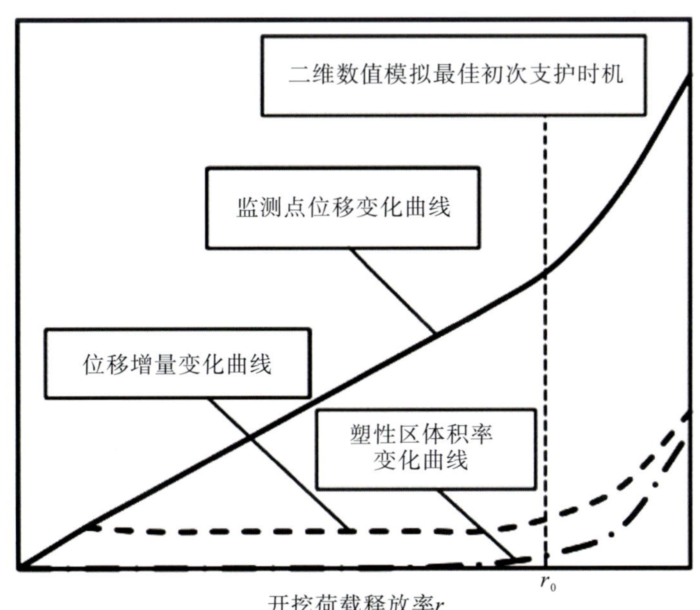

图10.41 二维数值模拟最佳初次支护时机计算

②三维分析。

三维隧洞开挖过程中，随着掌子面的推进，由于空间效应的作用，监测断面位置的围岩变形曲线见图 10.42。

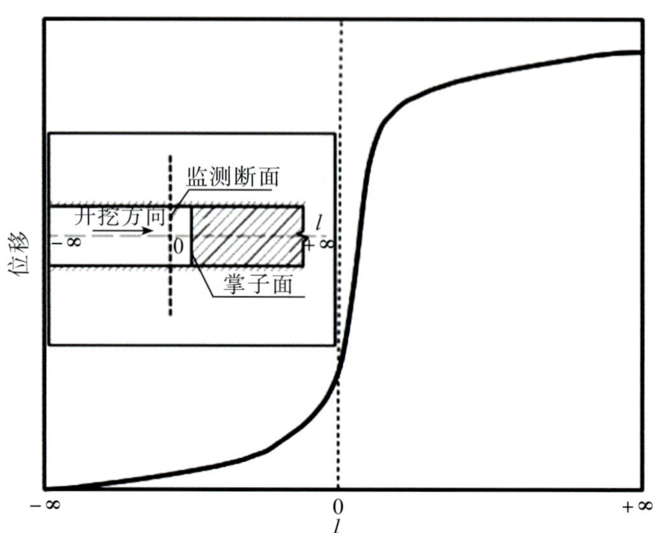

图 10.42　隧洞开挖三维数值模拟监测点位移变化曲线

三维隧洞开挖过程中，围岩单元的应力状态无法进行监测，因此不能同二维隧洞开挖初次支护时机一样进行分析，针对三维隧洞开挖初次支护时机的问题，尚未提出有效可行的控制条件或选择方法，大部分工程施工仍以工程经验或工程类比的方式进行操作。

由图 10.41 和图 10.42 分析可知，在二维和三维数值计算中，开挖荷载释放率 r 和掌子面距监测断面的距离 I 可以用位移完成率 λ 来建立它们之间的相关关系。其中，位移完成率是指距开挖面一定距离 l 处某点 m 沿任一方向的洞壁围岩变形值与距开挖面足够远处同一位置、同一方向上的变形值之比，二维和三维计算模型的位移完成率计算方法见以下公式。

$$\lambda_{2D}(r,n)=d_u(r,n)/d_u(100\%,n)\times 100\%$$

$$\lambda_{3D}(l,m)=d_u(l,m)/d_u(\infty,m)\times 100\%$$

式中，r——开挖荷载释放率，取值区间为[0,100%]；

l——掌子面与监测断面的距离，m，取值区间为[$-\infty$,∞]；

$d_u(r,n)$——监测点 n 在开挖荷载释放率为 r 时的位移值；

$d_u(l,m)$——监测点 m 在掌子面与监测断面的距离为 I 时的位移值。

根据上述公式，由图 10.40 和图 10.41 可以看出，由于监测点的位移值是连续变化的，因此位移完成率也是连续变化的，那么，必有：

$$\lambda_{3D}(l,P_i)=\lambda_{2D}(r,P_i)$$

根据上述关系式可知，二维和三维计算的相关关系可以由位移完成率来建立，即若已知二维数值模型的开挖荷载释放率 r 可求得三维数值模型掌子面与监测断面间距离 l。因此，可将位移完成率 λ 作为横坐标，分别将 l 与 r 作为主次纵坐标，建立二维与三维数值模型之间的对应关系，具体过程为：首先在二维模型释放荷载曲线上找到对应最佳支护时机的荷载释放率 r_0（右纵轴，点 D_1）D 的对应点 D_2（即 D_1D_2 段）；然后在三维模型位移完成率曲线上找出与点 D_2 处位移完成率相同的对应点 D_3（即 D_2D_3 段）；最后通过 D_3 点做水平线，与左侧主纵坐标轴相交于 D_4 点，D_4 点对应的坐标即为掌子面与监测断面间的控制距离 l_0，即要求施加的支护结构与掌子面间的距离不超过此数值，见图 10.43。

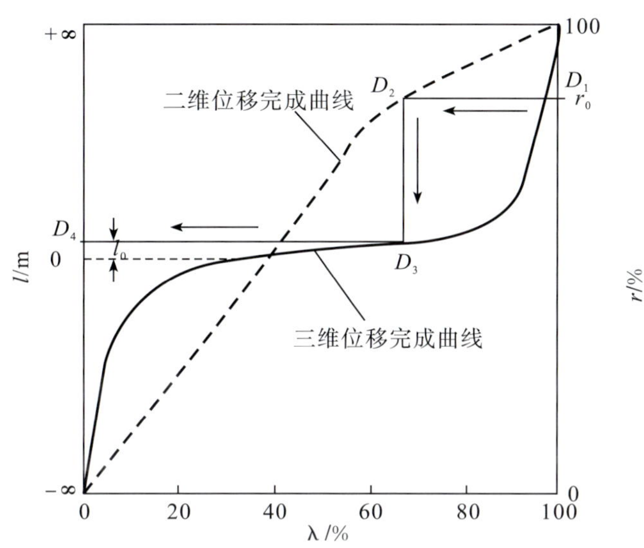

图 10.43　掌子面与监测断面间控制距离 l_0 的计算

2)最佳支护时机选择。

经计算，Ⅲ、Ⅳ、V_1、V_2 类围岩断面最佳支护时机对应的开挖荷载释放率分别为 80%、80%、70%、70%，则可得到其对应的控制距离分别为 17.5m、9.5m、7.5m、3.6m，即要求支护结构施加时，与掌子面间的距离不能超过 17.5m、9.5m、7.5m、3.6m。

(3)围岩变形监测

巴基斯坦卡洛特水电站导流隧洞开挖时，要求Ⅲ、Ⅳ、Ⅴ类围岩初期支护距掌子面距离(开挖进尺)最大分别为 4m、3m 和 1.5m。根据施工期导流隧洞监测资料，测得各测点孔口端的变形在 3.24～15.82mm，多点位移计实测岩体变形不超过 16mm，围岩整体变形较小，导流洞开挖支护后各测点变形稳定无异常；锚杆应力计测值在−96.84～163.17MPa，锚杆应力变化基本呈稳定收敛趋势，导流洞开挖支护后，锚杆应力测值已经基本稳定。

导流洞洞身施工期监测成果表明，导流洞围岩变形整体较小，导流洞开挖支护后，围岩变形呈稳定收敛趋势。

10.7.2　导流隧洞进出口泥岩边坡长期稳定性分析

在卡洛特水电站导流隧洞进出口边坡开挖支护设计成果审查过程中，业主工程师提出影响设计审批的关键问题是设计不能对泥岩层提供长期的有效保护，认为泥岩遇水容易分解，在淹没区尤其是水位波动区，水渗入边坡造成泥岩强度减小、软化，进而被冲刷带走，失去对上覆砂岩层的支撑，从而影响了边坡的长期稳定性。

针对业主工程师提出的问题，本书从地质、水文、边坡设计、泥岩特性及其对边坡的影响等方面进行综合分析，论证导流洞进出口边坡设计在工程寿命期内的安全稳定性。

10.7.2.1 岩石水理特性

室内膨胀性试验（表 10.22）表明，泥质粉砂岩和粉砂质泥岩具有弱膨胀性。同时现场钻探取芯表明，该类岩石具有遇水膨胀、失水干裂的特点，见图 10.44。

表 10.22　　岩石（体）膨胀性试验成果

试件编号	取样位置	野外定名	矿鉴定名	自由膨胀率/%		约束膨胀率 Vhp/%	体积不变膨胀力		
				径向 V_D	轴向 V_h		试件尺寸 D/mm	应变 $\mu\varepsilon$	膨胀压力 P_s/kPa
60	ZK65 孔 56.64～57.14m	泥质粉砂岩夹泥岩	绢云母褶铁泥岩	1.31	2.11	2.26	48.1	812	293
						3.19	48.0	471	179
				1.39	1.41				
	平均值			1.35	1.76	2.72			236
63	ZK65 孔 72.40～72.50m	粉砂质泥岩	含细粉砂绢云母化的泥质粉晶灰岩	1.39	1.47	3.38	47.8	285	103
						3.50			
				1.52	1.78				
	平均值			1.46	1.63	3.44			103
39、37	ZK66 孔 108.30～109.20m	粉砂质泥岩	未鉴定	0.57	5.11	8.17	48.5	763	271
						2.74	48.0	895	340
				2.17	4.91				
	平均值			1.37	5.01	5.45			305

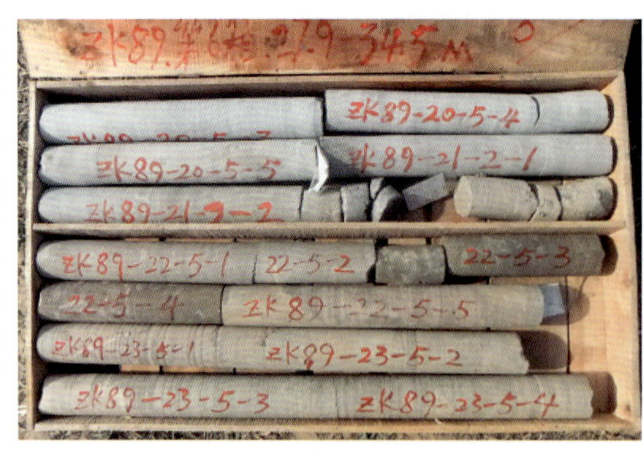

(a)泥质粉砂岩(失水前)

(b)粉砂质泥岩(失水前)

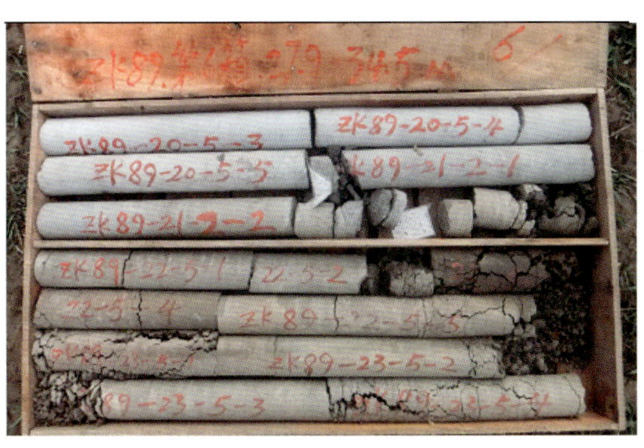

(c)泥质粉砂岩(16d 后)

(d)粉砂质泥岩(8d 后)

图 10.44 泥质粉砂岩与粉砂质泥岩失水前后照片对比

同时,对微新粉砂质泥岩进行浸水试验,见图 10.45。

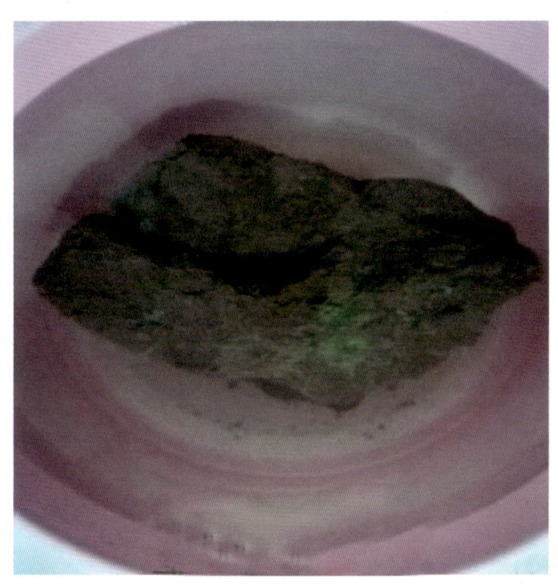

(a)2017 年 10 月 4 日

(b)2017 年 10 月 24 日

图 10.45 微新粉砂质泥岩浸水后照片对比

可以看出,微新状粉砂质泥岩(未经过失水过程,尺寸约 20cm×20cm×25cm)在长时间浸水后仍能保持完整。综合分析认为,该类岩石在应力释放状态下,当含水量变化时,特别是反复的干湿交替作用下,极易产生崩解;但随着岩石块度增大并保持含水量基本不变时,岩石崩解作用不明显,能保持较好的完整性。

10.7.2.2 工程施工对软岩工程地质特性的影响

(1)一般边坡

该类软岩边坡在开挖后,边坡表层由于应力释放和岩石含水量变化,即开始风化,但由于岩石透水性很低,受外部水的作用而产生强度的降低一般仅局限于开挖表面附近,且该过程较为漫长。现场载荷试验对其中一组粉砂质泥岩进行了承载力试验，可以看出，仅在表面浸水(3d)之后的泥岩其强度并未出现明显的降低。现场大量边坡开挖表明，该类岩石边坡在开挖后3～6个月内未封闭的情况下，表层风化厚度一般为10～15cm，风化深度有限。工程实践表明，在边坡经过喷混凝土等保护之后，边坡岩体受外界环境影响很小，其含水量变化小，岩体风化缓慢，边坡的整体稳定性几乎不受影响。

(2)水下建基面及边坡

水下钻孔取芯(图10.46、图10.47)及试验表明，长期处于地下水浸泡之下的软岩，由于其含水量几乎保持不变，其强度与岸坡中泥岩强度没有明显差别。因此，处于水下的建基面及边坡，在开挖时只需要减少爆破扰动，开挖后及时进行封闭，在尽量保持其应力状态和含水量不受影响情况下，岩石强度受影响有限，对边坡和建基面影响不大。

图10.46 水上钻孔ZK117中粉砂质泥岩岩芯(河床以下9.62～15.0m)

图10.47 水上钻孔ZK66中粉砂质泥岩岩芯(河床以下31.9～37.12m)

10.7.2.3 工程区及以下吉拉姆河两岸岩体条件及河床演变

吉拉姆河两岸泥质粉砂岩和粉砂质泥岩分布广泛，由于其强度较低，河水位变动附近易风化形成缓坡，并被大量崩积、洪积堆积物所覆盖，见图10.48。在多年水位变化过程中，吉拉姆河道及其两岸岸坡的变化代表了自然状态下该类软岩风化的典型特征。坝址上游2km处河道不同时期形态见图10.49至图10.52。

图10.48 吉拉姆河两岸泥岩分布区典型特征

图10.49 坝址上游2km处河床及两岸(2006年11月4日)

图 10.50 坝址上游 2km 处河床及两岸（2010 年 3 月 15 日）

图 10.51 坝址上游 2km 处河床及两岸（2013 年 12 月 10 日）

图 10.52 坝址上游 2km 处河床及两岸（2016 年 10 月 24 日）

从以上图中对比可以看出，吉拉姆河道及两岸岸坡在长期风化过程中，地形地貌变化不明显，河床没有明显加宽与深切，表明该类软岩在自然状态下，由于堆积物的覆盖，风化剥蚀速度较慢，没有快速风化和被水流快速侵蚀的特征。

10.7.2.4 蓄水后边坡运行条件及稳定性对比分析

根据地质勘查和现场开挖揭露的地质条件，导流隧洞工程区主要存在 $N_{1na}{}^{1-1-2}$、$N_{1na}{}^{4-3-2}$、$N_{1na}{}^{4-2}$、$N_{1na}{}^{3-3-2}$ 和 $N_{1na}{}^{3-2-2}$ 五层泥岩，其中进口边坡泥岩层主要分布高程为 385～401m、418～440m、453～467m 和 483～493m，出口边坡泥岩层主要分布高程为 388～408m、440～454m 和 468～473m，见图 10.53。

卡洛特水电站正常蓄水位 461m，死水位 451m，受到蓄水影响的进口边坡泥岩层分布高程为 385～401m、418～440m、453～461m；4 台机组正常运行时尾水位为 391.23m，500 年一遇校核尾水位为 418.08m，正常运行情况下受到尾水影响的出口边坡泥岩层分布高程为 388～391.23m。由于进口边坡高程 408m 以下和出口高程 405m 以下均有钢筋混凝土保护，不存在遇水软化的影响，因此泥岩问题仅存在进口边坡高程 418～440m 和高程 453～461m。其中，水库蓄水以后进口边坡高程 418～440m 的泥岩层全部位于水下，高程 453～

461m 的泥岩层处于水位变动区。

由水下钻孔和泥岩泡水试验情况分析，随着岩石块度增大并保持含水量基本不变时，岩石崩解作用不明显，能保持较好的完整性；长期处于地下水浸泡之下的软岩，由于其应力状态及含水量保持不变，其强度与岸坡中未受到水影响的泥岩强度没有明显差别。

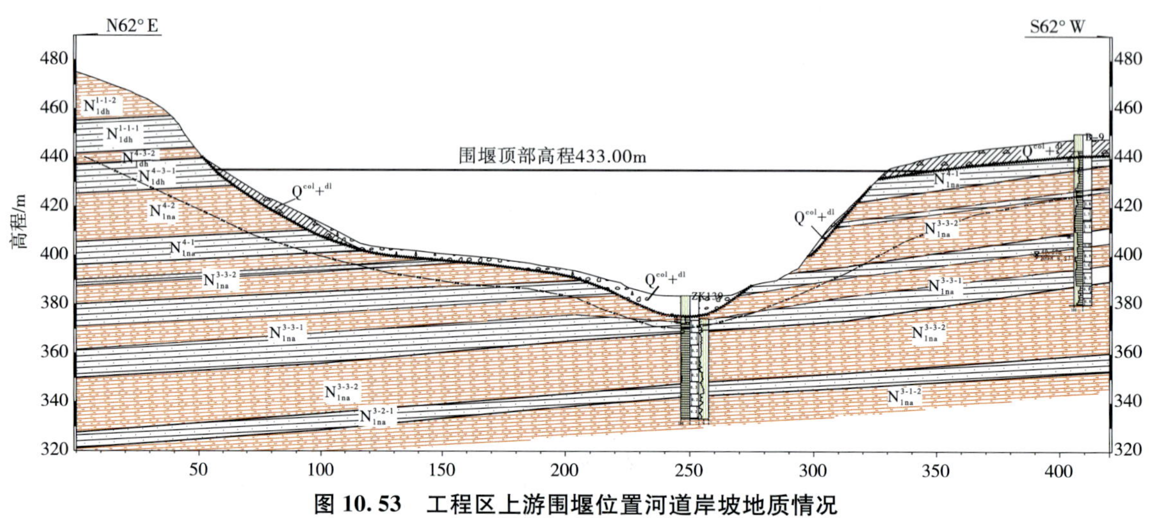

图 10.53　工程区上游围堰位置河道岸坡地质情况

另外，根据 1970—2013 年水文统计情况，坝址处河水水位在 386.55～409.88m 变动，吉拉姆河两岸软岩广泛出露，其中粉砂质泥岩层 $N_{1na}{}^{3-3-2}$ 正处于该高程范围内，在多年水位变化和雨水侵蚀过程中，两岸地形地貌变化并不明显，表明该类软岩在自然状态下风化剥蚀速度较慢。

开挖边坡通过采取喷混凝土等措施进行保护，水库蓄水后，泥岩含水量变化小，表层岩体很难发生脱离，同时考虑到外水压力这一有利条件，可以保证边坡的长期整体稳定性。

11 河湾地块蓄水安全

11.1 河湾地块工程地质概况

11.1.1 地形地貌

卡洛特水电站坝址区为典型的河湾地貌，吉拉姆河由SSE向流入坝址区，在坝址上游经124°的大转弯后呈北东流向，约650m后沿弧形河湾（回头湾）转向SSW向并穿过卡洛特桥流出坝址区，之后逐渐转向SEE流向，在坝址区内吉拉姆河平面形态呈一“几”字形河湾（图11.1），并在右岸形成宽约700m的河湾地块。

图11.1 坝址区河湾地块地形地貌

右岸河湾地块区域内地表总体上为一脊状地形（图11.1），在山脊中部呈鞍状地形，地表高程500m左右，近河湾前部相对较中部高，地面高程约520m。河湾地块在山脊上侧处于临河岸坡部位，受岩性控制，形成陡坎状地形，高程450m以下岸坡地形稍缓，地形坡度25°～35°，局部较陡，高程450m以上地形受岩性控制，形成台阶状陡崖地形；山脊下游侧总体为向SEE倾斜的平缓斜坡地形，地形坡度一般为5°～10°，近河岸坡在高程420m以下地形稍缓，地形坡度20°～35°，局部较陡，高程420m以上受岩性控制，形成两级近直立边坡。

河湾地块分布两处河流阶地，其中Ⅱ级阶地分布于下游侧卡洛特桥附近，阶地地面高程455～465m，阶面宽50～250m，阶面总体下游微倾，前沿地形稍高，后缘有地表流水冲刷形成的负地形。Ⅲ级阶地分布于右岸河湾地块前部山脊部位，地面高程510～520m，阶面宽30～180m，阶面总体向河两侧微倾，中部较为平坦。

11.1.2 地层岩性

河湾地块分布地层为新生界磨拉石建造的陆源碎屑沉积岩地层，出露的基岩地层主要为新近系中新统纳格利组（N_{1na}）以及多克帕坦组地层，岩性主要为中砂岩、细砂岩、泥质粉砂岩及粉砂质泥岩等，岩性较为复杂，总体上呈交互层状分布（图 11.2）。

图 11.2 坝址区河湾地带互层状地层

统计表明，河湾地块不同岩性所占大致比例分别为：泥岩、粉砂质泥岩 23.8%，泥质粉砂岩、粉砂岩 32.3%，中粗砂岩 38.0%，细砂岩 6.2%。河湾地块沉积岩岩性及岩相空间变化大，不同层位岩层厚度变化也较大，特别是 N_{1na}^{3-1-1} ～ N_{1na}^{4-2} 层，N_{1na}^{4-1} 层总体由 SW 向 NE 变薄并在右岸河湾地块前部厚度急剧减小，N_{1na}^{3-2-1} 层在坝址 SW 侧局部出现尖灭；各地层厚度变化在总体上具有以砂岩为主的地层由 SW 向 NE 厚度变薄，而以泥质粉砂岩、粉砂质泥岩互层为主的地层则厚度增大的趋势。此外，岩层中透镜体分布较普遍，局部也存在岩性渐变，地层岩性较复杂。

由于沉积环境、成岩胶结程度的不同，坝址区砂岩层中夹有透镜状分布的疏松砂岩，主要分布于 N_{1na}^{3-1-1} 层，N_{1na}^{3-2-1}、N_{1na}^{3-3-1}、N_{1na}^{4-1} 及 N_{1na}^{4-3-1} 层局部亦有分布。统计表明，疏松砂岩透镜体一般厚 0.1～0.6m，最厚可达 3.5m，在地层中分布不稳定，成层性差，空间分布上具有随机性，无一定规律可循。

坝址区 N_{1na}^{2-4} 层中部偏上，N_{1na}^{3-3-2} 层底部分布有杂色（黄褐、灰白、紫灰、紫红色相杂）疙瘩状粉砂质泥岩，岩体结构一般较疏松，抗风化能力差，地表露头见有类似“姜石”的疙瘩状钙质胶结的粉砂岩团块分布，特征明显。疙瘩状粉砂质泥岩总体上具有一定的成层性，但分布及厚度不稳定，空间变化大，其风化破碎程度及性状也不尽一致。

坝址区出露的地层总体上可视为连续沉积（不排除有短暂的沉积间断），各岩性层之间均为整合接触，受沉积环境、物源碎屑、水动力条件等差异影响，不同岩性层之间接触面形态千差万别，接触面力学性质与上下岩层岩性、接触面起伏情况密切相关。根据地表测绘、平

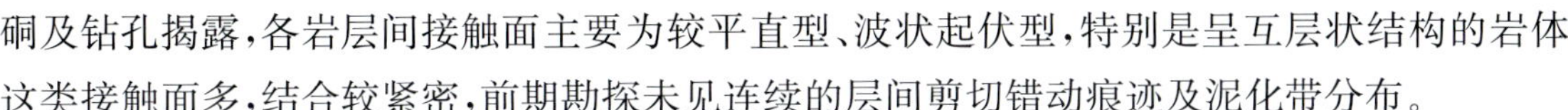

硐及钻孔揭露，各岩层间接触面主要为较平直型、波状起伏型，特别是呈互层状结构的岩体这类接触面多，结合较紧密，前期勘探未见连续的层间剪切错动痕迹及泥化带分布。

河湾地块两侧岸坡下部分布大量的崩塌堆积体（Q_4^{col+dl}），主要由碎块石土夹体积巨大的巨石组成，密实度差，架空现象较普遍，厚度一般为 1.5～5.0m，左岸局部厚达 14m；河湾地块中部斜坡地带及冲沟内局部分布少量残坡积物（Q_4^{edl}）及坡洪积物（Q_4^{dl+pl}），厚度不大，一般小于 3m，主要为褐黄色粉质黏土夹砾石、卵石；Ⅱ、Ⅲ级阶地上部分布阶地冲积物，厚 3～21.1m，一般具二元结构，表层为细粒土或砂层，下部为砂砾卵石层，结构较密实，分选性差。

11.1.3 地质构造

河湾地块在构造上处于左岸卡洛特向斜 SW 翼与右岸纳湾背斜 NE 翼之间的宽缓单斜岩层部位，岩层产状平缓且较稳定，岩层倾角 7°～10°。断层不发育，主要构造形迹为裂隙及少量层间剪切带。

坝址区近岸地带地表发育的裂隙多为卸荷裂隙，在不同的部位由于岸坡走向的差异，其发育方向也有较大的差异。

右岸河湾地块上、下游侧距陡崖 25～50m 范围地表发育两组裂隙，第一组与陡崖近于平行，走向 35°～65°，河湾上游倾 NW、下游倾 SE（倾河流一侧），倾角 60°～80°，延伸长度一般为 3～20m，平均间距 0.5～0.8m，近地表呈张开缝状，张开缝深度一般小于 2m，向下尖灭闭合。第二组裂隙与第一组裂隙近于正交，倾角一般为 70°～85°，延伸一般受第一组裂隙限制，较短小，长度在 0.25～1m 变化。根据平硐裂隙资料统计表明，裂隙主要为 NE、NEE、NNE 走向 3 组：第一组（NE 组）走向 30°～60°，以倾向 NW 为主，中等倾角为主，少量缓倾角裂隙发育；第二组（NEE 组）走向 60°～90°，以倾向 NW 为主，少量倾向 SE，陡倾角为主，少量中—缓倾角；第三组（NNE 组）走向 0°～30°，以倾向 NW 为主，中—缓倾角；NW 向裂隙较不发育。裂隙一般较平直、裂面粗糙，延伸长度一般小于 2m，约占裂隙总数的 73%，少量可达 3～5m，裂隙宽度一般小于 1mm，部分裂隙宽度可达 1～3mm，以泥质或岩屑充填为主，部分为钙质或方解石充填，部分裂隙见有铁质浸染。平硐揭露砂岩（N_{1na}^{3-3-1}，N_{1na}^{4-1}）、粉砂岩与泥岩互层（N_{1na}^{3-3-2}，N_{1na}^{4-2}）岩体中裂隙发育特征有一定的差别。砂岩中裂隙主要以 NE 组最发育，NNE 组次之，以倾向 NW 为主，还发育少量的 NNW 及 NW 向裂隙，以中陡倾角裂隙为主，缓倾角裂隙不甚发育。粉砂岩与泥岩互层岩体中裂隙以 NE 组最发育，NEE 组稍次，NNE 及 NW 向裂隙相对较少，NE 方向裂隙以倾向 NW 为主，少量倾向 SE，NW 方向裂隙则多倾向 NE，部分倾向 SW，裂隙倾角以陡、中倾角为主，缓倾角裂隙相对较发育。从裂隙规模来看，分布于砂岩中的裂隙规模相对较大。

11.1.4 水文地质

（1）地下水

按赋存条件划分，河湾地块地下水主要为基岩孔隙裂隙水和第四系松散堆积层孔隙水。

基岩孔隙裂隙水主要赋存于中砂岩中，一般为中等—贫含水，由于存在泥岩、泥质粉砂岩等相对不透水岩层呈夹层或互层分布，形成多层状水文地质结构，加之地层产状较平缓，中砂岩中的裂隙水局部具有承压性。ZK42 钻孔孔深约 53m 附近揭露到局部承压水，实测承压水水头约 54m（高出孔口约 1.0m），终孔后地下水溢出孔口呈自流状态，观测流量为 10～15L/min。基岩裂隙水主要接受大气降水、冲沟地表水、覆盖层地下水及两岸山体同一含水层地下水的补给，以泉水形式向地表排泄或经地下潜流向本区最低侵蚀基准面吉拉姆河分散式排泄。

第四系松散堆积层孔隙水主要含水层为河床中的卵砾石夹碎块石层、阶地堆积物及近岸地带分布的崩塌堆积层中，阶地堆积物及崩塌堆积层中孔隙水含水程度受其分布地形及物质组成影响较大。第四系松散堆积层一般厚度不大，含水较贫。

河湾地块下游侧地表发现多处泉水出露点，均为季节性下降泉，以基岩裂隙水居多，多于砂岩与泥岩接触部位出露，水量一般小于 1L/min。

根据钻孔地下水位观测结果，右岸河湾地块地下水埋深变化较大（表 11.1），中部地下水埋深一般为 0～29.0m，靠近岸坡陡崖附近钻孔，受岩体卸荷影响，钻孔地下水位埋深较深，可达 30.0～50.9m，河湾地块前部受地形及岩体风化等影响地下水位埋深达 59.7～77.6m。在距河湾地块上游岸坡 30～50m 范围内，受岸坡卸荷影响卸荷裂隙较发育，地下水位埋深较深，往河湾地块中部地下水位逐渐抬升，至 ZK44 孔～ZK40 孔一带为最高（495～498m），往下随着地面高程的降低，地下水位平稳下降，但埋深不大，一般为 0～10.0m，在靠近下游近岸陡立岸坡开始陡降，与下游河水位相接。总体上看，河湾地块地下水位从 SW 靠山侧向河湾地块前缘逐渐降低，至河湾地块前缘一带受地形、岩体风化及卸荷等影响，岩体透水性增大，地下水下降较快，近岸地下水线相对较平缓。

根据右岸河湾地块区域内勘察期间钻孔地下水位分析（表 11.1），河湾地块中部存在地下分水岭，河湾地块地下水分别向两侧吉拉姆河排泄。吉拉姆河为坝区地表水和地下水的最低排泄基准面。

表 11.1　　右岸河湾地块钻孔地下水位

孔号	孔口高程/m	埋深/m	地下水位/m	孔号	孔口高程/m	埋深/m	地下水位/m
ZK39	455.44	20.40	435.04	ZK118	425.31	29.00	396.31
ZK40	504.36	6.36	498.00	ZK120	513.16	59.70	453.46
ZK41	456.68	1.46	455.22	ZK122	473.45	31.50	441.95
ZK42	479.72	0.00	479.72	ZK123	423.32	17.60	405.72
ZK43	494.78	18.51	476.27	ZK128	520.77	64.00	456.77
ZK44	500.50	5.48	495.02	ZK130	439.39	40.10	399.29
ZK45	489.86	3.46	486.40	ZK131-1	422.93	33.20	389.73

续表

孔号	孔口高程/m	埋深/m	地下水位/m	孔号	孔口高程/m	埋深/m	地下水位/m
ZK46	489.84	5.65	484.19	ZK132	422.48	20.40	402.08
ZK47	468.59	1.18	467.41	ZK133	424.60	14.00	410.60
ZK49	411.71	16.90	394.81	ZK134	464.68	7.60	457.08
ZK50	479.72	8.81	470.91	ZK135	424.94	43.80	381.14
ZK51	444.95	26.82	418.13	ZK136	506.70	77.60	429.10
ZK68	426.20	26.80	399.40	ZK190	466.30	13.60	452.70
ZK70	513.46	23.70	489.76	ZK193	410.59	18.10	392.49
ZK81	440.60	14.60	426.00	ZK141	466	16.60	449.40
ZK83	452.87	29.40	423.47	ZK142	464.494	18.90	445.59
ZK84	447.45	30.00	417.45	ZK143	461.581	51.75	409.83
ZK85	467.21	0.70	466.51	BZK1	509.88	40.50	469.38
ZK86	461.52	6.50	455.02	BZK3	474.33	1.80	472.53
ZK87	476.81	6.80	470.01	BZK13	472.67	8.10	464.57
ZK88	460.50	7.80	452.70	BZK14	481.47	4.50	476.97
ZK89	464.32	5.40	458.92	BZK15	494.82	4.50	490.32
ZK90	409.17	18.00	391.17	BZK16	507.68	5.50	502.18
ZK93	512.08	18.10	493.98	BZK17	466.06	7.60	458.46
ZK94	431.48	37.10	394.38	BZK19	470.25	0.00	470.25
ZK95	435.57	28.40	407.17	BZK20	483.28	4.00	479.28
ZK96	438.17	28.30	409.87	BZK21	493.32	6.80	486.52
ZK107	420.65	9.00	411.65	BZK22	501.48	15.30	486.18
ZK108	513.69	50.90	462.79	BZK26	479.79	4.80	474.99
ZK111	520.19	27.40	492.79				

(2)岩体透水性

根据勘察期间钻孔压水试验成果统计(表 11.2),区内各类岩石总体透水性较弱,不同岩类微新岩体吕荣值 $q<10\text{Lu}$ 的试段均占试验总段数的 97.5%(均值)以上,$q<5\text{Lu}$ 的试段所占比例为 94.4%,微新岩体一般透水性微弱。岩体透水性受岩体风化程度影响较大,特别是弱风化粉砂岩、细砂岩,岩体透水性 $q\geqslant 10\text{Lu}$ 的试段占同类弱风化岩体试段比例较高。从不同岩类之间差异来看,中砂岩、细砂岩相对于其他岩类透水性稍大。

表 11.2　　坝址区钻孔压水试验成果统计结果

岸别	岩性	风化	总段数	$100>q\geqslant 10$Lu		$10\text{Lu}>q\geqslant 5$Lu		$5\text{Lu}>q\geqslant 1$Lu		$q<1$Lu	
				段数	百分比/%	段数	百分比/%	段数	百分比/%	段数	百分比/%
左岸	粉砂质泥岩	弱风化	1	0	0.0	0	0.0	1	100.0	0	0
左岸	粉砂质泥岩	微新	21	0	0.0	0	0.0	8	38.1	13	61.9
左岸	泥质粉砂岩	弱风化	1	0	0.0	0	0.0	0	0.0	1	100.0
左岸	泥质粉砂岩	微新	54	0	0.0	0	0.0	28	51.9	26	48.1
左岸	粉砂岩	弱风化	4	0	0.0	0	0.0	3	75.0	1	25.0
左岸	粉砂岩	微新	10	0	0.0	0	0.0	8	80.0	2	20.0
左岸	细砂岩	微新	11	0	0.0	0	0.0	6	54.5	5	45.5
左岸	砂岩	弱风化	5	0	0.0	0	0.0	0	0.0	5	100.0
左岸	砂岩	微新	69	1	1.4	1	1.4	28	40.6	39	56.5
左岸小计			176	1	0.6	1	0.6	82	46.6	92	52.3
河床	粉砂质泥岩	弱风化	1	0	0.0	0	0.0	0	0.0	1	100.0
河床	粉砂质泥岩	微新	21	1	4.8	0	0.0	6	28.6	14	66.7
河床	泥质粉砂岩	弱风化	1	0	0.0	0	0.0	0	0.0	1	100.0
河床	泥质粉砂岩	微新	22	0	0.0	0	0.0	7	31.8	15	68.2
河床	粉砂岩	微新	1	0	0.0	0	0.0	0	0.0	1	100.0
河床	细砂岩	微新	6	0	0.0	0	0.0	1	16.7	5	83.3
河床	砂岩	弱风化	2	0	0.0	0	0.0	2	100.0	0	0.0
河床	砂岩	微新	39	2	5.1	1	2.6	9	23.1	27	69.2
河床小计			93	3	3.2	1	1.1	25	26.9	64	68.8
右岸	粉砂质泥岩	弱风化	8	0	0.0	0	0.0	6	75.0	2	25.0
右岸	粉砂质泥岩	微新	287	6	2.1	6	2.1	78	27.2	197	68.6
右岸	泥质粉砂岩	弱风化	14	3	21.4	1	7.1	10	71.4	0	0.0
右岸	泥质粉砂岩	微新	316	6	1.9	10	3.2	93	29.4	207	65.5
右岸	粉砂岩	弱风化	8	3	37.5	0	0.0	5	62.5	0	0.0
右岸	粉砂岩	微新	118	1	0.8	9	7.6	49	41.5	59	50.0
右岸	细砂岩	弱风化	3	0	0.0	1	33.3	2	66.7	0	0.0
右岸	细砂岩	微新	65	0	0.0	0	0.0	19	29.2	46	70.8
右岸	砂岩	弱风化	50	5	10.0	5	10.0	29	58.0	11	22.0
右岸	砂岩	微新	451	11	2.4	15	3.3	180	39.9	245	54.3
右岸小计			1320	35	2.7	47	3.6	471	35.7	767	58.1
坝址区合计			1589	39	2.5	49	3.1	578	36.4	923	58.0

不同层位岩体钻孔压水试验成果统计(表 11.3)表明,以(中)砂岩为主的地层(如 $N_{1dh}{}^{1-1-1}$、$N_{1na}{}^{4-3-1}$、$N_{1na}{}^{4-1}$、$N_{1na}{}^{3-3-1}$ 等层),微新岩体透水性总体上较以粉砂质泥岩、泥质粉砂岩互层的地层(如 $N_{1na}{}^{4-2}$、$N_{1na}{}^{3-3-2}$、$N_{1na}{}^{3-2-2}$、$N_{1na}{}^{3-1-2}$、$N_{1na}{}^{2-4}$ 等层)相对要强,但差异不是很明显,总体上仍属弱—微透水岩体。

表 11.3　坝址区钻孔压水试验成果分层统计结果

地层代号	岩性	风化状态	总段数	100>q≥10Lu		10Lu>q≥3Lu		3Lu>q≥1Lu		q<1Lu	
				段数	百分比/%	段数	百分比/%	段数	百分比/%	段数	百分比/%
$N_{1dh}{}^{1-1-2}$	泥质粉砂岩夹粉砂质泥岩、砂岩	弱风化	5	3	60.0			1	20.0	1	20.0
		微新	16	3	18.8	1	6.3	5	31.3	7	43.8
$N_{1dh}{}^{1-1-1}$	砂岩夹粉砂岩	弱风化	8	1	12.5	2	25.0	4	50.0	1	12.5
		微新	10	2	20.0	4	40.0			4	40.0
$N_{1na}{}^{4-3-2}$	泥质粉砂岩、粉砂岩夹粉砂质泥岩及砂岩	弱风化	5	1	20.0			4	80.0		
		微新	22	2	9.1	6	27.3	8	36.4	6	27.3
$N_{1na}{}^{4-3-1}$	砂岩夹粉砂岩	弱风化	31	4	12.9	6	19.4	15	48.4	6	19.4
		微新	67	1	1.5	15	22.4	23	34.3	28	41.8
$N_{1na}{}^{4-2}$	泥质粉砂岩、粉砂质泥岩夹粉砂岩及砂岩	弱风化	15			1	6.7	11	73.3	3	20.0
		微新	130	6	4.6	11	8.5	54	41.5	59	45.4
$N_{1na}{}^{4-1}$	砂岩夹少量粉砂岩	弱风化	12	1	8.3	1	8.3	2	16.7	8	66.7
		微新	191	4	2.1	10	5.2	82	42.9	95	49.7
$N_{1na}{}^{3-3-2}$	泥质粉砂岩、粉砂质泥岩互层夹粉砂岩及砂岩	弱风化	6	1	16.7	1	16.7	1	16.7	3	50.0
		微新	193	2	1.0	4	2.1	49	25.4	138	71.5
$N_{1na}{}^{3-3-1}$	砂岩夹泥质粉砂岩及粉砂质泥岩	弱风化	14			8	57.1	4	28.6	2	14.3
		微新	258	3	1.2	13	5.0	52	20.2	190	73.6

续表

地层代号	岩性	风化状态	总段数	100>q≥10Lu		10Lu>q≥3Lu		3Lu>q≥1Lu		q<1Lu	
				段数	百分比/%	段数	百分比/%	段数	百分比/%	段数	百分比/%
N_{1na}^{3-2-2}	泥质粉砂岩、粉砂质泥岩互层夹粉砂岩及砂岩	弱风化	4			1	25.0	2	50.0	1	25.0
		微新	238			12	5.0	61	25.6	165	69.3
N_{1na}^{3-2-1}	砂岩夹粉砂岩	弱风化	1							1	100.0
		微新	68	1	1.5	8	11.8	21	30.9	38	55.9
N_{1na}^{3-1-2}	泥质粉砂岩、粉砂质泥岩互层夹粉砂岩及砂岩	弱风化	1							1	100.0
		微新	97	1	1.0	3	3.1	23	23.7	70	72.2
N_{1na}^{3-1-1}	砂岩夹少量粉砂岩	弱风化	3					3	100.0		
		微新	88	3	3.4	6	6.8	41	46.6	38	43.2
N_{1na}^{2-4}	泥质粉砂岩、粉砂质泥岩互层夹砂岩及粉砂岩	微新	128			4	3.1	40	31.3	84	65.6
N_{1na}^{2-3}	砂岩	微新	37			3	8.1	10	27.0	24	64.9
N_{1na}^{2-2}	砂岩夹少量粉砂质泥岩	微新	13							13	100.0
N_{1na}^{2-1}	泥质粉砂岩、粉砂质泥岩互层	微新	3					1	33.3	2	66.7

11.2 渗流监测及分析

11.2.1 补充渗流监测设施布置

根据三峡国际技术质量专家组意见，为了及时全面掌握卡洛特水电站蓄水前、蓄水过程中、蓄水后河湾地块地下水位特征，设计综合考虑河湾地块地形地势条件和已有监测布置，对河湾地块关键部位的渗流监测设施进行了补充，在大坝右坝肩到溢洪坝段（河湾地块）增加渗流及地下水位监测点 5 个（测压管 7 根）。其中，在溢洪道左岸帷幕端点外侧布设 1 根测压管（编号 BV01RCA）；在引水洞和导流洞附近各布设 1 根测压管（分别编号为 BV02RCA 和 BV07RCA）；在河湾地块中部布置 2 处观测点，为进一步查明地下水分层及承压特性，该 2 处地下水位观测点分别布设 2 根不同深度的测压管（编号 BV03～04RCA 和 BV05～06RCA），开展不同深度、不同地层地下水特性研究，相邻 2 根不同深度的测压管孔底分别深入地层 N_{Ina}^{4-1} 和 N_{Ina}^{3-3-1} 不少于 3m，为后续可能出现的渗漏问题做好预警。

在以上 7 根测压管实施完成后，为了进一步掌握河湾地块的水文地质和渗流特性，结合《大坝、溢洪道灌浆施工第五十九次例会会议纪要》（KLT-DBB-HYJY-104-2020）和《大坝、溢洪道灌浆施工第六十次例会会议纪要》（KLT-DBB-HYJY-107-2020）的要求，河湾地块中部又增补了 3 根测压管（BV08RCA～BV10RCA），测压管孔底进入 N_{Ina}^{4-1} 层砂岩 5m。

河湾地块补充渗流监测设施平面布置情况见图 11.3。

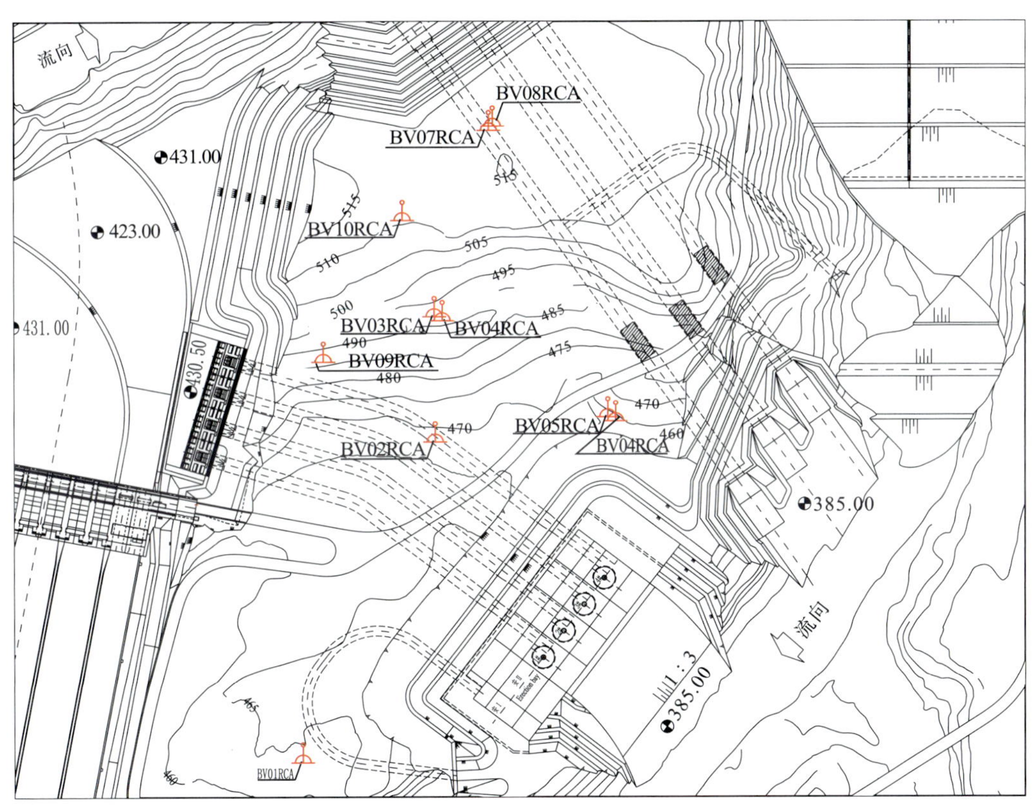

图 11.3　河湾地块补充渗流监测设施平面布置

11.2.2　渗流监测设施施工

1）2020 年 4 月 4 日，《河湾地块渗流监测设施布置图》报批；6 月 12 日获批。共布置 7 孔，设计孔深共 345m。

2）2020 年 5 月 10 日，BV01RCA 号孔钻孔、压水、测压管安装完成，定期观测地下水位。

3）2020 年 6 月 16 日，BV04RCA 号孔钻孔、压水、测压管安装完成，定期观测地下水位。

4)2020 年 6 月 18 日，BV03RCA 号孔钻孔、压水、测压管安装完成，定期观测地下水位。

5)2020 年 6 月 30 日，BV06RCA 号孔钻孔、压水、测压管安装完成，定期观测地下水位。

6)2020 年 7 月 4 日，BV05RCA 号孔钻孔、压水、测压管安装完成，定期观测地下水位。

7)2020 年 7 月 12 日，BV02RCA 号孔钻孔、压水、测压管安装完成，定期观测地下水位。

8)2020 年 8 月 16 日，BV07RCA 号孔钻孔、压水、测压管安装完成，定期观测地下水位。

7)2020 年 8 月 27 日，《河湾地块补充渗流及地下水位监测孔》报批，河湾地块中部增补 3 孔(BV08RCA～BV10RCA)，设计孔深共 225m。

8)2020 年 9 月 3 日，BV08RCA 号孔钻孔、压水、测压管安装完成，定期观测地下水位。

9)2020 年 9 月 10 日，BV09RCA 号孔钻孔、压水、测压管安装完成，定期观测地下水位。

10)2020 年 10 月 23 日，BV10RCA 号孔钻孔、压水、测压管安装完成，定期观测地下水位。2022 年 1 月道路施工破坏，于 2022 年 7 月修复，目前正定期观测地下水位。

11.2.3 监测数据成果及分析

11.2.3.1 环境量观测成果

(1)库水位

卡洛特水电站工程于 2021 年 11 月 20 日下闸蓄水，截至 2022 年 7 月 11 日，最高库水位为 2022 年 6 月 24 日的 460.99m。卡洛特水电站库水位过程线见图 11.4。

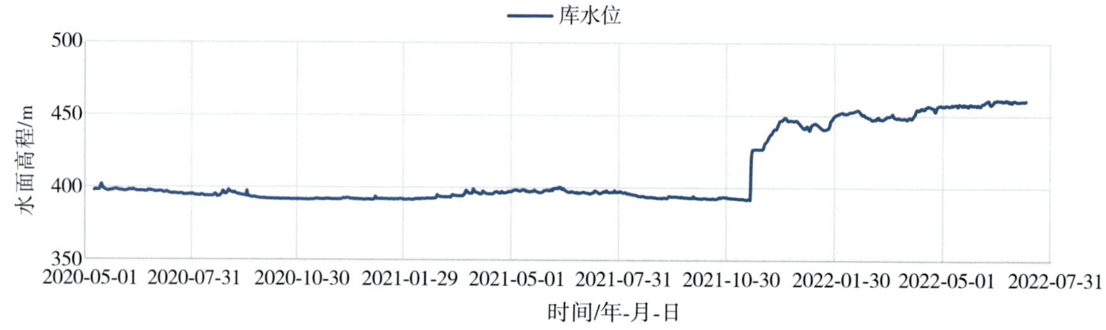

图 11.4　卡洛特水电站库水位过程线

(2)降水量

卡洛特水电站近两年实测月降水量见表 11.4，月降水量历时过程见图 11.5。降水量主要出现在每年的 1 月、7—10 月，实测 2021 年降水量为 989.7mm，实测最大日降水量 102.0mm(2021 年 7 月 18 日)，最大月降水量 424.0mm(2020 年 8 月)。

表 11.4　降水量观测成果统计表结果(截至 2022 年 6 月)　(单位:mm)

年份	1月	2月	3月	4月	5月	6月	7月	8月	9月	10月	11月	12月	年降雨量
2020						37	137	424	99.5	0	16	29	
2021	92.5	15.5	96	31.5	69.5	45	374.2	65.5	85.5	105.5	0	9	989.7
2022	189	48.5	44	7	42	138.5							

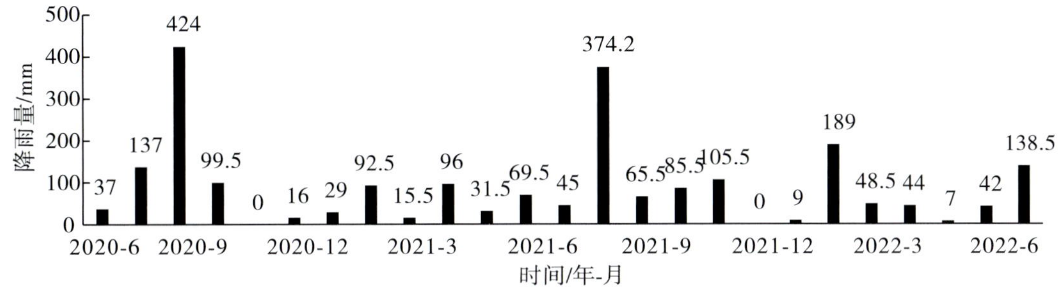

图 11.5　月降水量历时过程

11.2.3.2　地下水位成果及分析

河湾地块补充渗流监测设施实测地下水位见表 11.5,水位过程线见图 11.6。

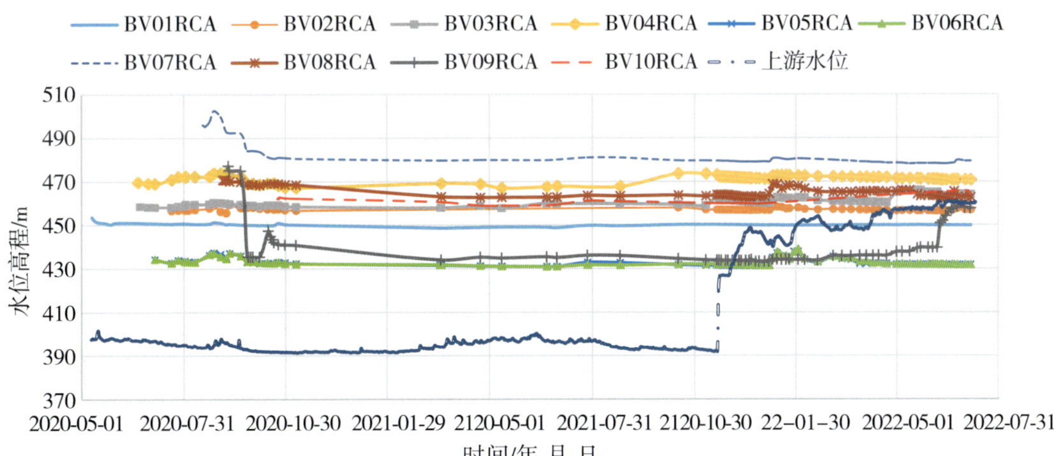

图 11.6　河湾地块测压管实测下水位过程线

表 11.5　河湾地块地下水观测孔观测成果统计结果(截至 2022 年 7 月 7 日)

序号	埋设部位	孔口地面高程/m	钻孔编号	孔深/m	观测时间		蓄水前地下水位/m 2021-10-16（上游水位390.06）	蓄水后地下水位/m 2022-06-25（上游水位460.79）	蓄水后地下水位/m 2022-07-07（上游水位460.13）	工程实施前期地下水位/m	7月7日与工程实施前期地下水位差值/m	7月7日与蓄水前地下水位差值/m
					起	至						
1	溢洪道左岸帷幕端点外侧	464.671	BV01RCA	42.5	2020-05-10	2022-07-07	450.09	449.77	449.73	434	−15.73	0.36
2	河湾地块中部引水洞附近	470.106	BV02RCA	35	2020-07-20	2022-07-07	457.94	457.54	456.86	468	11.14	1.08
3	河湾地块中部	491.027	BV03RCA	35	2020-06-22	2022-07-07	459.50	464.36	464.06	480	15.94	−4.56
4	河湾地块中部	491.052	BV04RCA	80	2020-06-20	2022-07-07	473.76	470.93	470.85	480	9.15	2.91
5	河湾地块中部靠近导流洞出口边坡顶部	462.769	BV05RCA	36	2020-07-05	2022-07-07	431.72	431.74	431.70	453	21.30	0.03
6	河湾地块中部靠近导流洞出口边坡顶部	462.774	BV06RCA	80.3	2020-07-05	2022-07-07	432.09	431.85	431.82	453	21.18	0.27
7	河湾地块中部导流洞附近	514.198	BV07RCA	45	2020-08-10	2022-07-07	479.65	479.87	479.43	473	−6.43	0.22

续表

序号	埋设部位	孔口地面高程/m	钻孔编号	孔深/m	观测时间		蓄水前地下水位/m 2021-10-16（上游水位390.06）	蓄水后地下水位/m 2022-06-25（上游水位460.79）	蓄水后地下水位/m 2022-07-07（上游水位460.13）	工程实施前期地下水位/m	7月7日与工程实施前期地下水位差值/m	7月7日与蓄水前地下水位差值/m
					起	至						
8	河湾地块中部靠近导流洞进口边坡	513.835	BV08RCA	85	2020-09-04	2022-07-07	463.82	463.08	462.87	473	10.13	0.95
9	河湾地块中部靠近引水洞进口边坡	487.889	BV09RCA	55	2020-09-09	2022-07-07	434.56	458.39	457.55	478	20.45	−22.99
10	河湾地块中部靠近进水渠边坡	513.101	BV10RCA	80	2020-10-23	2022-07-07	460.47	—	464.18	474	9.82	−3.71

注：工程实施前期地下水位数据由前期勘察期间钻孔地下水等水位线图估算得出；7月7日与工程实施前期地下水位差值(m)栏中负差值表示蓄水后与前期勘察期间钻孔地下水等水位线图相比较，观测孔地下水位有所抬升；7月7日与蓄水前地下水位差值(m)栏中负差值表示蓄水后与蓄水前地下水位相比较，观测孔地下水位有所抬升。

从表 11.5 和图 11.6 可知，结合相关施工情况分析如下：

1）测压管实施测压后，河湾地块地下水位除测压管 BV09RCA 水位存在突变外，其余测压管水位基本稳定。测压管 BV09RCA 地下水位前期稳定在高程 475m 左右，2020 年 9 月 26 日溢洪道进水渠左岸高程 441.5m 以下爆破开挖后，地下水位陡降至高程 435.48m，2021 年 10 月 16 日测得地下水位高程 434.56m。初步分析认为，BV09RCA 前期地下水位稳定，可反映该部位地下水位特征，但由于后期邻近建筑物边坡爆破开挖，造成边坡表层裂隙进一步发育，并与 BV09RCA 号孔附近层面裂隙连通，引起该孔地下水变化，但这种影响对河湾地块整体地下水分布影响有限。

2）根据 2021 年 10 月 16 日之前的地下水位及环境量实测成果，蓄水前河湾地块地下水位主要受施工影响，同时降雨对河湾地块地下水位也有一定影响。河湾地块中部同一位置不同地层的测压管 BV03RCA 和 BV04RCA 测得地下水位不同，钻孔深度较深的测压管 BV04RCA 测得地层 $N_{1na}{}^{4-1}$ 的水位较高，初步分析存在一定的承压水。蓄水前河湾地块地下水位总体呈现中部水位高、外侧水位低的分布特点。其中，河湾地块中部引水洞附近测压管 BV02RCA，河湾地块中部测压管 BV03RCA 和 BV04RCA，河湾地块中部导流洞附近测压管 BV07RCA，河湾地块中部靠近导流洞进口边坡测压管 BV08RCA 和河湾地块中部靠近进水渠边坡测压管 BV10RCA 测得地下水位高于或接近正常蓄水位高程 461.0m。

3）2021 年 11 月 20 日大坝开始蓄水，2022 年 7 月 7 日上游水位蓄水至高程 460.13m。根据蓄水后地下水位及环境量实测成果，河湾地块测压管一般水位无明显变化，表明河湾地块地下水位整体稳定；BV03RCA 和 BV10RCA 水位略有上升，库水位上升对河湾地块有一定的补给作用；BV09RCA 水位自 6 月初明显上升，考虑测压管 BV09RCA 实施后测值整体过程变化情况，初步分析蓄水后 BV09RCA 号孔附近层面裂隙与引水隧洞进口边坡表层裂隙进一步连通，库水位变化引起该孔附近局部地下水位变化，不影响河湾地块整体地下水位。同时，降雨对河湾地块地下水位也有一定影响，河湾地块中部较深地层存在一定的承压水。蓄水后河湾地块地下水位依旧总体呈现中部水位高、外侧水位低的分布特点。其中，河湾地块中部引水洞附近测压管 BV02RCA，河湾地块中部测压管 BV03RCA 和 BV04RCA，河湾地块中部导流洞附近测压管 BV07RCA，河湾地块中部靠近导流洞进口边坡测压管 BV08RCA，河湾地块中部靠近引水洞进口边坡测压管 BV09RCA 和河湾地块中部靠近进水渠边坡测压管 BV10RCA 测得地下水位高于或接近正常蓄水位高程 461.0m。

11.2.3.3 厂房边坡成果分析

目前地面厂房已浇筑完成并开始发电试运行，厂房后缘边坡整体呈“▭”形，根据该处边坡的开挖轮廓和地质条件，在该处边坡分散布设 4 个监测断面（其中，厂房后侧 2 个、厂房左右侧各 1 个）。本节主要对高程 416.9m 以上边坡深部变形和边坡岩体渗压成果进行分析。厂房边坡监测设施布置见图 11.7。

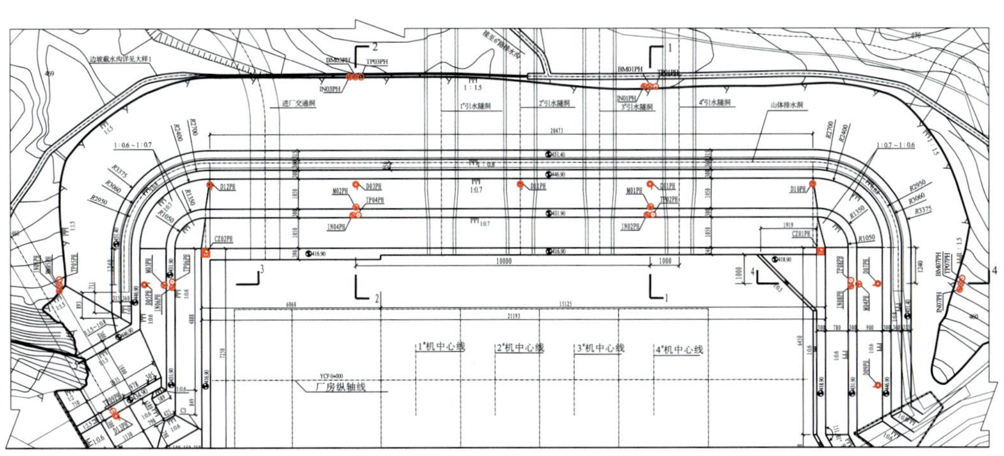

图 11.7 高程 416.9m 以上边坡监测设施布置

(1)厂房边坡深部变形

在上述 4 个监测断面的高程 433.5m 坡面水平向钻孔埋设 1 套多点位移计;在每个监测断面的坡顶和高程 431.9m 马道各垂直向钻孔埋设 1 根测斜管,共 4 套多点位移计和 8 根测斜管,对边坡深部变形进行监测。

目前,厂房边坡多点位移计孔口最大位移为 15.59mm,其余厂房边坡多点位移计实测孔口位移为 2.40~3.80mm,边坡变形主要发生在蓄水前,蓄水后多点位移计测值无明显变化,说明厂房边坡目前稳定。

多点位移计监测资料成果见表 11.6 和图 11.8。

表 11.6 多点位移计监测资料成果

仪器编号	安装位置	高程/m	观测日期	位移量/mm				备注
				孔口	5m	10m	20m	
M01PH	1-1 断面	433.4	2021-11-16	2.23	1.84	0.56	1.61	蓄水前
			2022-07-08	2.40	1.06	0.60	1.11	
			蓄水变化量	0.17	−0.79	0.04	−0.50	
M02PH	2-2 断面	433.4	2021-11-16	3.93	0.48	1.98	1.05	蓄水前
			2022-07-08	3.80	0.11	1.64	0.66	
			蓄水变化量	−0.13	−0.37	−0.34	−0.39	
M03PH	3-3 断面	433.5	2021-11-16	1.88	0.81	0.51	0.87	蓄水前
			2022-07-08	2.30	1.24	0.73	0.91	
			蓄水变化量	0.42	0.44	0.22	0.05	
M04PH	4-4 断面	433.2	2021-11-16	13.98	12.15	11.08	6.24	蓄水前
			2022-07-08	15.59	13.58	12.32	7.00	
			蓄水变化量	1.61	1.43	1.23	0.75	

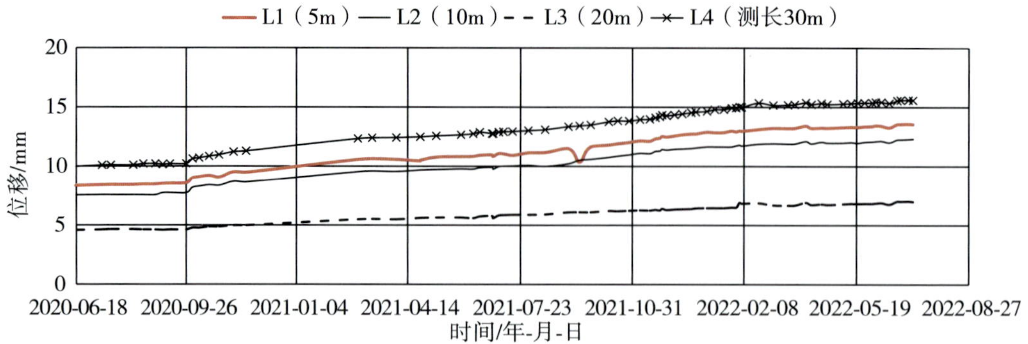

图 11.8　厂房边坡多点位移计测值变化过 9 程线(M04PH)

目前厂房边坡测斜管主位移方向 A 向(临空面方向)的最大累计位移量为 33.53mm(厂房边坡 1-1 监测断面桩号(厂)0+070.5m，IN01PH)，蓄水后的累计增幅约 0.57mm，无明显变化，见表 11.7 和图 11.9。

表 11.7　　厂房边坡测斜管测量特征值

仪器编号	安装位置	高程(m)	观测日期	累积位移量/mm				孔口位移	
				A0 方向(临空向)		B0 方向(顺河向)		A0	B0
				最大值	最小值	最大值	最小值		
IN01PH	厂房边坡 1-1 断面	465.5	2021-11-19	32.96	−51.18	19.01	−4.82	−15.63	1.40
			2022-07-01	33.53	−48.29	19.92	−4.05	−13.27	1.25
			蓄水前后变化量	0.57	2.89	0.90	0.77	2.37	−0.15
IN02PH	厂房边坡 1-1 断面	432	2021-11-19	10.90	−18.96	18.90	−15.98	−1.33	4.96
			2022-07-01	6.60	−22.60	16.60	−19.90	−7.20	1.20
			蓄水前后变化量	−4.30	−3.64	−2.30	−3.92	−5.87	−3.76
IN03PH	厂房边坡 2-2 断面	468	2021-11-19	22.43	−18.56	13.14	−37.61	−4.60	−14.68
			2022-07-01	20.90	−20.90	15.80	−34.00	−8.80	−12.80
			蓄水前后变化量	−1.53	−2.34	2.66	3.61	−4.20	1.88
IN04PH	厂房边坡 2-2 断面	432	2021-11-19	−3.79	−30.47	7.17	−22.41	−17.70	−8.65
			2022-07-01	−3.20	−29.70	8.00	−22.80	−18.70	−6.90
			蓄水前后变化量	0.59	0.77	0.83	−0.39	−1.00	1.75
IN05PH	厂房边坡 3-3 断面	464.5	2021-11-19	15.53	−12.22	18.11	−5.11	−6.48	3.32
			2022-07-01	19.30	−8.50	23.80	−6.50	−3.30	0.40
			蓄水前后变化量	3.77	3.72	5.69	−1.39	3.18	−2.92
IN06PH	厂房边坡 3-3 断面	465.5	2021-11-19	14.42	−2.92	3.94	−10.38	6.99	−8.61
			2022-07-01	15.60	−2.70	1.10	−13.90	8.20	−10.30
			蓄水前后变化量	1.18	0.22	−2.84	−3.52	1.21	−1.69

续表

仪器编号	安装位置	高程（m）	观测日期	累积位移量/mm				孔口位移	
				A0 方向（临空向）		B0 方向（顺河向）		A0	B0
				最大值	最小值	最大值	最小值		
IN07PH	厂房边坡 4-4 断面	460.5	2021-11-19	29.21	−0.38	1.22	−12.72	19.74	0.27
			2022-07-01	32.90	−0.20	2.50	−13.30	23.80	2.50
			蓄水前后变化量	3.69	0.18	1.28	−0.58	4.06	2.23
IN08PH	厂房边坡 4-4 断面	432	2021-11-19	19.08	−10.17	20.82	−21.97	12.80	4.25
			2022-07-01	19.40	−9.60	22.90	−19.20	13.10	8.70
			蓄水前后变化量	0.32	0.57	2.08	2.77	0.30	4.45

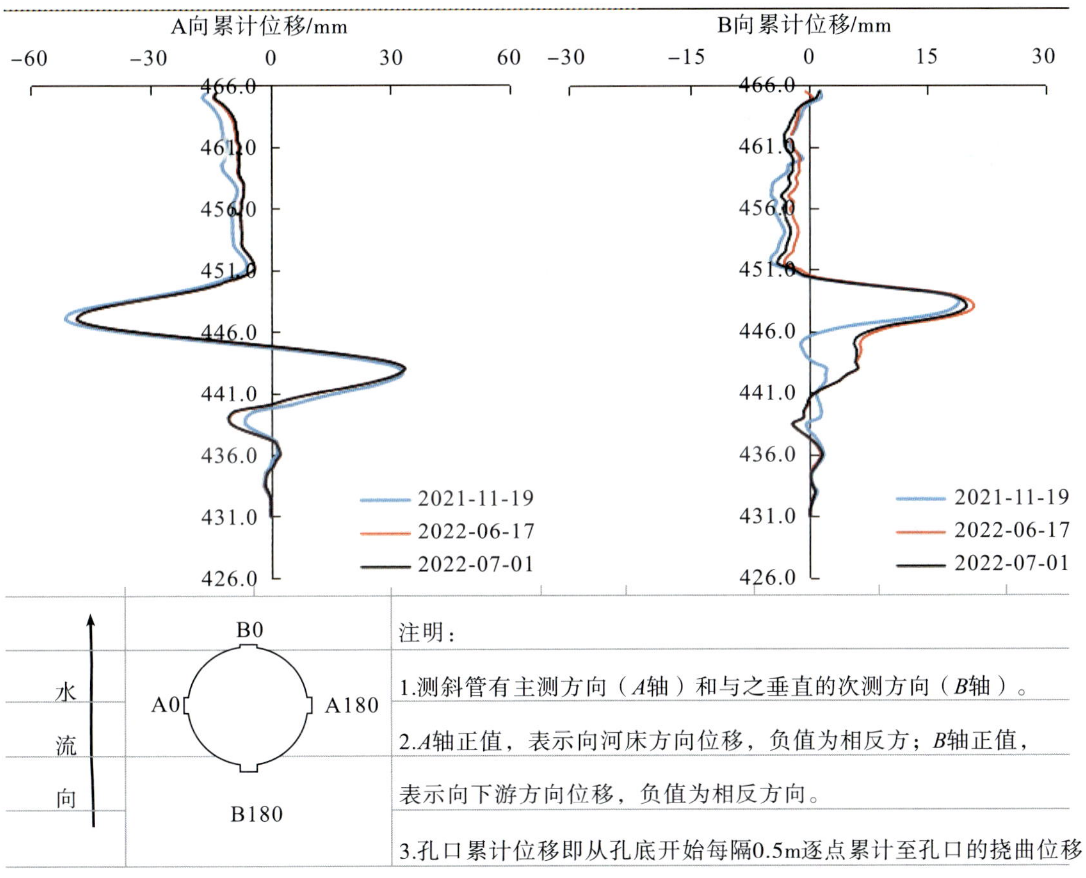

图 11.9　测斜孔 IN01PH 位移与深度关系曲线

综合上述多点位移计和测斜管的监测成果可知，蓄水后边坡深部变形无明显变化，河湾地块厂房边坡整体稳定。

(2)边坡岩体渗压

在每个监测断面的坡顶测斜管底部以下 2m 处，利用测斜管钻孔埋设 1 支渗压计，共计布设渗压计 4 支，对边坡岩体渗压进行监测。

厂房边坡渗压计实测岩体渗压水位见表 11.8，渗压计测值变化水位过程线见图 11.10。蓄水后，3-3 监测断面渗压计 P03PH 测得渗压水位略有上升，近期测值已逐渐平稳，从过程线来看，P03PH 与库水位变化无明显相关性，其余渗压计测得边坡岩体渗压水位无明显变化。综合显示，厂房边坡岩体渗压未受到明显蓄水影响。

表 11.8　　厂房边坡渗压计实测岩体渗压水位

仪器编号	安装位置	高程/m	渗压水位/m			蓄水前后变化量/m
			蓄水前	蓄水后		
			2021-11-16	2022-06-17	2022-07-08	
P01PH	1-1 断面	427.08	427.97	427.18	427.52	−0.09
P02PH	2-2 断面	428.86	434.96	435.37	435.85	0.81
P03PH	3-3 断面	426.84	432.43	436.18	436.70	4.26
P04PH	4-4 断面	426.94	426.94	426.94	426.94	0.00

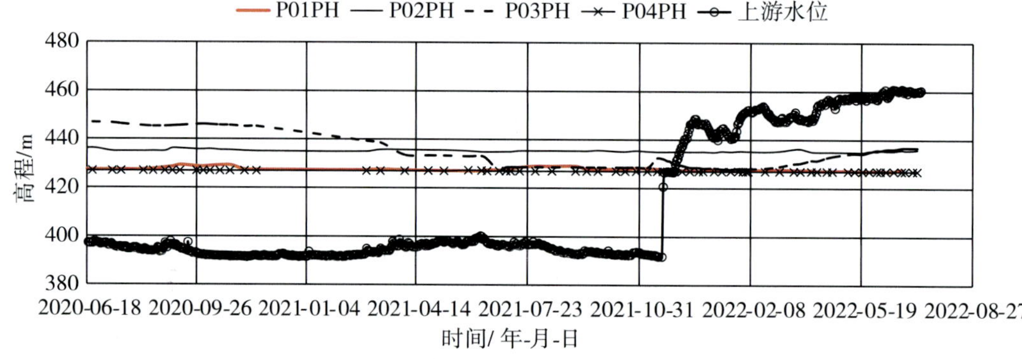

图 11.10　厂房边坡渗压计测值变化水位过程线

11.2.3.4　工程渗漏量成果分析

巴基斯坦卡洛特水电站共布设量水堰 6 座，分别是布设在沥青混凝土心墙坝下游围堰处的量水堰 WE01AD，监测大坝渗漏情况；布设在溢洪道控制段左右侧廊道排水沟内的量水堰 WE01SCS 和 WE02SCS，布设在溢洪道集水井前两侧排水沟内的量水堰 WE01SC 和 WE02SC，监测溢洪道渗漏情况；布设在厂房下游基础排水廊道的排水沟内量水堰 WE01GPH，监测厂房基础排水量变化情况，见图 11.11。

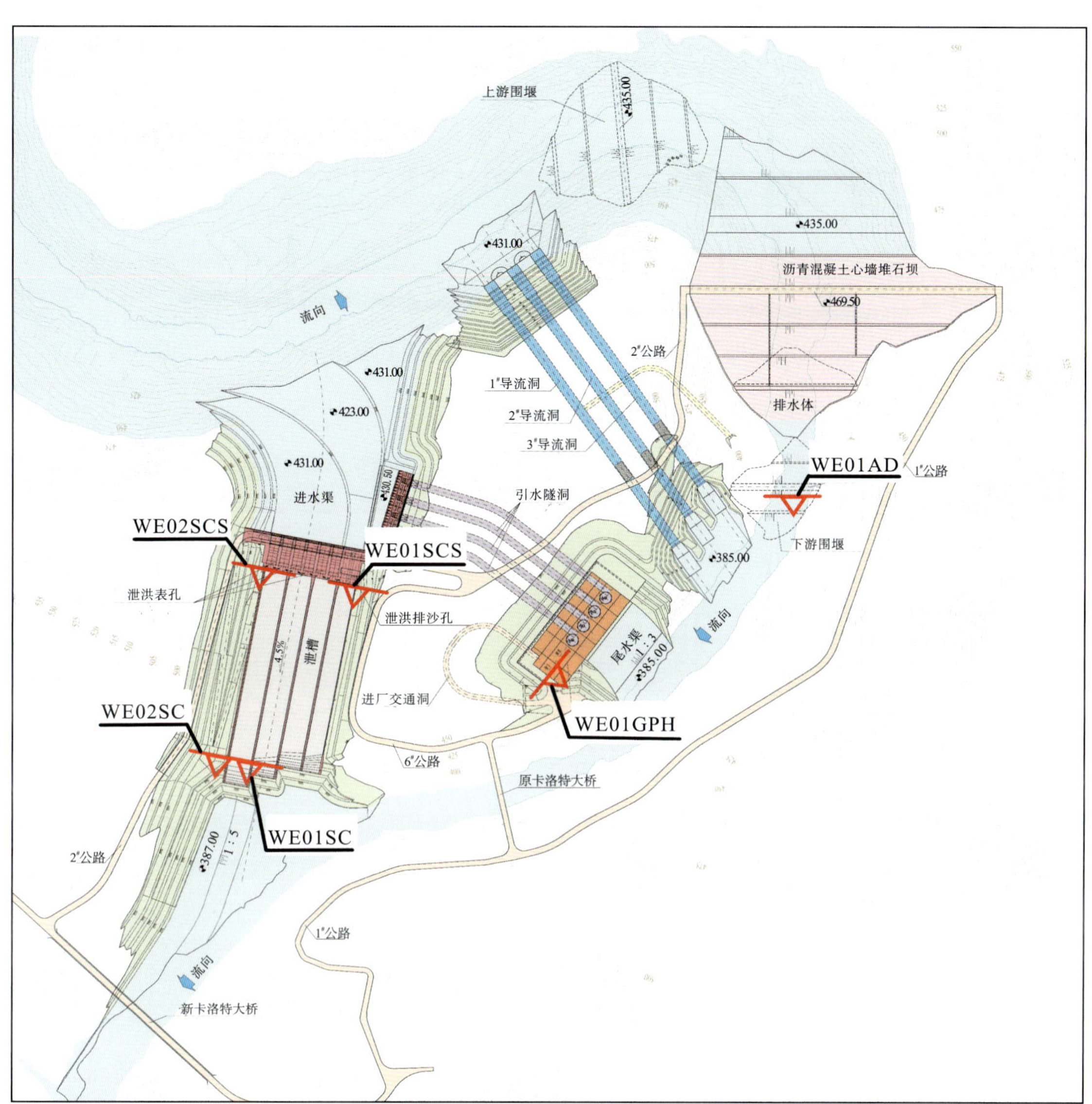

图 11.11　卡洛特水电站量水堰布置

(1)沥青混凝土心墙坝渗漏

沥青混凝土心墙坝量水堰设置在下游围堰处,利用原围堰防渗体防渗。量水堰所监测的渗水汇集边界范围包括坝基基岩面以上的整个坝体渗流区域。量水堰自 2021 年 11 月 2 日开始观测,截至 2022 年 7 月初,渗流量变化过程线见图 11.12。

2022 年 7 月 11 日,实测大坝量水堰渗流量为 26.20m^3/h。从过程线可知,渗流量受坝前水位和降水量共同影响,短期强降雨使得大坝量水堰测得渗漏量短时间内上升。扣除降雨影响后,整体来看大坝渗流量随坝前水位增高有一定增加。目前坝体渗流量测值稳定,坝体范围内的渗漏较小,渗流状态稳定。

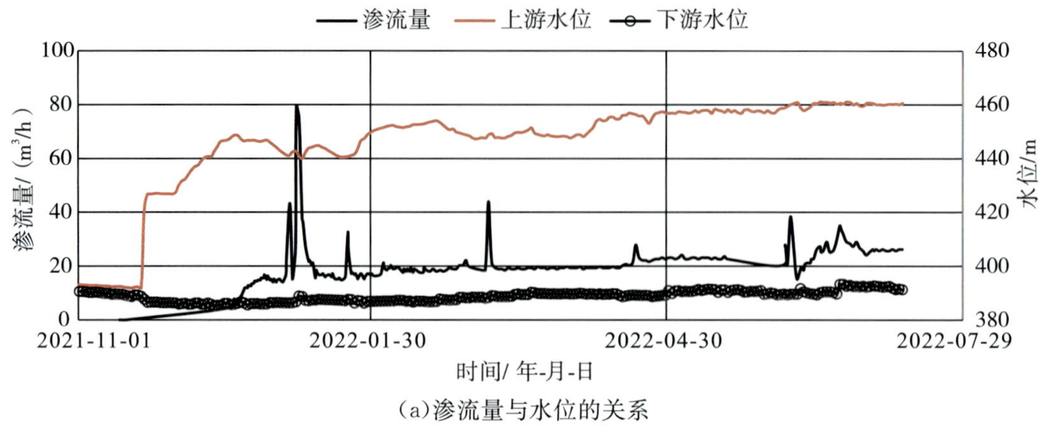

(a)渗流量与水位的关系

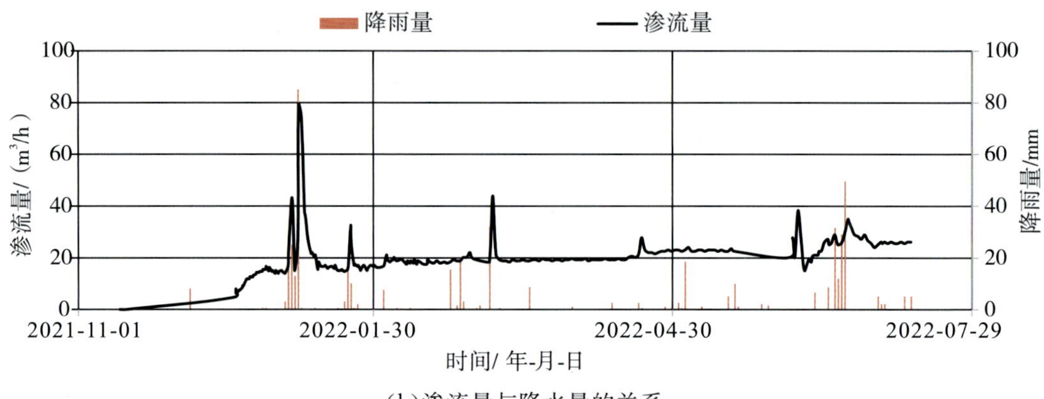

(b)渗流量与降水量的关系

图 11.12 坝区环境量及坝体渗流量变化过程线

(2)溢洪道渗漏

溢洪道共布置量水堰 4 座。其中量水堰 WE01SCS 和 WE02SCS 布设在溢洪道控制段左右侧廊道排水沟内，量水堰 WE01SC 和 WE02SC 布设在溢洪道集水井前两侧排水沟内。截至 2022 年 7 月 2 日，量水堰 WE01SCS 测得渗流量为 0.853m^3/h，量水堰 WE02SCS 测得渗流量基本为零。由于集水井内在安装水泵，排水沟内的水流在进入集水井前已被抽排走，量水堰 WE01SC 和 WE02SC 无测值。从现场情况来看，溢洪道渗流量整体较小，目前渗流状态稳定。

(3)厂房渗漏

在厂房下游基础排水廊道的排水沟内布设了 1 座量水堰，监测厂房基础排水量变化情况。2022 年 7 月 2 日实测量水堰渗流量为 0.064m^3/h。厂房渗流量较小，目前渗流状态稳定。

综合上述大坝、溢洪道和厂房渗流量监测成果可知，截至目前，河湾地块周边渗漏量整体较小，蓄水后大坝、溢洪道及厂房周围由总渗漏量远小于 EPC 合同规定的 43.2m^3/h，目前卡洛特水电站整体渗流状态稳定。

11.3 工程地质条件及防渗可靠性分析

11.3.1 河湾地块水文地质条件及分析

11.3.1.1 河湾地块防渗条件分析

近坝库段吉拉姆河呈“S”形流经坝址，形成河湾，大坝位于河湾顶部。水库蓄水后，水库正常蓄水位461m，而坝下游河水位为388m。河湾地块宽约0.7km，地质构造简单，地层缓倾右岸，倾角9°～13°，分布地层由砂岩、粉砂岩及黏土岩互层组成，岩体总体透水性微弱。

由于河湾地块的存在，如在河湾部位筑坝建库，势必存在库水穿越天然河湾地块向下游产生渗漏的可能性。因此，在可行性研究阶段，河湾地块的水文地质条件及岩体渗透特性以及河流地块的防渗可靠性被作为重点进行了深入的研究，目的是为河湾地块的防渗方案的选择提供切实可靠的地质依据。在河湾地块，结合建筑物的布置开展了勘察研究，布置有大量的地质钻孔，开展了大量的钻孔压水试验，并辅助以钻孔彩色电视录像及钻孔声波测井对岩体完整性进行研究，与钻孔压水试验资料进行对比分析。施工期(Level 2 阶段)在大坝右岸帷幕线及结合河湾地块建筑物补充实施钻孔及压水试验，进一步研究了河湾地块水文地质条件。

河湾地块地下水按赋存条件划分主要为基岩裂隙水，基岩孔隙裂隙水主要赋存于砂岩中，一般为中等—贫含水，由于存在泥质岩相对不透水岩层呈夹层或互层分布，形成多层状水文地质结构。

河湾地块属单斜岩层分布区，含水层、隔水层分界面构成层间裂隙水的主要水文地质单元边界，地下水补给、径流、排泄条件主要受岩性边界控制。

通过钻孔提示的地下水位分析，河湾地块存在地下水分水岭，其最低点高于水库正常蓄水位。

根据前期及 Level 2 阶段在右岸河湾地块分布的74个钻孔大量钻孔压水试验1678段有效试验数据统计分析，区内各类岩石总体透水性较弱，不同岩类微新岩体吕荣值 $q<10$Lu的试段均占试验总段数的90%(均值)以上，$q<3$Lu的试段所占比例为82%(均值)以上，微新岩体一般透水性微弱。

此外，根据钻孔揭露，河湾地块断裂、裂隙不发育，河湾地块岩体完整性一般较好，没有贯通上下游的断层和长大裂隙分布，因此在河湾地块不存在库水向下游渗漏的天然通道，地下水渗流形式为孔隙—裂隙渗流。

从河湾地块地质及水文地质条件分析，可以得出以下认识：

1)从河湾地块地层结构来分析，整个河湾地块分布的地层为一套砂岩(以中粒至细粒为主)与泥质粉砂岩、粉砂质泥岩等泥质类岩石呈不等厚互层状的复杂的地质结构，其中泥岩、粉砂质泥岩及泥质粉砂岩等泥质类岩占比56%；泥质类岩石单一岩性层厚度一般为5～

25m，最大单一岩性层厚度可达 30m。河湾地块这种相对较稳定的砂岩与泥质类岩互层状分布的地层结构有利于河湾地块防渗。

2）在河湾地块众多钻孔对不同部位、不同层位及不同岩性层均开展了大量的压水试验表明，河湾地块微新岩体一般透水性微弱。从不同岩类之间差异来看，中砂岩、细砂岩相对于其他岩类透水性稍大，但差异不是很明显，总体上仍属弱—微透水岩体。由于各类岩石总体透水性微弱，因此岩体渗透性各向异性差异也不大。

3）相对透水的砂岩与相对不透水的泥质类岩石的互层状分布，造就了河湾地块总体水文地质结构为独特的多层状水文地质结构，加之无大的结构面切割，不同的孔隙裂隙含水层之间水力联系较弱，基本不存在越流补给的情况，部分含水层具备局部承压性就是很好的证明，其间相对不透水的泥质类岩层形成了良好的隔水层，并可以作为良好的防渗依托层利用。

4）区内各岩性层之间均为整合接触，岩层间接触面主要为较平直型、波状起伏型，新鲜完整的互层状结构的岩体接触面多结合较紧密，前期勘探未见连续层间剪切错动痕迹及泥化带分布，因此，地下水直接沿层面产生渗透性加大的可能性较小，但在岩体卸荷及风化带内，受卸荷及风化影响，岩层间接合力将会降低，特别是泥质类石，在风化和地下水作用下，层间的胶结物质及结构将产生变化，从而导致沿层面的渗透性加大。

11.3.1.2 河湾地块水文地质条件复核分析

考虑施工期受建筑物开挖影响，河湾地块地下水可能发生短期变化，在河湾地块不同部位布置了 10 个地下水监测钻孔（兼永久地下水监测孔）。

（1）钻孔地下水位观测成果分析

分析表明，与前期勘察期间钻孔地下水位相比，原始地下水位岭附近分布的观测孔所测得的蓄水前地下水位，除 BV03RCA 孔水位（459.03m）略低于水库正常蓄水位（461m）外，其余均高于水库正常蓄水位。由于远离开挖区，钻孔地下水受开挖影响降低幅度不大，而邻近开挖面附近的监测孔则受开挖影响与前期勘测期间地下水位相比有 8～20m 的降低。

河湾地块 BV03RCA 孔水位（459.03m）略低于水库正常蓄水位，且较前期地下水位降低较大，分析认为，该孔孔深较小，主要揭露上部多克帕坦组（N_{1dh}）、$N_{1na}{}^{4-3-2}$ 及 $N_{1na}{}^{4-3-1}$ 层，且在岩层倾向方向与开房边坡距离最近，揭露的浅部地层受厂房开挖及边坡加强排水有一定的影响，且该孔处地表高程较低，也不在地表地形分水岭部位，而是处于分水岭下游顺向结构一侧，有利于边坡中地下水向下游开挖临空面排泄，厂房边坡在高程 446m 马道附近正面坡与上游侧边坡交界部位见有地下水出露点，为边坡浅层地下水排泄点；相邻的 BV04RCA 孔孔深较大，揭露的多层综合地下水位就相对较高。

与前期勘察相比，BV02RCA、BV07RCA 水位反而有所抬升，分析表明，两孔均为浅孔，主要揭露浅层地下水。这些孔上部均覆盖有较厚的覆盖层，浅层基岩含水层直接接受上部覆盖层地下水补给，从现场调查发现两孔均接受了生活用水及施工用水补给。

与BV07RCA孔相邻的BV08RCA孔是为了解深部地下水变化而专门增加的深钻孔(孔深为85m),其地下水位是揭穿了上部含水层的综合地下水位,更能反映该部位实际地下水位,与前期相比基本一致,表明深部含水层地下水受开挖影响很小。

根据蓄水前最新监测资料分析表明,虽然建筑物开挖对局部地下水会产生一定的影响,但河湾地块地下水分岭依然存在,且高于水库正常蓄水位。

水库蓄水以来,分布在河湾地块不同部位的地下水监测孔观测成果表明,总体上,地下水位与蓄水前变化不大,属于正常波动范围;BV02RCA孔地下水位在水库蓄水以来有约5.8m的上升,表明蓄水以来受前期开挖影响被疏干的地下水有一个缓慢的浸润回升;BV03RCA孔水位有小幅上升,更多表现为浅层地下水受地表入渗影响而产生小范围波动。分析表明,蓄水初期库水对河湾地块地下水位影响不大。

(2)钻孔压水试验成果分析

河湾地块地下监测钻孔同时进行了钻孔压水试验,最新资料统计(表11.9)表明,在88段压水试验中,15段吕荣值大于或等于5Lu、占比17.05%,小于5Lu的试段占82.95%,压水试验所获得的成果与前期勘察成果一致。近地表强、弱风化层内试验孔段透水性相对较强。

表11.9 河湾地块地下水观测孔压水试验成果

岩性	风化	总段数/段	100>q≥10Lu		10Lu>q≥5Lu		5Lu>q≥1Lu		q<1Lu	
			段数/段	百分比/%	段数/段	百分比/%	段数/段	百分比/%	段数/段	百分比/%
粉砂质泥岩	弱风化	6	2	33.33	0	0.00	2	33.33	2	33.33
	微新	17	3	17.65	0	0.00	3	17.65	11	64.71
泥质粉砂岩	弱风化	4	2	50.00	0	0.00	2	50.00	0	0.00
	微新	19	2	10.53	1	5.26	9	47.37	7	36.84
粉砂岩	微新	1	0	0.00	0	0.00	1	100.00	0	0.00
砂岩	强风化	3	1	33.33	0	0.00	2	66.67	0	0.00
	弱风化	5	1	20.00	1	20.00	1	20.00	2	40.00
	微新	33	2	6.06	0	0.00	12	36.36	19	57.58
合计		88	13	14.78	2	2.27	32	36.36	41	46.59

11.3.2 河湾地块防渗可靠性地质分析

11.3.2.1 地下水分水岭分析

地下水位是地下岩体中地下水由补给区向排泄区流动的过程和存在状态的综合反映,是地下水体在统一时空演变过程中某一时间段内某一点上的具体体现。地下水位及地下水位线也从某种程度上反映出岩体的渗透特性，地下水水力梯度也反映出岩体渗透性的大小。因此，在前期勘察中特别强调对地下水位的研究，特别是河间、河湾地块地下水位以及地下水分水岭的研究对河间（湾）地块防渗具有很重要的意义。

通过前期勘察钻探资料揭示的地下水位资料及河湾地块地下水长期观测资料分析，河湾地块存在地下水分水岭，其最低点高于水库正常蓄水位。这表明在河湾地块内天然状态下地下水渗流场在分水岭两侧分别向邻近的河岸渗流，而不是总体上从河湾上游侧向下流侧渗流。从地下水位线形态也可以看出，靠河湾上、下游近岸岸坡地带地下水水位线一般较陡，表明地下水水力梯度较大，从侧面也反映出在远离卸荷带一定深度的岩体透水性一般较微弱；在河湾中部由于地表缓倾下游，地下水埋深不大且较平缓，与地形总体一致。

由于溢洪道开挖，切断了河湾地块来自山体一侧的地下水补给，同时，溢洪道、导流洞进出口、导流洞、厂房引水洞、地面厂房等开挖也将会影响到地下水补给及排泄条件。

考虑施工期受建筑物开挖影响，河湾地块地下水可能发生短期变化，在河湾地块不同部位布置了10个地水监测孔（兼永久地下水监测孔），已实施完成并已开展观测的9个和正在开展的BV10RCA孔钻孔地下水位资料表明：处于河湾地块地表地形分水岭附近的BV04RCA、BV07RCA、BV08RCA、BV09RCA等钻孔地下水位均高于水库正常蓄水位461m，虽然受地表开挖影响部分钻孔目前地下水位与前期勘察期间地下水位相比有小幅下降，但不影响地下水分水岭基本形态。分水岭下游侧邻近开挖面附近的监测孔则受开挖影响与前期勘测期间地下水位相比有8～20m的降低，BV03RCA孔水位（459.03m）略低于正常蓄水位，分析该孔孔深较小，主要揭露浅部含水层。该孔顺岩层倾向方向距厂房开挖边坡较近，揭露的浅部地层受厂房开挖及边坡排水有一定影响，且该孔处地表高程较低，不在地表地形分水岭部位，而相邻的BV04RCA孔孔深较大，由于揭穿了多层含水层，其综合地下水位则相对较高。

最新监测资料分析表明，虽然溢洪道开挖切断了同一含水层来自山体的地下水补给源，河湾地块两侧建筑物边坡开挖以及边坡排水措施改变了原来地下水排泄条件，对局部地下水会产生一定的影响，但河湾地块地下水分水岭依然存在，且高于水库正常蓄水位。

11.3.2.2 地下水集中渗漏通道分析

前期勘察表明，河湾地块断裂、裂隙不发育，特别是横切河湾地块的NW、NNW向裂隙均较短小，且连通性差。这是由所处的构造部位所决定的，坝址处于宽缓向斜翼部岩层产状近水平构造部位，在褶皱过程中岩层遭受的构造挤压错动轻微，前期勘察在河湾地块良好的岩石露头中均未揭露到规模较大（延伸长度大于100m）的断层，层间剪切带不发育，且延续性差，长大裂隙也只分布在近岸坡卸荷带内（主要是受卸荷改造的一组构造裂隙）。

施工期，河湾地块四周均分布有开挖面，在对开挖进行的地质编录中均没有发现有横切河湾地块贯通上下游的断层分布，4条厂房引水洞及3条导流洞对地下深部岩体进行了充分的揭示，隧洞围岩中没有发现断层的分布，也没有连续的破碎带分布。因此，河湾地块是不存在库水向下游渗漏的天然渗漏通道。

前期钻孔、平洞揭示河湾地块岩体完整性一般较好，施工期厂房引水洞、导流洞以及溢洪道开挖也揭示河湾地块岩体较完整—完整，局部岩体相对较破碎部位一般呈点状、透镜状或条带状分布。由此可见，由于构造发育局限性很难构成通道型的渗漏条件。

11.3.2.3 水文地质结构分析

从河湾地块地层结构来分析，整个河湾地块分布的地层为一套砂岩（以中粒至细粒为主）与泥质粉砂岩、粉砂质泥岩等泥质类岩石呈不等厚互层状的复杂的地质结构，其中的泥岩、粉砂质泥岩及泥质粉砂岩等泥质类岩占比 56%；泥质类岩石单一层岩性层厚度一般为 5～25m，最大单一岩性层厚度可达 30m。河湾地块这种相对较稳定的砂岩与泥质类岩互层状分布的地层结构有利于河湾地块防渗。

由于相对透水的砂岩与相对不透水的泥质类岩石的互层状分布，造就了河湾地块总体水文地质结构为独特的多层状水文地质结构，加之无大的结构面切割，不同的孔隙裂隙含水层之间水力联系较弱，基本不存在越流补给的情况，部分含水层具备局部承压性就是很好的证明，其间相对不透水的泥质类岩层形成了良好的隔水层，并可以作为良好的防渗依托层利用。

11.3.2.4 岩体透水性分析

前期勘察重点针对河湾地块防渗开展了研究，结合建筑物勘察在河湾地块布置了众多钻孔对不同部位、不同层位及不同岩性层均开展了大量的压水试验。对 1600 多段有效试验数据的统计表明，河湾地块微新岩体吕荣值 $q<5$Lu 的试段均占试验总段数的 90%以上，微新岩体一般透水性微弱。从不同岩类之间差异来看，中砂岩、细砂岩相对于其他岩类透水性稍大，但差异不是很明显，总体上仍属弱—微透水岩体。

在河湾地块专题科研开展以后，结合工程实际，在河湾地块布置了地下水长期观测孔，在开展河湾地块地下水监测钻孔的同时进行钻孔压水试验，最新资料统计表明，在完成的 88 段压水试验中，有 3 段位于强风化岩体中，其余为弱风化及微新岩体，其中 15 段吕荣值大于或等于 5Lu、占比 17.05%，小于 5Lu 的试段占 82.95%。压水试验所获得的成果与前期勘察成果一致。近地表强、弱风化层内试验孔段透水性相对较强。

通过大量的压水试验，河湾地块 $q<5$Lu 的岩体宽厚，且分布高程远高于水库正常蓄水位，不具备渗漏条件。

岩体的透水性取决于组成岩石的空隙分布、连通性（岩石的胶结程度）、岩体的风化程度、岩体完整性等，是岩体固有属性。由于岩体开挖卸荷，势必对开挖附近一定范围内的岩体产生一定影响，但这种影响是局限的，局部的开挖改变不了整个河湾地块岩体透水性这一固有属性，也就是说，近地表浅部的开挖，总体上不改变河湾地块岩体防渗特性。

综上所述，根据近期开展的河湾地块专题勘察，水文钻孔揭示岩体渗透性与前期总体一致；河湾地块分水岭附近钻孔地下水位普遍高于正常蓄水位 461m；虽然溢洪道开挖，切断了河湾地块来自山体一侧的地下水补给，同时，溢洪道、导流洞进出口、导流洞、厂房引水洞、地面厂房等开挖也将会影响到局部地下水补给及排泄条件，对河湾地块地下水位存在一定影响，但没有改变河湾地块地下水大的循环、排泄条件，河湾地块地下水分水岭依然存在，且高于水库正常蓄水位 461m。后期将持续对河湾地块地下水变化情况进行观测分析。

基于上述分析认为，河湾部位岩体具备良好的防渗可靠性。

11.4 河湾地块防渗帷幕端点分析

根据相关设计规范，水工建筑物防渗帷幕伸入两岸山体的长度一般根据地质条件采用以下原则之一确定：①至水库正常蓄水位与两岸相对不透水层的相交处；②至水库正常蓄水位与两岸水库蓄水前的地下水位相交处。

Level 1 阶段河湾地块的大坝右岸和溢洪道左岸帷幕端点均按以上原则接至相对不透水层或地下水位线。受建筑物开挖影响，河湾地块的水文地质条件发生了一些变化，主要体现在：①河湾地块建筑物及边坡开挖改变了地下水出逸条件，特别是溢洪道开挖截断了远岸山体地下水向河湾地块渗漏补给通道，河湾地块地下水分布与前期相比发生了改变；②受河湾地块建筑物及边坡大规模爆破开挖影响，边坡浅表一定范围内岩体产生爆破和卸荷裂隙，局部岩体透水率增大。因此，需要根据河湾地块现状，复核分析帷幕端点的可靠性。

考虑到大坝和溢洪道帷幕端点总体距边坡较近，根据河湾地块水文地质条件分析复核情况看，近岸部位地下水位受建筑物及边坡开挖和卸荷等影响，补给排泄条件等均有一定变化，地下水位较前期勘察均有一定程度的下降或变化。因此，帷幕端点分析重点是结合大坝右岸和溢洪道左岸帷幕灌浆透水率成果、补充监测孔压水成果等，从帷幕端点是否满足相对不透水层的要求来分析其可靠性。

11.4.1 大坝右岸帷幕端点分析

(1)大坝右岸灌浆孔布置

大坝右岸帷幕出坝端后在 2# 公路内侧向下游转折后再转向山内，并延伸 135m。大坝右岸布置 DBZW-Ⅱ-235～DBZW-Ⅱ-315 共 81 个灌浆孔，其中，DBZW-Ⅱ-235～DBZW-Ⅱ-247 号灌浆孔在右岸公路上实施，DBZW-Ⅲ-248～DBZW-Ⅱ-315 号灌浆孔在右岸灌浆平洞内实施。

(2)Ⅰ序孔灌前透水率

为研究大坝右岸各部位岩体透水率规律，大坝右岸分 4 段分别研究Ⅰ序孔灌前透水率情况。

1)公路段为大坝右岸公路部位，含 DBZW-Ⅰ-241、DBZW-Ⅰ-245 两个Ⅰ序孔。

2)灌浆平洞洞口段为大坝右岸灌浆平洞 1～5 衬砌段，桩号范围为 0.000.00～0+057.00，包含 DBZW-Ⅰ-249～DBZW-Ⅰ-273 共 7 个Ⅰ序孔。

3)灌浆平洞洞中段为大坝右岸灌浆平洞 6～10 衬砌段，桩号范围为 0.057.00～0+117.00，包含 DBZW-Ⅰ-277～DBZW-Ⅰ-305 共 8 个Ⅰ序孔。

4)灌浆平洞洞末段为大坝右岸灌浆平洞 11～12 衬砌段，桩号范围为 0.117.00～0+135.00，包含 DBZW-Ⅰ-309、DBZW-Ⅰ-313 两个Ⅰ序孔。

由于大坝右岸帷幕灌浆孔第 1、2 段透水率受灌浆平洞开挖爆破影响大，且位于水库正常蓄水位高程 461m 以上，本次分析统计针对第 3 段及以下各段压水成果。大坝右岸Ⅰ序孔灌前压水成果分段统计见表 11.10。

表 11.10　　　大坝右岸Ⅰ序孔灌前压水成果分段统计结果

灌浆孔序	平均透水率/Lu	灌前透水率区间分布(区间段数/频率)/%				
		段数/段	<5Lu	5～10Lu	10～30Lu	>30Lu
公路段	37.6	19	9.0	1.0	2.0	7.0
			47.4	5.3	10.5	36.8
洞口段	17.6	65	46.0	3.0	3.0	13.0
			70.8	4.6	4.6	20.0
洞中段	7.3	36	32.0	1.0	0.0	3.0
			88.9	2.8	0.0	8.3
洞末段	5.2	9	6.0	1.0	2.0	0.0
			66.7	11.1	22.2	0.0
合计	16.8	129	93.0	6.0	7.0	23.0
			72.1	4.7	5.4	17.8

注：表中计算平均透水率时，大于 100Lu 时以 100Lu 计。

从表 11.10 中可以看出：

1)公路段Ⅰ序孔小于 5Lu 孔段约占 47.4%，灌浆平洞内各部位Ⅰ序孔小于 5Lu 孔段占 66.7%～88.9%，表明公路段由于邻近坡面，受卸荷等影响，岩体透水率较大，山体内岩体透水率总体不大。

2)从公路段往灌浆平洞末端，Ⅰ序孔平均透水率分别为 37.6Lu、17.6Lu、7.3Lu、5.2Lu，大于 100Lu 孔段的占比分别为 36.8%、20.0%、8.3%、0%，岩体平均透水率逐渐降低，大透水率孔段占比逐渐减小，表明从坡面向山体内侧，岩体透水率总体逐渐减小。

3)灌浆平洞末端Ⅰ序孔 DBZW-Ⅰ-313 的灌前透水率见表 11.11。从表 11.11 中可以看出，DBZW-Ⅰ-313 孔除第 2 段可能受灌浆平洞开挖影响而透水率较大外，高程 464.9m 以下孔段灌前透水率均小于 5Lu。由于水库正常蓄水位高程 461m，表明帷幕末端已接至正常蓄水位与相对不透水层相交处，大坝右岸帷幕端点和底线是合适的。

表 11.11　　DBZW-Ⅰ-313 孔灌前压水成果

段号	段顶高程/m	段底高程/m	段长/m	透水率/Lu
1	470.9	467.9	3.00	1.24
2	467.9	464.9	3.00	304.35
3	464.9	459.9	5.00	3.09
4	459.9	454.9	5.00	1.36
5	454.9	449.9	5.00	3.36
6	449.9	445.0	4.90	0.40

(3)右岸补充钻孔透水率

为进一步验证大坝右岸帷幕端点的可靠性，在大坝右岸灌浆平洞端点布置倾向帷幕外侧河湾地块的斜孔 KT-DB-R-01，孔深 30m，并分段进行压水试验。斜孔 KT-DB-R-01 的布置见图 11.13。

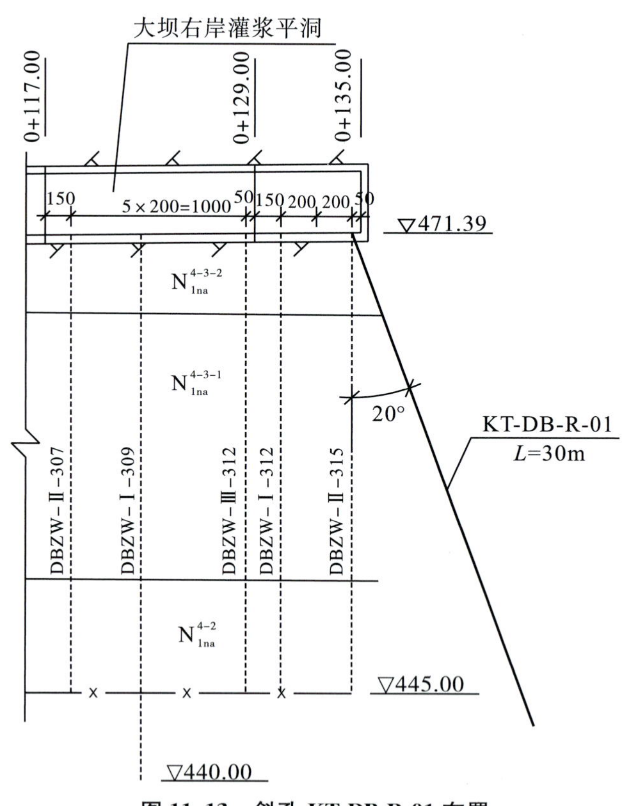

图 11.13　斜孔 KT-DB-R-01 布置

钻孔 KT-DB-R-01 自上而下各段的透水率分别为 0，0Lu、0.57Lu、1.35Lu、0.94Lu、0Lu、0.05Lu，各段透水率均小于大坝两岸防渗标准 5Lu，进一步验证大坝右岸帷幕端点是可靠的。

11.4.2 溢洪道左岸帷幕端点分析

溢洪道左岸防渗帷幕顺左岸混凝土挡墙布置，并顺挡墙向上游转折，穿过电站引水隧洞上部山体段后，帷幕端点位于河岸地块测压管BV09RCA附近。

河湾地块渗流监测孔压水成果表明，高程461m以下$q \leqslant 5$Lu岩体占比90%以上，属弱—微透水岩体。溢洪道左岸帷幕端点处的BV09RCA测压管压水试验成果表明，该部位除第1、2段外，以下各段灌前透水率均小于5Lu，即高程463.18m以下基岩透水率均小于5Lu。

综合分析认为，溢洪道左岸防渗帷幕已接至水库正常蓄水位与两岸相对不透水层的相交处，溢洪道左岸防渗帷幕端点是可靠的。

11.4.3 河湾地块防渗帷幕端点分析小结

根据河湾地块工程地质条件及帷幕端点分析，河湾地块总体防渗性能良好，大坝右岸和溢洪道左岸帷幕端点已接至河湾地块防渗依托层，帷幕端点稳妥可靠。

11.5 隧洞内水外渗分析

11.5.1 引水隧洞内水外渗可能性分析

卡洛特水电站单机容量为180MW，单机引用流量为312.2m^3/s，额定水头为65m，引水隧洞采用一机一洞布置，共4条，洞轴线相互平行，间距27m。

平面上隧洞轴线采用直线—弧线—直线布置，水平转弯段位于上斜段中，1#～4#机组转弯半径依次为60m、87m、114m和141m，为圆心角20.6°的同心圆。

立面上，引水隧洞依次由上斜段、上弯段、斜直段、下弯段和下平段组成。渐变段位于上斜段首部，通过隧洞进口2m平段与电站进水塔出口相接，长度为10m，上斜段洞轴线垂直于进水塔，进口中心线高程为436.30m，底坡为14%，1#～4#机组上斜段长度分别为214.29m、225.41m、236.53m和247.65m；上下弯段半径均为25m，中心角分别为42°和50°，长度分别为18.34m和21.82m；斜直段连接上下弯段，倾角50°，1#～4#机组长度分别为8.74m、6.73m、4.72m和2.71m；下平段（含渐变段）洞轴线垂直于厂房纵轴线，中心线高程与机组安装高程相同，为382.50m，1#～4#机组轴线长度均为40m。隧洞洞径下平段前为9.6m，下平段渐变至7.9m，与机组蜗壳相接。

1#～4#机组引水隧洞总长度分别为303.19m、312.30m、321.41m和330.52m。

11.5.1.1 工程地质条件及评价

（1）工程地质条件

引水隧洞主要布置于河湾中部吉拉姆河Ⅱ级阶地上，阶面两侧高，中部低，地面高程468～460m，地形总体平坦，坡度5°左右。

引水隧洞部位地层主要为 $N_{1na}{}^{4-3-1}$～$N_{1na}{}^{3-3-2}$ 层(图 11.14、图 11.15)，其中 $N_{1na}{}^{4-3-1}$、$N_{1na}{}^{4-1}$ 层主要岩性为砂岩，以中砂岩为主，少量为粉砂岩，在引水隧洞部位延伸稳定，层厚 12～22m，岩体呈巨厚层—厚层状结构；$N_{1na}{}^{4-3-2}$、$N_{1na}{}^{4-2}$、$N_{1na}{}^{3-3-2}$ 层主要岩体由粉砂质泥岩与泥质粉砂岩互层组成，层厚 10～14m。上覆第四系主要为Ⅱ级阶地冲洪积($Q_{2-3}{}^{al+pl}$)层，厚 5～18m。

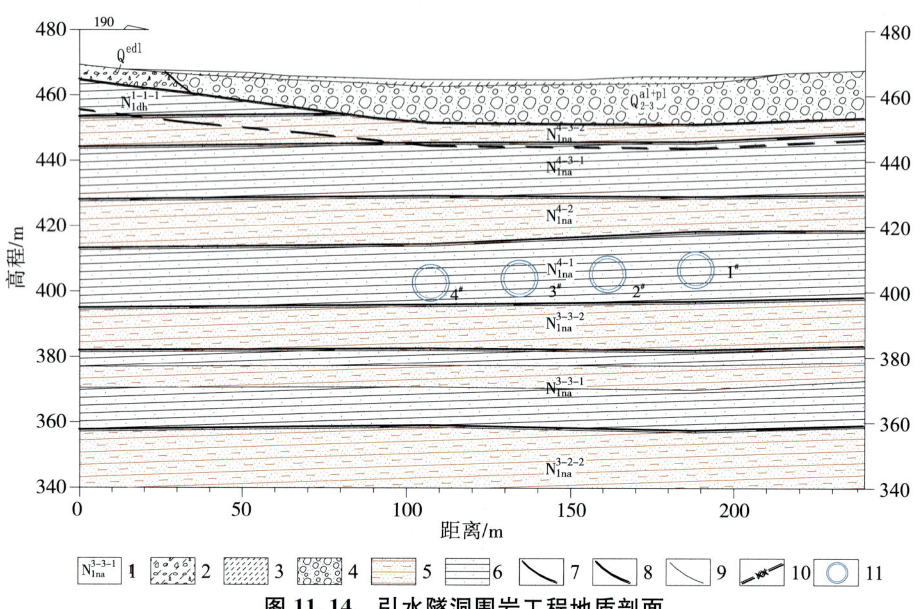

图 11.14　引水隧洞围岩工程地质剖面

1. 地层代号；2. 碎块石土；3. 砂壤土；4. 砂砾卵石；5. 粉砂质泥岩与泥质粉砂岩互层；6. 砂岩；7. 第四系与基岩界线；8. 地层界线；9. 岩性界线；10. 弱风化带下限；11. 建筑物轮廓

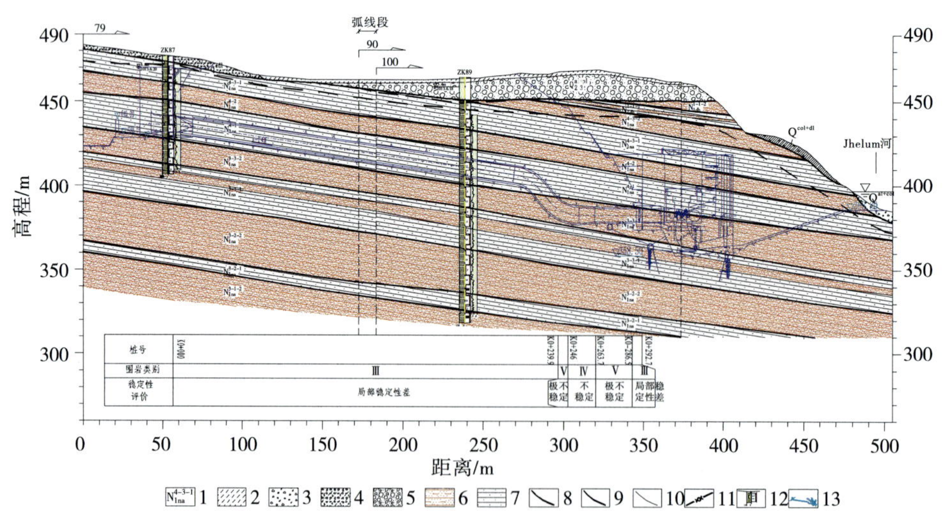

图 11.15　1# 机引水路线工程地质剖面

1. 地层代号；2. 砂壤土；3. 碎块石夹漂石；4. 碎块石土；5. 砂砾卵石；6. 粉砂质泥岩与泥质粉砂岩互层；7. 砂岩；8. 第四系与基岩界线；9. 地层界线；10. 岩性界线；11. 弱风化带下限；12. 钻孔；13. 建筑物轮廓

裂隙主要为NNE、NWW走向2组：第一组（NNE组）走向6°～26°，以倾SEE为主，部分倾NWW；第二组（NWW组）走向275°～295°，以倾SSW为主，少量倾NNE，裂隙宽度一般小于2mm，岩屑、泥质充填。裂隙总体不甚发育，垂直线密度一般0.3～0.7条/m。

引水隧洞部位地下水埋深为0.7～6.8m，水位470.01～455.02m，引水隧洞位于地下水位以下。钻孔压水试验表明，微新岩体一般透水性微弱。

隧洞区强风化带厚度一般为0～1.5m，弱风化带厚度为2～10m。

在引水隧洞部位ZK89钻孔中进行了水压致裂法地应力测试，42.6～138.1m测试深度范围的最大水平主应力为2.5～7.9MPa，铅直应力σ_z为1.2～3.7MPa，岩体应力量级为中—低应力水平。最大水平主应力方向稳定在N7°E～N16°E，与岩层走向基本一致。最大水平主应力方向的侧压力系数σ_H/σ_z范围为3.1～6.6。

（2）工程地质评价

引水隧洞隧洞埋深30～82m，上覆微新岩体厚度大于2倍的洞径。洞室围岩由N_{1na}^{3-3-2}～N_{1na}^{4-1}层薄—中厚状微风化粉砂质泥岩与泥质粉砂岩互层及厚层状—巨厚层状结构微风化砂岩组成。砂岩一般较完整，粉砂质泥岩与泥质粉砂岩互层岩体完整性较差—较完整。

引水隧洞围岩分类见表11.12，其中Ⅲ类围岩约占隧洞总长的85.7%，Ⅳ类围岩约占4.1%，Ⅴ类围岩约占10.1%，围岩局部稳定性差—极不稳定。

表11.12　　1#机组、4#机组引水隧洞围岩分类汇总统计

围岩类别	地层	1#机组			4#机组			合计	
		分布桩号	累计长度/m	占总长百分比/%	分布桩号	累计长度/m	占总长百分比/%	累计长度/m	占总长百分比/%
Ⅲ	N_{1na}^{4-1}	K0+000～K0+239.9、K0+286.5～K0+292.7	246.1	84.1	K0+000～K0+269.6、K0+310.5～K0+321.3	280.4	87.3	526.5	85.7
Ⅳ	N_{1na}^{3-3-2}	K0+246～K0+263.7	17.7	6.0	K0+279.4～K0+286.9	7.5	2.3	25.2	4.1
Ⅴ	N_{1na}^{3-3-2}	K0+239.9～K0+246、K0+263.7～K0+286.5	28.9	9.9	K0+269.6～K0+279.4、K0+286.9～K0+310.5	33.4	10.4	62.3	10.1

11.5.1.2　开挖支护、衬砌结构及灌浆

（1）开挖支护

引水隧洞围岩类别以Ⅲ、Ⅳ类为主，开挖直径11.4m，围岩稳定性总体较差。采用系统

喷锚作为初期支护，Ⅳ类段采用1m间距I16工字钢加固。喷混凝土厚10～20cm；系统锚杆采用Φ28长6m的螺纹钢筋，间、排距均为1.25～1.5m。

(2)衬砌结构设计

1)衬砌结构。

引水隧洞洞径9.6m，上斜段承受的水头相对较小，且围岩以Ⅲ类为主，采用钢筋混凝土衬砌，根据引水隧洞的运行水头和洞室围岩情况，衬砌厚度采用0.8m；上弯段、斜直段、下弯段和下平段承受的水头较高，防渗要求高，围岩以Ⅳ类为主，因此采用钢管衬砌，钢管与围岩之间采用混凝土回填，厚0.8m。在进口和出口10m范围内设1.5m厚衬砌加强，衬砌混凝土强度等级为C25。

2)止水设计。

引水隧洞钢筋混凝土衬砌在结构突变、水平及竖向转弯或不同衬砌结构型式间均设结构缝，结构缝间设两道紫铜止水并填充闭孔泡沫板；衬砌混凝土间隔不大于10m设置横向施工缝，断面内根据实际实施情况沿洞轴线方向设置纵向施工缝，施工缝缝面凿毛、钢筋过缝，布置两道橡胶止水带，结构缝和纵向施工缝内止水应首尾相接，封闭成环。

3)衬砌裂缝宽度验算。

在运行期内水压力作用下，衬砌承受拉应力，当衬砌的拉应力数值大于其设计抗拉强度时，混凝土发生开裂，此时内水压力由衬砌内的钢筋与围岩共同承担。结合衬砌线弹性计算结果，分洞段选取不同配筋方案进行衬砌结构非线性计算，对正常使用极限状态下衬砌混凝土进行裂缝宽度验算，具体配筋方案及计算结果见表11.13和图11.16至图11.18。

表11.13　运行期衬砌钢筋应力与最大裂缝宽度校核

隧洞洞段	配筋情况	环向钢筋应力最大值/MPa	最大裂缝宽度/mm
0～90m洞段	双层Φ22@20	52.438	0.01
90～180m洞段	双层Φ25@20	97.182	0.076
180m～上斜段末端洞段	双层Φ28@20	104.213	0.078

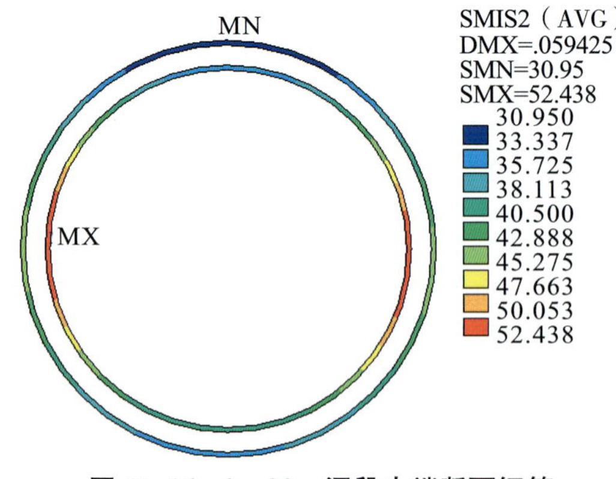

图11.16　0～90m洞段末端断面钢筋应力分布(单位:MPa)

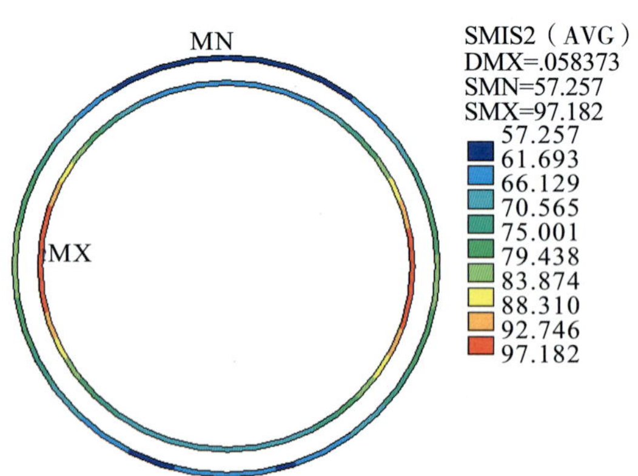

图11.17　90～180m洞段末端断面钢筋应力分布(单位:MPa)

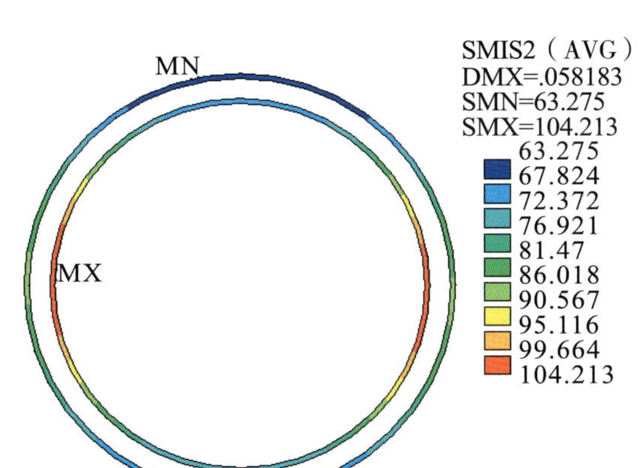

图 11.18　180m～上斜段末端洞段断面钢筋应力(MPa)

计算结果表明，钢筋全部呈现受拉应力状态，其中最大拉应力出现在腰部位置，0～90m洞段、90～180m洞段和180m～上斜段末端洞段的衬砌钢筋应力最大值分别为52.438MPa、97.182MPa、104.213MPa，对应最大裂缝宽度分别为0.010mm、0.076mm、0.078mm，均小于水工隧洞设计规范中裂缝宽度允许值0.25mm，说明计算中不同洞段采用的配筋方案能够满足要求。

(4)灌浆设计

上斜段、上弯段、下弯段及下平段顶部90°范围进行回填灌浆；全洞段进行固结灌浆，灌浆孔间、排距均为3.0m，孔深6.0m，固结灌浆按环间分序、环内加密的原则进行，灌浆压力0.3～0.5MPa，灌浆压力根据现场灌浆试验结果进行适当调整，并尽可能采取较大值。钢衬段底部120°范围内进行接触灌浆。

11.5.1.3　引水隧洞施工期灌浆成果

(1)回填灌浆

1#、2#引水隧洞钢衬段回填灌浆成果统计见表11.14，4#引水隧洞混凝土衬砌段回填灌浆成果统计见表11.15。

表 11.14　引水隧洞钢衬段回填灌浆成果统计量

部位	工程量/m^2	注入水泥量/kg	单耗注入量/(kg/m^2)
1#引水隧洞钢衬段回填灌浆	545	43605.4	80
2#引水隧洞钢衬段回填灌浆	545	62146.2	114

表 11.15　引水隧洞混凝土衬砌段回填灌浆成果统计

部位	工程量/m^2	注入水泥量/kg	单耗注入量/(kg/m^2)		
			Ⅰ序	Ⅱ序	合计
4#引水隧洞混凝土衬砌段回填灌浆	1031	60411.5	79.3	37.9	58.6

1#引水隧洞钢衬段回填灌浆工程量545m²，注入水泥量43605.4kg，单位注入量为80kg/m²。2#引水隧洞钢衬段回填灌浆工程量545m²，注入水泥量62146.2kg，单位注入量为114kg/m²。

4#引水隧洞混凝土衬砌段回填灌浆现完成1031m²，注入水泥量60411.5kg，单位注入量为58.6kg/m²。

（2）固结灌浆

引水隧洞部分钢衬段无盖重固结灌浆成果统计见表11.16，混凝土衬砌段部分固结灌浆成果统计见表11.17。

表11.16　　引水隧洞钢衬段固结灌浆成果统计

部位	孔序	孔数	消耗水泥/kg	单耗/(kg/m)	灌前压水孔/段	平均透水率/Lu	灌后检查孔/段	平均透水率/Lu
1#引水隧洞钢衬段	Ⅰ	140	1405.7	1.67	8	1.62	10	0.69
	Ⅱ	139	758.2	0.91	7	0.62		
2#引水隧洞钢衬段	Ⅰ	134	1899.2	2.26	5	3.54	13	0.55
	Ⅱ	133	1058.4	1.34	7	1.51		
3#引水隧洞钢衬段	Ⅰ	134	1574.85	1.96	10	2.66	13	0.51
	Ⅱ	133	983.9	1.49	4	1.62		
4#引水隧洞钢衬段	Ⅰ	128	1493.7	1.91	9	1.85	9	0.51
	Ⅱ	127	913.5	1.2	5	0.76		

表11.17　　引水隧洞混凝土衬砌段固结灌浆成果统计

部位	孔序	孔数	消耗水泥/kg	单耗/(kg/m)	灌前压水孔/段	平均透水率/Lu	灌后检查孔/段	平均透水率/Lu
1#引水隧洞混凝土衬砌段	Ⅰ	306	2150.9	1.17	12	2.1	30	0.68
	Ⅱ	304	1734.3	1.03	4	0.93		
3#引水隧洞混凝土衬砌段	Ⅰ	342	1998	1.13	17	2.7	/	/
	Ⅱ	340	1704.5	0.77	17	1.55		
4#引水隧洞混凝土衬砌段	Ⅰ	358	1948	0.89	12	0.94	38	0.63
	Ⅱ	360	1830.1	0.82	28	1.67		

1#～4#引水隧洞钢衬段固结灌浆Ⅰ序孔单耗1.67～2.26kg/m，灌前平均透水率1.51～3.54Lu，Ⅱ序孔单耗0.91～1.49kg/m，灌前平均透水率0.62～1.62Lu，洞周灌后平均透水率为0.51～0.69Lu；1#、3#、4#引水隧洞混凝土衬砌段固结灌浆Ⅰ序孔单耗0.89～1.17kg/m，灌前平均透水率0.94～2.1Lu，Ⅱ序孔单耗0.77～1.03kg/m，灌前平均透水率

0.93～1.67Lu，洞周灌后平均透水率为 0.63～0.68Lu。

从固结灌浆成果来看，洞周围岩本身裂隙不发育，注灰量较少，固结灌浆后能进一步提高围岩的抗渗性，灌后平均透水率一般小于 0.7Lu，满足设计要求小于 5Lu。

11.5.1.4 引水隧洞渗流监测资料分析

（1）引水隧洞渗流监测布置

根据引水隧洞工程布置和代表性原则，选取 2# 和 4# 引水隧洞进行重点监测。根据 2# 和 4# 引水隧洞沿程地质条件和结构设计成果，分别在两条隧洞内各布置 3 个重点监测断面，即布设在 2# 引水隧洞内桩号 0+080.00m、0+253.86m 和 0+280.00m 处，4# 引水隧洞桩号 0+080.00m、0+273.29m 和 0+300.00m 处。在监测断面腰部各布设了 1 支渗压计监测衬砌周边外水渗压，具体布置见图 11.19。

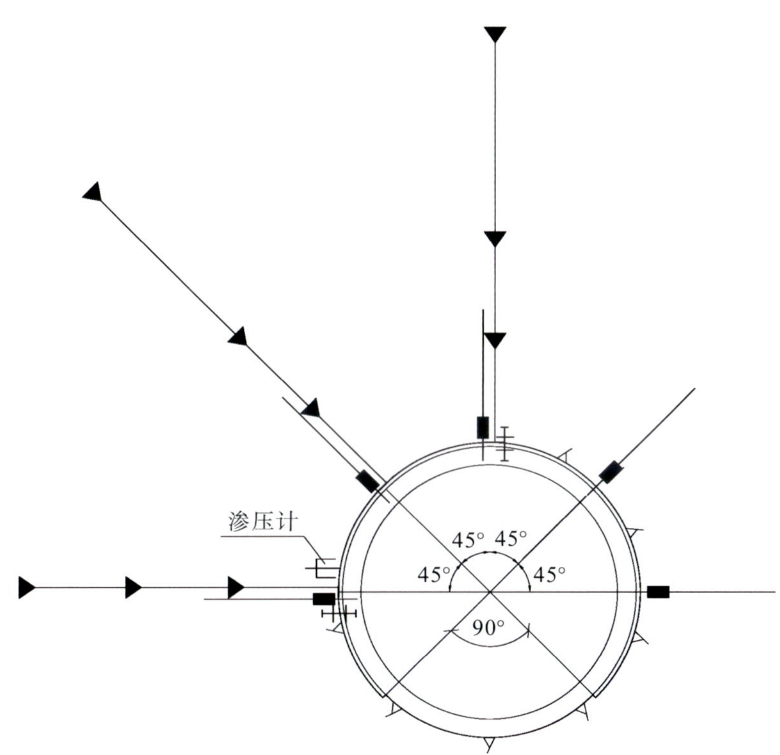

图 11.19　引水隧洞典型监测断面仪器布置

（2）引水隧洞渗流监测成果

引水隧洞渗流监测设施实测衬砌周边外水渗压水位见表 11.18，外水渗压水位过程线见图 11.20 和图 11.21。

引水隧洞渗压计在 2021 年 11 月 7 日蓄水前测得衬砌周边外水渗压水头基本为 0。2# 引水隧洞在 2022 年 4 月充水后，部分渗压计测值略有上升，渗压计 P01HT、P02HT 测得衬砌周边外水渗压水头分别为 9.10m 和 6.14m，换算为水位高程 433.80m 和 388.29m，小于上游水位，其余渗压计测值无明显变化。目前，渗压计测值稳定。

表 11.18　　引水隧洞衬砌周边渗压计实测外水渗压水位　　（单位：m）

编号	部位	高程	最大值	最大值时间	2020-11-19（上游水位391.69m）	2021-11-07（上游水位392.46m）	2022-05-21（上游水位457.69m）	备注
P01HT	2# 洞 1-1 断面（桩号 0+080.00m）	424.69	433.80	2022-05-21	424.73	424.85	433.80	
P02HT	2# 洞 2-2 断面（桩号 0+253.86m）	382.16	388.29	2022-05-21	384.34	383.24	388.29	
P03HT	2# 洞 3-3 断面（桩号 0+280.00m）	382.50	389.41	2019-09-12	382.50	382.50	382.50	无渗压水头
P04HT	4# 洞 1-1 断面（桩号 0+080.00m）	424.73	424.73	—	424.73	424.73	424.73	无渗压水头
P05HT	4# 洞 2-2 断面（桩号 0+273.29m）	382.62	383.12	2019-07-20	382.72	382.70	382.62	无明显变化
P06HT	4# 洞 3-3 断面（桩号 0+300.00m）	382.53	385.50	2020-10-29	385.33	382.74	382.88	无明显变化

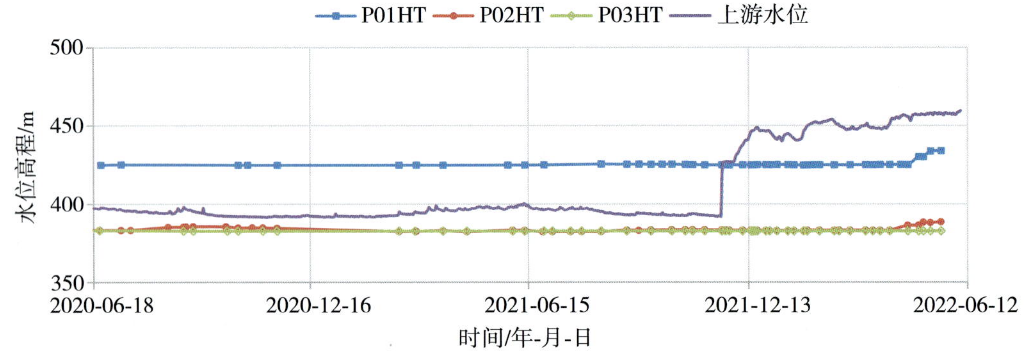

图 11.20　2# 引水隧洞渗压计实测渗压水位过程线

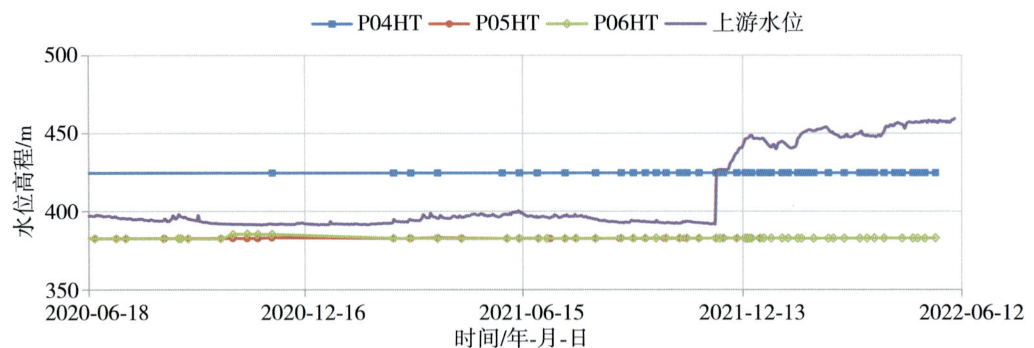

图 11.21　4# 引水隧洞渗压计实测渗压水位过程线

11.5.1.5 引水隧洞内水外渗可能性分析

综合引水隧洞总体布置、地形地质条件、结构设计及施工期灌浆成果，对引水隧洞内水外渗可能性分析如下：

1)引水隧洞上斜段位于 N_{1na}^{4-3-1} 层厚层砂岩中，基本为Ⅲ类围岩，岩石完整性较好，同时这部分洞段运行水头相对较低，采用钢筋混凝土衬砌结构，上弯段、斜直段、下弯段和下平段洞周围岩主要为粉砂质泥岩和泥质粉砂岩互层，以Ⅳ类围岩为主，同时洞段离机组较近，运行水头高且防渗要求高，采用钢管＋回填混凝土衬砌结构型式。

引水隧洞钢筋混凝土衬砌段上接进水塔，与进水塔结构分缝处设两道紫铜止水，各洞段混凝土衬砌结构缝设两道紫铜止水并填充闭孔泡沫板；横向施工缝和纵向施工缝处缝面凿毛、钢筋过缝并设两道橡胶止水；钢衬起点设置阻水环，封闭钢筋混凝土衬砌与钢管衬砌连接部位渗漏通道；钢筋混凝土衬砌采用限裂设计，根据结构设计成果，最大裂缝宽度仅为0.078mm，远小于规范中裂缝宽度限值。

从上述分析来看，引水隧洞洞身根据洞周围岩地质条件以及运行条件采用钢筋混凝土衬砌结构和钢管衬砌结构相结合的结构型式，结构缝、施工缝、混凝土衬砌与钢管衬砌连接段均采取有效措施予以封闭，混凝土衬砌裂缝较小，引水隧洞洞身衬砌结构能较好地防止流道内水外渗。

2)钢筋混凝土衬砌施工浇筑时，顶部范围可能存在脱空情况，通过采用顶拱的回填灌浆，充填混凝土结构顶部空隙部位，以保证围岩与衬砌之间较好结合；对压力钢管底部进行接触灌浆，以充填钢衬与外包混凝土之间可能出现的脱空区；引水隧洞全洞段实施洞周固结灌浆，以填充围岩原生裂隙以及开挖爆破产生的次生裂隙，提高洞周围岩的整体性，并进一步加强隧洞衬砌结构与围岩之间的结合。从引水隧洞施工期灌浆成果来看，引水隧洞洞周围岩本身裂隙不发育，注灰量较少，压水检查均满足小于5Lu的设计要求。

通过引水隧洞混凝土衬砌结构顶拱回填灌浆、钢管底部接触灌浆以及全洞周固结灌浆，能保证混凝土衬砌结构、钢衬以及洞周围岩相互之间能较好结合，同时能有效提高洞周围岩的整体性，在隧洞衬砌结构外围再形成一道保护圈，进一步减小内水外渗的风险。

3)水库蓄水后，引水隧洞衬砌周边渗压计测值稳定，随上游水位变化较小或无明显变化，表明引水隧洞未发生明显内水外渗。

综上所述，引水隧洞衬砌混凝土裂缝验算最大宽度仅0.078mm，分缝处止水措施可靠，结构本身具有较好的封闭性，同时衬砌结构与经过固结灌浆加固的洞周围岩一起形成一道有效的保护圈，能最大限度地避免隧洞内水外渗，蓄水后衬砌周边渗压计测值稳定。引水隧洞充水后，不会成为河湾地块的渗漏通道。

11.5.2 导流隧洞内水外渗可能性分析

11.5.2.1 导流隧洞布置

卡洛特水电站工程采用围堰一次拦断河床、土石围堰全年挡水、导流隧洞泄流的导流方式。根据工程枢纽布置和坝区的地形、地质条件，3 条导流隧洞平行布置在沥青混凝土坝右岸河湾地块靠前端，洞轴线间距 42m，洞径 12.5m，从上游至下游依次为 1# 洞、2# 洞、3# 洞，洞线分别长约 473.8m、447.3m、420.7m，见图 11.22。

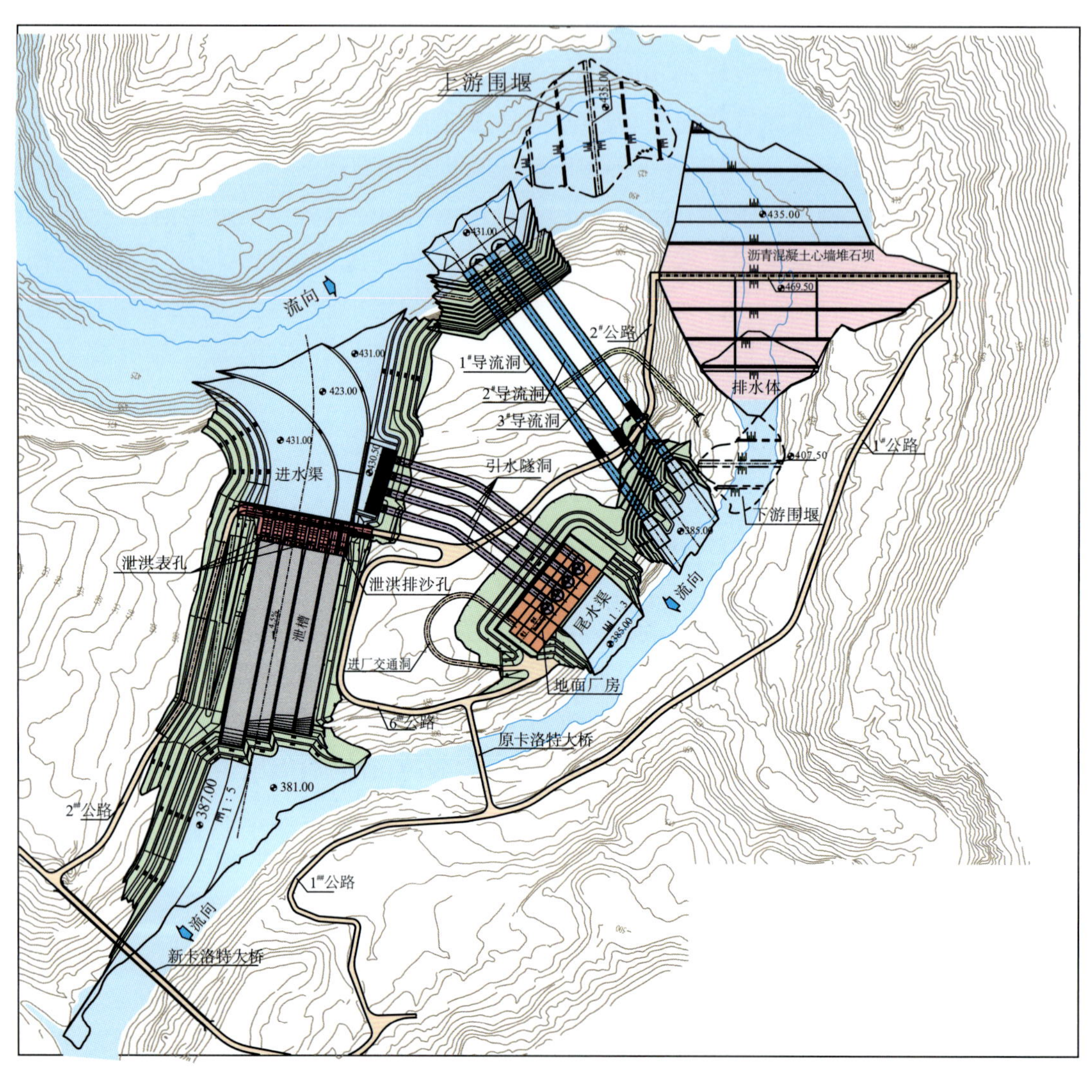

图 11.22　导流隧洞布置

11.5.2.2　工程地质条件及评价

(1)工程地质条件

导流隧洞进口底板高程 388m，出口高程 385m，隧洞断面为直径 12.5m 的圆形洞，导流洞进出口部位逐渐过渡为城门洞形。导流隧洞采用先导洞后扩大开挖方式，分上半洞、下半洞分别施工，上半洞高 8m 左右。

施工阶段对隧洞围岩进行了地质编录，围岩类别判断采用 Q 系统分类法。该分类的 6 个参数为：RQD、节理组数 Jn、节理粗糙度系数 Jr、节理风化蚀变系数 Ja、裂隙水折减系数

Jw、应力折减系数 SRF。依据巴顿等提出的确定岩体围岩质量指标计算方法，此指标 Q 的数值按下式计算：

$$Q=(RQD/Jn)\times(Jr/Ja)\times(Jw/SRF)$$

根据业主工程师提供的 Q 值围岩分类表，导流洞洞室围岩主要分为 5 类，见表 11.19。

表 11.19　　洞室围岩质量指标 Q 系统围岩分类标准

Q 值	>10	4～10	1～4	1～0.1	<0.1
围岩类别	Ⅰ	Ⅱ	Ⅲ	Ⅳ	Ⅴ

按 50m/幅图完成数字化成图。1# 洞共进行了 63 次循环作业，编录成果完成 53 段，共编录裂隙 818 条，等密图见图 11.23。2# 洞共进行了 72 次循环作业，编录成果完成 72 段，共编录裂隙 921 条，等密图见图 11.24；3# 洞共进行了 53 次循环作业，编录成果完成 53 段，共编录裂隙 503 条，等密图见图 11.25，各洞室围岩编录成果见表 11.20。

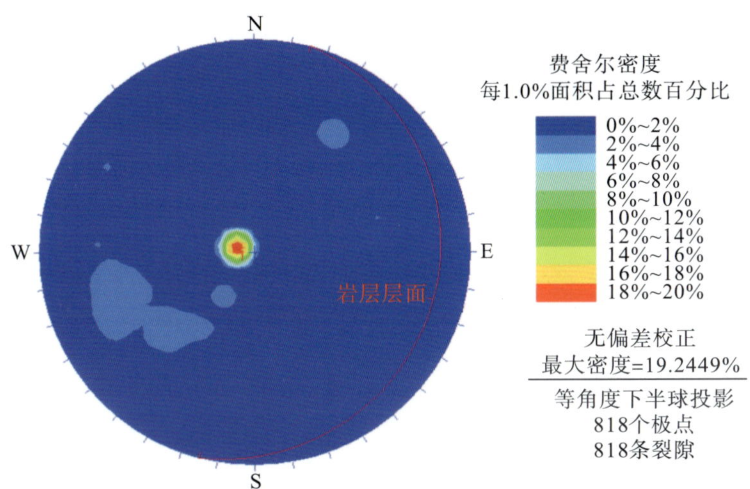

图 11.23　1# 洞裂隙等密图

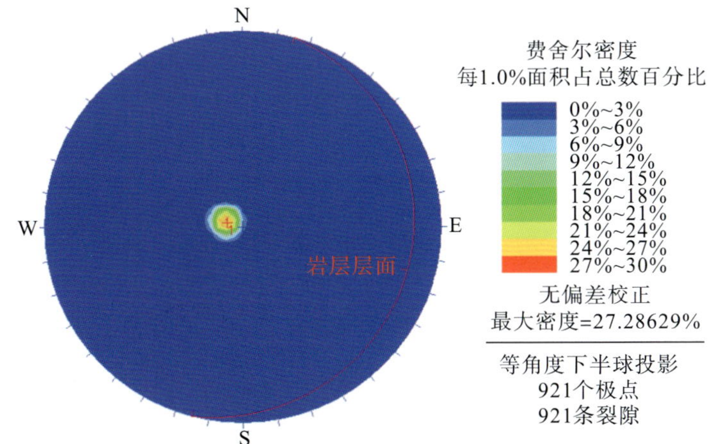

图 11.24　2# 洞裂隙等密图

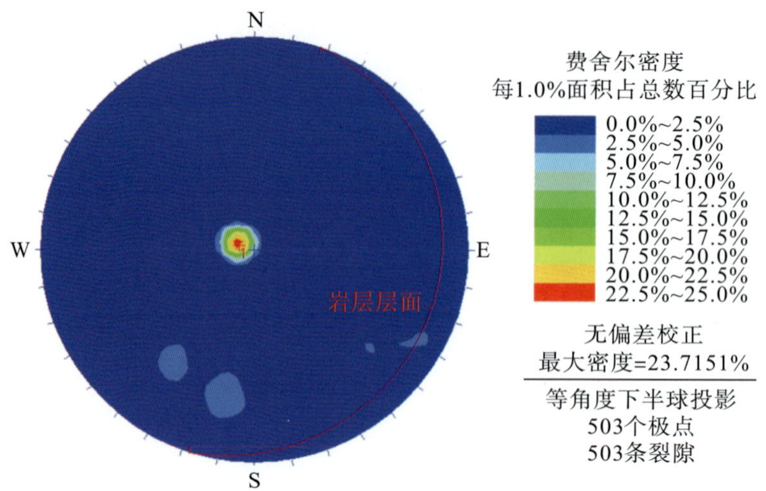

图 11.25　3# 洞裂隙等密图

表 11.20　导流隧洞围岩工程地质分类统计结果

隧洞编号	隧洞总长	各围岩类别长度		
	（m）	Ⅲ	Ⅳ	Ⅴ
1# 导流隧洞	473.8	120	286.5	67.3
2# 导流隧洞	447.3	58	308.9	80.4
3# 导流隧洞	420.7	53.9	285.5	81.3
总计	1341.8	231.9	880.9	229

由表 11.20 可知，导流隧洞洞身Ⅲ、Ⅳ、Ⅴ类围岩长度分别为 231.9m、880.9m 和 229m；洞室围岩均以Ⅳ类为主，Ⅴ类与Ⅲ类相差不大。

根据编录成果，洞室围岩Ⅲ类围岩洞顶主要为 $N_{1na}{}^{4-1}$、$N_{1na}{}^{3-3-1}$ 层厚层状细砂岩、中砂岩部位，岩体主要为微新岩体，Ⅳ类围岩洞顶主要为 $N_{1na}{}^{4-2}$、$N_{1na}{}^{3-3-2}$ 簿层—中厚层状粉砂质泥岩与泥质粉砂岩互层，多呈微新状；Ⅴ类围岩主要为洞室出口浅埋段、洞顶顺层崩塌显著部位。

洞身段斜穿河湾地块，地表原始地形大部分较平坦，靠下游侧位于斜坡部位，坡度 25°～30°。导流隧洞穿越地层主要为 $N_{1na}{}^{3-2-2}$～$N_{1na}{}^{4-2}$，其中 $N_{1na}{}^{4-1}$、$N_{1na}{}^{3-3-1}$ 层以厚层状中砂岩为主，少量为细砂岩、粉砂岩，$N_{1na}{}^{3-3-1}$ 层砂岩体间夹有泥质岩互层，$N_{1na}{}^{4-1}$、$N_{1na}{}^{3-3-1}$ 层厚分别为 3～12m、22～27m；$N_{1na}{}^{4-2}$、$N_{1na}{}^{3-3-2}$ 层主要由薄层—中厚层状粉砂质泥岩与泥质粉砂岩互层组成，各层厚分别为 22～25m、12～18m。其中，$N_{1na}{}^{4-1}$ 层砂层往出口方向逐渐变小，由 13m 变为 3m，其余变化不明显。

裂隙总体不发育，开挖期间未揭露到断层和层间剪切带，构造形迹主要为裂隙。导流隧洞揭露结构面主要为层面，规模较长大，充填岩屑、泥质或钙泥质为主。

导流洞围岩具多层水文地质结构，开挖期间揭露到的地下水总体较贫，零星断续出露

(表 11.21),以点滴状为主,地下水多沿泥质岩与砂岩层面渗出,局部沿裂隙渗出,局部具弱承压性。

表 11.21　导流洞地下水出露分布

隧洞	桩号	围岩类别	岩性	流量/(L/min)
1#	K0+379.0	Ⅳ	$N_{1na}{}^{4-2}$ 泥质粉砂岩	0.3
1#	K0+370.0	Ⅳ	$N_{1na}{}^{4-1}$ 砂岩	0.5
2#	K0+157.0	Ⅴ	$N_{1na}{}^{3-3-1}$ 砂岩	1.5
2#	K0+160.3	Ⅴ	$N_{1na}{}^{3-3-1}$ 砂岩	0.7
3#	K0+397.0	Ⅴ	$N_{1na}{}^{4-2}$ 泥质粉砂岩	4.0

(2)工程地质评价

导流洞围岩总体稳定。导流洞部位岩体裂隙主要为层面,对洞室围岩稳定影响有限。导流隧洞由下至上小角度斜穿各岩层,夹角约 7°。在各地层交界处,顶拱与地层界线构成的楔形体极易产生崩塌。施工期在 1# 洞桩号 K0+90~K0+110、2# 洞桩号 K0+97~K0+136、3# 洞桩号 K0+102~K0+120 及 K0+160~K0+214 洞顶发生顺层面岩体崩塌,但受上部层状岩层限制,崩塌范围有限,一般深度小于 1m,方量小于 $2m^3$,未对洞室整体稳定造成影响。隧洞两侧边墙未发生崩塌现象,总体较为稳定。

根据洞室编录成果,对Ⅳ、Ⅴ类洞室围岩采取加强支护措施;导流洞出口部位上覆岩体相对较薄,已采取加强锁口支护及衬砌方案。

导流洞洞身段具多层水文地质结构,基岩裂隙水具微承压性,施工揭露的地下水总体水量不丰,对洞室稳定性影响小,现场施工时对地下水出露部位加强排水工作;导流洞围岩总体上强度低,粉砂质泥岩与泥质粉砂岩互层岩体具有失水干裂、遇水崩解且易软化、泥化的特性,施工时及时封闭支护,稳定性良好。

11.5.2.3　隧洞开挖支护、结构及灌浆

(1)开挖支护

导流隧洞进口底高程 388.0m,出口底高程 385m,1 条隧洞过流面积 $122.7m^2$,3 条隧洞共 $368.2m^2$(图 11.26)。导流隧洞洞身为直线段,3 条导流隧洞长度分别为:1# 洞 473.8m、2# 洞 447.3m 和 3# 洞 420.7m,总长 1341.8m。

为方便与进水塔和出口明渠衔接,进口 20m 桩号 0+000~0+020 为城门洞形,桩号 0+020~0+040 为渐变段,由城门洞形渐变为圆形,出口 20m 为渐变段,由圆形渐变为城门洞形,以便于与出口明渠相接。

根据导流隧洞穿越地层条件变化及隧洞运行条件,初期支护措施如下:

1)进口段。

桩号 0+000~0+020,为顶拱 180°城门洞形,顶拱开挖半径 $R=9.51m$,断面开挖尺寸

19.02m×18.76m（宽×高）。边墙及顶拱采用间排距 1.2m，Φ28/L=6m 和 Φ32/L=9m 间隔布置的系统砂浆锚杆支护；底板采用间排距 1.5m，Φ28/L=4.5m 系统砂浆锚杆支护；边墙和顶拱挂网喷 26cm 厚混凝土。在桩号 0+000～0+005，因上覆岩体厚度较小，顶拱 60°范围采用间排距 1.2m，Φ28/L=5m 系统砂浆锚杆支护。

图 11.26　导流洞现场开挖

2）进口渐变段。

桩号 0+020～0+040，由城门洞形渐变为圆形。城门洞形顶拱开挖半径 R=9.01m，断面开挖尺寸 18.02m×17.76m（宽×高），圆形断面开挖半径 R=9.01m。边墙及顶拱（圆形断面上部 270°范围，下同）采用间排距 1.2m，Φ28/L=6m 和 Φ32/L=9m 间隔布置的系统砂浆锚杆支护；底板（圆形断面底部 90°范围）采用 Φ28/L=4.5m，间排距 1.5m 系统砂浆锚杆支护；边墙和顶拱挂网喷 26cm 厚混凝土。

3）Ⅲ类围岩。

开挖半径 R=7.1m 的圆形断面，圆形上部 270°范围采用 Φ28/L=6m，间排距 1.5m 系统砂浆锚杆支护，并挂网喷 15cm 厚混凝土。

4）Ⅳ类围岩。

开挖半径 R=7.3m 的圆形断面，圆形上部 270°范围采用 Φ28/L=6m，间排距 1.25m

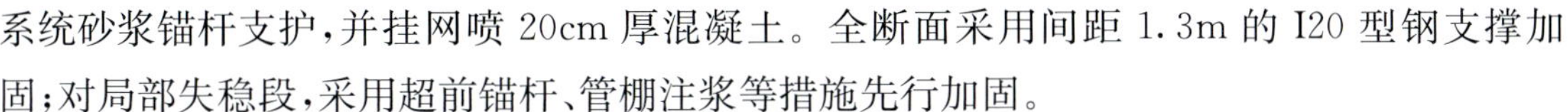

系统砂浆锚杆支护，并挂网喷 20cm 厚混凝土。全断面采用间距 1.3m 的 I20 型钢支撑加固；对局部失稳段，采用超前锚杆、管棚注浆等措施先行加固。

5）V_1 类围岩。

开挖半径 R＝7.5m 的圆形断面，圆形上部 270°范围采用 Φ28/L＝6m，间排距 1.0m 系统砂浆锚杆支护，并挂网喷 25cm 厚混凝土。全断面采用间距 1.0m 的 I20 型钢支撑加固；对局部失稳段，采用超前锚杆、管棚注浆等措施先行加固。

6）V_2 类围岩。

开挖半径 R＝7.7m 的圆形断面，圆形上部 270°范围采用 Φ28/L＝6m，间排距 1.0m 系统砂浆锚杆支护，并挂网喷 25cm 厚混凝土。全断面采用间距 1.0m 的 I20 型钢支撑加固；对局部失稳段，采用超前锚杆、管棚注浆等措施先行加固。

7）出口渐变段。

由圆形渐变为城门洞形。城门洞形顶拱开挖半径 R＝7.4m，断面开挖尺寸 14.8m×14.55m（宽×高），边墙及顶拱采用 Φ28/L＝6m，间排距 1.2m 系统砂浆锚杆支护；底板采用 Φ28/L＝4.5m，间排距 1.5m 系统砂浆锚杆支护；边墙和顶拱挂网喷 25cm 厚混凝土。

（2）衬砌结构设计

导流隧洞采用全断面不透水钢筋混凝土衬砌型式。导流隧洞洞身采用直径为 12.5m 的圆形断面，断面型式见图 11.27。

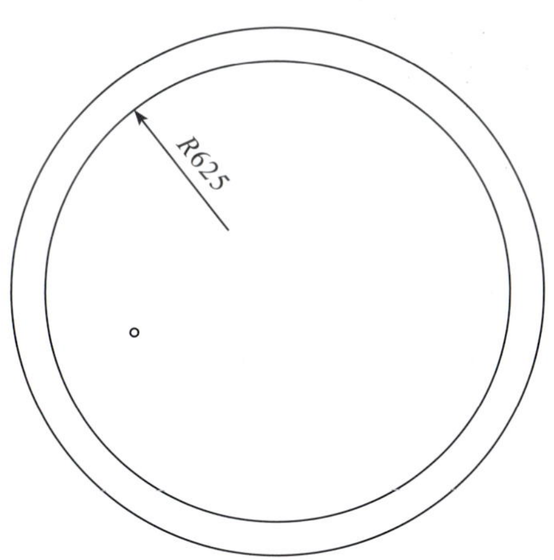

图 11.27　隧洞典型断面

根据导流隧洞穿越地层条件变化及隧洞运行条件，衬砌厚度如下：

1）进口段。

隧洞进口 40m 范围由于山体单薄，开挖及卸荷影响强烈，因此对衬砌进行加强。桩号 0＋000～0＋020 段为顶拱 180°城门洞形，断面尺寸 12.5m×12.5m（宽×高），衬砌厚度 3m，衬砌内外层均配置 Φ32 钢筋，间距 14.2cm；桩号 0＋020～0＋040 段由城门洞形渐变为圆形，衬砌厚度 2.5m，衬砌内外层均配置 Φ32 钢筋，间距 14.3cm（图 11.28）。

2）Ⅲ类围岩。

圆形断面，混凝土衬砌厚度为0.7m，衬砌内外层均配置Φ25钢筋，间距20cm。

3）Ⅳ类围岩。

圆形断面，混凝土衬砌厚度为0.9m，衬砌内外层均配置Φ25钢筋，间距16.6cm。

4）V_1类围岩。

圆形断面，混凝土衬砌厚度为1.0m，衬砌内外层均配置Φ25钢筋，间距12.5cm。

图11.28 钢筋绑扎及衬砌浇筑

5）V_2类围岩。

圆形断面，混凝土衬砌厚度为1.2m，衬砌内外层均配置Φ25钢筋，间距14.2cm。

6）出口渐变段。

出口20m，由圆形渐变为城门洞形。城门洞形顶拱180°，断面尺寸12.5m×12.5m（宽×高），衬砌厚度0.9m，衬砌内外层均配置Φ25钢筋，间距16.7cm。

沿隧洞轴线每12m设1条伸缩缝，缝宽1～2cm，为方便施工，减少衬砌混凝土浇筑过程中的干扰，缝间设BW-Ⅱ型止水条与闭气泡沫板。

（3）堵头设计

1）永久堵头设计。

堵头属于永久性建筑物，堵头工程级别与大坝相同，为2级建筑物，堵头设计挡水水位为 461.13m，校核挡水水位为 467.06m。经计算，3 条导流隧洞堵头长度均为 30m。

导流隧洞堵头一般布置于大坝帷幕线上，但本工程导流洞处于大坝两侧的防渗帷幕的设计高程以下，且设计区域位于防渗帷幕范围之外（图 11.29），因此导流洞堵头位置不受大坝防渗帷幕制约。此外，钻孔压水试验成果统计表明，工程区内各类岩石总体透水性较弱，不同岩类微新岩体 $q<10\text{Lu}$ 的试段均占试验总段数的 90%以上，$q<3\text{Lu}$ 的试段所占比例为 78%以上，山体的防渗性能良好，满足防渗需要。堵头段宜尽量布置在围岩强度高、地质缺陷少的洞段内，以减小堵头长度，保证堵头运行安全。因此，卡洛特水电站导流隧洞堵头的布置大部分位于Ⅲ类围岩区域，1# 导流隧洞堵头（图 11.30）桩号为导 1# 0+321.310～导 1# 0+351.310，2# 导流隧洞堵头桩号为导 2# 0+329.370～导 2# 0+359.370，3# 导流隧洞堵头桩号为导 3# 0+305.00～导 2# 0+335.00。

瓶塞形堵头能将压力较均匀地传至洞壁岩石，受力情况好，常被广泛采用。卡洛特水电站导流隧洞永久堵头选用瓶塞形。

2）临时堵头设计。

2021 年 11 月 20 日，卡洛特水电站导流隧洞完成下闸，水库开始蓄水。下闸后对导流洞检查发现，1# 导流洞闸门底坎右侧部位漏水和 2#、3# 导流洞洞身进口结构缝渗水量较大，同时 1#、2#、3# 导流洞闸门节间水封及门槽局部有少量漏水。考虑到因下闸蓄水时间比原计划推迟，导流洞已超期服役一年，永久堵头结构复杂、施工工期较长且前置准备工作较多，为避免前述部位漏水情况进一步恶化，从而产生重大的施工安全问题，决定在导流洞永久堵头上游设置临时堵头。

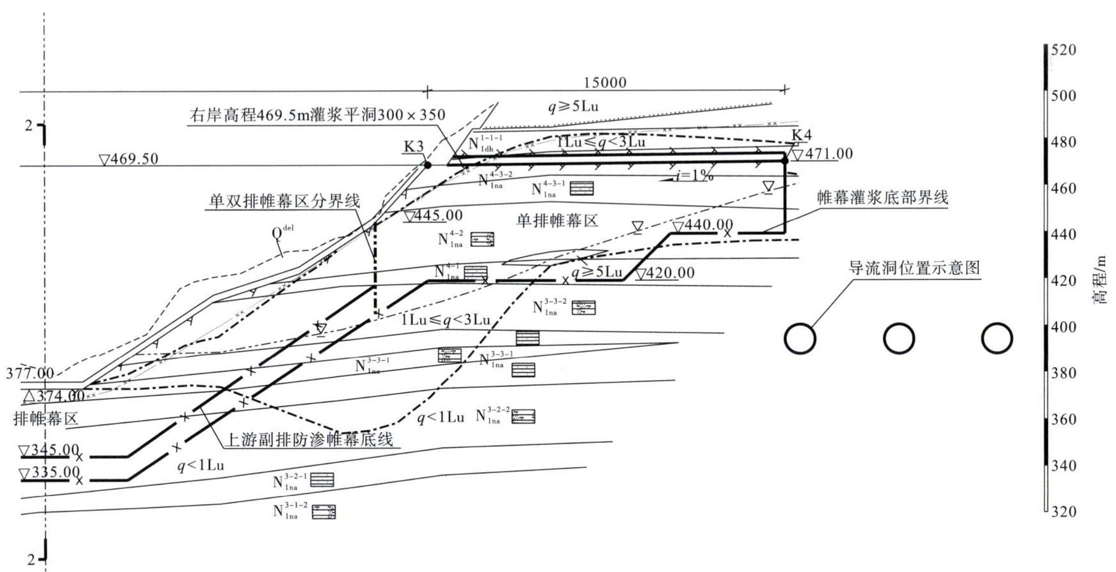

图 11.29　导流洞与大坝帷幕关系

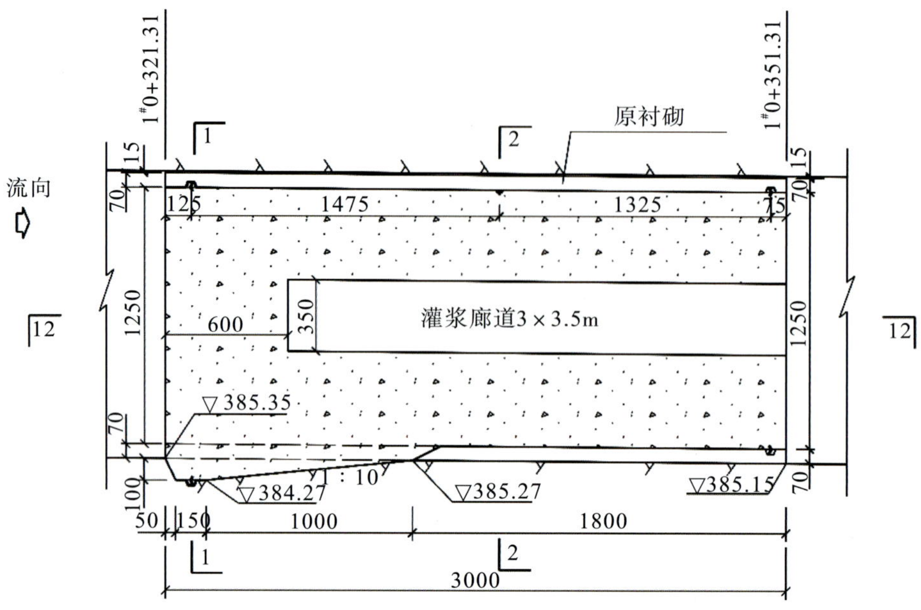

图 11.30　1# 导流隧洞永久堵头结构

1# ～3# 导流隧洞临时堵头采用圆柱形结构型式，长度均为 15m。导流隧洞临时堵头混凝土强度等级为 C25，抗渗等级为 W8。冷却水管采用 φ25PVC 管，沿堵头高度方向每隔 1.5m 布置一层，每层管道间距 1.5m。顶拱部位堵头及原衬砌之间进行回填灌浆，回填灌浆压力 0.3～0.5MPa。导流隧洞临时堵头纵剖面、平切剖面和横剖面分别见图 11.31、图 11.32、图 11.33。

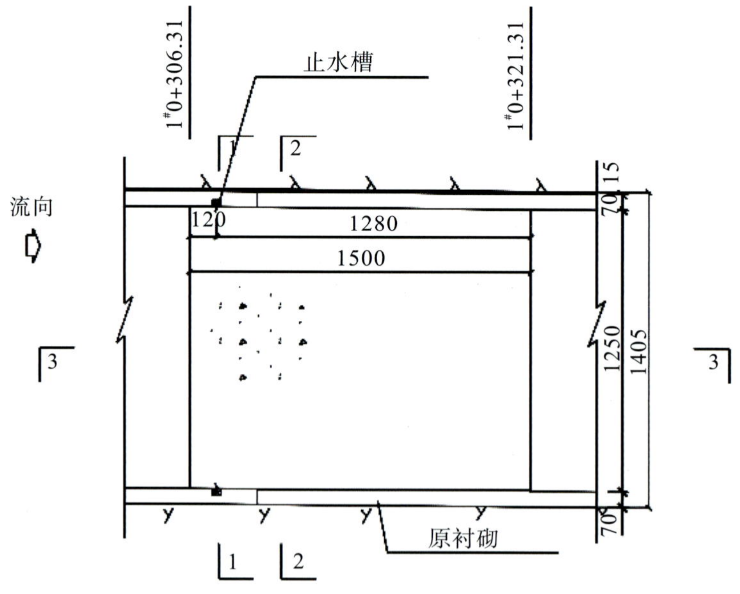

图 11.31　导流隧洞临时堵头纵剖面

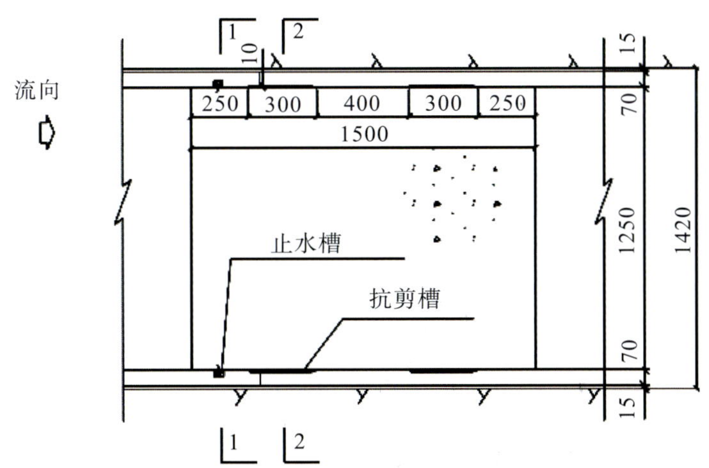

图 11.32　导流隧洞临时堵头平切剖面

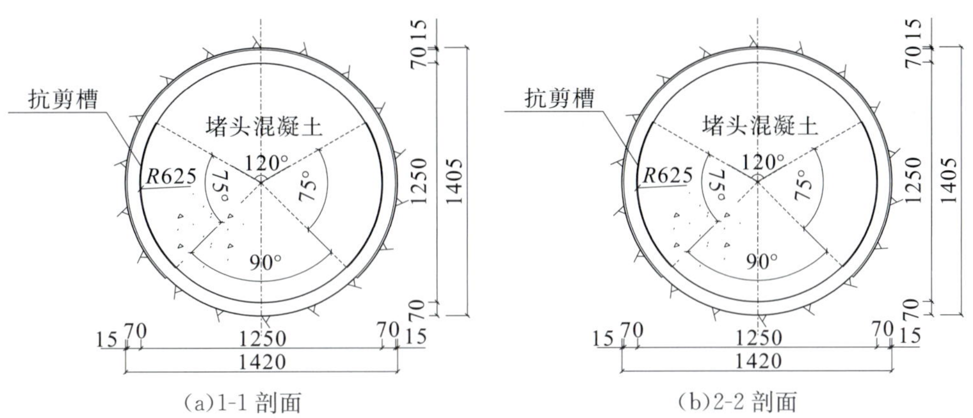

(a)1-1 剖面　　(b)2-2 剖面

图 11.33　导流隧洞临时堵头横剖面

(4)灌浆设计

导流隧洞洞身全断面钢筋混凝土衬砌的顶部和堵头顶部进行回填灌浆。回填灌浆范围为顶拱中心角 120°以内,孔距 2m,排距 2m,梅花形布置,孔深深入围岩 20cm,灌浆压力为 0.2MPa,于衬砌混凝土强度达到 70%设计强度后进行施工。

对隧洞进口段、Ⅳ类围岩局部破碎段、Ⅴ类围岩段和堵头前后 25m 及堵头段进行固结灌浆,以提高围岩的整体强度和抗渗性能,固结灌浆孔排距 2.5~3m,梅花形布置,孔深深入围岩 7m,局部地质缺陷部位适当加密或加深灌浆孔。洞身段灌浆压力为 0.6~0.8MPa,堵头段灌浆压力为 1.0~1.5MPa。

导流隧洞堵头施工完成后需进行接缝灌浆,接缝灌浆必须在堵头混凝土温度稳定后,承压以前进行,灌浆压力为 0.3~0.5MPa。

11.5.2.4　导流隧洞施工期灌浆成果

(1)回填灌浆

导流洞回填灌浆在混凝土浇筑完成后进行,混凝土强度需达到 70%。现场由于为了避免与混凝土施工干扰，回填灌浆滞后混凝土浇筑3个月施工，混凝土强度基本已达到设计强度。回填灌浆成果见表11.22。

表11.22　　导流洞回填灌浆成果统计

工程部位	孔数	灌浆长度/m	水泥注入量/kg	单位注入量/(kg/m)		
				平均	上游排	
					Ⅰ序	Ⅱ序
$1^{\#}$导流洞	721	1120.7	92100.0	82.1	87.3	78.1
$2^{\#}$导流洞	671	1128.1	97781.3	86.6	94.0	80.0
$3^{\#}$导流洞	635	1098.7	69133.0	62.9	73.3	54.0

(2)固结灌浆

导流洞固结灌浆在回填灌浆完成后进行。导流洞固结灌浆成果见表11.23。

表11.23　　导流洞固结灌浆成果统计

工程部位	孔数	灌浆长度/m	水泥注入量/kg	单位注入量/(kg/m)			灌浆前平均透水率/Lu		检查孔压水试验			
				平均	Ⅰ序	Ⅱ序	Ⅰ序	Ⅱ序	孔数	压水段数	合格段数	合格率/%
$1^{\#}$导流洞	609	4263	46353.3	10.87	12.6	9.1	2.1	1.8	62	70	70	100
$2^{\#}$导流洞	754	5047	35759.1	7.0	11.2	6.7	1.9	1.6	76	78	78	100
$3^{\#}$导流洞	741	5187	49121.3	9.5	11.5	9.0	2.0	1.7	76	82	80	100

(3)灌后检查

导流洞固结灌浆灌后检查主要通过声波检测固结灌浆效果，具体检测结果见表11.24。

表11.24　　导流洞固结灌浆灌后声波检测结果

检测区域	灌前声波值/(cm/s)	灌后声波值/(cm/s)	平均提高比例/%
导流洞$1^{\#}$洞围岩	2863～3830	3033～4090	2.4～9.4
导流洞$2^{\#}$洞围岩	2364～3513	2649～3648	3.4～12
导流洞$3^{\#}$洞围岩	2745～3848	2824～3995	3.0～10.1

11.5.2.5　导流洞渗流监测资料分析

(1)导流洞渗流监测布置

根据导流洞工程布置、结构特点和代表性原则，选取$2^{\#}$导流洞进行重点监测。根据$2^{\#}$导流洞沿程地质条件和结构设计成果，分别在该隧洞内桩号0+090.00和0+355.00处各布置1个重点监测断面。在监测断面腰部各布设了1支渗压计监测衬砌周边外水渗压，具

体布置见图 11.34。

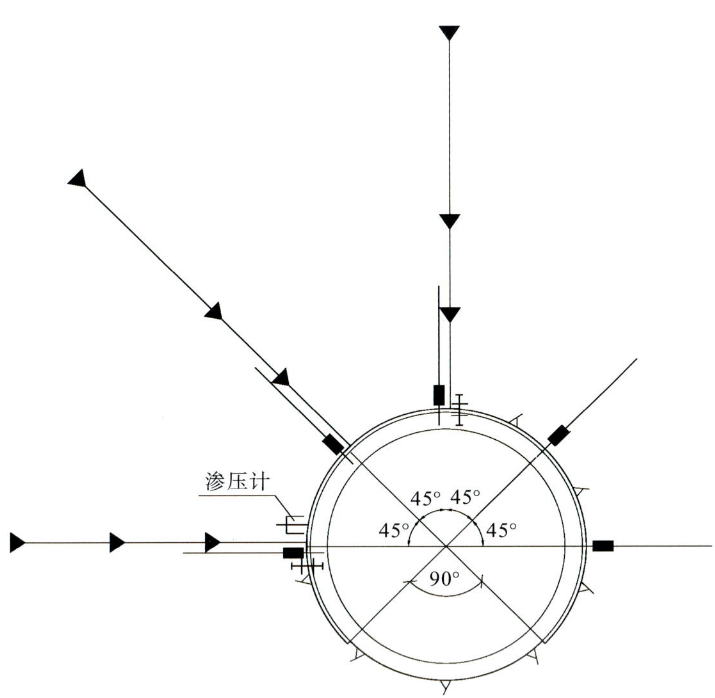

图 11.34 导流洞监测断面仪器布置

(2)导流洞渗流监测成果

导流洞渗流监测设施实测衬砌周边外水渗压水位见表 11.25,外水渗压水位过程线见图 11.35。

导流洞渗压计蓄水前测得衬砌周边外水渗压水头为 0。蓄水后,渗压计测值基本无变化,2022 年 7 月 8 日渗压计 P09DT 测得衬砌周边外水渗压水头为 4.97m,换算为水位高程 398.50m,小于上游水位。渗压计 P10DT 在堵头施工期间被损坏,已无法观测,损坏前(2022 年 4 月 22 日前)测值平稳无明显变化,外水渗压水头基本为 0。初步分析由于上游水位抬升,对河湾地块地下水位有一定的补给,使得渗压计测值略有增加。目前,渗压计测值稳定。

表 11.25 导流洞衬砌周边渗压计实测外水渗压水位 (单位:m)

测压计编号	部位	高程/m	最大值	最大值时间	2020-11-25(上游水位 391.69m)	2021-10-15(上游水位 392.46m)	2022-07-08(上游水位 459.99m)	备注
P09HT	2# 洞 1-1 断面(桩号 0+090.00m)	393.53	401.83	2022/3/25	393.78	393.53	398.50	
P10HT	2# 洞 2-2 断面(桩号 0+355.55m)	393.58	397.22	2020/8/25	394.24	393.58	—	损坏

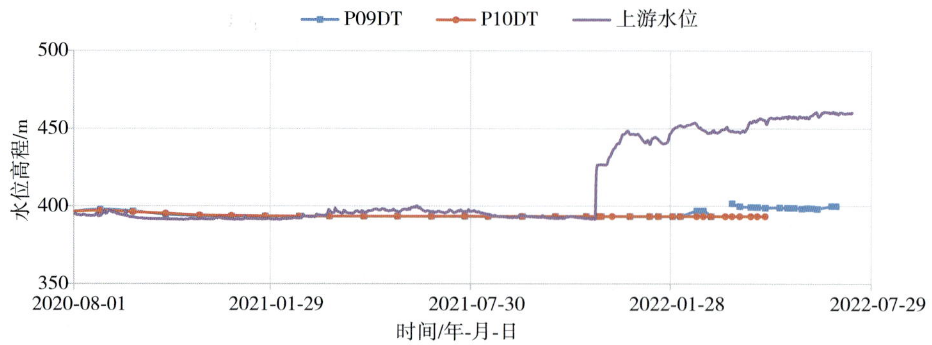

图 11.35　2# 导流洞渗压计实测渗压水位过程线

11.5.2.6　导流隧洞内水外渗可能性分析

（1）隧洞结构封闭性分析

导流隧洞设计时，考虑泥岩遇水软化的特性，衬砌不设置排水孔；衬砌沿隧洞轴线每12m 设 1 条伸缩缝，缝宽 1cm，缝间设 BW-Ⅱ 型止水条与闭气泡沫板。导流隧洞衬砌为一个完整封闭系统，对内水外渗有较好的阻隔作用。

根据钻孔压水试验成果统计表明，工程区内各类岩石总体透水性较弱，不同岩类微新岩体 $q<10$Lu 的试段均占试验总段数的 90%以上，$q<3$Lu 的试段所占比例为 78%以上，山体的防渗性能良好。堵头前后洞段平均透水率不大于 2Lu，透水性较弱，堵头混凝土抗渗指标为 W8，并设置了回填灌浆、固结灌浆和接缝灌浆，且在堵头前后堵头混凝土与基岩或原衬砌接触面间埋设了紫铜止水，保证了堵头的防渗可靠性。

（2）内水外渗分析

经验算，导流隧洞衬砌结构在运行工况下最大裂缝宽度为 0.098mm。堵头及堵头前采取了围岩固结灌浆，但不是全洞段围岩固结灌浆。因此，水库下闸后，堵头前洞段存在少量内水外渗的可能性。

从导流隧洞围岩地质条件、开挖及后期支护处理措施等综合分析，堵头前段围岩主要为 N_{1na}^{3-2-2}、N_{1na}^{3-3-2} 层薄—中厚层微风化粉砂质泥岩与泥质粉砂岩互层及 N_{1na}^{3-3-1} 层中—厚层微风化砂岩，N_{1na}^{3-2-2}、N_{1na}^{3-3-2} 层岩体相对不透水，具备良好的隔水性。这些洞段可能外渗的内水不会补给到其上部的 N_{1na}^{4-1} 层砂岩中。N_{1na}^{3-3-1} 层砂岩向下游方向延伸到河床最低排泄基准面以下较深部位，其上覆有巨厚的 N_{1na}^{3-3-2} 层相对不透水岩体，不具备出逸条件。因此，不具备沿该层向下游产生渗漏的可能性。

水库蓄水后，导流洞衬砌周边渗压计测值稳定，随上游水位变化较小，表明导流洞未发生明显内水外渗。

综上所述，卡洛特水电站工程蓄水以后，导流隧洞的稳定性能够得到保证，且不具备向下游产生危害性渗漏的可能性。

11.6 三维渗流计算及渗流场演变趋势研究

11.6.1 水文地质模型与初始渗流场反演

11.6.1.1 河湾地块水文地质条件分析

根据地质勘察资料，坝址区为典型的河湾地貌，在坝址区内吉拉姆河平面形态呈一“几”字形河湾。基岩地层主要为新近系中新统纳格利组 N_{1na} 以及多克帕坦组 N_{1dh} 地层，岩性主要为中砂岩、细砂岩、泥质粉砂岩及粉砂质泥岩等，岩性较为复杂，总体上呈交互层状分布。不同岩性所占大致比例分别为：泥岩、粉砂质泥岩 23.8%，泥质粉砂岩、粉砂岩 32.3%，中粗砂岩 38.0%，细砂岩 6.2%。岩层产状平缓且较稳定，岩层倾角 7°～10°。断层不发育，岩体完整性一般较好，没有贯通上下游的断层和长大裂隙分布。

根据地质报告，河湾地块地下水按赋存条件主要为基岩裂隙水和第四系松散堆积层层孔隙水。基岩裂隙水主要接受大气降水、冲沟地表水、覆盖层地下水及两岸山体同一含水层地下水的补给，以泉水形式向地表排泄或经地下潜流向本区最低侵蚀基准面吉拉姆河分散式排泄。第四系松散堆积层孔隙水主要含水层为河床中的卵砾石夹碎块石层、阶地堆积物及近岸地带分布的崩塌堆积层中。根据河湾地块内钻孔地下水位分析，河湾地块中部存在地下分水岭，河湾地块地下水分别向两侧吉拉姆河排泄，吉拉姆河为坝区地表水和地下水的最低排泄基准面。

根据钻孔压水试验成果统计，区内各类岩石总体透水性较弱，不同岩类微新岩体吕荣值 $q<10$Lu 的试段均占试验总段数的 97.5%(均值)以上，$q<5$Lu 的试段所占比例为 94.4%。不同层位岩体钻孔压水试验成果统计表明，以(中)砂岩为主的地层，微新岩体透水性总体上较以粉砂质泥岩、泥质粉砂岩互层的地层相对要强，但差异不是很明显，总体上仍属弱—微透水岩体。

根据河湾地块地形地质资料分析，认为河湾地块范围可作为相对独立水文地质单元，基于此建立水文地质模型，并进行初始渗流场反演分析。

11.6.1.2 计算方法和软件

通过概化得到等效连续介质模型，地下水流运动服从达西定律，地下水三维稳定数学模型可用下面的偏微分方程及定解条件来表示。

$$\frac{\partial}{\partial x}\left(K_x\frac{\partial H}{\partial x}\right)+\frac{\partial}{\partial y}\left(K_y\frac{\partial H}{\partial y}\right)+\frac{\partial}{\partial y}\left(K_z\frac{\partial H}{\partial z}\right)-W=0,(x,y,z)\in D$$

$$H(x,y,z)\Big|_{\Gamma_1}=H_1(x,y,z),(x,y,z)\in\Gamma_1$$

$$K\frac{\partial H}{\partial n}\Bigg|_{\Gamma_2}=q(x,y,z),(x,y,z)\in\Gamma_1$$

式中，Kx、Ky 和 Kz——渗透系数在 x、y 和 z 方向上的分量；

H——地下水水头；

W——源汇项强度；

D——模拟范围；

H_1——边界上的已知水头；

q——边界流量，当 $q=0$ 时即为隔水边界；

n——边界面的外法线方向；

Γ_1、Γ_2——水头边界和流量边界。

渗流逸出面为混合边界，即同时满足出逸流量不小于零和总水头等于位置高程，通过迭代进行计算。

11.6.1.3 水文地质模型

(1)含水层结构概化

河湾地块岩性主要为中砂岩、细砂岩、泥质粉砂岩及粉砂质泥岩等，岩性较为复杂，总体上呈交互层状分布。钻孔压水试验成果统计表明，区内各类岩石总体透水性较弱，不同岩类微新岩体吕荣值 $q<10$Lu 的试段均占试验总段数的 97.5%(均值)以上，$q<5$Lu 的试段所占比例为 94.4%。根据岩体透水性，对含水层结构进行划分，依据地质给出的地层吕荣线将计算模型概化为 4 层。在模型构建中，提取已有地质剖面中吕荣线及地表的空间坐标，在地下水模拟软件 Feflow 中插值，形成河湾地块水文地质概念模型。

(2)边界条件概化

根据河湾地块区域内钻孔地下水位情况，河湾地块中部存在地下分水岭，河湾地块地下水分别向两侧吉拉姆河排泄，吉拉姆河为坝区地表水和地下水的最低排泄基准面。计算模型范围见图 11.36，分别以河道中心和溢洪道中心线为边界。从河道中心线至大坝和溢洪道控制段低于库水位的范围按库水位取边界水头，大坝下游至河道中心线低于下游水位的范围按下游水位取边界水头。溢洪道泄槽处布置封闭式排水孔幕与透水软管，为不增加计算的复杂度，将泄槽底板按出逸边界处理。其余地表为开挖边坡或自然边坡按出逸边界处理。

(3)数值模型

在地下水模拟软件 Feflow 中对水文地质模型进行网格剖分，对帷幕所处区域进行网格加密，最终生成六节点五面体网格。模型的网格节点 21530 个，单元 33428 个，数值计算模型见图 11.37。

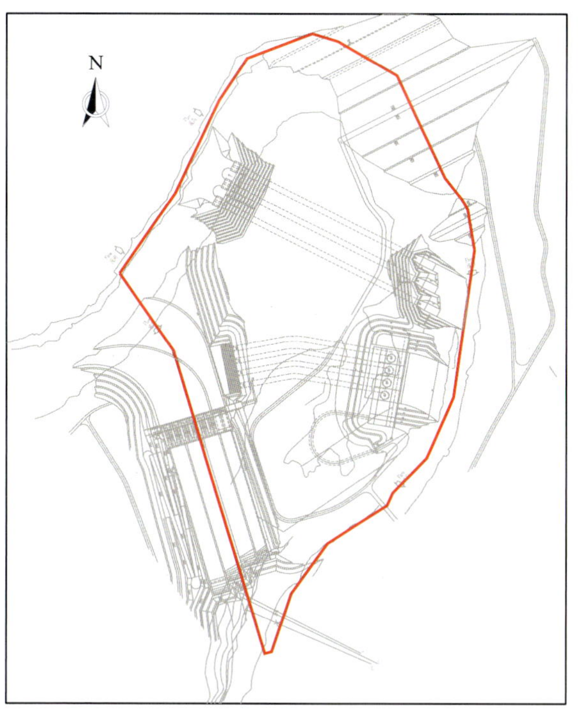

图 11.36 水文地质模型范围

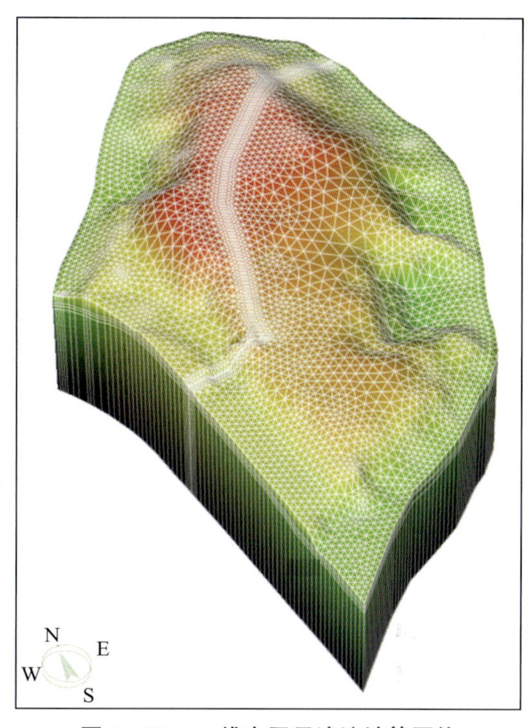

图 11.37 三维有限元渗流计算网格

(4)渗流计算参数反演

以钻孔地下水位对三维渗流模型进行初始化，利用河湾地块长期监测孔数据，采用“试估—矫正”法对模型各参数进行分析调整。河湾地块观测设施最早一批投入使用时间为2020年5月，当年监测至2020年11月，各孔地下水位基本平稳，下一年度开始监测时间为2021年3月。模型校核期选为2020年5月10日到2020年11月10日。

降雨是河湾地块地下水的补给之一，由于缺乏现场降雨入渗试验，不能直接确定降雨入渗系数，因此在数值模拟中通过试算方法确定相对最优降雨入渗系数。给水度是非稳定渗流计算的参数之一，也需要通过试算确定。岩体的渗透系数根据钻孔压水试验成果进行统计分析得到，在试算时可以微调。在试算中，综合考虑各个观测孔模拟水位与实测值变化的贴合程度。河湾地块设置了3组相邻深浅观测孔，考虑到深孔更能反映地下水的实际情况，采用深孔观测水位进行模型参数校正，BV09RCA受施工影响水位存在突变未采用。

最终通过计算得到的各监测孔模拟水位与实测水位对比见图11.38。从模型模拟结果可以看出，观测孔模拟水位变化趋势和实测水位变化趋势一致，除BV01RCA和BV08RCA与实测水位差值较大外，其他观测孔模拟水位与实测水位差值较小。施工现场调查发现，BV01RCA和BV08RCA所在区域接受了施工用水和生活用水补给，而数值模拟中无法考虑该因素。

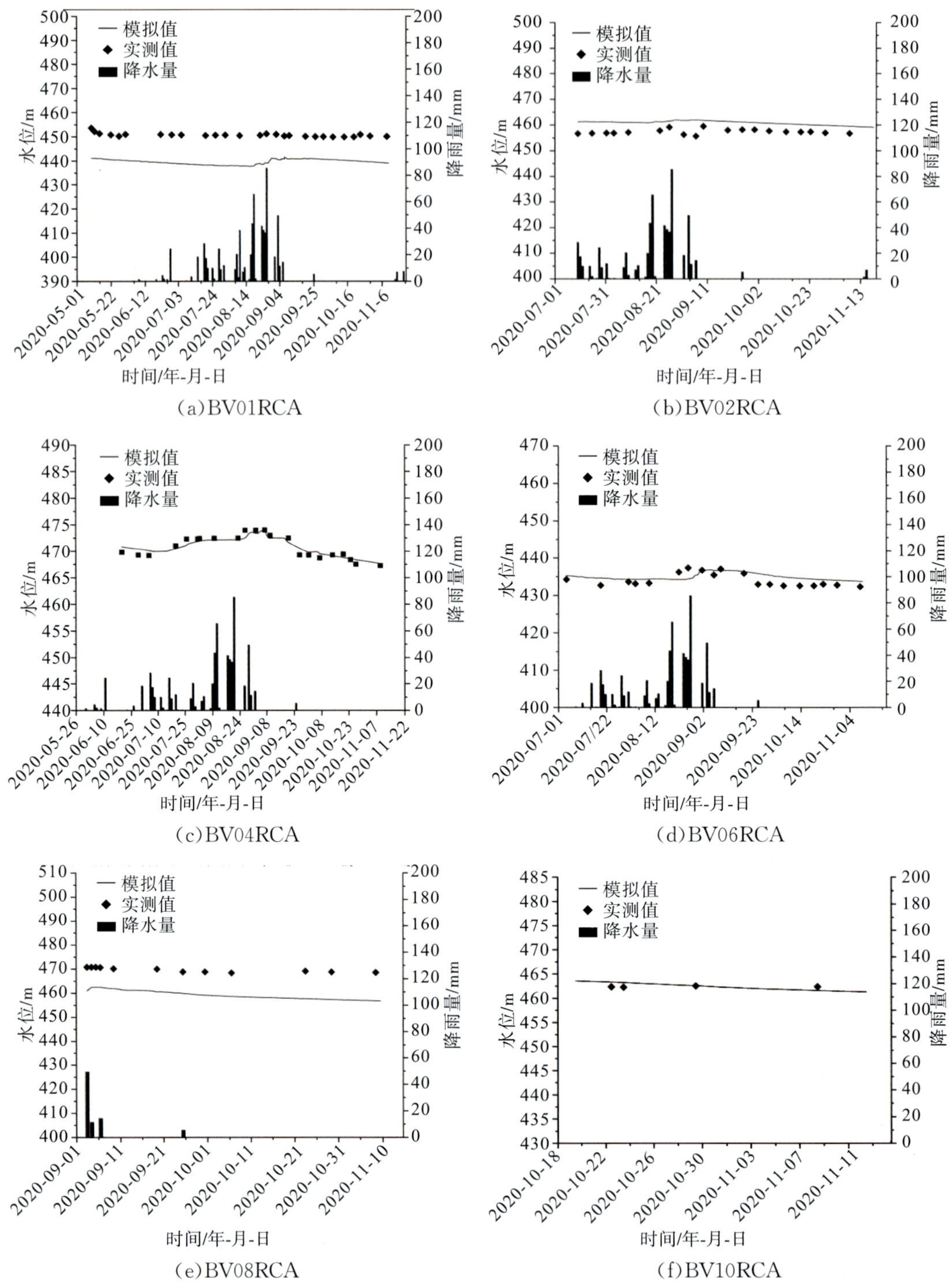

图 11.38　监测孔模拟水位与实测水位对比

经过模型校核，得到的计算参数见表 11.26。

表 11.26　　渗流计算参数

层号—分区号	K/(cm/s)	给水度	降雨入渗系数
1-1	2×10^{-4}	0.06	—
1-2	3×10^{-4}	0.06	0.3
1-3	5×10^{-4}	0.20	—
1-4	2×10^{-4}	0.06	—
1-5	1.5×10^{-4}	0.20	—
2	4×10^{-5}	0.01	—
3	2×10^{-5}	0.01	—
4	4×10^{-6}	0.01	—

第一模型层参数分区见图 11.39。

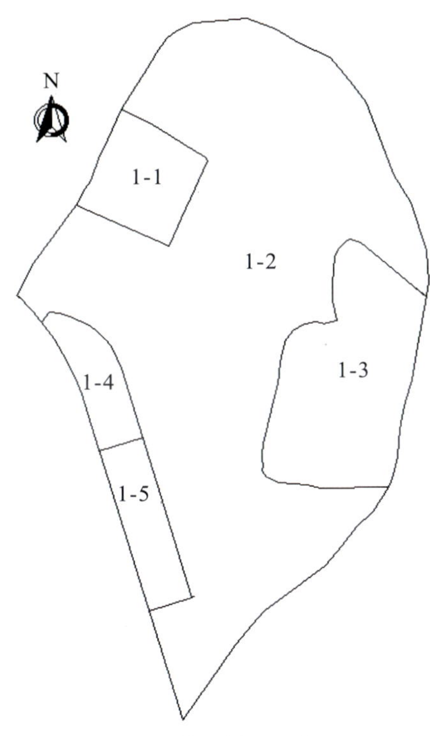

图 11.39　第一模型层参数分区

11.6.2　典型区域及洞段渗控效果及其对河湾地块渗流场影响

11.6.2.1　计算模型

计算模型范围为河湾地块，包括大坝右岸、导流洞、引水洞以及溢洪道左岸，分别以吉拉姆河河道中心和溢洪道中心线为边界。坐标系以地理正东为 x 轴正向，地理正北为 y 轴正向，z 轴为高程，坐标系原点在河湾地块中坐标 3262748.608m、1049826.822m 处，见

图 11.40。

计算模型的平面范围宽约 767m，长约 1360m，模型底部取至高程 100m，即建基面以下约 270m 处。从吉拉姆河中心线至大坝和溢洪道控制段低于库水位的范围按库水位取边界水头，大坝下游至吉拉姆河中心线低于下游水位的范围按下游水位取边界水头。考虑溢洪道泄槽底板布置了排水措施，将泄槽底板按出逸边界处理。其余地表为开挖边坡或自然边坡，按出逸边界处理。将泄槽底板位置以下模型侧面边界作为隔水边界，即不考虑山体地下水侧向补给。双排帷幕厚度取 3m，单排帷幕厚度取 2m。本节主要分析洞段渗控效果及其影响，考虑正常设计水位工况，不考虑降雨补给。

由于要考虑导流洞和引水洞的衬砌，对隧洞附近区域进行网格加密，网格单元为 8 结点六面体等参单元和 6 节点五面体等参单元的混合单元，最终形成疏密有致的三维渗流场有限元计算网格。网格结点 132588 个，单元 166923 个，计算模型见图 11.40。

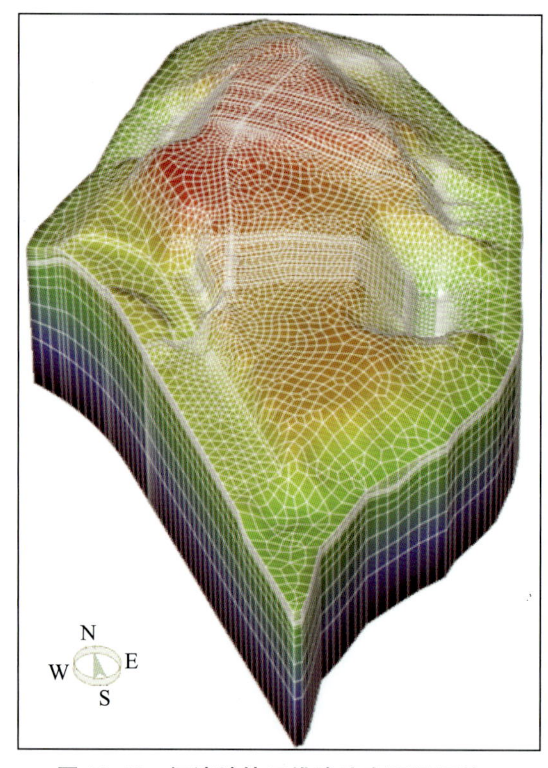

图 11.40　河湾地块三维渗流有限元网格

11.6.2.2　渗透分区及参数

基岩渗透系数根据地质渗透剖面按透水性区分，结合前期反演结果，具体取值见表 11.27。帷幕透水性参考现场质量检查结果取值。

表 11.27　　三维渗流计算材料分区及渗透系数

建筑物	工程部位	<1Lu	1～3Lu	3～5Lu	>5Lu
大坝	河床(400m 高程以下)	0.33	2	4	17.5
	右岸(400m 高程以上)				24.5
河湾地块	高程 469m 以上	0.5	1.7	4	18
	高程 469m 以下				14.6
溢洪道	左侧边坡	0.5	1.7	4	20
	控制段				15
防渗帷幕	大坝河床	1.5			
	大坝右岸	2.5			
	溢洪道	2.5			

11.6.2.3　计算方案

针对防渗措施失效、防渗措施完好、隧洞渗漏等情况进行渗流计算分析，具体计算方案见表 11.28。水位组合工况为：上游正常蓄水位 461m，下游水位 386.66m。需要说明的是，设计帷幕底线一般深入地层的 5Lu 线或 3Lu 线以下一定距离，本次模拟中帷幕取值原则是帷幕标准小于地层渗透性的按照帷幕标准，帷幕标准大于地层渗透性的按照地层渗透性。

表 11.28　　三维渗流计算方案

计算方案	计算条件	备注
F1	正常蓄水位，不设防渗帷幕	
F2	大坝右岸和溢洪道左岸按设计帷幕防渗	基本方案
F3	考虑 3# 导流洞渗漏	导流洞渗漏影响分析
F4	考虑 4# 引水洞渗漏	引水洞渗漏影响分析
F5	溢洪道防渗帷幕延伸至大坝防渗帷幕，其他同 F2	河湾地块整体防渗

分析导流洞渗漏影响时，以 3# 导流洞为典型隧洞，考虑导流洞堵头上游的混凝土衬砌渗漏，渗透系数取 5×10^{-7}cm/s；分析引水洞渗漏影响时，以 4# 引水洞为典型隧洞，考虑压力钢管上游的混凝土衬砌段渗漏，渗透系数取 5×10^{-7}cm/s。

11.6.2.4　渗流计算成果及分析

为便于掌握渗流场分布特征，选择 4 个典型剖面的渗流场水头分布进行分析，其中 X28 为垂直大坝轴线横剖面，X23 为 4# 引水洞中心纵剖面，X35 为 3# 导流洞中心纵剖面，P1 为 Z=393m 高程的水平剖面，大致位于导流洞水平中心上。方案 F2 的总体渗流场分布基本一致，渗流场等势线具体见图 11.41 至图 11.44。三维渗流计算结果见表 11.29。

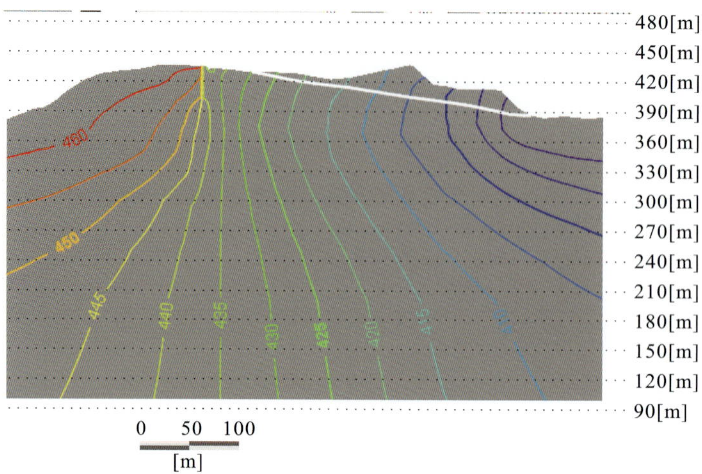

图 11.41　方案 F2 垂直大坝轴线横剖面 X28 水头等值线

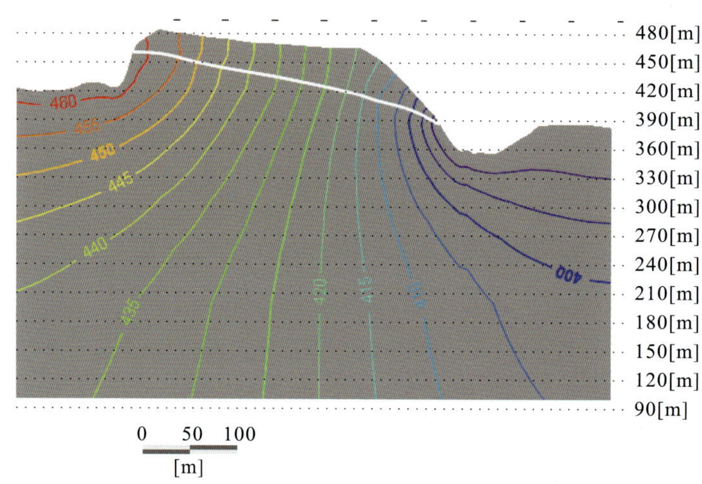

图 11.42　方案 F2 第 4# 引水洞中心纵剖面 X23 水头等值线

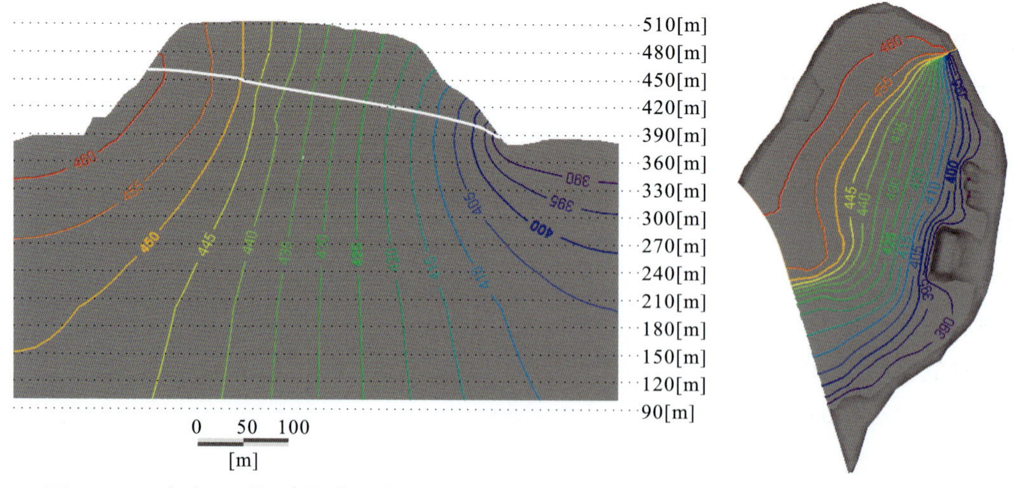

图 11.43　方案 F2 第 3# 导流洞中心纵剖面 X35 水头等值线

图 11.44　方案 F2 沿 Z=393m 高程水平剖面 P1 水头等值线(单位:m)

表 11.29 三维渗流计算成果

方案	F1	F2	F3	F4	F5
渗流量/(m^3/d)	2028	801	810	808	800

在正常蓄水位高程 461.0m 时，渗流等势线从上游向下游逐渐降低分布，假设溢洪道左侧帷幕及大坝右坝肩均无帷幕(F1)，库水入渗流量为 2028m^3/d，而在设计防渗帷幕完好的有效条件下(F2)，库水入渗流量为 801m^3/d，减少渗流量约 61%，表明防渗帷幕对于河湾地块渗流场起到了有效的控制作用。

考虑 3# 导流洞在堵头之前的混凝土衬砌洞段发生渗漏(F3)，上游水位 461m 直接作用在堵头之前，对 3# 导流洞所在局部区域的渗流场产生影响，库水入渗流量略增至 810m^3/d。考虑 4# 引水洞在钢衬之前的洞段渗漏(F4)，上游水位 461m 直接作用在渗漏洞段，对 4# 引水洞局部区域的渗流场产生影响，引水洞全洞段固结灌浆，库水入渗流量略增大为 808m^3/d。考虑导流洞和引水洞渗漏后，渗流量仅小幅增加。

溢洪道左岸防渗帷幕延伸至与大坝右岸防渗帷幕连接，即河湾地块设置完整连续帷幕(F5)情况下，流场分布与方案 F2 相差不大，渗流量约 800m^3/d，与方案 F2 差别很小，原因主要是河湾地块中部岩体完整性好，岩体透水性 5Lu 线分布高程基本上都高于正常蓄水位。

11.6.3 河湾地块三维渗流场仿真与渗流场演变趋势预测研究

11.6.3.1 河湾地块地下水位

在建立的有限元地下水计算模型的基础上，开展蓄水期河湾地块地下水流场模拟计算，分析了不同时间河湾地块地下水分布特征。水库蓄水从 2021 年 11 月开始，在高程 423.0m 以下无泄流条件，无法控制库水位的上升速率，这一阶段水位上升较快，之后考虑大坝安全及施工进度安排等，控制水库蓄水上升速率，逐渐从水位 423.0m 蓄水至死水位 451.0m，最后蓄水至正常蓄水位 461m，截至 2022 年 6 月初库水位上升至 459m 左右(图 11.45)。将 2021 年 11 月 10 日作为计算起始时间，考虑完整的水文年份，计算终止时间为 2022 年 12 月 31 日。数值模拟认为库水位达到正常蓄水位 461m 后一直维持在此水位不变。工区雨量站逐日降水量数据仅收集至 2021 年 8 月，在水库蓄水之前，因此在蓄水数值模拟中日降水量采用流域多年月均降水量，并考虑入渗系数。

河湾地块设置了 3 组相邻深浅监测孔，考虑到深孔更能反映地下水的实际情况，采用深孔观测水位进行比较，另外 BV09RCA 因受施工影响明显，不作比较分析。长观孔水位模拟值与实测值见图 11.46。BV01RCA 孔地下水位的模拟值与实测值相差较大，模拟水位低于实测水位，实际上与前期勘察成果相比，BV01RCA 地下水位抬升较大。除 BV01RCA 和 BV08RCA 与实测水位差值绝对值在 10m 左右外，其他观测孔地下水位模拟值与实测值差值较小。地下水位的模拟值与实测值之间存在差异的一个原因是，数值模型为等效连续介质模型，而实际岩层发育有裂隙，具有空间变异性。从比较可见，地下水位的模拟值对降雨有一定的延迟响应，在降水量较大的时间段，地下水位都有所抬升；观测孔 BV04RCA、BV08RCA 和 BV10RCA 地下水位的模拟值在水库蓄水后均高于正常蓄水位，这与目前观测结果一致。

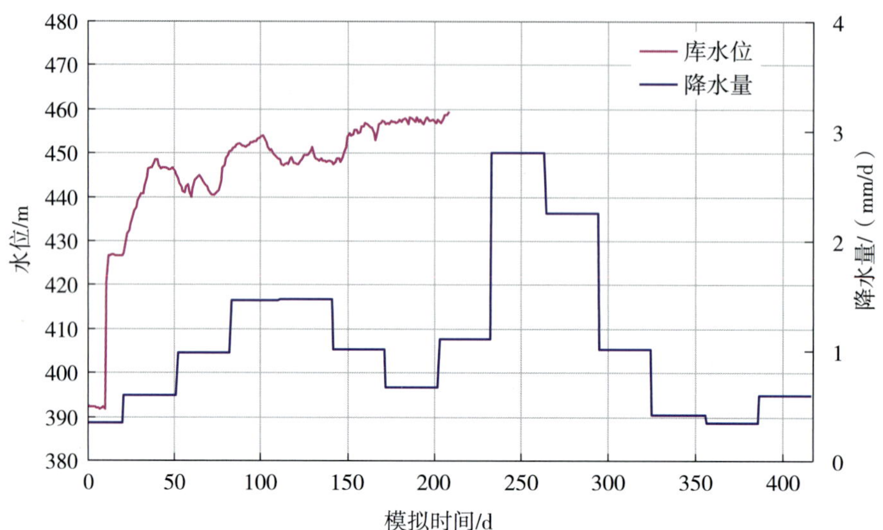

图 11.45　渗流计算的库水位和降水量

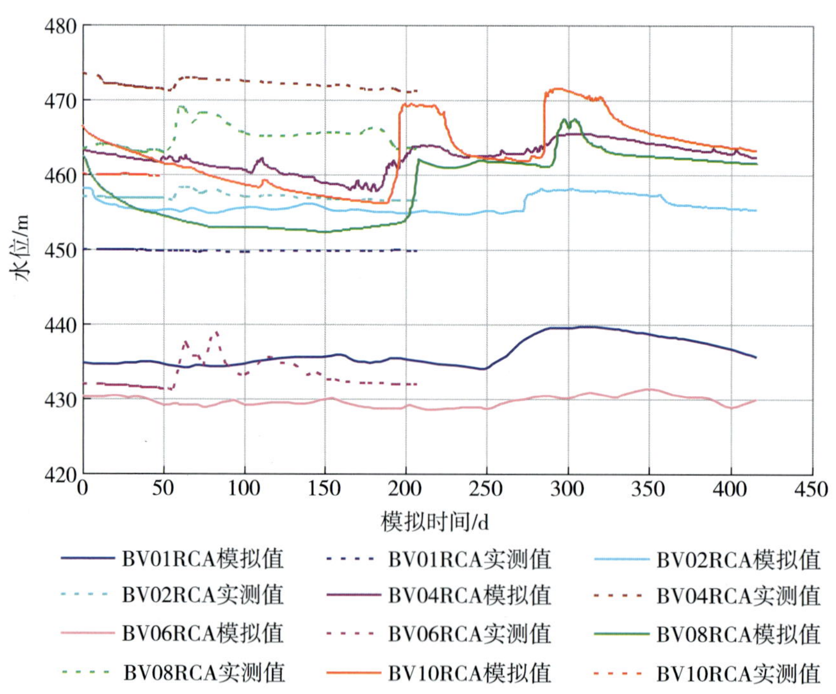

图 11.46　河湾地块监测孔水位模拟值与实测值

11.6.3.2　河湾地块地下水流场

图 11.47 展示了蓄水前后河湾地块地下水流场的变化。

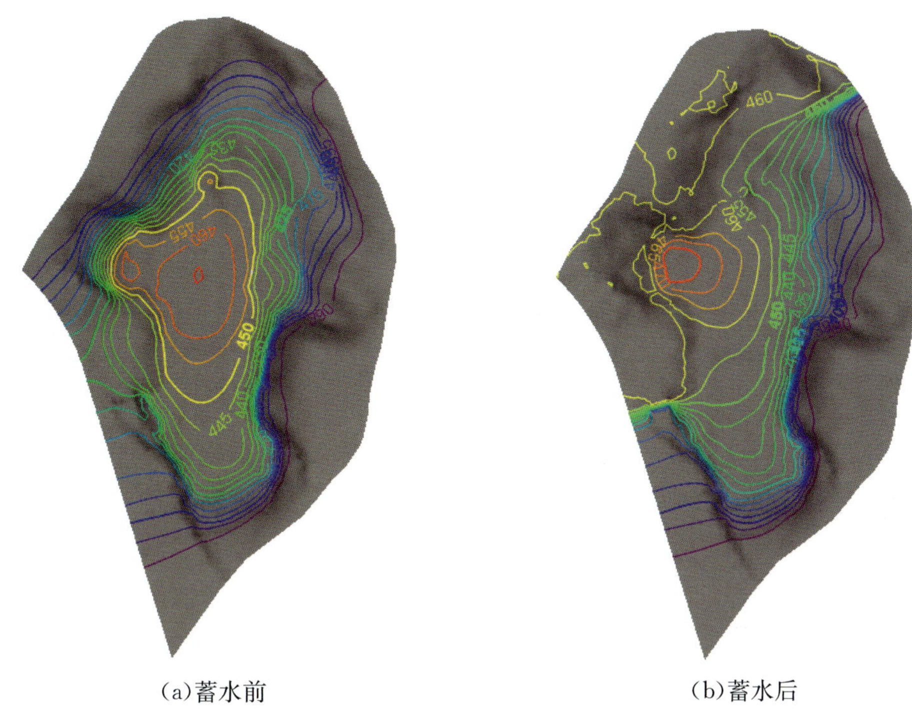

(a)蓄水前　　(b)蓄水后

图 11.47　蓄水前后河湾地块地下水流场分布

蓄水前，河湾地块中部存在地下水分水岭，地下水水头等值线呈中间高、四周低的分布，河湾地块地下水向两侧河道流动。蓄水后，靠近上游河道区域地下水水头升高，河湾地块地下水水头等值线总体呈河湾地块中部和靠近上游区域地下水等值线高、其他区域低的分布，地下水主要向下游河道排泄。

11.7　河湾地块蓄水安全综合分析

结合河湾地块补充渗流监测及分析、工程地质条件及防渗可靠性分析、河湾地块帷幕端点分析、洞室内水外渗可能性分析、三维渗流计算及河湾地块渗流场演变趋势研究，河湾地块岩体防渗性能可靠，防渗体系完善，蓄水后地下水位稳定，满足蓄水及运行安全要求。主要结论如下：

1)前期勘察及施工期地质素描成果均表明，河湾地块岩体断裂、裂隙不发育，岩体完整性一般较好，没有贯通上下游的断层和长大裂隙分布，不存在向下游的集中渗漏通道。

2)大坝及溢洪道灌浆成果分析表明，受岸坡开挖和卸荷影响，大坝及近岸山体段岩体透水率较前期加大，但总体仍以弱透水性为主，且已进行灌浆处理。河湾地块渗流监测孔压水成果表明，高程 461m 以下 $q\leqslant 5$Lu 岩体占比 90%以上，属弱—微透水岩体，与前期勘察成果一致。河湾地块岩体具备良好的防渗可靠性。

3)溢洪道开挖切断了河湾地块来自山体一侧的地下水补给，同时建筑物及边坡开挖等进一步影响地下水补给及排泄条件，河湾地块钻孔地下水位较前期有所下降，但地下水分水岭依然存在，且高于水库正常蓄水位 461m。

4）水库蓄水后，河湾地块监测地下水位整体稳定，依旧呈现中部水位高、外侧水位低的分布特点。河湾地块厂房后边坡变形及渗压正常。

5）大坝右岸和溢洪道左岸山体段帷幕端点岩体渗透性均满足规范中防渗依托层的要求，防渗端点可靠。

6）引水隧洞和导流洞结构本身具有较好的封闭性，且水库蓄水后衬砌周边渗压计测值稳定，因此引水隧洞和导流洞不会成为河湾地块的渗漏通道。

7）三维渗流计算分析表明，大坝右坝肩及溢洪道左岸设置防渗帷幕后，渗流量明显降低，防渗效果良好；考虑导流洞和引水洞衬砌渗漏，渗流量仅小幅增加；溢洪道左岸防渗帷幕延伸至与大坝右岸防渗帷幕连接，渗流场分布及渗流量差别很小，河湾地块中部可不设置防渗帷幕。预测蓄水后河湾地块地下水位总体稳定，受降雨影响会短期升高。

12 重大件运输

12.1 现有交通条件

12.1.1 公路

12.1.1.1 公路线路

巴基斯坦国内无大型机电设备的生产企业，需从中国进口，进入卡洛特水电站的公路运输线路主要是巴基斯坦国内的公路线路。永久机电设备拟采用海运至卡拉奇，运输路线为卡拉奇—拉合尔—拉瓦尔品第—卡洛特坝址。

12.1.1.2 公路标准及路况

(1)公路标准

巴基斯坦公路分为高等级公路和低等级公路。高等级公路包括高速公路、快速干线、主干道和国道；低等级公路包括二级公路和小型道路。各种公路的主要标准如下：

1)高速公路和快速干线。

双向4～6车道公路，单车道宽为3.65m，路肩宽0.8m，沥青或混凝土路面，行车速度为90～120km/h，目前巴基斯坦高速公路大多为双向4车道。

2)主干道。

双向4车道公路，单车道宽3.65m，路肩为0.8m，沥青路面，行车速度为80～110km/h。

3)国道。

双向2车道公路，单车道宽3.65m，路肩为0.8m，沥青路面，行车速度为60～100km/h。

4)二级公路。

双向2车道公路，单车道宽3.65m，路肩宽度不固定，沥青或碎石路面，行车速度为60～100km/h。

5)小型道路。

双向2车道，单车道宽3m，多为碎石或粒料路面，行车速度为50～80km/h。

(2)卡拉奇—坝址线路

卡拉奇—拉合尔为国家N5干道，是巴基斯坦的主干道。因巴基斯坦海港城市卡拉奇位于南部，而人口稠密的旁遮普省和西北边境省处在北部，巴基斯坦公路网络以南北向为主。

现有南北向两大动脉是印度河东岸的 5 号国道(N-5，又称 GT 公路)和西岸的 55 号国道(N-55，又称印度河公路)，巴基斯坦工商业活动主要集中在上述公路两侧的走廊地带。N5 干道(卡拉奇—拉瓦尔品第段)主要途经海德拉巴、哈拉、莫罗、海尔布尔、伯诺阿吉尔、萨迪加巴德、洛特兰、木尔坦、拉合尔、古杰拉特、杰赫勒姆和拉瓦特，全长 1545km，其中，拉瓦特—拉瓦尔品第长约 20km。道路为双向 4 车道，局部双向 2 车道，全线有大桥 18 座(4735.5m)，中桥 29 座(1447.96m)，小桥 4 座(69m)；有天桥 33 座，标志牌 22 座，一般限高 4.9m，有一些标识牌限高 4.5m(可拆除)；有收费站及城门、拱门等 13 座，限高 5.5m，限宽 4.5m，收费站及城门侧面可以绕行；沿途电线较多。

拉合尔—拉瓦尔品第(伊斯兰堡)还有一条高速公路 Motorway2(简称 M2)，全长 347km，沥青混凝土路面，路面状况良好，双向 6 车道，其中大桥 5 座，中桥 1 座，立交桥(或天桥)26 座，两头各有一座收费站，立交桥(或天桥)限高 4.9m。

拉瓦尔品第—卡洛特坝址有两条线路。线路一为：拉瓦尔品第—拉瓦特—本多里—坝址。此线路全长 75km，沿途有大桥 2 座，中桥 1 座，天桥 2 座，经过 2 个村庄。线路二为：拉瓦尔品第—卡胡塔—坝址。此线路全长 58km，沿途有大、中、小桥 5 座。线路二途经巴基斯坦核工业研究基地，属于保密地带，运输重大件需取得通行许可。

1)卡拉奇—拉瓦尔品第道路情况及沿线构筑物/障碍物见图 12.1 至图 12.3 和表 12.1。

图 12.1　N5 国道里程 18.7km 处收费站，限高 6m，限宽 4m

图 12.2　N5 国道里程 860.3km 处高架桥，限高 4.9m

图 12.3　N5 国道里程 1211.6km 处人行天桥，限高 5.1m

表 12.1　　卡拉奇—拉瓦尔品第道路沿线构筑物/障碍物一览表

编号	里程/km	构筑物/障碍物	限高/m	限宽/m	说明
1	0.5	高架桥	6.7	9.0	
2	3.5	钢架桥		7.5	长 60m，3 跨
3	18.7	收费站	6.0	4.0	大件可从右侧独立车道通过
4	35.9	大桥		8.5	长 330m
5	40.9	大桥		8.5	长 115m
6	130.3	大桥		8.0	长 391m
7	142.4	海德拉巴城门	6.0	4.0	大件可从两侧通过
8	144.1	高架桥	4.9		
9	158.4	中桥		7.5	长 30m，2 跨
10	207.0	人行天桥	6.0		大件可从左侧通过
11	230.0	广告牌	9.0		大件可从左侧通过
12	326.0	广告牌	9.0		大件可从左侧通过
13	410.0	广告牌	9.0		大件可从左侧通过
14	470.0	大桥		9.0	长 288m
15	482.5	关卡		4.0	两侧障碍物需清理
16	483.5	中桥			长 32m，宽 3.5m，需拆除两侧护栏
17	486.0	城门	9.0		大件可从两侧通过
18	581.0	中桥		9.0	长 40m，2 跨
19	600.0	中桥		9.0	长 21m，1 跨

续表

编号	里程/km	构筑物/障碍物	限高/m	限宽/m	说明
20	740.0	收费站	6.0	7.0	大件可从右侧通过
21	779.0	收费站	7.0	9.0	大件可从右侧通过
22	784.0	人行天桥	8.0		
23	837.5	大桥		9.0	长 539m
24	860.3	高架桥	4.9		
25	872.7	广告牌	6.0		
26	890.1	小桥		9.0	长 19m，3 跨
27	914.7	小桥		9.0	长 18m，4 跨
28	966.8	广告牌	6.0		
29	989.8	中桥			长 88m
30	1012.5	检查站		7.0	
31	1063.8	广告牌	7.0		
32	1100.6	人行天桥	6.25	7.5	
33	1107.3	人行天桥	5.1	7.5	
34	1111.8	收费站	6.0	4.0	大件可从右侧通过
35	1167.7	大桥			长 18m，桥上高压电线需关闭
36	1193.1	中桥			长 96m，8 跨
37	1211.6	人行天桥	5.1		
38	1245.5	高架桥	5.1		
39	1263.6	大桥			长 480m
40	1264.2	广告牌	6.0	3.5	大件可从左侧通过
41	1266.1	高架桥	5.1		
42	1280.1	中桥			长 48m，4 跨
43	1321.3	中桥			长 72m
44	1329.0	标志牌	4.5		可拆除
45	1335.7	标志牌	4.5		可拆除
46	1363.1	中桥			长 27m，3 跨
47	1369.9	收费站	6.0	4.0	大件可从右侧通过
48	1370.0	大桥			长 384m
49	1385.3	大桥			长 198m
50	1417.3	中桥			长 36m，3 跨
51	1432.2	收费站	6.0	4.0	大件可从右侧通过
52	1432.4	大桥			长 701.5m

2）拉合尔—拉瓦尔品第（伊斯兰堡）M2 公路情况及沿线构筑物/障碍物见图 12.4、图 12.5 和表 12.2。

图 12.4　M2 公路起点收费站，限高 4.9m，限宽 4m

图 12.5　M2 公路里程 129km 处高架桥，限高 4.9m

表 12.2　拉合尔—拉瓦尔品第 M2 公路沿线构筑物/障碍物一览表

编号	里程/km	构筑物/障碍物	限高/m	限宽/m	说明
1	0	收费站	4.9	4	
2	11	高架桥	4.9		
3	16	高架桥	4.9		
4	29	高架桥	4.9		
5	65	高架桥	4.9		
6	91	高架桥	4.9		
7	129	高架桥	4.9		

续表

编号	里程/km	构筑物/障碍物	限高/m	限宽/m	说明
8	131	高架桥	4.9		
9	155	大桥			
10	168	大桥			
11	175	高架桥	4.9		
12	181	高架桥	4.9		
13	186	高架桥	4.9		
14	189	高架桥	4.9		
15	191	高架桥	4.9		
16	194	高架桥	4.9		
17	197	高架桥	4.9		
18	200	高架桥	4.9		
19	203	高架桥	4.9		
20	218	高架桥	4.9		
21	222	急转弯			限速 30km/h
22	228	高架桥	4.9		
23	236	高架桥	4.9		
24	238	高架桥	4.9		
25	256	高架桥	4.9		
26	260	高架桥	4.9		
27	274	高架桥	4.9		
28	280	高架桥	4.9		
29	283	高架桥	4.9		
30	284	高架桥	4.9		
31	290	高架桥	4.9		
32	295	高架桥	4.9		
33	307	高架桥	4.9		
34	313	大桥			
35	320	大桥			
36	323	高架桥	4.9		
37	325	高架桥	4.9		
38	339	高架桥	4.9		
39	343	标志牌	4.9		
40	347	收费站	4.9	4	

3）拉瓦尔品第—拉瓦特—坝址道路情况及沿线构筑物/障碍物见图 12.6 至图 12.9 和表 12.3。

图 12.6 拉瓦尔品第—拉瓦特—坝址道路里程 12km 处高架桥，限高 4.9m

图 12.7 拉瓦尔品第—拉瓦特—坝址道路里程 54km 处村庄，路宽 8m

图 12.8 拉瓦尔品第—拉瓦特—坝址道路里程 57km 处中桥

图 12.9　拉瓦尔品第—拉瓦特—坝址道路里程 68km 处急转弯

表 12.3　　拉瓦尔品第—拉瓦特—坝址道路沿线构筑物/障碍物一览表

编号	里程/km	构筑物/障碍物	限高/m	限宽/m	说明
1	12	高架桥	4.9		
2	18	人行天桥	6.0		
3	22	大桥			桥长 300m
4	28	人行天桥	6.0		
5	32	急转弯			
6	39	电线	5.0		路过村庄
7	43	弯道			路宽 8m
8	54	电线	5.0		路过村庄
9	57	中桥		7.0	
10	65	电线	5.0		
11	68	弯道			路宽 8m
12	72	弯道			路宽 8m

4）拉瓦尔品第—卡胡塔—坝址道路情况及沿线构筑物/障碍物见图 12.10、图 12.11 和表 12.4。

图 12.10 拉瓦尔品第—卡胡塔—坝址道路里程 0.6km 处大桥

图 12.11 拉瓦尔品第—卡胡塔—坝址道路里程 8.1km 处检查站

表 12.4 拉瓦尔品第—卡胡塔—坝址道路沿线构筑物/障碍物

编号	里程/km	构筑物/障碍物	限高/m	限宽/m	说明
1	0.6	大桥			桥长 140m
2	2.5	铁路线			平面交叉
3	2.5	小桥			
4	8.1	检查站			
5	8.4	小桥		7	桥长 17m
6	20.7	中桥		8	桥长 72m
7	31.9	小桥			

(3)中巴公路—坝址线路

中巴公路又称喀喇昆仑公路，北起中国新疆喀什，经过中巴边境口岸红其拉甫山口，南到巴基斯坦北部城市塔科特。公路从喀什起，经疏附、乌帕、托海、布仑口、塔什库尔干、达不达、红其拉甫、水不浪沟，翻越喀喇昆仑山红其拉甫达坂进入巴基斯坦控制区，再经过巴勒提特、吉尔吉特、齐拉斯、巴丹、比沙姆到达塔科特。公路全长 1036km，其中在中国境内长 420km，在巴基斯坦境内长 616km。它于 1968 年动工，1979 年建成通车。公路标准为全天候的双车道黑色路面(主要技术标准相当于中国三级公路标准)。2010 年南亚大地震，导致山体滑坡和堰塞湖，道路中断。2013 年，喀喇昆仑公路改扩建项目一期工程完成，中巴边境的红其拉甫口岸到塔科特之间的公路从之前的 10m 拓宽到 30m，车辆时速可达 80km/h，运输能力提高了 3 倍。2015 年 9 月 14 日，喀喇昆仑公路巴中友谊隧道通车，标志着这条连接中国新疆和巴基斯坦的战略通道时隔 5 年恢复运行。

红其拉甫口岸海拔 5300m，属帕米尔高原气候，周围都是雪山，山坡下便是光秃秃的沙石，偶尔能看见几棵骆驼刺。一年只有 4 个月的无霜期，11 月至次年 4 月，因大雪封山不能通行，两国进行闭关。

塔科特—伊斯兰堡为 N35 国道，长约 240km，双向 2 车道，局部 4 车道。

伊斯兰堡—坝址线路公路现状不再赘述。

12.1.1.3 公路运输条件评价

(1)卡拉奇—拉瓦尔品第 N5 公路运输条件评价

卡拉奇—拉瓦尔品第 N5 国道全长 1545km，沿线跨公路的构筑物、障碍物限高大部分在 4.9m 以上(部分广告牌限高 4.5m，可以拆除，大件也可采用滚杠牵引的方式通过)，沿线没有隧道，此段路均为双向 4 车道，可通过的大件尺寸为 7.5m×4.3m(宽×高)。N5 国道桥梁均未设置限载标示，巴基斯坦的等级公路技术标准与欧美高速公路相同，桥梁荷载可以通行车货总重 200t 的车辆。据调查，N5 国道成功运输了巴基斯坦 N—J 水电站的重大件(TBM 机头重 115t)和默蒂亚里—拉合尔±660kV 直流输电工程重大件(包括 28 台 350t 换流变和 4 台 170t 无载调压变压器)。因此，N5 国道运输的重大件重量控制在 350t 以下，大件尺寸控制在 7.5m×4.3m(宽×高)范围内是可以通行的。

(2)拉合尔—拉瓦尔品第(伊斯兰堡)高速公路运输条件评价

拉合尔—拉瓦尔品第(伊斯兰堡)高速公路公路里程约为 347km，为新修高速公路，双向 6 车道+应急车道。全程道路都为沥青混凝土路面，路面状况好，车流量小。沿线没有隧洞，只有桥梁和立交桥(或人行天桥)，限高均为 4.9m 及以上。与 N5 国道一样，该高速公路可满足大件尺寸 7.5×4.3m(宽×高)，重 350t 以下重大件运输条件，但有两座收费站需要改造或从收费站侧面修路通过。

(3)拉瓦尔品第—拉瓦特—坝址公路运输条件评价

拉瓦尔品第—拉瓦特—坝址公路里程约为 75km，前半段 32km 为双向 4 车道，沥青混凝土路面，路面状况良好。后半段 43km 为双向 2 车道，路面宽度约 8m，路面状况一般，以碎石路面为主，局部沥青混凝土路面，经过坝址附近有部分混凝土路面，局部在改扩建，路基基本形成，不影响通车。沿线有大桥 2 座，中桥 1 座，该中桥桥墩局部已损坏需新建，下穿人行天桥 2 座，天桥限高 5.1m；沿线经过两个人口密集的村镇，需新修两段绕镇道路；砂砾石料场至场内公路起点段现有道路条件较差，需改扩建。

(4)拉瓦尔品第—卡胡塔—坝址公路运输条件评价

拉瓦尔品第—卡胡塔—坝址公路里程 58km，双向 2 车道，沥青混凝土路面，有大桥 1 座，中小桥 4 座，除砂砾石料场至场内公路起点段现有道路条件较差需改扩建外，其他路段(含桥梁)均满足重大件运输要求。另外，卡胡塔为巴基斯坦核工业研究基地，属于保密地带，运输重大件需取得通行许可。

(5)中巴公路运输条件评价

中巴公路中国境内长 420km，双向 2 车道，沥青混凝土路面，路况较好；巴基斯坦境内长 616km，双向 4 车道/6 车道，沥青混凝土路面，局部混凝土路面，路况较好；红其拉甫口岸海拔 5300m，每年 11 月至次年 4 月，因大雪封山不能通行，两国进行闭关。

中巴公路终点塔科特—伊斯兰堡为 N35 国道，长约 240km，双向 2 车道，局部 4 车道，路况较好。

距离中巴公路起点喀什较近的永久机电设备生产厂家有四川德阳东方电机厂和重庆 ABB 变压器有限公司，公路运输距离分别为 3600km 和 3900km。

考虑到上述永久机电设备生产厂家距离喀什太远，沿线不可控因素太多，且红其拉甫口岸每年 11 月至次年 4 月无法通行，不推荐作为卡洛特水电站重大件运输线路。

12.1.2 铁路

12.1.2.1 铁路概况

巴基斯坦铁路始建于 1861 年，截至 2008 年 6 月底，巴基斯坦铁路铺轨里程为 11658km，运营里程为 7791km，其中复线运营里程 1164km，约占铁路运营里程的 15%；电气化运营里程 293km，不到铁路运营里程的 3.8%。铁路线上约有 30000 座桥梁和隧道，其中 13841 座桥梁和隧道亟待维修。巴基斯坦共有 559 个车站，除 33 个站实现电脑联网作业外，其余仍沿用手工操作，效率较低。

巴基斯坦铁路以南北向线路为主，三大主干线卡(拉奇)—白(沙瓦)线、卡(拉奇)—拉(合尔)线、拉(合尔)—白(沙瓦)线均为南北走向，巴基斯坦与印度、伊朗和阿富汗各有一条铁路相连，但由于政治关系、运输量和年久失修等原因，利用率不高，甚至处于停运状态。

铁轨为宽轨。铁路网络信号系统方面，绝大多数(6600 多个)信号站仍沿用老式机械通信信号系统，有 39 个信号站采用全继电器互锁信号系统，南部 154km 复线铁路采用自动闭锁信号系统，还有个别路段则采用中央控制信号系统。全国铁路机车拥有量为555台，其中柴油内燃机车约占94%，电力牵引机车占3.5%，其余为蒸汽机车。投入运营的客车1627辆、行邮列车241辆、货车18638辆。目前80%以上机车都从中国进口。货运量仅约占全国货运总量（远洋运输除外）的3%。由于设备老化、设施落后、能耗较大，年年亏损，运输效率低下，运输时间较长。调查拉瓦尔品第货站管理员，该火车从来没有运输过10t以上的货物，也不接受10t以上的货物运输。

（1）拉瓦尔品第火车站

拉瓦尔品第火车站是19世纪英国帮助修建的，火车站有3条轨道线，客运站与货运站在一起（图12.12、图12.13）。货运站主要以散货为主。据调查，该火车站没有运输过大型集装箱或重大件，火车站也没有起吊设备，全部靠人工进行下货操作。而且货运时间非常长，调查Maple Leaf水泥厂家的水泥运输情况，该厂曾经采用火车运输过水泥，拉合尔—卡拉奇约1000km需要15d甚至更长，且费用也不低（据调查从卡拉奇至伊斯兰堡每吨散货1.2万卢比，合760元人民币），因此巴基斯坦国内的水泥等厂家均不采用火车运输。

图12.12　拉瓦尔品第客运站（右侧为货站）

图12.13　拉瓦尔品第货运站

(2)伊斯兰堡火车站

伊斯兰堡火车站比拉瓦尔品第火车站规模小，设施更简单，很少有货物运至该站，但是伊斯兰堡火车站是陆地海关站，很多从国外进口的货物可以在伊斯兰堡火车站进行清关，无需到卡拉奇港口进行清关(图 12.14)。长江设计院从国内运至工地的勘探设备就运至该站，且在该站清关。伊斯兰堡火车站也没有起重设备，火车站仅仅接受散货运输。

图 12.14　伊斯兰堡火车站

12.1.2.2　铁路运输条件评价

巴基斯坦铁路修建年代已久，桥梁和隧道等都需要维修，虽然铁路为宽轨，但没有运输重大件的历史，运输效率低、时间长，且货站没有起重设备和货场，不接受 10t 以上的货物运输，因此卡洛特水电站重大件和大宗物资均不考虑采用铁路运输，只有部分工程需求不紧急的物件和 10t 以下货物可以采用火车运输。

12.1.3　水路

12.1.3.1　印度河通航情况简介

印度河干流源于中国西藏境内喜马拉雅山系凯拉斯峰的东北部，山峰平均海拔约 5500m，终年冰雪覆盖。印度河上游为狮泉河，河流在印度境内基本上向西北流。河流穿过喜马拉雅山脉和喀喇昆仑山脉之间，接纳众多冰川，进入巴基斯坦境内后，在布恩吉附近与吉尔吉特河相汇，然后转向西南贯穿巴基斯坦全境，在卡拉奇附近注入阿拉伯海。左侧支流的上游部分大部分在印度境内，少部分在中国境内，右侧的一些支流源于阿富汗。印度河总流域面积为 103.4 万 km^2，干流长约 2900 km，平均年径流量 2070 亿 m^3，年输沙量为 5.4 亿～6.3 亿 t，平均含沙量 $3kg/m^3$。

印度河干流从源头至卡拉巴格为上游，长约1368km。河流穿行于峡谷中，河道狭窄，比降大，多急滩，流速大。其中有两个大峡谷段：一个是从斯卡杜至本吉，一个是从阿托克至卡拉巴格。从卡拉巴格至海得拉巴德为下游段，河床比降小，河道宽阔，河流分支汊，流速缓慢，具有平原河流的特征。但在苏库尔和罗里山之间，河道狭窄，在塞危镇附近出现高约182m的拉希山陡壁。从海德拉巴以下为河口段，亦即印度河三角洲。由于上游多为冰川雪山，融雪带来大量泥沙，淤积于河床，致使三角洲面积逐年扩大，河口每年向外延伸约11.8m。在三角洲上河流分支间有三角洲潟湖和牛轭湖。1880年前，印度河及一些旁遮普河流都曾通航，但在铁路兴起及灌溉工程扩展后，只有小船可在信德省内印度河下游往返。

综上，印度河丰枯比大，河道渠化不明显，中下游河道平原形态显著，上游峡谷河段过于曲折、流速大、无稳定深度的可利用航道，因此印度河基本不通航。

12.1.3.2 港口、码头

（1）卡拉奇港

卡拉奇港是巴基斯坦最大、最繁忙的港口，承担全国大约60%的货运，港口位于巴基斯坦南部沿海印度河三角洲的西南部，濒临阿拉伯海的北侧。卡拉奇港有3个码头，分别为卡拉奇国际集装箱码头、巴基斯坦国际集装箱码头、昆新国际集装箱码头。卡拉奇港靠近马六甲海峡—霍尔木兹海峡等主要航线，是巴基斯坦的最大港口，也是全国工商业和文化中心。港口有公路和铁路通达国内各主要城市和工农业区。该港装卸设备有各种岸吊、可移式吊、集装箱吊、浮吊、胎式龙门吊、铲车及牵引车等，最大起重能力达125t，公海上还有可租赁150～300t的移动式船吊。港区有货棚及仓库面积达28万m^2，露天堆场达47万m^2。大船锚地水深为16m。

（2）加西姆港

加西姆港是巴基斯坦第二个最繁忙的港口，装卸全国约35%的货物，距东卡拉奇市中心约35km，总面积约4km^2。港口有公路和铁路通达国内各主要城市和工农业区。

（3）瓜达尔港

瓜达尔港在中国的帮助下于2010年全部竣工，可以停靠5万t的集装箱船、10万t的干散货船和20万t的油轮。

考虑到卡拉奇的公路、铁路交通条件以及港口起吊设备，本次调研主要调查卡拉奇港。

12.1.3.3 水路及港口运输条件评价

目前，印度河流域基本不通航，巴基斯坦从国外进口的设备和物资基本上海运至卡拉奇港，转公路运输至全国各地。

卡拉奇港口条件较好，堆场面积较大，起吊设备最大起吊能力为125t，公海上还有起吊能力为150～300t的移动式船吊可以租赁，满足大宗物资和重大件运输和储存条件要求

(图 12.15)。

(a)卡拉奇港的主要起重设备

(b)卡拉奇港的集装箱起吊处

(c)卡拉奇港的船吊设备

(d)卡拉奇港的岸吊设备

图 12.15　卡拉奇港

12.1.4　航空

距坝址最近的机场为贝娜齐尔·布托国际机场,距离约 70km。机场有定期航班通往国内外,可以起降大型客货机。该机场是巴基斯坦继卡拉奇真纳国际机场和拉合尔阿拉马·伊克巴勒国际机场之后的第三大国际机场,它坐落于旁遮普省的拉瓦尔品第。

12.1.5　口岸

红其拉甫口岸海拔 5300m,属帕米尔高原气候,周围都是雪山,一年只有 4 个月的无霜期,11 月至次年 4 月因大雪封山不能通行,两国进行闭关(图 12.16)。

图 12.16　红其拉甫口岸

12.2　重大件运输限制条件

12.2.1　公路运输限制条件

公路运输限制条件由两个方面控制：一方面重大件运输尺寸由跨公路的构筑物、障碍物净空高度以及公路沿线隧道的建筑限界控制；另一方面重大件运输重量由公路沿线桥涵允许通过的荷载控制。

巴基斯坦境内的高等级公路沿线跨公路的构筑物、障碍物大部分建筑界限在 4.9m 以上(部分广告牌限高 4.5m，可拆除，也可采用滚杠牵引的方式通过)，沿线公路没有隧道，因此重大件运输主要由构筑物、道路宽度和桥梁荷载决定。

卡拉奇—拉瓦尔品第的 N5 国道沿线桥梁均未设置限载标示，巴基斯坦等级公路的技术标准与欧美高速公路相同，桥梁荷载可以通行车货总重 200t 以上的车辆。收费站的过道宽度只有 3.5～4.5m，但收费站加宽过道或侧面可通过宽度在 7.5m 以下的车辆，因此重大件重量一般控制在 120t 以下，大件尺寸控制在 7.5m×4.3m(宽×高)范围内应是可以通行的。据调查，本线路成功运输了巴基斯坦 N—J 水电站的重大件(TBM 机头重 115t)、默蒂亚里—拉合尔±660kV 直流输电工程重大件(包括 28 台 350t 换流变和 4 台 170t 无载调压变压器)和吉航燃机项目重大件(燃气涡轮重 478t)。因此 N5 国道运输的重大件重量控制在 478t 以下，尺寸控制在 7.5m×4.3m(宽×高)范围内是可以通行的。

拉瓦尔品第—卡洛特坝址有两条线路。线路一为：拉瓦尔品第—拉瓦特—本多里—坝址，全长 75km，沿途有大桥 2 座，中桥 1 座，天桥 2 座，经过 2 个村庄。线路二为：拉瓦尔品第—卡胡塔—坝址，全长 58km，沿途有大桥 1 座，中小桥 4 座。线路一需新建中桥 1 座，新建2段绕村公路，改扩建1段进场公路；线路二需改扩建1段进场公路，取得核工业基地通行许可。经分析，线路一限制因素较多、投资较大，选择线路二拉瓦尔品第—卡胡塔—坝址作为卡洛特水电站重大件运输线路。线路二经改扩建后可满足重量不大于150t、宽度不大于7.5m的重大件运输。

从中国永久机电设备生产厂家经中国国内公路、中巴公路和巴基斯坦国内公路至卡洛特坝址公路里程在5000km以上，沿线不可控因素太多，且红其拉甫口岸每年11月至次年4月无法通行，不推荐作为卡洛特水电站重大件运输线路。

12.2.2 铁路运输限制条件

巴基斯坦铁路修建年代已久，桥梁和隧道等都需要维修，虽然铁路为宽轨，但没有运输重大件的历史，运输效率低、时间长，且货站没有起重设备和货场，不接受10t以上的货物运输，因此，卡洛特水电站重大件和大宗物资均不考虑采用铁路运输，只有部分工程需求不紧急的物件和10t以下货物可以采用火车运输。

12.2.3 水路运输限制条件

印度河和卡洛特坝址下游不通航。

12.3 重大件运输工具

12.3.1 公路运输车辆

(1)重型牵引车

一些常用重型牵引车技术参数见表12.5。

表12.5 常用重型牵引车技术参数

项目	奔驰 3353	奔驰 3850	威廉姆 TG300	威廉姆 TG200	奔驰 2631	沃尔沃 FL10	三菱
生产国家	德国	德国	法国	法国	德国	瑞典	日本
车辆类型	全挂	全挂	全挂	全挂	半挂	半挂	半挂
驱动型式	6×6	6×6	8×8	8×4	6×4	6×4	6×4
外型尺寸/(mm×mm×mm)	7600×2490×3709	7600×2500×3700	9270×3350×3500	8190×2820×3180	6635×2490×3060	6744×2490×2825	6720×2490×2845
轴距/mm	3800+1450	3800+1450	1625+3740+1625	1450+3040+1510	3200+1350	3200	4370
前轮距/mm	2080	2080	2450	1940		1970	2045

续表

项目	奔驰 3353	奔驰 3850	威廉姆 TG300	威廉姆 TG200	奔驰 2631	沃尔沃 FL10	三菱
后轮距/mm	1980	1980	2350	2008		1845	1845
最大牵引力/t	36	33	44	32	13.9	18.3	
最高车速/(km/h)	95	91	42	48	117	83.5	86
最大爬坡度/%	15	15	14	10	29	36.72	21
最小转弯半径/m	9.2	9.7	16.4	17.3	6.9	6.985	6.9
空车重量/kg	12000	14000	29200	15944	8500	8255	7990
允许牵引总重	350t	250t	450t	200t			

(2)挂车

挂车类型较多,一些常用挂车技术参数见表 12.6。

表 12.6　常用挂车技术参数

<table>
<tr><th>项目</th><th>SGT17.15
(尼古拉挂车)</th><th>QGZH266B
(水工板)</th><th colspan="2">东急低平台
半挂车 TLE402LI</th><th>JP40
集装箱挂车</th><th>河北低平台
挂车 CDG9380</th></tr>
<tr><td>制造国</td><td>法国尼古拉公司</td><td>中国上海
水工机械厂</td><td colspan="2">日本</td><td>广州港机厂</td><td>河北挂车制造厂</td></tr>
<tr><td>空车重量/kg</td><td>每轴线:5000
(自重)</td><td>每轴线:4000</td><td colspan="2">11000</td><td>6500</td><td>10700</td></tr>
<tr><td>单体挂车</td><td>4、5 轴线</td><td>4、6 轴线</td><td colspan="2"></td><td></td><td></td></tr>
<tr><td>装载量/kg</td><td>每轴 25000</td><td>每轴 20000</td><td colspan="2">40000</td><td>30000</td><td>40000</td></tr>
<tr><td>允许总质量/kg</td><td>每轴 30000</td><td>每轴 24000</td><td colspan="2">51000</td><td>36500</td><td>50700</td></tr>
<tr><td>轴数</td><td>29 轴</td><td>10 轴</td><td colspan="2">4 断轴</td><td>2</td><td>4 断轴</td></tr>
<tr><td>轮胎数</td><td>每轴 8 个</td><td>每轴 8 个</td><td colspan="2">16</td><td>8</td><td>16</td></tr>
<tr><td>轴距/mm</td><td>1600</td><td>1600</td><td colspan="2">8150+1220</td><td>8500+1270</td><td>8063+1220</td></tr>
<tr><td>外型尺寸长/mm</td><td></td><td></td><td rowspan="3">货台尺寸</td><td>6500</td><td>12350</td><td>6500</td></tr>
<tr><td>宽/mm</td><td>3630</td><td>3400</td><td>3200</td><td>2440</td><td>3200</td></tr>
<tr><td>高/mm</td><td>1080±270</td><td>1070±210</td><td>1150</td><td>1690</td><td>1150</td></tr>
<tr><td>牵引杆长度/m</td><td>2.5\2.7\4.2\7</td><td>2.5\4\2.7</td><td>平板转变
半径/m</td><td>9.8</td><td>10</td><td>9.9</td></tr>
<tr><td>车总长</td><td>由轴线确定</td><td>由轴线确定</td><td colspan="3">据车型确定 14m 左右</td><td></td></tr>
</table>

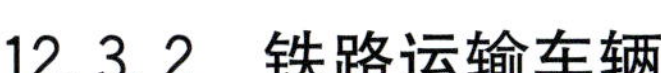

12.3.2 铁路运输车辆

巴基斯坦机车和货车大多从中国进口，目前中国重大件铁路运输主要采用D系列长大货车，长大货车已形成系列，如大型平车已有D_{22}、D_{23}、D_{27}、D_{25}等型号，其载重104～250t；大型凹底平车已有D_{10}、D_{50}、D_{5}、D_{2}、D_{12}、D_{18A}、D_{15}、D_{25A}、D_{26}等型号，其载重50～260t；大型落下孔车有D_{17}型，载重为150t；大型双联车平车有D_{30}型，载重370t；大型钳夹式货车已有D_{70}、D_{35}、D_{36}、D_{38}等型号，载重280～380t。D系列长大货车主要技术性能及参数见表12.7。

表12.7　　铁路超长大货物车主要技术性能及参数

车型	自重/t	载重/t	车体长×宽/mm×mm	最大宽×高/mm×mm	轴数	地板面至轨面高/mm	特点
D_{2G}	148.5	210	23800×2780	2780×2359	16	950	中部凹底长9000mm
D_{5}	22.0	60	17000×3000	3000×1810	4	1090 中部630	中部凹底长8000mm
D_{9A}	36.0	90	10560×3080	3080×1602	6	685	
D_{9G}	176.6	230	28080×2570	3100×2890	20	1150	中部凹底长9300mm
D_{10}	36.0	90	19400×3000	3120×2196	6	1350 中部777	中部凹底长10000mm
D_{10A}	36.0	90	20020×3000	3000×1450	6	690	中部凹底长10000mm
D_{12}	46.7	120	17020×3000	3000×1962	8	1707 中部850	中部凹底长9000mm
D_{15}	48.9	150	17480×2700	2773×2031	8	900	中部凹底长9000mm
D_{15A}	49.6	150	18050×2700	2700×1935	8	850	中部凹底长9500mm
D_{16G}	53.5	110	17850×2800	2800×2460	8	900	中部凹底长9000mm
D_{17}	50.0	150	25942×3360	3360×2142	10	2142	落下孔10200×2300mm
D_{17A}	45.0	155	19300×3000	3000×1950	8	1950	落下孔12500×2400mm
D_{18A}	135.1	180	23540×2800	2800×2259	16	2259 中部930	中部凹底长9000mm
D_{18G}	152.3	180	24800×2700	2700×2775	16	930	中部凹底长9000mm
D_{19G}	158.4	250	29700×2700	2700×2990	20	2990	落下孔12200×2060mm
D_{22}	41.4	120	25000×3000	3198×2043	8	1460	平板式
D_{22G}	42.3	120	20400×3000	3198×1210	8	1210	平板式
D_{22G}	44.1	120	20400×3000	3198×1150	8	1150	平板式
D_{23G}	70.7	265	19170×3128	3128×2050	16	1500	平板式、双支承承载
D_{25A}	142.3	250	26670×2630	2630×2563	16	1080	中部凹底长9800mm
D_{26A}	73.6	260	16500×2990	3280×2000	16	1600	平车
D_{26AK}	75.6	260	16500×2990	3280×2000	16	1620	平车
D_{27}	43.2	150	25000×3000	3198×2043	8	1460	平板式
D_{30A}	119.0	300	15800×3000	3000×3650	20		钳夹式
D_{30G}	101.0	370	42668×3180	3380×4735	20	1735	双联式

续表

车型	自重/t	载重/t	车体长×宽/mm×mm	最大宽×高/mm×mm	轴数	地板面至轨面高/mm	特点
230t落下孔	70.0	230	35290×2880	2880×3060	12	3060 中部 3100	承载框架内孔长 13500mm
350t落下孔	175.0	350	34500×2900	3000×4191	24	3790	落下孔 14000×(2300～3400)mm
D_{32}	226.0	320	33800×3000	3000×4366	24	中部 1150	中部凹底长 10500mm
D_{32A}	240.0	320	61910×3000	3000×4280	24	1225 中部 1275	中部凹底长 10500mm
D_{35}	290.0	350	49230×3350	3350×4715	32		钳夹式
D_{38}	226.0	380	26250×2500	3000×4715	32		钳夹式
450t落下孔	202.0	450	40900×2110	3000×4390	28		落下孔式
DL_1	26.0	74	13000×2980	3146x1840	4	1128	
DNX_{17}	20.8	60	13000×3176	3176×1486	4	1212	
D_{70}	26.6	70	19462×2950	3142×1975	4	1169	平板式

12.4 重大件运输方案初步分析

12.4.1 重大件运输适应性分析

根据现有交通条件，对巴基斯坦卡洛特水电站重大件运输方式的可行性进行了初步分析，见表 12.8。卡洛特水电站重大件中宽度最大件为整体转轮（宽 6.4m），高度最大件为单相变压器（高 3.9m），长度最大件为桥机大梁（长 23m），重量最大件为三相变压器（重 220t）。

表 12.8　卡洛特水电站重大件各部件运输方式适应性分析

部件名称		单件尺寸/m	单件重量/t	铁路—拉瓦尔品第	卡拉奇—拉瓦尔品第公路	拉瓦尔品第一坝址
整体转轮		Φ6.4×3.3	123	×	√	√
座环	带舌板	7.6×3.2×3.2	32	×	√	√
	无舌板	4.7×2.1×3.2	24	×	√	√
顶盖	1/4 瓣	6.2×3.17×1.8	24	×	√	√
底环	1/2 底环	6.0×2.2×0.5	14	√	√	√
基础环	1/4 基础环	6.2×1.8×1.2	7	√	√	√
控制环	1/2 控制环	6.2×2.8×1.1	8	√	√	√

续表

部件名称		单件尺寸/m	单件重量/t	铁路—拉瓦尔品第	卡拉奇—拉瓦尔品第公路	拉瓦尔品第—坝址
发电机	转子中心体	φ2450×2800	35	×	√	√
	上机架中心体	φ3050×1500	28	×	√	√
	下机架中心体	φ5150×3200	65	×	√	√
	推力头	φ2550×1000	20	√	√	√
主轴		Φ1.75/Φ1.25×4.7	38	×	√	√
桥机大梁	1/2 根	23×3.1×2.8	45	×	√	√
主变	1/3 单相变压器	4.8×3.25×3.9	65	×	√	√
	三相变压器	8.0×3.2×3.6	220	×	√	×

注:1. 卡拉奇—拉瓦尔品第公路运输限重 478t,尺寸 7.5m×4.3m(宽×高)以内。拉瓦尔品第—坝址公路运输限重 150t,宽度 7.5m 以内。

2. 铁路运输重大件尺寸在铁路二级超限范围内,重量在 20t 以内。

3."×"表示此部件不能通过;"√"表示能通过。

(1)公路运输的可行性

巴基斯坦 N5 国道公路运输尺寸和重量控制在 7.5m×4.3m(宽×高)和 478t 以下,满足卡洛特水电站所有重大件运输要求。

拉瓦尔品第—坝址公路运输宽度和重量控制在 7.5m 和 150t 以下,对进场公路改扩建后可满足大件运输要求,但变压器需采用单相型式运输。

中巴公路通行时段和路况不能满足大件运输要求。

因此,重大件采用分件或单相等型式,卡拉奇—拉瓦尔品第—工地的公路运输是可行的。

(2)铁路运输的可行性

除了基础环、控制环和叶片等几种散件在 10～20t 以下可以采用铁路运输外,其他均不能采用铁路运输。按常见的移动起重设备 20t 能进行吊运的大件采用铁路运输。

(3)水路运输的可行性

印度河和坝址下游河段不通航。

12.4.2 重大件运输方案拟定

永久机电设备的拟选生产厂家有中国国内的哈尔滨电机厂、四川德阳东方电机厂、沈阳变压器责任公司、重庆ABB变压器有限公司和大连起重机械厂等，根据道路条件和进场线路情况初拟了2个可能的重大件运输方案，起点暂定为上海港。方案一为：由上海港海运至巴基斯坦卡拉奇港起岸转公路运输方案；方案二为：由上海港海运至巴基斯坦卡拉奇港起岸转公路结合铁路转公路运输方案。

12.4.3 卡拉奇港转公路运输方案(方案一)

12.4.3.1 运输线路

重大件由上海港起运，经中国南海、马六甲海峡、印度洋至卡拉奇港卸船起岸，转卡拉奇—拉合尔—拉瓦尔品第—卡胡塔—进场公路运输至坝址。该运输线路海运里程10000km，巴基斯坦境内运输里程1585km。

12.4.3.2 运输方案的可行性

卡拉奇港是巴基斯坦的最大港口，码头设施较完备，可满足7.5万t以上的船舶靠泊，堆场面积也较大。港口装卸设备有各种岸吊、可移式吊、集装箱吊、浮吊、胎式龙门吊、铲车及牵引车等，最大起吊能力达125t。公海上常年有150～300t移动式船吊可以租赁，满足卡洛特水电站最重件(三相变压器重220t)的起吊要求。

重大件设备在巴基斯坦境内从卡拉奇港到坝址公路运输总里程为1585km，沿途道路条件较好，进场公路局部路段改扩建后可以满足150t以下、尺寸7.5m×4.3m(宽×高)以内的重大件运输要求。对比卡洛特水电站重大件运输重量和尺寸，主变采用单相变压器运输时，卡拉奇—拉合尔—拉瓦尔品第—卡胡塔—进场公路运输线路满足本工程重大件运输要求。

综上，该运输方案是可行的。

12.4.4 卡拉奇港转铁路结合公路运输方案(方案二)

12.4.4.1 运输线路

重大件由上海港起运，经中国南海、马六甲海峡、印度洋至巴基斯坦卡拉奇港，通过起重设备起岸将能采用铁路运输的大件转运至卡拉奇—拉瓦尔品第的铁路，再经公路至坝址。该运输线路海运里约10000km，铁路运输里程1400km，公路运输里程60km。不能采用铁路运输的大件采用公路运输至坝址，公路运输里程1585km。

12.4.4.2 运输方案的可行性

重大件由上海港起运，海运至卡拉奇港，利用起重设备将重大件转至港口货场，运至卡拉奇火车站，经铁路运至拉瓦尔品第。巴基斯坦铁路没有运输大件的历史，且运输效率低、时间长，目前火车只允许运输10t以下的货物，且货站没有起重设备和货场。因此，需要租赁起重设备和在拉瓦尔第扩建货场和进出货场道路。

卡拉奇—坝址的公路运输条件见12.4.3节，满足重大件运输要求。

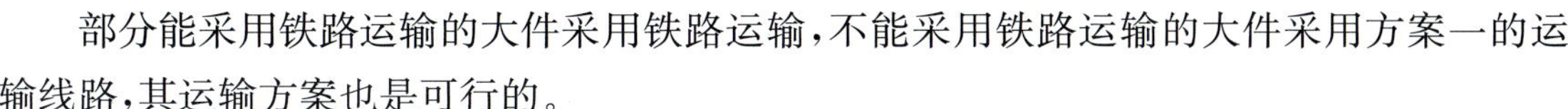

部分能采用铁路运输的大件采用铁路运输，不能采用铁路运输的大件采用方案一的运输线路，其运输方案也是可行的。

12.5 重大件运输方案比选

12.5.1 卡拉奇港转公路运输方案（方案一）

12.5.1.1 运输工具选配

根据卡洛特水电站重大件运输尺寸和重量，对运输工具进行初步选配，具体选配情况见表12.9。

表 12.9 单机容量180MW重大件运输工具选配（方案一）

部件名称		单件尺寸/m	单件重量/t	运输方案	运输工具选配
整体转轮		Φ6.4×3.3	123	海运＋公路	TG200牵引3纵列6轴线平板车
散件转轮	整体上冠	Φ6.4×2.5	55	海运＋公路	80t低平台半挂车
	整体下环	Φ6.6×1.8	25	海运＋公路	25t低平台半挂车
	叶片（13个）	3.4×2.7×2.1	6.5	海运＋公路	25t低平台半挂车
座环	带舌板	7.6×3.2×3.2	32	海运＋公路	80t低平台半挂车
	无舌板	4.7×2.1×3.2	24	海运＋公路	25t低平台半挂车
顶盖	1/4瓣	6.2×3.17×1.8	24	海运＋公路	25t低平台半挂车
底环	1/2底环	6.0×2.2×0.5	14	海运＋公路	25t低平台半挂车
基础环	1/4基础环	6.2×1.8×1.2	7	海运＋公路	25t低平台半挂车
控制环	1/2控制环	6.2×2.8×1.1	8	海运＋公路	25t低平台半挂车
发电机	转子中心体	φ2450×2800	35	海运＋公路	80t低平台半挂车
	上机架中心体	φ3050×1500	28	海运＋公路	80t低平台半挂车
	下机架中心体	φ5150×3200	65	海运＋公路	80t低平台半挂车
	推力头	φ2550×1000	20	海运＋公路	25t低平台半挂车
主轴		23×3.1×2.8	38	海运＋公路	80t低平台半挂车
桥机大梁	1/2根	3.6×4.6×3.9	45	海运＋公路	80t低平台半挂车
主变	1/3单相变压器	4.8×3.25×3.9	65	海运＋公路	80t低平台半挂车

12.5.1.2 装卸方案

方案一在运输途中有2个转运环节：在国内始发港装船，在巴基斯坦卡拉奇港口卸船装车。

（1）港口装船方案

载货船按指定位置靠泊好，大件车组行驶至指定位置后，自带重吊机按预定的靠泊位置下降吊绳，确认主钩位于设备重心位置上方。

检查吊钩、各控制结构、设备吊点位置状况、吊绳挂法及起吊周围环境条件符合要求后，指挥吊机缓慢举升设备，设备上升越过船舱最高点一定距离，确认一切正常后将设备吊离码头转至船舱指定位置上空；吊机缓慢将设备降落到距船舱预定的位置上方 150mm 左右，调整好位置后，将设备降落到舱板上；确认设备在船舱上安全放置好后，解除吊绳等(图 12.17)。

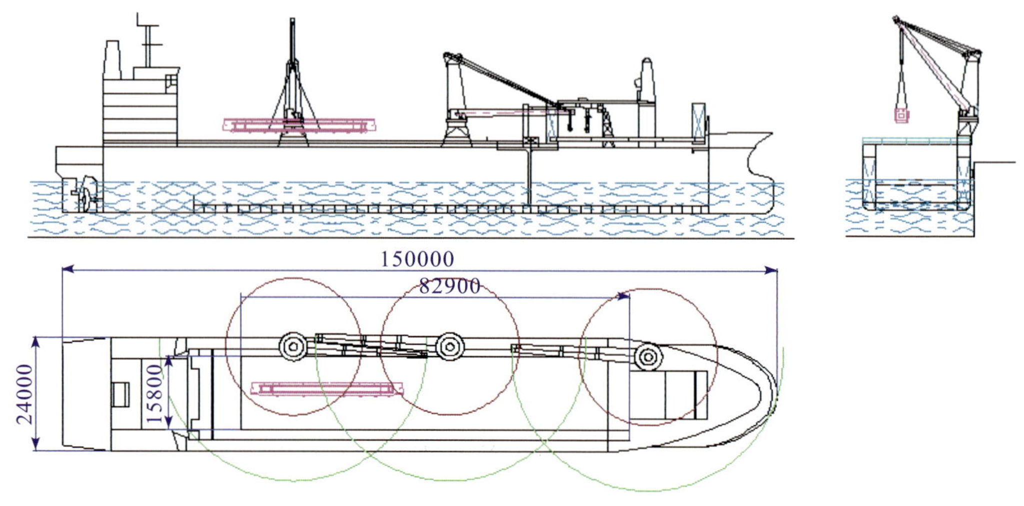

图 12.17　港口装船方案

(2)海运转公路装卸

重大件卸船装车和卸车装船一般利用码头的大型起吊设备吊装，在无吊装设备时，也可采用人工拖绞或人工液压顶推的装卸方法或海上移动起吊设备。利用卡拉奇港口起重设备起岸装车。

起吊方案见图 12.18。

图 12.18　某项目重件设备桅杆吊卸船

桅杆幅度调至垂直于被吊设备的中心点，纵向由驳船调整；挂钩，起吊至钢丝绳收紧，检查主钩，吊点钢丝绳，重心是否符合安全吊装要求。试吊两次，检查桅杆吊的基础是否满足承载重量，检查被吊设备的重心，钢丝绳卸扣是否满足安全要求；正式起吊，设备起吊高度离开驳船变幅到装车位，离地面 20～30cm；起吊装车，平板高度 100cm 起吊高度 120cm 平板到位装车，平板装车线与设备重心标号相吻合，落位解除吊绳；平板加固捆扎固定。

12.5.1.3 费用估算

(1)费用估算依据

1)设计提供的运输量及运输方案；

2)可再生定额〔2008〕5 号文颁布的《水电工程设计概算编制规定(2007 年版)》《水电工程设计概算费用标准(2007 年版)》；

3)公路运输有关规定；

4)海运及陆运市场价格调研资料；

5)其他有关资料。

(2)费用估算

经估算，卡洛特水电站重大件运输方案一运输费用为 1582 万元(不包含对外交通工程费用)，具体见表 12.10。

表 12.10　　4 台单机容量 180MW 运输方案费用估算表(方案一)

部件名称		单件重量/t	件数	海运里程/km	公路里程/km	费用/万元
整体转轮		123	4	10000	1585	228
座环	带舌板	32	4	10000	1585	60
	无舌板	24	12	10000	1585	133
顶盖	1/4 瓣	24	16	10000	1585	178
底环	1/2 底环	14	8	10000	1585	52
基础环	1/4 基础环	7	16	10000	1585	52
控制环	1/2 控制环	8	8	10000	1585	30
发电机	转子中心体	35	4	10000	1585	65
	上机架中心体	28	4	10000	1585	52
	下机架中心体	65	4	10000	1585	121
	推力头	20	4	10000	1585	37
主轴		38	8	10000	1585	141
桥机大梁	1/2 根	45	2	10000	1585	42
主变	1/3 单相变压器	65	13	10000	1585	391
合计						1582

12.5.2 卡拉奇港转铁路结合公路运输方案(方案二)

12.5.2.1 运输工具选配

根据卡洛特水电站重大件运输方案重大件运输尺寸和重量，对运输工具进行初步选配，具体选配情况见表12.11。

表12.11 4台单机容量180MW重大件运输工具选配(方案二)

部件名称		单件尺寸/m	单件重量/t	运输方案	运输工具选配
整体转轮		Φ6.4×3.3	123	海运+公路	TG200牵引3纵列6轴线平板车
座环	带舌板	7.6×3.2×3.2	32	海运+公路	80t低平台半挂车
	无舌板	4.7×2.1×3.2	24	海运+公路	25t低平台半挂车
顶盖	1/4瓣	6.2×3.17×1.8	24	海运+公路	25t低平台半挂车
底环	1/2底环	6.0×2.2×0.5	14	海运+公路+铁路	25t低平台半挂车+D5
基础环	1/4基础环	6.2×1.8×1.2	7	海运+公路+铁路	25t低平台半挂车+D5
控制环	1/2控制环	6.2×2.8×1.1	8	海运+公路+铁路	25t低平台半挂车+D5
发电机	转子中心体	φ2450×2800	35	海运+公路	80t低平台半挂车
	上机架中心体	φ3050×1500	28	海运+公路	80t低平台半挂车
	下机架中心体	φ5150×3200	65	海运+公路	80t低平台半挂车
	推力头	φ2550×1000	20	海运+公路+铁路	25t低平台半挂车+D5
主轴		23×3.1×2.8	38	海运+公路	80t低平台半挂车
桥机大梁	1/2根	3.6×4.6×3.9	45	海运+公路	80t低平台半挂车
主变	1/3单相变压器	4.8×3.25×3.9	65	海运+公路	80t低平台半挂车

12.5.2.2 装卸方案

(1)水路转公路装卸

水路转公路装卸方式见12.5.1.2节。

(2)铁路转公路装卸

重量较小(汽车吊或中转站龙门吊起吊能力范围内)的大件，可采用汽车吊或中转站龙门吊卸车。对于重量较大的大件，可采用人工液压顶推法卸车。

以变压器为例，人工液压顶推法具体卸车方案如下：

1)将千斤顶放在变压器的4个顶位位置，同步启动4台液压千斤顶，顶高变压器后，在其下面搭建枕木垛子，交叉增高枕木垛到车板高度(图12.19)。

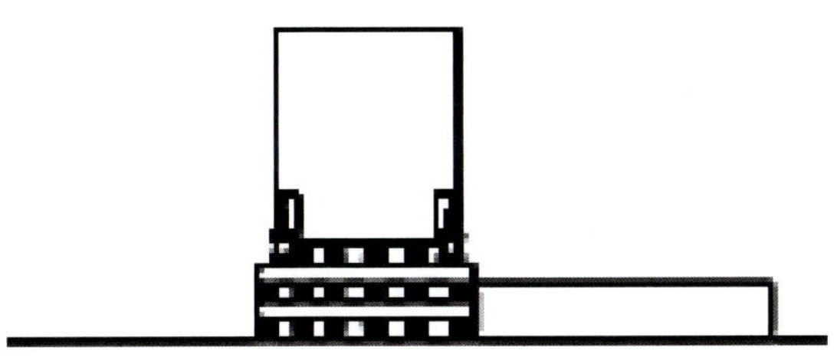
图 12.19　第一步示意图

2)顶高变压器后,插入钢轨(图 12.20)。

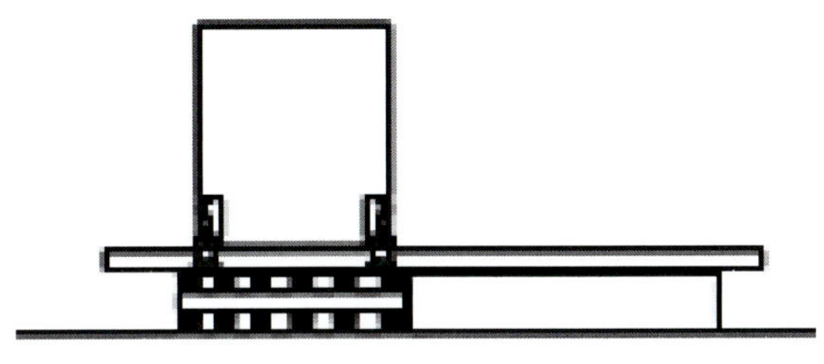
图 12.20　第二步示意图

3)利用专用推进器在钢轨上平移变压器至车板正上方(图 12.21)。

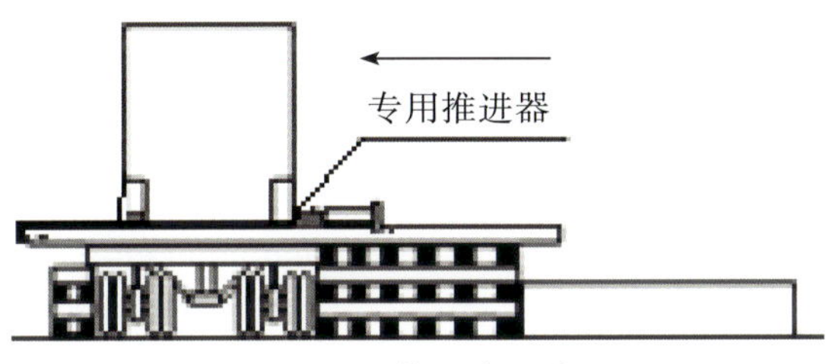

图 12.21　第三步示意图

4)顶高变压器,抽走钢轨后将变压器落实到(预先垫好胶垫的)车板,装车完成(图 12.22)。

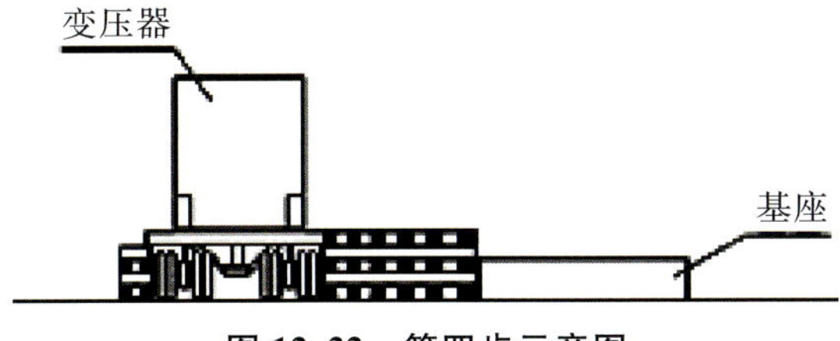

图 12.22　第四步示意图

12.5.2.3　费用估算

(1)费用估算依据

1)设计提供的运输量及运输方案;

2)可再生定额〔2008〕5 号文颁布的《水电工程设计概算编制规定(2007 年版)》《水电工

程设计概算费用标准(2007年版)》;

3)公路运输有关规定;

4)海运及陆运市场价格调研资料;

5)其他有关资料。

(2)费用估算

经估算,方案二运输费用为1546万元,具体见表12.12。拉瓦尔品第货站改造(主要是起重设备或租赁设备)、道路改建及仓库建设费用投资按500万元计列。与方案一相同,对外交通工程费用暂不计列。因此,方案二运输费用加上铁路站改造费用,总的费用为2046万元。

表12.12　4台单机容量180MW运输方案费用估算表(方案二)

部件名称		单件重量/t	件数	海运里程/km	铁路里程/km	公路里程/km	费用/万元
整体转轮		123	4	10000		1585	228
座环	带舌板	32	4	10000		1585	60
	无舌板	24	12	10000		1585	133
顶盖	1/4瓣	24	16	10000		1585	178
底环	1/2底环	14	8	10000	1400	60	41
基础环	1/4基础环	7	16	10000	1400	60	41
控制环	1/2控制环	8	8	10000	1400	60	24
发电机	转子中心体	55	4	10000		1585	65
	上机架中心体	28	4	10000		1585	52
	下机架中心体	65	4	10000		1585	121
	推力头	20	4	10000	1400	60	29
主轴		38	8	10000		1585	141
桥机大梁	1/2根	45	2	10000		1585	42
主变	1/3单相变压器	65	13	10000		1585	391
合计							1546

12.5.3 重大件运输方案比选

1)方案一卡拉奇—拉瓦尔品第为N5国道,优点是公路运输条件较好,除收费站需绕行或局部加宽外,道路桥梁无需改建加固,公路运输收费低等;缺点是运输过程中需进行道路管制,对公路通行影响较大。

2)方案二优点是铁路运输对公路通行影响小;缺点是铁路运输重量和尺寸有限,且没有运输重大件的经历和起重设备,运输时间长,费用相对较高,需要改造拉瓦尔品第的火车站和租用起重设备,实施难度大。再者,能采用铁路运输的大件数量较少,同时采用两种运输方式,协调、手续非常烦琐,不利于管理。从管理和协调角度,采用单一的运输方案一较优。

3)方案一和方案二运输费用估算为1582万元和2046万元(均不包含对外交通工程费用),方案一运输费用少464万元,方案一较方案二优。

从经济、安全、管理、协调和便于运输角度上综合比较,卡洛特水电站大件运输方案推荐方案一卡拉奇港转公路运输方案,具体运输线路为:厂家至上海港或其他港口起运,经中国南海至巴基斯坦卡拉奇港,卸船起岸转巴基斯坦国内公路至拉合尔—拉瓦尔品第—卡胡塔—坝址。

12.6 实施方案

12.6.1 运输路线

卡洛特水电站重大件海运至卡拉奇港后转公路运输至卡洛特坝址,公路运输路线为:卡拉奇港—海德拉巴—苏库尔—萨迪卡巴德—巴哈瓦尔布尔—哈内瓦尔—沙希瓦尔—帕托基—拉合尔—古吉兰瓦拉—古吉拉特—杰赫勒姆—拉瓦特—卡胡塔—比尔—卡洛特坝址,全长1585km。

12.6.2 运输车辆配置

本节以最重件整体转轮(重123t)为例说明运输车辆配置。考虑到卡洛特坝址所在位置及沿途转弯半径影响,采用3纵列6轴线车进行运输。同时,轴线配置方面应严格按照巴基斯坦公路部门的规定,符合道路桥梁的轴载荷限制,同时运输通过桥梁时应采用前后断道单车组居中通过且车速不得大于5km/h,桥上不得变速及刹车。

(1)平板车(表12.13)

表12.13　整体转轮平板车信息

品牌	规格	总长度/m	轴重/t	空车总重/t	车货总重/t	轴载/t
SCHEUERLE/Goldhofer	3纵列,6轴线	10	5.5	33	156	26

(2)牵引车(表12.14)

表12.14　整体转轮牵引车信息

品牌	牵引力	总长度/m	牵引总重/t
VOLVO	380匹马力	5.82	36

(3)配载图(图 12.23)

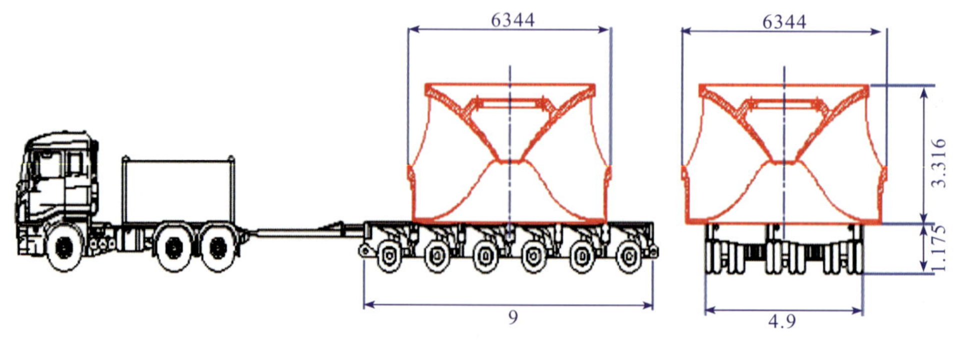

图 12.23　整体转轮装配

(4)运输实景(图 12.24)

(a)卡拉奇港起岸装车

(b)抵达卡洛特工地

(c)吊装入坑

图 12.24　运输实景

12.6.3　障碍改造和通行措施

(1)收费站改造

卡拉奇港口—拉瓦尔品第途中需要通过很多收费站，部分收费站通行宽度 5.4m，高 7.4m，不满足整体转轮通行要求，需移除收费亭或在最左侧土路修路通行(图 12.25)。

图 12.25　部分收费站限宽

(2)沿途高空电线挑高

拉瓦尔品第—卡洛特坝址途经许多小城镇,主要面临道路狭窄以及高空电线的问题。关于道路狭窄问题,采取军警沿途护送,分流限制往来车辆的措施以保障道路运输通畅,避免造成交通堵塞;关于高空电线问题,安排专人沿途将电线挑高,以保障车辆顺利通行(图 12.26)。

图 12.26　高空电线挑高

(3)沿途小转弯半径弯道通行措施

沿途多处转弯半径较小的弯道也是本次运输面临的主要问题。由于本次运输的转轮宽度达到 6.4m,使用轴线车运输,一定程度上可降低转弯难度,此外,通过这些弯道时,轴线车轮胎可以自由转向调节方向,配合专业司机的经验,多次调整转弯方向以到达转弯的目的,这个过程十分耗时,需要军警维持往来车辆秩序。

12.6.4　安全和应急措施

(1)车辆维护

1)在每次开始运输之前,需对车辆进行全方位检查,确保车辆性能满足运输要求。

2)检查任何油、水、燃料的泄漏情况，根据实际情况进行补充。

3)检查螺栓拧紧情况。

4)检查车辆灯光情况以及刹车状态。

5)车辆全部检查完毕后，贴上相关标识部署车辆。

(2)驾驶员

1)配备驾驶技术过硬以及经验丰富的驾驶员。

2)每位驾驶员必须持有在有效期内的驾驶执照。

3)每位驾驶员必须熟知运输路线。

4)为驾驶员准备充足资金应对运输过程中的各种状况。

(3)驾驶时间控制

1)每辆运输车辆配备两名驾驶员，在一个驾驶员工作时，另外一个驾驶员能够得到充足的时间休息。

2)根据巴基斯坦的道路安全法律法规，车辆白天行驶，晚上停车休息。

(4)上路许可

1)超大件货物在运输之前必须得到高速公路当局的特别许可，这些许可需在货物运输之前准备完毕。

2)在运输过程中，如需临时切断或关闭电源，还需得到巴基斯坦水利水电总署当局许可，必要时需卡洛特项目部提供协助。

(5)道路查勘

为了确保货物安全及时运抵现场，需提前对卡拉奇港口至项目现场全线进行道路查勘，以选择最佳运输路线。

(6)货物绑扎材料

货物绑扎是安全运输至关重要的一个方面，需根据货物材质、重量、尺寸选择符合要求的绑扎材料。

(7)拖车选择

1)运输车辆的选择也是安全运输至关重要的一个方面，需根据货物尺寸、重量、类型来选择运输车辆。

2)底板拖车用于高度异常的重型机械，而多轴线液压拖车用于特殊、重型货物。

3)一般平板车用于集装箱和普通货物的运输。

(8)护送车辆

在运输过程中，安排专门车辆在运输车辆前后进行安全护送以避免任何意外事故发生。

13 库坝区交通工程

13.1 复建桥梁

13.1.1 工程概况

卡洛特水电站是巴基斯坦境内吉拉姆河规划的5个梯级电站的第4级电站。坝址位于巴基斯坦旁遮普省与AJ&K地区(巴控克什米尔)交界处的老卡洛特桥上游1km处,下距曼格拉大坝74km,西距首都伊斯兰堡直线距离约55km。

根据电站总体布置方案,规划坝区有3座桥、库区有6座复建桥梁,共计9座桥。坝区3座桥分别为卡洛特复建大桥、卡洛特1#公路桥和进水塔交通桥。库区6座复建桥梁分别为阿扎德帕坦大桥、卡洛特人行索桥、线路S1、S3、S5和S6中桥。

根据项目合同要求,卡洛特1#公路桥和进水塔交通桥为场内桥梁,采用中国规范和标准进行设计,其余7座复建桥梁主要采用美国AASHTO规范和巴基斯坦规范进行设计。

13.1.2 工程建设条件

13.1.2.1 气象

吉拉姆河径流以融雪水和季节性降雨补给为主,源头没有永久冰川覆盖。年内降雨分配受地形和季节影响,时空分布不均,年内以夏季降水量较大,年际变化也较大。

卡洛特坝址处多年平均气温22.2℃,多年平均降水量1430mm,多年平均蒸发量2016mm,工程区多年平均最大风速13m/s。桥址区位于高温、低湿河谷地带,属于典型的干热河谷气候。

13.1.2.2 水文

卡洛特水电站位于吉拉姆河流域干流下游,坝址以上汇入吉拉姆的主要支流有尼鲁姆河和昆哈河。吉拉姆河流域位于季风区,在夏季季风季节,易发生强暴雨,降雨多集中在流域的南部和西部。

卡洛特桥址处百年一遇的洪水流量为14700m^3/s,对应的设计洪水高程为412.40m(巴基斯坦国家高程系),对应的平均设计流速为4.81m/s。

13.1.2.3 工程地质

工程区属中低山地貌,分布地层为新生界磨拉石建造的陆源碎屑沉积岩地层,主要为新近系中新统钦吉(N_{1c})组、纳格利(Nagri)组(N_{1na})以及多克帕坦(Dhok Pathan)组(N_{1dh})地层，岩石属软岩—较软岩；第四系堆积层主要为崩坡积(Q_4^{col+dl})、残坡积(Q^{edl})及冲洪积(Q_{2-3}^{al+pl})层。

工程部位在构造上处于右岸纳湾背斜近核部及其NE翼与左岸卡拉托特向斜SW翼之间的单斜岩层部位，岩层倾角变化较大；工程所在的场地50年超越概率10%的基岩地震动峰值加速度为0.26g，地震基本烈度按Ⅷ度考虑。

工程区岩体裂隙不甚发育，主要为卸荷裂隙；区内地下水按赋存条件划分主要为基岩裂隙水和第四系松散层孔隙潜水。工程区不良地质现象主要为崩塌，局部见有上部卡胡塔-Kotli公路改建弃渣产生滑动及公路覆盖层边坡滑塌现象，冲沟内局部见有小型泥石流等分布。

13.1.3 设计规范和技术标准

13.1.3.1 设计规范

1)*Code of practice highway bridge*, West Pakistan, 1976;

2)*AASHTO LRFD Bridge Design Specifications*, *Customary U. S. Units*, American Association of State and Highway Transportation Officials, 2012;

3) *ASTM* A416/A416M-2010 *Standard Specification for Steel Strand*, *Uncoated Seven-Wire for Prestressed Concrete*, American Society for Testing Materials(ASTM);

4) *ASTM* A615/A615M-2012 *Standard Specification for Deformed and Plain Carbon-Steel Bars for Concrete Reinforcement*, American Society for Testing Materials (ASTM);

5) *ASTM* A722/A722M-2012 *Standard Specification for Uncoated High-Strength Steel Bars for Prestressing Concrete*, American Society for Testing Materials(ASTM);

6)*ASTM* A242 / A242M - 2013 *Standard Specification for High-Strength Low-Alloy Structural Steel*, American Society for Testing Materials(ASTM);

7)*ASTM* A36 / A36M - 2012 *Standard Specification for Carbon Structural Steel* American Society for Testing Materials(ASTM);

8)*Recommendations for the acceptance of post-tensioning systems*, FIP, 1993;

9)*AASHTO LRFD Bridge Construction specifications*;

10)《水利水电工程交通设计规范》(SL 667—2014)；

11)《公路工程技术标准》(JTG B01—2014)；

12)《公路路线设计规范》(JTG D20—2006)；

13)《公路路基设计规范》(JTG D30—2015)；

14)《公路水泥混凝土路面设计规范》(JTG D40—2011)；

15)《公路桥涵设计通用规范》(JTG D60—2015);

16)《公路钢筋混凝土及预应力混凝土桥涵设计规范》(JTG 3362—2018);

17)《公路桥涵地基与基础设计规范》(JTG 3363—2019);

18)《公路圬工桥涵设计规范》(JTG D61—2005);

19)《公路桥梁抗震设计细则》(JTG/T B02—01—2008);

20)《公路工程抗震规范》(JTG B02—2013);

21)《公路工程混凝土结构防腐蚀技术规范》(JTG/T B07—01—2006);

22)《混凝土结构耐久性设计规范》(GB/T 50476—2008);

23)《公路桥梁抗风设计规范》(JTG/T 3360—01—2018)。

13.1.3.2 技术标准

卡洛特复建大桥的设计技术标准见表 13.1。

表 13.1　　卡洛特复建大桥的设计技术标准

序号	名称	标准
1	工程设计安全等级	二级
2	道路等级	三级公路,双向两车道
3	设计行车速度	30km/h
4	桥面路幅	桥面路幅组成:1.25m(人行道)+7.5m(行车道)+1.25m(人行道)=10m
5	设计荷载等级	汽车荷载 1:HL-93*AASHTO LRFD Bridge Design Specifications*; 汽车荷载 2:“A”级 *Code of practice highway bridge* 1976; 汽车荷载 3:70 吨军用装载车 *Code of practice highway bridge* 1976; 人群荷载:3.6kN/m^2
6	桥上纵坡	−0.3%
7	桥上横坡	2.0%(双向)
8	设计洪水位	412.40m(1%)
9	抗震设防烈度	Ⅷ度,50 年超越概率 10%的基岩地震动峰值加速度为 0.26g

卡洛特水电站 1# 公路桥的设计技术标准见表 13.2。

表 13.2　　卡洛特水电站 1# 公路桥的设计技术标准

序号	名称	标准
1	工程设计安全等级	二级
2	道路等级	场内二级公路,双向两车道
3	设计行车速度	30km/h
4	桥面路幅	桥面路幅组成:9.0(行车道)+2×0.5(防撞护栏)=10m
5	设计荷载等级	汽-60

续表

序号	名称	标准
6	桥上纵坡	−0.3%
7	桥上横坡	2.0%(双向)
8	设计洪水位	409.75m(2%)
9	地震基本烈度	Ⅷ度，50年超越概率10%的基岩地震动峰值加速度为0.26g

卡洛特水电站进水塔交通桥设计技术标准见表13.3。

表13.3　卡洛特水电站进水塔交通桥设计技术标准

序号	名称	标准
1	工程设计安全等级	二级
2	道路等级	场内二级公路，双向两车道
3	设计行车速度	30km/h
4	桥面路幅	桥面路幅组成：7.0(行车道)+2×0.5(防撞护栏)=8m
5	设计荷载等级	设计荷载：汽-60；验算荷载：挂-100
6	桥上横坡	1.5%(双向)
7	设计洪水位	409.75m(2%)
8	地震基本烈度	Ⅷ度，50年超越概率10%的基岩地震动峰值加速度为0.26g

阿扎德帕坦大桥设计技术标准见表13.4。

表13.4　阿扎德帕坦大桥设计技术标准

序号	名称	标准
1	工程设计安全等级	二级
2	道路等级	三级公路，双向两车道
3	设计行车速度	30km/h
4	桥面路幅	桥面路幅组成：1.47m(人行道、栏杆)+8.56m(行车道)+1.47m(人行道、栏杆)=11.5m
5	设计荷载等级	汽车荷载1：HL-93*AASHTO LRFD Bridge Design Specifications*； 汽车荷载2："A"级 *Code of practice highway bridge* 1976； 汽车荷载3：70t军用装载车 *Code of practice highway bridge* 1976； 人群荷载：3.6kN/m^2
6	桥上纵坡	3.0%
7	桥上横坡	2.0%(双向)
8	设计洪水位	479.05m(1%)
9	地震基本烈度	Ⅷ度，50年超越概率10%的基岩地震动峰值加速度为0.26g

S1、S3、S5 和 S6 中桥设计技术标准见表 13.5。

表 13.5　　S1、S3、S5 和 S6 中桥设计技术标准

序号	名称	标准
1	工程设计安全等级	二级
2	道路等级	三级公路，双向两车道
3	设计行车速度	30km/h
4	桥面路幅	桥面路幅组成：2×1.5m(人行道)+10.4m(行车道)=13.4m(S5 桥)；桥面路幅组成：2×1.5m(人行道)+10.0m(行车道)=13.0m(其他)
5	设计荷载等级	汽车荷载 1：HL-93*AASHTO LRFD Bridge Design Specifications*； 汽车荷载 2："A"级 *Code of practice highway bridge* 1976； 汽车荷载 3：Class AA
6	地震基本烈度	Ⅷ度，50 年超越概率 10%的基岩地震动峰值加速度为 0.26g

卡洛特人行索桥设计技术标准见表 13.6。

表 13.6　　卡洛特人行索桥设计技术标准

序号	名称	标准
1	工程设计安全等级	二级
2	桥面宽度	净宽 2.5m
3	设计荷载等级	汽车荷载 1：H5(一辆卡车，44.48kN)； 人群荷载：4.35kN/m^2
4	桥上预拱度	1m，桥面标高从跨中到索塔中心线按圆曲线变化
5	设计洪水位	475.30m(1%)
6	地震基本烈度	Ⅷ度，50 年超越概率 10%的基岩地震动峰值加速度为 0.26g

13.1.4　桥梁工程设计

根据大坝总体布置方案，规划坝址区有 3 座桥、库区有 6 座复建桥梁，共计 9 座桥。坝址区 3 座桥分别为卡洛特复建大桥、卡洛特 $1^{\#}$ 公路桥、进水塔交通桥。库区 6 座复建桥梁分别为阿扎德帕坦大桥、卡洛特人行索桥和线路 S1、S3、S5 和 S6 中桥。

13.1.4.1　卡洛特 $1^{\#}$ 公路桥

(1)桥型及跨径组成

卡洛特水电站 $1^{\#}$ 公路桥(图 13.1)设计为一跨 34m 预应力混凝土简支箱梁桥，两端接"L"形桥台，桥梁设计总长为 35.64m。主桥桥面中心高程为 417.245m，左右岸起、终点高程分别为 417.298m、417.191m。两侧桥台均设计为"L"形，扩大基础，坐落于微新的粉砂质泥岩与泥质粉砂岩互层上。

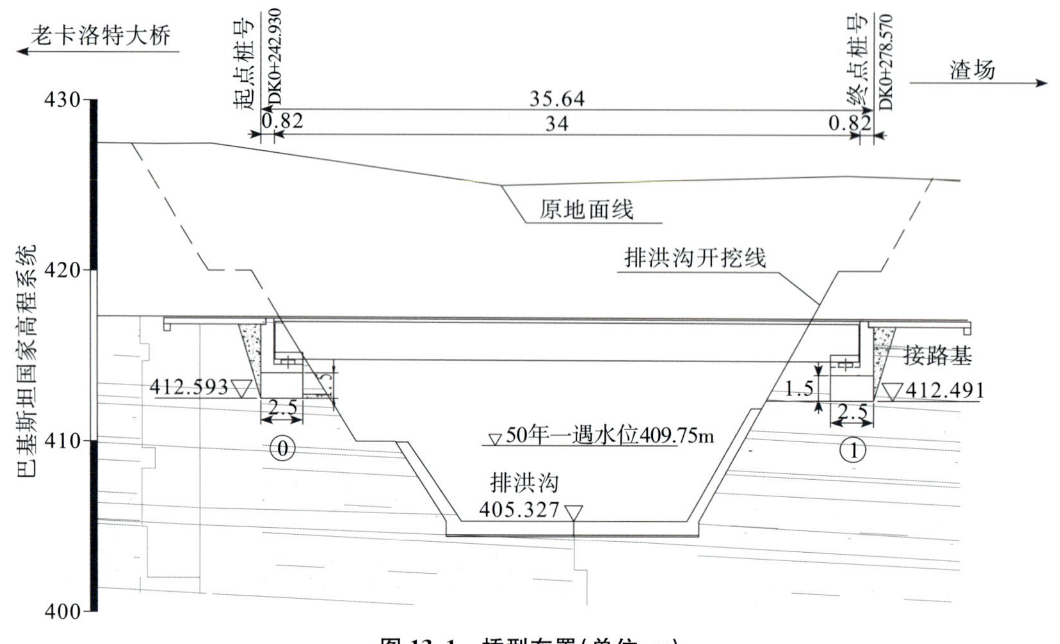

图 13.1　桥型布置(单位:m)

(2)上部结构

1# 公路桥上部结构采用 34m 跨预应力混凝土简支箱梁，梁高 220cm，箱梁顶宽 1000cm，顶板厚 28cm，翼缘板厚 20cm，腹板厚 45cm，底板宽 650cm。

箱梁预应力钢绞线应符合《公路钢筋混凝土及预应力混凝土桥涵设计规范》(JTG 3362—2018)标准，高强度低松弛 $\varphi^s15.2$ 钢绞线，YM15-5、YM15-17 圆锚体系，钢绞线标准强度 $f_{pk}=1860\text{MPa}$。箱梁混凝土强度等级为 C50。

箱梁预应力孔道采用预埋塑料波纹管成型，钢束张拉后的孔道采用水泥浆压浆，水泥浆材料性能应符合《公路桥涵施工技术规范》(JTG/T 3650—2020)中的规定，28d 抗压强度不小于 50MPa。箱梁混凝土立方体强度不低于设计混凝土强度等级的 90%，同时弹性模量不低于混凝土 28d 弹性模量的 90%，且在充分养护条件下混凝土龄期不少于 7d 后，方可张拉预应力钢束。预制箱梁内钢束均采用两端同时对称张拉，张拉采用钢束张拉力与伸长量“双控”施工，以张拉力控制为主。锚下张拉控制应力为 $0.73f_{pk}=1357.8\ \text{MPa}$。

(3)下部结构

1# 公路桥下部结构沿线路前进方向依次为 0 号台、1 号台。两个桥台均设计为“L”形桥台，扩大基础，坐落于微新的粉砂质泥岩与泥质粉砂岩互层上。

(4)附属结构

主要包括桥面铺装、伸缩缝、支座、泄水管等。

1)桥面铺装。防水层+10～20cm 厚 C50 防水混凝土铺装。

2)伸缩缝。全桥设 1 道伸缩缝,0 号台处设置一道 CQ-60 型伸缩缝装置;伸缩缝安装完毕,两侧预留槽浇筑钢纤维混凝土。

3)支座。支座采用 KPZ5000-GD、KPZ5000-DX、KPZ5000-SX。

4)排水设施。排水采用横向排水的方案,沿桥纵向两侧每 5m 设置 φ110mmPVC 排水管。

13.1.4.2 进水塔交通桥

(1)桥型及跨径组成

卡洛特水电站进水塔交通桥为一跨 11.2m 钢筋混凝土简支空心板梁桥,一端接"L"形桥台,置于坡比为 1∶0.6 的边坡上,桥台边距坡边应大于 1.0m;另一端放置于预留桥台槽上,桥梁设计总长为 11.7m。主桥桥面中心高程为 469.53m,左右岸起、终点高程均为 469.53m。桥台设计为"L"形,扩大基础,坐落于弱风化砂岩上。桥型立面布置见图 13.2。

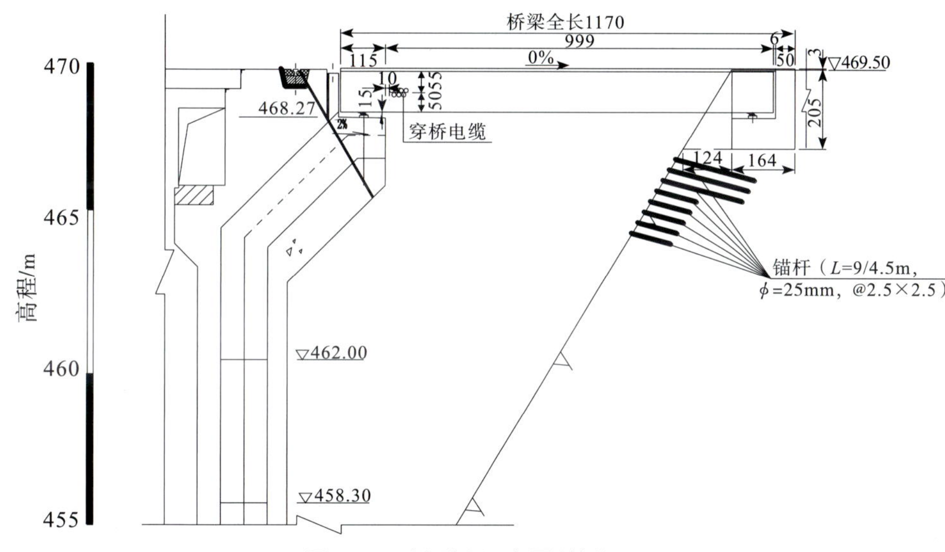

图 13.2 桥型立面布置(单位:m)

(2)上部结构

进水塔交通桥上部结构采用一跨 11.2m 钢筋混凝土简支板梁,梁高 105cm,1.5%双向横坡。板梁顶、底板均宽 800cm,中间开设圆孔,圆孔直径 60cm。

(3)下部结构

进水塔交通桥下部结构沿线路前进方向依次为进水塔桥台预留槽、0 号台。0# 桥台设计为"L"形桥台,扩大基础,坐落于弱风化砂岩上。

(4)附属结构

主要包括桥面铺装、伸缩缝、支座等。

1)桥面铺装。防水层+8cm 厚 C40 防水混凝土铺装。

2)伸缩缝。全桥设 1 道伸缩缝，0 号桥台处设置一道 CQ-60 型伸缩缝。

3)支座。在桥台预留槽支座采用 GJZ350×41mm 板式橡胶支座，0 号桥台采用 $GJZF_4$350×43mm 四氟滑板橡胶支座。

13.1.4.3 卡洛特复建大桥

(1)桥型及跨径组成

卡洛特复建大桥桥型设计为三跨预应力混凝土变截面连续刚构，跨径组成为(85+150+85)m。桥梁设计总长为 330.0m。主桥桥面中心高程为 481.152m，左右岸起、终点高程分别为 480.657m、481.647m。

(2)上部结构

箱梁横断面采用单箱单室，根部梁高 9.0m，高跨比为 1/16.67，跨中梁高 3.5m，高跨比约为 1/42.86，中间梁段采用 1.65 次抛物线过渡，抛物线方程为：$y=0.00504839x^{1.65}+3.5$。箱梁底板宽 6.0m，顶板宽 10.0m，两边各悬臂 2.0m，板边缘厚 20cm，根部厚 60cm；箱梁顶板厚 30cm，底板厚度从跨中的 35cm 厚向根部的 100cm 厚采用 1.65 次抛物线过渡。腹板厚度从跨中向根部由 50cm 变化至 100cm，桥面采用结构找坡。

主梁按双向预应力结构设计，纵向预应力钢绞线采用 φ^s15.2～21.0、φ^s15.2～19.0、φ^s15.2～15.0 高强度低松弛钢绞线，YM15-21、YM15-19 和 YM 15-15 圆锚体系；竖向预应力材料采用 JL32mm 高强精轧螺纹钢筋，JLM-32 锚具。钢绞线抗拉强度标准 f_{pu}=1860MPa；精轧螺纹钢筋抗拉强度标准 f_{pu}=1035MPa。

(3)下部结构

下部结构 1 号和 2 号桥墩采用双肢薄壁矩形实体墩，桥墩横桥向尺寸为 6.0m，纵桥向尺寸为 2.2m(单肢宽度)，双肢板净距 5.0m，中间设置一道系梁，系梁高 4.0m。墩下承台为矩形混凝土承台，承台尺寸为 13.7m×13.2m×4.0m。基础采用 φ2.2m 钻孔灌注桩，每墩设 6 桩，桩间距 5.0m×8.0m，按嵌岩桩设计。

0 号桥台为“U”形桥台+桩基础，台帽上设置减震支座。桥台高 6.915m。桥台承台平面尺寸为 11.0m×7.3m，厚 2.0m，基础采用 5 根直径为 1.5m 的钻孔灌注桩，按嵌岩桩设计。

3 号桥台为重力式“U”形桥台，台帽上设置减震支座。桥台高 6.885m。桥台扩大基础平面尺寸为 11.0 m×7.3m，厚 1.0m。

(4)附属结构

主要包括桥面铺装、伸缩缝、人行道、人行栏杆、泄水孔等。

13.1.4.4 阿扎德帕坦大桥

(1)桥型及跨径组成

阿扎德帕坦大桥桥型设计为三跨预应力混凝土变截面连续刚构，跨径组成为(50+90+50)m。桥梁设计总长为200.0m。主桥桥面中心高程为498.0m，左右岸起、终点高程分别为501.0m、495.0m。

(2)上部结构

箱梁横断面采用单箱单室，根部梁高6.0m，高跨比为1/15，跨中梁高3.0m，高跨比约为1/30，中间梁段采用1.6次抛物线过渡，抛物线方程为：$y=0.00744216x^{1.6}+3.0$。箱梁底板宽7.0m，顶板宽11.5m，两边各悬臂2.25m，板边缘厚20cm，根部厚60cm；箱梁顶板厚28cm，底板厚度从跨中的32cm厚向根部的70cm厚采用1.6次抛物线过渡。腹板厚度从跨中向根部由40cm变化至70cm，桥面采用结构找坡。

主梁按双向预应力结构设计，纵向预应力钢绞线采用$\varphi^s15.2\sim19.0$、$\varphi^s15.2\sim15.0$、$\varphi^s15.2\sim12.0$高强度低松弛钢绞线，YM15-19、YM15-15和YM 15-12圆锚体系；竖向预应力材料采用JL32mm高强精轧螺纹钢筋，JLM-32锚具。钢绞线抗拉强度标准$f_{pu}=1860$MPa；精轧螺纹钢筋抗拉强度标准$f_{pu}=1035$MPa。

(3)下部结构

下部结构1号和2号桥墩采用带圆端的矩形实体墩，桥墩横桥向尺寸为9.0m，纵桥向尺寸为3.0m。墩下承台为矩形混凝土承台，承台尺寸为14.2m×12.7m×3.5m。基础采用φ1.5m钻孔灌注桩，每墩设9桩，桩间距5.75m×5.0m，按嵌岩桩设计。

0号桥台为“U”形桥台+桩基础，台帽上设置减震支座。桥台高9.7m。桥台承台平面尺寸为12.5m×7.3m，厚2.0m，基础采用6根直径为1.5m的钻孔灌注桩，按嵌岩桩设计。

3号桥台为“U”形桥台+桩基础，台帽上设置减震支座。桥台高11.4m。桥台承台平面尺寸为16.5m×9.0m，厚2.5m，基础采用8根直径为1.5m的钻孔灌注桩，按嵌岩桩设计。

(4)附属结构

附属结构主要包括桥面铺装、伸缩缝、人行道、人行栏杆、泄水孔等。

13.1.4.5 卡洛特人行索桥

人行索桥桥型为单跨189m的双塔悬索桥，桥梁全长277.0m。两端采用重力式锚碇。

(1)上部结构

1)桥道系。

主跨主梁采用钢结构，由横梁和纵梁组成，全宽3.2m。标准节段长6.0m，跨中节段长9.0m，桥塔节段长5.12m。横梁由两片通过缀板焊接在一起的[20槽钢组成，横梁在纵桥向的间距为 3.0m，与吊杆对应。边纵梁采用[20，中纵梁采用][20。纵梁与横梁间进行焊接。节段间纵梁和斜撑采用高强螺栓加上、下缘焊接连接。桥面板采用 16cm 厚的 Grade 4500 混凝土预制板，混凝土预制板设角钢框架，角钢与纵横梁焊接连接。人行道板在桥梁横向分成 2 块，以方便施工。

2)钢丝绳。

主缆采用双索面布置，索面横向间距 3.0m。每根主缆由 7 股标准的 Φ54mm 钢芯钢丝绳捆扎而成。钢丝绳公称抗拉强度为 1770MPa，单股钢丝绳最小破断力为 1840kN。钢丝绳弹性模量为 1.2×10^{5} MPa。

3)吊杆。

吊杆在纵桥向的间距为 3m。吊杆均采用 Φ18mm 钢芯钢丝绳，下端通过 M30 高强双螺母锚固于横梁下端，吊杆上端锚固于索夹上。吊杆接头采用成品件，所有吊杆均采用镀锌工艺防腐。

4)索夹。

索夹采用铸钢结构，每个索夹分为左、右两片加工制造，施工过程中通过高强螺栓将两片索夹连成整体。

5)鞍座。

鞍座由鞍座座板、缆槽、承压板、加劲肋、辊轴等构件组成，主体采用铸钢结构。根据结构及施工特点，施工过程中索鞍需设置向边跨方向的预偏量。

每个鞍座均设置索鞍罩以防止雨水和灰尘腐蚀。

6)索塔。

索塔在桥面以下部分均为实体板式塔墩，桥面以上为矩形双塔柱。塔柱横向从塔顶向塔底倾斜以满足桥宽布置的需要。单根塔柱横桥向宽 0.8m，纵桥向宽 1.6m。塔墩横桥向宽 5.2m，纵桥向宽 2.5m。

(2)下部结构

1、2 号桥塔基础采用 4 根直径 1.5m 的桩基，锚碇均采用重力式锚碇，通过散索套在锚碇外将钢丝绳散开，利用拉杆在锚碇混凝土内锚板上锚固。锚碇设置预制混凝土盖板，在墙身上设置检修爬梯以方便使用过程中进行检修。

(3)附属结构

包含栏杆、伸缩缝、支座、抗风索等。

1)桥梁栏杆采用矩形钢管，其中扶手采用 80mm×60mm×5mm 矩形钢管，大立柱采用 50mm×50mm×4mm 矩形钢管，横杆采用 40mm×40mm×4mm 矩形钢管，小立柱采用 30mm×30mm×3mm 矩形钢管。所有栏杆均涂刷防锈漆防腐。

2)主跨支座采用弧形钢板专用支座。

3)抗风索采用 Φ60mm 钢芯钢丝绳。钢丝绳公称抗拉强度为 1770MPa，单股钢丝绳最小破断力为 1920kN。抗风锚碇为重力式锚碇，采用 Grade 3000 混凝土。

13.1.4.6 线路 S1、S3、S5 和 S6 中桥

(1)桥型及跨径组成

卡洛特水电站 S1、S5、S6 桥设计为一跨 20m 钢筋混凝土简支空心板梁桥，两端接“U”形桥台，桥梁设计总长为 30.0m；S3 桥设计为一跨 2m×20m 钢筋混凝土连续空心板梁桥，两端接“U”形桥台，桥墩采用板墩，桥梁设计总长为 50.0m。两侧桥台均设计为“U”形，采用桩基础，坐落于微新的粉砂质泥岩与泥质粉砂岩互层上。

(2)上部结构

S1、S5 和 S6 桥上部结构采用 20m 跨钢筋混凝土简支板梁，S3 桥上部结构采用 2×20m 跨钢筋混凝土连续板梁，梁高均为 120cm。S1、S3 和 S6 桥板梁顶宽 1300cm，底板宽 1000cm；S5 桥顶板宽 1340cm，底板宽 1040cm。两侧悬臂各 150cm，悬臂板翼缘厚 18cm，根部厚 48cm，空心板孔直径 75cm。4 座桥梁均为曲线桥，S1 桥道路里程线处曲线半径为 38.205m，S3 桥道路里程线位于缓和曲线上，S5 桥道路里程线处曲线半径为 27.6m，S6 桥道路里程线处曲线半径为 30m。

(3)下部结构

S1、S5 和 S6 桥下部结构沿线路前进方向依次为 0 号台、1 号台。S3 桥下部结构沿线路前进方向依次为 0 号桥台、1 号桥墩、2 号桥台。桥台均设计为“U”形桥台，均采用直径为 1.2m 的桩基础；桥墩采用板墩，桥墩桩基直径为 1.5m。桩基础坐落于微新的粉砂质泥岩与泥质粉砂岩互层上。

(4)附属结构

主要包括桥面铺装、伸缩缝、支座、泄水管等。

1)桥面铺装。防水层＋7.62cm 厚粗粒式 AC-25C 沥青混凝＋粘层＋5.08cm 中粒式 AC-16C 沥青混凝土。

2)伸缩缝。S1、S5、S6 桥全桥设 1 道伸缩缝，1 号台处设置一道 CQ-60 型伸缩缝装置。S3 桥设 2 道伸缩缝，0 号和 2 号台处各设置一道 CQ-60 型伸缩缝装置。

3)支座。支座采用 GYZF4 450×101mm、GYZ 450×99mm 和 GYZ 500×110mm。

4)排水设施。排水采用横向排水的方案，沿桥纵向两侧每 5m 设置 φ110mmPVC 排水管。

13.2 坝区复建公路

13.2.1 主要设计依据

Design & layout of Circular horizontal Curves, Directorate of Planning and Design

Punjab Highway Department Lahore,1979;

Highway Design Manual,Punjab Highway Department,1971;

Code of Practice Highway Bridge, Government of West Pakistan Highway Department,1967;

Construction of alternative bridge and road on river Jhelum river near Karot Village,meeting summary。

13.2.2 路线

(1)道路的主要功能

坝区复建公路主要作用是沟通坝址区上、下游的地方交通,同时也作为卡洛特水电站进场公路的一部分。

(2)道路路线的布置原则

对恢复(改建)的项目按原标准、原规模(等级)和恢复原功能的原则进行规划设计。

1)根据沿线地形、地质、水文等条件,合理选择路线方案。

2)加强安全、社会意识,做到地形选线、地质选线,安全选线。

3)路线设计结合地形,顺势而为,接近自然,融入自然,尽可能减少人为的影响。

4)路线平、纵面线形布设由线到面,适应地形,合理选用技术指标,不片面追求高指标。

(3)道路路线设计

坝区复建公路起点在拉贾拉甘村上方接现有地方公路,沿大冲沟左岸向其下游延伸至吉拉姆河右岸,经卡洛特复建大桥到达吉拉姆河左岸并连接现有地方公路,公路总长3.07km。

本公路线形由直线、缓和曲线和圆曲线组成,设超高和加宽,超高加宽缓和段设在缓和曲线段。路面双面横坡为2%,路肩坡度为3%,最小平曲线半径为45m/(1处);路线最大纵坡8.0%/(4处),相应最长坡长240m;变坡处以竖圆曲线相接,最小竖曲线半径为400m。

13.2.3 路基

(1)路基宽度

卡洛特复建公路行车道宽度为2×3.75m,路面宽7.5m,硬路肩宽度两侧各为0.85m,路基宽9.20m。

(2)路基边坡

路基挖方边坡石方开挖坡比微风化1∶0.3~1∶0.5,弱风化1∶0.5~1∶1.0,全强风化及覆盖层1∶1.0~1∶1.5,可根据地质条件适当调整,每隔10m高差设一级马道,马道宽2m,设1%的外倾排水横坡。

路基填方边坡坡度为1∶1.5，间隔10m高差设一级马道，马道宽2.0m，设1%的外倾排水横坡。

13.2.4 路面

坝区复建公路行车道宽度为2×3.75m，路面宽7.5m。

土基路面结构分为3层，面层采用12cm厚沥青混凝土（面层分两层，从上至下分别为5cm厚AC-16沥青混凝土和7cm厚AC-25沥青混凝土），基层为37cm厚水泥稳定碎石，底基层为20cm厚级配砂砾石。

岩基路面结构分为3层，面层厚度及分层同土基路面，基层为30cm厚水泥稳定碎石，底基层为20cm厚级配砂砾石。

13.2.5 路基排水

（1）路基边沟

边沟断面采用矩形（宽×高=0.75m×0.50m），路基边沟纵坡一般与道路纵坡一致，最小纵坡3‰。边沟均用M7.5浆砌片石砌筑，厚度为0.3m，边沟一侧与路肩相结合。

（2）截水沟

截水沟断面采用矩形（宽×高=0.75m×0.50m），设于挖方路基堑顶坡口3m以外，填方路基上侧坡脚2m以外。截水沟纵坡不小于1%。

（3）排水涵洞

根据地形、路基排水要求以及地表水情况，卡洛特复建公路共设置10座涵洞，其中9座为1.0m×1.5m盖板涵，1座为1.5m×2.0m盖板涵。

13.2.6 路基防护

1）路肩衡重式挡土墙。设置于地形坡度较陡、坡脚不易收脚的填方路段。

2）锚喷支护。适用于边坡高度大于2m的开挖边坡，特别是岩质开挖边坡。

3）护面墙支护。适用于边坡高度大于2m的土质开挖边坡。

4）浆砌石网格植草护坡。适用于填方边坡和坡比不大于1∶1的开挖边坡。

13.3 库区复建公路

13.3.1 主要设计依据

1）*Design & layout of Circular horizontal Curves*，Directorate of Planning and Design Punjab Highway Department Lahore，1979；

2)*Highway Design Manual*,Punjab Highway Department,1971;

3)*AASHTO Guide for Design of Pavement Structures*,American Association of State Highway and Transportation Officials,1993;

4)*ASTM* A615/A615M-16 *Standard Specification for Deformed and Plain Carbon-Steel Bars for Concrete Reinforcement*,American Society for Testing Materials,ASTM。

13.3.2 路线

道路路线的布置原则:对复建的项目按原标准、原规模(等级)和恢复原功能的原则进行规划设计。

1)根据沿线地形、地质、水文等条件,合理选择路线方案。

2)加强安全、社会意识,做到地形选线、地质选线、安全选线。

3)路线设计结合地形,顺势而为,接近自然,融入自然,尽可能减少人为的影响。

4)路线平、纵面线形布设由线到面,适应地形,合理选用技术指标,不片面追求高指标。

道路路线设计如下:

卡洛特水电站库区交通复建工程(右岸)起点和终点均连接现有公路,路线沿地形后靠山坡抬高。

本公路线形由直线、缓和曲线和圆曲线组成,设超高和加宽,超高加宽缓和段设在缓和曲线段。路面双面横坡为2%,路肩坡度为3%。

S1路段最小平曲线半径38.205m/(1处);路线最大纵坡6.667%/(1处),相应坡长为60m;变坡处以竖圆曲线相接,最小竖曲线半径为800m。

S2路段最小平曲线半径95m/(1处);路线最大纵坡5.559%/(1处),相应坡长为158.86m;变坡处以竖圆曲线相接,最小竖曲线半径为600m。

S3路段最小平曲线半径30m/(1处);路线最大纵坡2.452%/(1处),相应坡长为95.53m;变坡处以竖圆曲线相接,最小竖曲线半径为2000m。

S4路段最小平曲线半径130.024m/(1处);路线最大纵坡2.452%/(1处),相应坡长为95.53m;变坡处以竖圆曲线相接,最小竖曲线半径为2000m。

S5路段最小平曲线半径16m/(1处);路线最大纵坡9.500%/(1处),相应坡长为199.07m;变坡处以竖圆曲线相接,最小竖曲线半径为400m。

13.3.3 路基

(1)路基宽度

卡洛特库区复建公路行车道宽度为2×3.75m,路面宽7.5m,路肩宽度两侧各为0.85m,路基宽9.20m。

(2)路基边坡

路基挖方边坡石方开挖坡比微风化边坡1∶0.3～1∶0.5,弱风化边坡1∶0.5～1∶

1.0，全强风化及覆盖层边坡1∶1.0～1∶1.5，可根据地质条件适当调整，每隔10m高差设一级马道，马道宽2m，设1%的外倾排水横坡。

路基填方边坡坡度为1∶1.5，间隔10m高差设一级马道，马道宽2.0m，设1%的外倾排水横坡。

13.3.4 路面

卡洛特库区复建公路行车道宽度为2×3.75m，路面宽7.5m。

土基路面结构分为3层，面层采用12.7cm厚沥青混凝土(面层分两层，从上至下分别为5.08cm厚AC-16C沥青混凝土和7.62cm厚AC-25C沥青混凝土)，基层为38.1cm厚水泥稳定碎石，底基层为20.32cm厚级配砂砾石。

岩基路面结构分为3层，面层厚度及分层同土基路面，基层为30.48cm厚水泥稳定碎石，底基层为20.32cm厚级配砂砾石。

13.3.5 路基排水

(1)路基边沟

边沟断面采用梯形(上底宽0.875m，下底宽0.75m，高0.50m)，路基边沟纵坡一般与道路纵坡一致，最小纵坡3‰。边沟均用M7.5浆砌片石砌筑，厚度为0.3m，边沟一侧与路肩相结合。

(2)坡顶截水沟及平台截水沟

截水沟断面采用矩形(宽×高=0.50m×0.50m)，设于挖方路基堑顶坡口5m以外，填方路基上侧坡脚2m以外，以及边坡分级马道上。截水沟纵坡不小于1%。

(3)排水涵洞

根据地形、路基排水要求以及地表水情况，卡洛特库区复建公路(S1路段)共设置2座1.0m×1.5m盖板涵。卡洛特库区复建公路(S2路段)共设置4座1.0m×1.5m盖板涵。卡洛特库区复建公路(S3路段)共设置1座1.0m×1.5m盖板涵。卡洛特库区复建公路(S4路段)共设置2座1.0m×1.5m盖板涵。卡洛特库区复建公路(S5路段)共设置8座1.0m×1.5m盖板涵、2座2.0m×2.0m盖板涵和2座5.0m×5.0m盖板涵。

13.3.6 路基防护

1)路肩衡重式挡土墙。设置于地形坡度较陡、坡脚不易收脚的填方路段。

2)锚喷支护。适用于边坡高度大于2m的岩质开挖边坡。

3)锚杆框架植草护坡。适用于边坡高度大于2m的土质开挖边坡及全风化岩质边坡。

13.4 关键技术问题研究

13.4.1 干热河谷地区梁桥的徐变挠度控制研究

13.4.1.1 概述

1950年世界第一座采用节段悬臂浇筑的主跨62m的德国Balduisntein桥竣工后，标志着预应力混凝土梁桥进入大跨径时代。随着工艺的成熟、原材料的可靠、计算手段的精准、后期养护成本低廉，大跨度混凝土箱梁的跨度一度达到301m。但是在过去的10年内，随着跨度的增加、主梁下挠问题的日益突出，严重影响到这一桥型的继续发展。主梁下挠成为一种普遍的现象，少数大跨径预应力混凝土梁式桥，其主跨下挠达到相当大的数值，同时伴随跨中梁体开裂，病害较为严重。英国于1970年修建完成的143.3m主跨的金斯顿桥，在1998年检测发现跨中下挠30cm。帕劳共和国于1977年修建完成的241m主跨科罗尔·巴尔佐布桥是当时世界上跨度最大的后张预应力混凝土连续刚构桥，因建成后跨中变形不断增大，跨中下挠值达到1.2m，于1996年加固后不久垮塌。美国1979年竣工完成的195m主跨的帕罗茨渡轮桥，在建成后5个月内，主跨跨中就下挠了30cm，在使用10年后，主跨跨中又下挠了30cm。我国1995年修建的245m主跨的黄石长江大桥在运营3年后明显发现跨中下挠，运行7年后跨中下挠达到30.5cm，同时伴随着大量斜裂缝出现。我国于1997年修建的270m主跨的虎门大桥辅航道，在运行7年后检测数据左幅跨中下挠累计达到22.2cm，右幅跨中下挠累计达到20.7cm。

大跨度预应力混凝土梁桥跨中下挠和箱梁混凝土开裂，不仅影响到桥面的行车平顺，而且还损伤结构的安全性和耐久性。对下挠显著的混凝土梁桥，需要及时进行加固处理，但其费用相当可观，而效果并不一定理想。因此，在设计阶段和施工阶段，必须着手控制混凝土梁桥的长期下挠。

13.4.1.2 混凝土徐变研究现状

徐变是材料本身的固有特征，是指持续荷载作用下，结构的应变随时间增长的现象。对土体我们常称为“蠕变”，对钢材我们常称为“松弛”，对混凝土我们常称为“徐变”。混凝土徐变是指在长期荷载作用下，混凝土内水泥胶凝体微空隙中的游离水经毛细孔挤出并蒸发，使胶凝体缩小形成了徐变。徐变应变是随时间的增长而增加的，但其增加的速度又是随时间递减的。混凝土徐变可以持续较长的时间，一般在5～20年后增长逐渐达到一个终极极限值，但大部分的徐变在1～2年内完成。由于混凝土徐变的时变特征，预应力混凝土桥梁的徐变效应贯穿于桥梁建造时起止整个服役期，混凝土的徐变不仅增加了桥梁的长期变形，而且会造成预应力钢绞线永存应力的损失，进而影响结构安全，因此也成为制约预应力混凝土梁桥跨越能力的一大瓶颈。多位学者研究表明：混凝土的徐变是造成预应力混凝土梁桥主梁下挠的主要原因之一。

对于混凝土徐变机理，国内外有不少的理论和假设。但是迄今为止还没有一致被普遍接受的机理，很多学者都是以水泥浆体的微观结构为基础来解释混凝土的徐变，这些理论主要有粘弹性理论、渗出理论、黏性流动理论、塑性流动理论、内力平衡理论、力学变形理论和微裂缝理论，以上任何一种理论都无法解释混凝土徐变的所有现象。

影响混凝土徐变的主要因素有内部的混凝土原材料中的水泥品种、骨料品种、水灰比、灰浆率、外加剂、粉煤灰、配合比和试件尺寸，外部的加载龄期、加载应力比、持续荷载时间、环境相对温度和湿度、结构尺寸等。

美国 ACI 委员会、欧洲混凝土和国际预应力混凝土协会 CEB-FIP 标准规范及英国标准 BS5400 均采用了如下定义：

$$\varepsilon_{c(t,\tau)}=\frac{\sigma_{(\tau)}}{E_{28}}\varphi_{(t,\tau)}$$

建议混凝土的标准加载龄期：对于潮湿养护的混凝土取 7 天，即 $\tau=7$；对于蒸汽养护的混凝土取 1～3 天，即 $\tau=1\sim3$。其中，$\varphi_{(t,\tau)}$ 成为徐变系数，是加载时间 τ 和时刻 t 的徐变函数。国内外工程界都通过不同的数学物理模型来获得徐变函数，主要有：1927 年番勃(O. Faber)建立的有效模量法、1930 年格莱维尔(W. H. Gianville)创立的老化理论法(徐变率法)、弹性徐变理论法、流动理论法、1967 年 H. Trost 创建的龄期调整有效模量法(老化系数)。

13.4.1.3 预应力混凝土梁桥下挠成因

普遍认为预应力混凝土主梁产生持续下挠可能的原因有：主梁混凝土收缩及徐变影响、纵向预应力钢束永存应力的损失、设计理论的不完善、结构设计先天刚度不足和使用荷载的超限。

(1)混凝土收缩徐变的影响程度及长期性的估计不足

构件的理论厚度越小、徐变系数越大；加载龄期越早，徐变系数越大。随着桥梁施工技术的日趋成熟和桥梁跨径的逐渐增大，大跨度连续刚构桥呈现主梁设计轻型化、混凝土浇筑的机械化、加载早期化，这些特点都会造成设计对徐变的估计不足。

(2)纵向预应力钢束永存应力的损失

从已加固的连续刚构桥桥梁案例中发现，预应力孔道中的压浆不够饱满，存在一定的空隙，甚至有浆体离析，孔道中存在大量的积水，预应力长期处在这样的孔道中不可避免地会发生锈蚀，导致钢束有效应力的降低，不但会引起梁体下挠，而且可能会出现受弯竖向裂缝，降低梁体抵抗主拉应力的能力。尤其对于较长的纵向预应力钢束的永存应力可能与理论计算有很大的差异。

(3)桥梁的设计理念有待进一步完善

过去桥梁规范中的徐变系数计算结果偏小，不能适应高强度、大坍落度的混凝土徐变计算。过去部分设计中取消钢束中的腹板下弯钢束，用竖向预应力钢筋承受剪力，造成竖向预应力损失过大，当前部分预应力混凝土梁桥出于施工方便和经济效益等方面考虑，取消了下弯钢束，只是提供竖向预应力钢筋和纵向预应力两者组合来控制腹板的主拉应力，设计理想化考虑了竖向预应力钢筋的作用。实际发现，桥梁在长期运营过程中，车辆荷载对桥面冲击，会导致竖向预应力钢筋螺纹头松动。竖向预应力因为锚固变形而减小，导致桥梁截面的抗剪能力降低，主拉应力增大，箱梁两腹板出现大量的斜向剪切裂缝。这种裂缝会使桥梁刚度明显降低，刚度降低也会增大主梁挠度，随着时间的推移这个刚度下降和主梁下挠进行耦合，将使主梁产生不可回复的向下大挠度。

(4)结构设计先天刚度不足

连续刚构桥跨径在150～300m范围内时，结构自身产生的弯矩占总弯矩的80%～90%，有效承载力仅为10%～30%，绝大部分承载力被结构的自重所消耗。因此，为了减轻自重，设计人员在规范允许的情况下，尽量减小主梁高度，箱梁根部梁高甚至由$L/18$发展到$L/20$，以此来增加连续刚构桥的跨越能力。但是这样的设计也使得主梁的整体刚度下降，进而导致跨中下挠。

(5)使用荷载超限

随着地方经济的飞速发展，公路交通量明显增大，超载、超速现象也越来越严重。相关大学的研究表表明：当超重5%时，跨中挠度增幅达到12.2%，同时在荷载长期效应下，超负荷的活载产生的徐变变形也会加大跨中的挠度。

13.4.1.4 基于现行设计方法的徐变下挠控制

(1)预应力设计参数的调整

现有的预应力混凝土刚构桥绝大部分安扎后张工艺施加预应力。在后张构件中，由于张拉钢束会引起钢束与管道壁之间产生摩擦力，其摩擦力方向与钢绞线张拉力方向相反，这样就会造成钢束中的实际张拉力小于千斤顶油表的数值。试验表明：摩阻损失主要由管道的弯曲和管道位置偏差两部分产生，世界各国都通用下列公式计算：

$$\sigma_{l1}=\sigma_{con}\left[1-e^{-(\mu\theta+kx)}\right]$$

式中，σ_{con}——预应力钢束的锚下控制应力；

μ——预应力钢束与管道壁的摩擦系数；

θ——从张拉端到计算截面曲线管部分切线的夹角之和；

k——管道每米局部偏差对摩擦的影响系数；

x——从张拉端到计算截面的管道长度。

《公路钢筋混凝土与预应力混凝土桥涵设计规范》(JTG D62—2018)在规范中给出了不同波纹管对应的μ和k值。

参照国内外一些研究成果(表13.7至表13.9)，再考虑国内施工水平和大跨度设计超长预应力钢束的使用越来越多，建议在规范的基础上对μ和k的取值适当取大，相关文献建议管壁摩擦系数μ值取0.0030～0.0040m^{-1}，管道每米局部偏差对摩擦的影响系数k值取

0.25～0.35 较为合适。

表 13.7　《公路钢筋混凝土与预应力混凝土桥涵设计规范》(JTG D62—2004)给出的 k 和 μ 值

管道成形方式	k	μ	
		钢绞线、钢丝束	精轧螺纹钢筋
预埋金属波纹管	0.015	0.20～0.25	0.50
预埋塑料波纹管	0.015	0.14～0.17	—
预埋铁皮管	0.030	0.35	0.40
预埋钢管	0.010	0.25	—
抽芯成形	0.015	0.55	0.60

表 13.8　部分国家管道每延米局部偏差对摩擦的影响系数 k 的取值　(单位：10^{-4}/m)

品种	孔道类型	美国	英国	意大利	俄罗斯	荷兰	法国
钢丝	波纹管	45～61	33	30	30	25	24～36
钢绞线	波纹管	30～45	33	30	30	25	20

表 13.9　部分国家预应力钢束与管道壁的摩擦系数 μ 的取值

品种	孔道类型	美国	英国	意大利	俄罗斯	荷兰	法国
钢丝	光面	0.30	0.30	0.30	—	0.26	0.22～0.25
	镀锌	0.25	0.30	—	—	0.26	0.22～0.25
钢绞线	光面	0.25	0.30	0.30	0.35	0.26	0.21
	镀锌	0.20	0.30	—	0.35	0.26	0.21

(2)主梁预拱度调整

现有规范中的预拱度设置考虑的荷载因素包括结构恒载、1/2 静活载效应、挂篮变形等。由于施工过程中温度对悬臂结构的标高影响很大，其中年温差主要引起桥梁的纵向变形，日照温差主要引起桥梁梁体的竖向变形。由于是干热河谷地带日夜温差变化大，因此必须将温差的影响列入预拱度中。各主梁梁段在各施工阶段中的立模高程可按下式确定：

$$H_m = H_s + H_y + f_g + f_t$$

式中，H_s ——设计标高；

H_s ——预拱度值；

f_g ——挂篮变形调整值；

f_t ——温度影响调整值。

通过该预拱度高程立模后会较全面地反映预拱度，可以抵消由受力引起的徐变变形，保证桥梁线形平顺。

(3)体外预应力

1996 年国际应力协会(FIP)将体外预应力定义为预应力钢束布置在混凝土截面之外的

预应力体系。体外预应力桥梁，是指将预应力钢束设置在梁体混凝土截面之外，预应力钢束和混凝土之间的荷载传递是通过梁端锚具和转向块的一种桥梁结构。

体外预应力混凝土结构中的预应力钢束基本上都是折线形，直线与直线之间由偏转装置转向，钢束管道在偏转位置采用圆弧形，就预应力混凝土梁而言，体内无黏结预应力钢束与体外预应力钢束的布置可为完全一样的形式。

(4)增加主梁刚度

在选取混凝土主梁梁高时适度考虑偏高的主梁断面，主梁根部梁高采用主跨跨径的1/15～1/17，宜取1/16左右。为降低1/4跨位置腹板主拉应力，设计主梁梁底线形采用一次抛物线方程线，抛物线指数宜取1.6～1.8。每个悬臂节段必须设置通长下弯钢束抵抗每节段剪力。

(5)合龙顶推

在跨中合龙时预先进行顶推，预先在桥墩内存储一定偏向岸侧的弯矩，确保在交通量饱和年超载时，还可以有一定偏向岸侧的弯矩，从而达到控制下挠目的。

13.4.1.5 干热河谷地区徐变下挠控制

卡洛特复建大桥位于高温、低湿河谷地带，桥址区的气候属于典型的干热河谷气候，混凝土主梁的徐变变形易受气候影响。

结合在中国西南部干热河谷地区的工程经验，针对卡洛特复建大桥上部结构刚度、纵向及竖向预应力设计、顶推施工工艺、体外预应力布置及设计、徐变综合比较分析、箱梁底板防裂措施等方面开展分析研究，提出适用于卡洛特干热河谷地区的连续刚构主跨跨中下挠控制技术。

(1)适当增加上部结构刚度

根据对主跨跨径在150m及以上大跨连续刚构计算分析结果来看，适当增大根部及跨中梁高有利于提高结构的整体刚度，对减少跨中混凝土应力幅起到一定的作用，间接地提高了结构疲劳耐久性能。对此，主要采取以下设计技术要求。

1)适当增加主梁梁高，有效增加结构刚度。主梁跨中梁高宜选择主跨跨径的1/35～1/50；根部梁高宜采用主跨跨径的1/15～1/17，通常宜取1/16左右。

2)主梁梁高变化宜采用抛物线形式，其中抛物线指数宜取1.6～1.8，以适应主梁在距墩顶$L/6$～$L/4$范围内的正应力及主拉应力较大状况，改善主梁受力状态。

3)箱梁局部顶板、底板和腹板的厚度应结合外部重载、断面整体布置形式等进行单独设计。

(2)适当提高纵向及竖向预应力度

纵向预应力钢束在设计计算时，除配置满足施工、运营阶段所需的常规数量钢束外，还应充分考虑到施工误差(如桥面铺装超铺、主梁混凝土超方等)、预应力损失超限等特殊工况对大跨连续刚构跨中下挠产生的影响。竖向预应力的设置不但能够抵抗腹板主拉应力，还能抵抗由薄壁箱梁发生畸变、扭转等效应产生的剪应力。因此，在大跨连续刚构纵向设计时宜适当提高纵向预应力度，主要从以下3个方面进行控制：

1)在常规配束需要的基础上增加10%～15%的钢束配置，提高跨中底板和墩顶处主梁的压应力储备值，在最不利组合荷载作用下跨中底板处主梁的压应力最小值应在1.5MPa以上，墩顶处主梁的压应力最小值应在1.0MPa以上。

2)规范给定的管道摩擦系数μ和管道偏差系数k值偏低，在桥梁计算取值时应考虑进行合理的放大，以保证计算结论是偏安全的。

3)竖向预应力设计时宜采用锚固效果较好、预应力损失较小的“二次张拉低回缩钢绞线竖向预应力短索锚固体系”。同时，为加强结构的运营安全性，竖向预应力宜作为安全储备，不参与主拉应力计算，必要时，可考虑50%倍竖向预应力效应。

(3)采用顶推施工工艺

1)主跨跨径在150m及以上大跨连续刚构桥宜采用顶推施工工艺。

2)桥梁顶推施工过程较为复杂，实际顶推力和位移值应根据现场监控数据进行调整，并对主墩墩顶、墩底受拉侧设置的测试元件进行观测，以墩顶、墩底控制截面不出现拉应力，且双薄壁墩反力值相差不太大为原则进行顶推施工，以期达到成桥后主墩基本处于竖直状态为宜。

(4)采用包络徐变计算及适宜的张拉控制龄期

1)以现行规范规定徐变计算模型计算结论为基础值，同时对其他规范规定徐变计算模型进行同等深度对比计算，取各计算模型中最大值作为桥梁预拱度设置的依据，即“宁大勿小”的原则。

2)在干热河谷地区年平均相对湿度低于40%的条件下使用的结构，徐变系数终极值可适当进行增加，增加幅度可取10%～20%。

3)在条件允许的情况下应尽量控制箱梁节段施工中预应力钢束张拉时的混凝土龄期不少于7d，由此确保混凝土张拉时的弹性模型不低于混凝土28d弹性模量的85%～90%，最大限度地降低收缩徐变的影响。

4)根据干热河谷地区桥梁建设现场实测的主梁混凝土强度和弹性模量，主梁混凝土在5d时的混凝土强度和弹性模量均值可以达到混凝土标准值的95%以上。因此，在工期十分紧迫且现场实测主梁混凝土强度和弹性模量数据作为支撑的条件下，可适当将预应力钢束张拉时的混凝土龄期缩短至5d，以达到节省工期、节约投资的目的。

13.4.2 阿扎德帕坦大桥抗震设计研究

13.4.2.1 概述

(1)工程简介

阿扎德帕坦大桥为卡洛特水电站库区复建桥梁，距大坝坝址约26km，桥型设计为三跨预应力混凝土变截面连续刚构，跨径组成为(50+90+50)m。箱梁横断面采用单箱单室，根部梁高6.0m，跨中梁高3.0m，中间梁段采用1.6次抛物线过渡。下部结构1号和2号桥墩采用带圆端的矩形实体墩，0号和3号桥台采用重力式桥台，桥墩桥台均配置桩基承台。结构所用材料的性能标准均按照美国规范执行。

(2)场地分析

工程场地在区域大地构造单元上位于喜马拉雅西构造结南部的哈扎拉—克什米尔共轴褶皱体内，强震构造主要为喜马拉雅主边界冲断带(MBT)和主前缘断裂带(MFT)，距离场址最近的发震构造为穆扎法拉巴德(Muzaffarabad)断裂，克什米尔于2005年发生里氏7.6级地震。在新构造运动时期，处于主边界断裂和主前缘断裂之间的近场区以整体间歇性抬升活动为主，内部差异性活动较弱，属构造相对稳定地区。

(3)结构分析

阿扎德帕坦大桥结构对称，刚度均匀分布，属于规则桥梁，根据规范要求，可采用反应谱分析法计算。全桥抗震受力分析采用大型通用有限元软件Midas Civil进行计算，考虑桩—土相互作用，桩基础土弹簧刚度采用m法进行计算模拟。桥墩及主梁混凝土容重均按ASTM标准取值，桥面铺装以附加质量的形式作用在结构上，边跨梁端约束条件见表13.10。桥梁抗震计算的有限元模型见图13.3。

表13.10　梁端约束条件

平动自由度			转动自由度		
纵向	横向	竖向	绕纵轴	绕横轴	绕竖轴
2	2	2	0	0	1

注：0表示释放该自由度，1表示约束该自由度，2表示弹簧模拟约束。

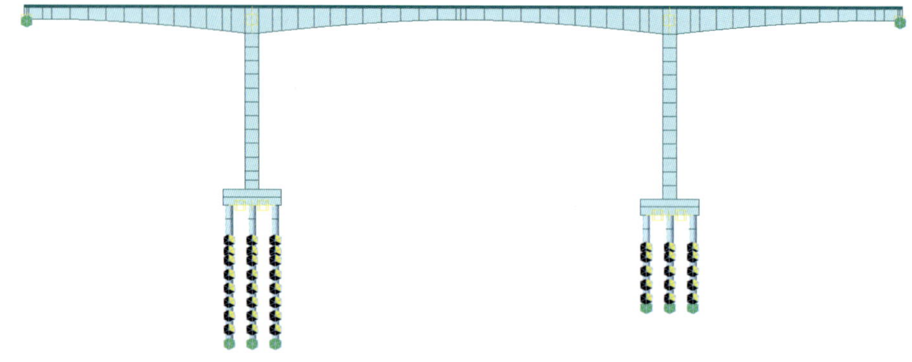

图13.3　桥梁抗震计算有限元模型

(4)研究思路

阿扎德帕坦大桥采用美国AASHTO规范（全称："LREDSEIS-2 AASHTO Guide

Specifications for LRFD Seismic Bridge Design")进行抗震设计，而美国 AASHTO 规范与我们熟悉的中国抗震规范存在明显的差异。为了加深对美国规范的理解和对抗震设计的精通，我们根据阿扎德帕坦的抗震设计结果，对比中美两国规范的异同，主要从桥梁抗震设计理念、地震动参数、计算方法、抗震构造设计 4 个方面进行对比研究，提炼总结抗震设计要点。

13.4.2.2 基于美国 AASHTO 规范的抗震设计

(1)地震动参数

根据地震安评报告和 AASHTO 规范，桥址处 75 年超越概率 7%的地震动峰值加速度为 0.30g。结构阻尼比取值为 0.05，地震动加速度反应谱见图 13.4，0～0.2T_s 段为上升段，0.2T_s～T_s 段为平直段，T_s～1s 段为下降段。

(2)抗震分析

根据 AASHTO 规范，分别按相互垂直的纵桥向和横桥向输入水平地震作用。由于地震作用的方向具有随机性，两个正交方向的地震力具有同时发生的可能性，先分别计算两个方向的地震作用再进行两个方向的不同组合：工况 1 为 1.0 纵向地震效应+0.3 横向地震效应，工况 2 为 0.3 纵向地震效应+1.0 横向地震效应，其中的地震效应均为最大绝对值。

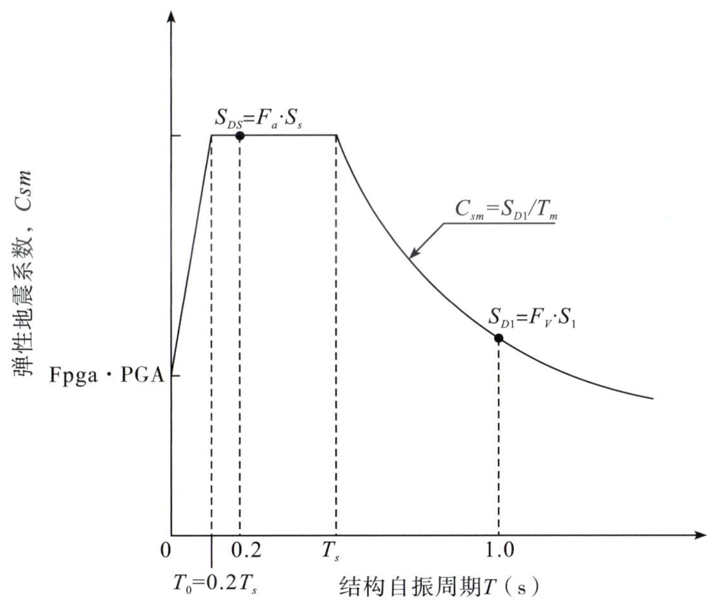

图 13.4 AASHTO 规范反应谱函数曲线

(3)计算结果

由 Midas Civil 软件计算得到的地震工况下桥梁下部结构内力结果及配筋见表 13.11，关键节点的位移见表 13.12。

表 13.11　　AASHTO 规范下部结构抗震计算结果

墩号	部位	轴力/kN	纵向弯矩/(kN·m)	横向弯矩/(kN·m)	配筋率/%
P1	墩底	−40104.4	180000	521.9	1.41
	桩顶	−17829.5	7274.9		2.03
P2	墩底	−50966.8	17000	3426.8	1.12
	桩顶	6270.8	3919.7		1.96

注：轴力正值为拉力，负值为压力。

表 13.12　　关键节点位移计算结果

荷载组合	位置	纵向位移/cm	横向位移/cm
L+0.3T	P1 墩顶	13.46	4.18
	P2 墩顶	13.58	3.06
	主梁跨中	13.80	3.32
	主梁梁端	13.79	8.67
0.3L+T	P1 墩顶	4.04	13.95
	P2 墩顶	4.07	10.21
	主梁跨中	4.14	11.07
	主梁梁端	4.14	28.91

(4)抗震构造要求

在 AASHTO 规范中，根据桥梁结构抗震风险等进行了抗震设计类别的划分。墩柱的设计类别不同，其纵向钢筋最小配筋率也存在差异。AASHTO 规范规定 B 类和 C 类墩柱的最小纵向钢筋配筋率为 0.7%；D 类墩柱的最小纵向钢筋配筋率为 1.0%。在 AASHTO 规范中，还对纵向钢筋的最大直径、最小锚固长度做了相关规定。延性构件的最大纵向钢筋配筋率为 4%。

在 AASHTO 规范中要求墩柱箍筋最小体积配箍率不小于 0.4%，箍筋最小直径为 12.7mm。

13.4.2.3　基于中国规范的抗震设计

(1)地震动参数

根据地震安评报告，桥址处 50 年超越概率 10%的地震动峰值加速度应取 0.26g，设防烈度为Ⅷ度。结构阻尼比取值为 0.05，地震动加速度反应谱见图 13.5，0～0.1s 段为上升段，0.1～T_g 段为平直段，T～10s 段为下降段。对应的反应谱函数为：

$$S=\begin{cases} S_{\max}(0.6T/T_0+0.4) & (T\leqslant T_0) \\ S_{\max} & (T_0\leqslant T\leqslant T_g) \\ S_{\max}(T_g/T) & (T_g\leqslant T\leqslant 10) \end{cases}$$

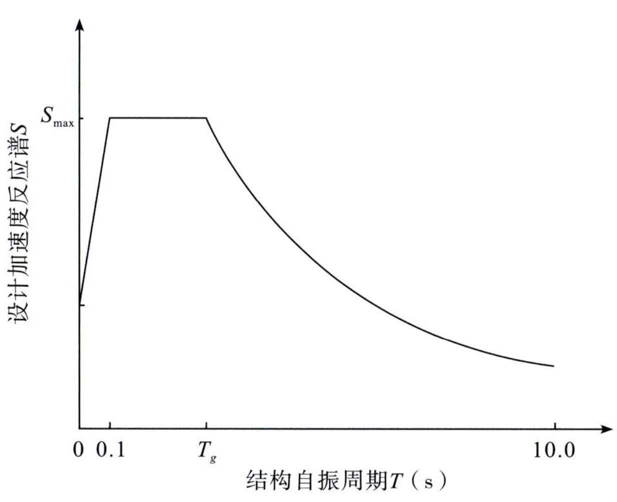

图 13.5 中国规范反应谱函数曲线

(2)抗震分析

根据规范要求,抗震设防烈度为Ⅷ度和Ⅸ度的大跨度结构应同时考虑顺桥向 X、横桥向 Y 和竖向 Z 的地震作用。采用反应谱法或者功率谱法,同时考虑 3 个正交方向(纵向 X、横向 Y 和竖向 Z)的地震作用时,可分别计算 3 个正交方向的地震作用效应最大值 E_x、E_y、E_z,然后进行平方和开方求得总的最大地震作用效应 E,具体计算公式为:

$$E=\sqrt{Ex^2+Ey^2+Ez^2}$$

(3)计算结果

由 Midas Civil 软件计算得到的 E2(大震)地震工况下桥梁下部结构内力结果见表 13.13,关键节点位移计算结果见表 13.14。

表 13.13　　中国规范下部结构抗震计算结果

墩号	部位	轴力/kN	最不利弯矩/(kN·m)	初屈服弯矩/(kN·m)	配筋率/%
P1	墩底	−35166.4	196315.8	407549.0	0.84
	桩顶	7580.0	4353.0	4578.1	1.63
P2	墩底	−35721.6	153329.1	407549.0	0.84
	桩顶	4347.0	5861.0	5925.3	1.63

表 13.14　　关键节点位移计算结果

荷载组合	位置	纵向位移/cm	横向位移/cm
地震组合	P1 墩顶	15.12	14.59
	P2 墩顶	15.49	10.57
	主梁跨中	14.44	11.59
	主梁梁端	16.41	30.23

(4)抗震构造要求

对于抗震设防烈度Ⅶ度及Ⅶ度以上地区，墩柱潜在塑性铰区域内加密箍筋的配置要求为:①箍筋加密区长度应不小于墩柱弯曲方向 1.0 倍截面宽度或墩柱弯矩超过最大弯矩 80%的范围;②对于短柱(墩柱高度与截面高度之比小于 2.5)应采取全高加密;③加密箍筋最大间距不应超过 10cm，且不大于 6 倍纵向钢筋直径;④箍筋直径不应小于 10mm;⑤墩柱加密区域箍筋应延续到盖梁和承台内，延伸范围不应小于墩柱长边尺寸的 1/2，且不小于 50cm。

墩柱的纵向钢筋宜对称配筋，纵向钢筋最小配筋率不宜小于 0.6%，不应超过 4%。

13.4.2.4　两国规范对比分析

通过对比阿扎德帕坦大桥的抗震设计，可以发现中美两国的规范存在较大差异。下面将从桥梁抗震设计理念、地震动参数、计算方法、抗震构造设计等方面进行差异分析。

(1)抗震设计理念

桥梁结构抗震设计理念可以概括为基本设计思想和设计准则，是抗震设计的核心部分，它决定了抗震设计所要达到的性能目标、采用的设计地震动参数和地震作用计算方法。当前主流的桥梁抗震设计方法分为基于强度的抗震设计方法和基于位移的抗震设计方法。AASHTO 规范和我国公路规范均采用基于位移的抗震设计方法，我国的铁路桥梁抗震规范则采用基于强度的抗震设计方法。

桥梁结构抗震设计中，首先需要确定设防标准，综合考虑社会经济条件来确定合理的设防参数。根据公路桥梁的重要性和在抗震救灾中的作用，中国规范中将公路桥梁分为 A、B、C、D 4 个抗震设防类别，并以此确定不同的设防标准和设防目标。中国规范的抗震性能目标为“小震不坏、中震可修、大震不倒”。以 B、C 类桥梁为例，其抗震设计仅进行多遇地震下的弹性抗震设计和罕遇地震下的延性抗震设计，满足了这两个阶段的性能目标要求后，即认为已满足设防地震可修的目标。因此，中国规范本质上采用的是两水准设防和两阶段设计(表 13.15)。

表 13.15　中国规范关于抗震性能目标的要求

抗震设防类别	小震目标	中震目标	大震目标
A 类	不坏(重现期 475a)	—	可修(重现期 2000a)
B、C 类	不坏(重现期 50～100a)	可修(重现期 475a)	不倒(重现期 2000a)
D 类	不坏(重现期 25a)	—	—

针对规则的桥梁结构，AASHTO 规范中通常采用重现期为 1000a(即 75 年超越概率 7%)的地震动峰值加速度进行抗震设计，要求桥梁结构在地震发生后几乎不会倒塌。同时，业主有权利根据桥梁的重要性提高性能目标要求。

AASHTO规范与中国规范的最低抗震性能目标相同，均为桥梁不倒塌，差异在于中国规范中采取的是两水准设防和两阶段设计，AASHTO规范中对于桥梁的最低性能标准要求仅适用于规则桥梁，即规则桥梁采用一阶段设计，而对于不规则桥梁，业主有权根据实际情况提出更高的性能目标要求。

(2)地震动参数

AASHTO规范和中国规范对于混凝土结构的阻尼比取值均为0.05，并要求考虑阻尼比修正系数，当阻尼比不等于0.05时，AASHTO规范中采用表格插值计算阻尼比修正系数，中国规范中采用公式 $C_d=1+\frac{0.05-\xi}{0.06+1.6\xi}\geqslant 0.55$ 进行计算阻尼比修正系数。总体来说，阻尼比参数的差异较小。

基于设防水准的不同，两国规范对于地震作用的重现期规定存在较大差异，AASHTO规范针对规则桥梁采用重现期为1000a(即75年超越概率7%)的地震动峰值加速度，中国规范针对B、C类桥梁小震作用重现期为50～100a，中震作用重现期为475a，大震作用重现期为2000a。可以发现，AASHTO规范设计水准下的地震作用重现期高于中国规范的设防地震作用(中震)重现期。

两国规范中对于反应谱曲线的规定主要区别在于两国规范对于反应谱峰值加速度对应的自振周期起点不一致，中国规范中加速度反应谱最大适用周期为10s，AASHTO规范中加速度反应谱的最大适用周期仅1s，故中国规范的适用范围更广。

两国规范中对场地类别的划分也存在差异。根据土层平均剪切波速和场地覆盖土层厚度，AASHTO规范将场地划分为A～F共6类场地，中国规范将场地划分为Ⅰ～Ⅳ共4类，其中Ⅰ类分为$Ⅰ_0$和$Ⅰ_1$类。

(3)计算方法

AASHTO规范与中国规范中均采用基于位移的抗震设计方法，就是将结构的性能目标作为控制结构抗震设计的依据。但不同之处在于中国规范采用的是两阶段设计，即桥梁在E1地震作用下进行弹性抗震设计，在E2地震作用下进行延性抗震设计，并引入能力保护设计原则;AASHTO规范采用的是一阶段设计，即在设防地震作用下验算结构的强度和位移。

根据AASHTO规范，水平地震作用按相互垂直的纵桥向和横桥向分别输入。由于地震作用的方向具有随机性，两个正交方向的地震力具有同时发生的可能性，先分别计算两个方向的地震作用再进行两个方向的不同组合:组合1为1.0倍的纵向地震效应与30%的横向地震效应之和，组合2为30%的纵向地震效应与1.0倍的横向地震效应之和。上述地震作用与恒载及活载作用效应进行组合时，共同构成极端事件极限状态Ⅰ的荷载组合，用于桥梁一阶段设计的强度验算。而中国规范规定，抗震设防烈度为Ⅷ度和Ⅸ度大跨度结构应同时考虑顺桥向、横桥向和竖向的地震作用。采用反应谱法或功率谱法计算3个正交方向的地震同时作用时，可采用单个方向的地震作用产生的最大效应进行组合，然后进行多遇地震作用下的结构强度验算。可以发现，中国规范要求考虑竖向地震作用对于高烈度区大跨度结构的影响。因此，在结构地震作用组合及其效应方面，两国规范存在较大差异。

基于位移的抗震设计方法本质是延性抗震设计，其核心问题在于桥梁结构的位移需求与位移能力的确定。中国规范与AASHTO规范中关于位移需求与位移能力的验算指标尚存在差异。中国规范根据桥梁结构的规则程度不同制定了不同的验算指标，主要包括：非规则桥梁在罕遇地震作用时，采用塑性铰区域的转角作为验算指标；规则桥梁采用罕遇地震作用下的桥墩墩顶位移作为验算指标。而AASHTO规范中则将桥梁上部结构质心处的位移作为验算指标，且不同抗震设计类别的桥梁结构具有不同的位移验算标准。

对比阿扎德帕坦大桥的计算结果可以发现，采用AASHTO规范需要配置更多的桥墩或者桩基钢筋。这是由于AASHTO规范在进行强度验算时采用更高重现期的设防水准，导致反应谱曲线的峰值加速度更大。中国规范进行延性抗震设计时，采用的弯矩—曲率来判别截面是否处于弹性状态。同时基础作为能力保护构件设计时，AASHTO规范要求考虑墩柱的弯矩超强系数，中国规范规定结构未进入塑性状态时，可直接采用罕遇地震作用下的地震组合内力值。

(4)抗震构造设计

由于两国规范采用类似的设计方法，因此在抗震构造设计方面的要求总体类似，如延性构件的最大纵向配筋率均为4%，最小体积配箍率约为0.4%，潜在塑性铰区的长度要求等。主要区别有：中国规范要求的延性构件的最小纵向配筋略小于AASHTO规范，未对纵向钢筋的最大直径和最小直径进行规定；中国规范要求加密区最小箍筋直径为10mm，AASHTO规范要求为12.7mm。

13.4.2.5 抗震设计要点

本章节结合阿扎德帕坦大桥项目，分别利用美国AASHTO规范和中国规范进行抗震设计，针对两者的抗震输入和输出数据从抗震设计理念、地震动参数、计算方法和构造设计共4个方面进行比较分析，提炼总结出如下设计要点：

1)关于抗震设计理念方面，AASHTO规范和中国规范中均采用基于位移的设计方法，具有相同的最低抗震性能目标，区别在于中国规范中采用两水准设防和两阶段设计，AASHTO规范中采用一阶段设计，而对于不规则桥梁，中国规范中有明确要求，AASHTO规范中较为模糊，将决策权交由业主。海外项目抗震设计时，不规则桥梁建议根据业主的要求进行抗震设计，同时不低于中国规范中要求的最低抗震性能目标。

2)关于地震动参数方面，显著区别在于AASHTO规范中要求设防地震作用的重现期为1000a，中国规范中要求设防地震作用的重现期为475a。另外关于加速度反应谱曲线和场地类别划分亦存在微小差异。海外项目抗震设计时，建议以AASHTO规范中要求的重现期1000a的地震作用进行抗震设计，以中国规范中要求的重现期2000a的罕遇地震作为延性设计的校核地震。

3)关于抗震计算方法方面,两者总体设计思路相同,具体操作存在一些差异:中国规范中规定多遇地震作用下为弹性抗震设计,罕遇地震作用下进行延性抗震设计,并引入能力保护设计原则,AASHTO 规范中采用一阶段设计,验算设防地震作用下的结构强度和位移,并且在能力保护构件设计的内力取值方面存在差异。通常情况下,AASHTO 规范中得到的截面配筋率高于中国规范。海外项目抗震设计时,有如下建议:设防烈度为Ⅷ度和Ⅸ度的大跨度结构应同时考虑顺桥向、横桥向和竖向的地震作用组合;基础作为能力保护构件,其上部墩柱弯矩超强系数建议以 AASHTO 规范中要求的 1.3 取值,确保塑性铰位置不发生转移。

关于抗震构造设计方面,两者对于延性构件的纵向钢筋配筋率、加密区箍筋体积配筋率和塑性铰长度等方面的规定较为相似,但 AASHTO 规范相比中国规范略为严格。海外项目抗震设计时,建议提高延性构件最小纵筋配筋率和箍筋直径,最小纵向配筋率按 0.7%控制,最小箍筋直径按 12mm 控制。

13.4.3 卡洛特人行索桥抗风设计研究

13.4.3.1 工程概况

卡洛特枢纽建成蓄水后,连接右岸旁遮普省和左岸 AJK 特区的人行索桥需要重建。复建卡洛特人行索桥位于卡洛特水电站上游约 20km 处。卡洛特人行桥为主跨 189m 的悬索桥,桥梁全长 277.0m,桥梁净宽 2.5m,桥梁全宽 3.0m。

卡洛特人行索桥主跨主梁采用钢结构,由横梁和纵梁组成,横梁宽 3.2m。标准节段长 6.0m,跨中节段长 9.0m,桥塔节段长 5.12m。横梁由两片通过缀板焊接在一起的[20 槽钢组成,横梁在纵桥向的间距为 3.0m,与吊杆对应。边纵梁采用[20 槽钢,中纵梁采用][20 槽钢。纵梁与横梁间进行焊接。节段间纵梁和斜撑采用高强螺栓加上下缘焊接连接。桥面板采用 16cm 厚的 Grade 4500 混凝土预制板,混凝土预制板设角钢框架,角钢与纵横梁焊接连接。

13.4.3.2 建设条件

卡洛特人行索桥位于老桥上游约 120m 处,桥位区吉拉姆河河谷形态总体为不对称“V”形谷。两岸岸坡地形坡度 30°～45°,左岸斜坡地面高程 470～490m;右岸斜坡地表高程 466～482m。

工程区年内降雨分配受地形和季节影响,时空分布不均,年内以夏季降水量较大,年际变化也较大。工程区风环境较复杂,受峡谷风作用明显,常年伴有 10 级大风出现。

根据中国地震局地质研究所完成并经国家地震安全性评定委员会咨询审查的《巴基斯坦卡洛特水电站工程场地地震安全性评价报告》,坝址区 50 年超越概率 10%的基岩地震动峰值加速度为 0.26g,地震基本烈度为Ⅷ度。

13.4.3.3 人行悬索桥结构体系

根据桥面系与主缆的相对位置关系,人行悬索桥的结构体系一般可以分为以下几类。

(1)悬吊式结构体系

悬吊式结构体系的人行悬索桥最为常见，悬索桥由主缆、索塔、吊索、加劲梁及锚固系统组成，桥面通过吊杆悬挂在主缆上，主缆通过索塔悬挂并锚固在两端锚碇上，类似于公路悬索桥体系，见图 13.6。

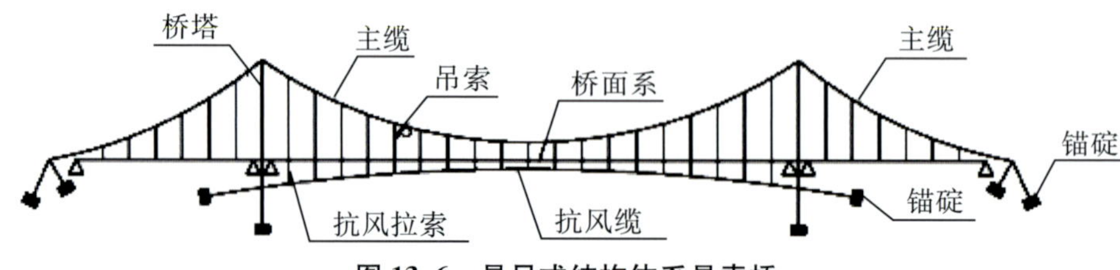

图 13.6　悬吊式结构体系悬索桥

(2)索道式结构体系

索道式结构体系桥的桥面板直接铺设在主缆上，桥面板需沿主缆的曲线布置，见图 13.7，根据结构受力特征，桥面通常以弧形布置，这样在桥面纵坡较大处需设置阶梯以便行人行走。

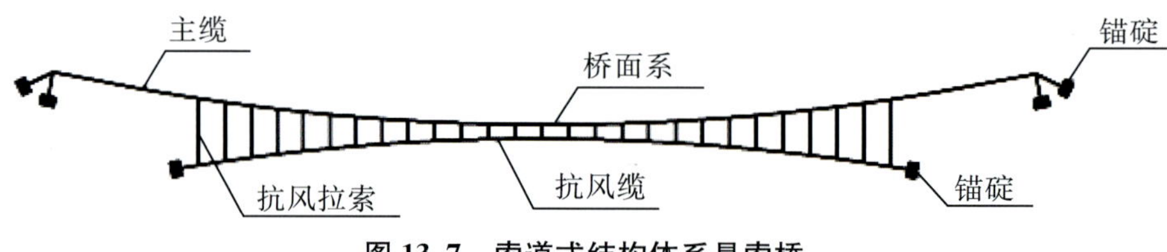

图 13.7　索道式结构体系悬索桥

(3)综合承重体系

桥面板同索道式悬索桥一样，直接铺设在主缆上，但是同时设有主缆吊索共同受力，是一种综合承重悬索桥。这类体系是前两类结构体系的结合，在中小跨度的人行悬索桥中比较常见，见图 13.8。

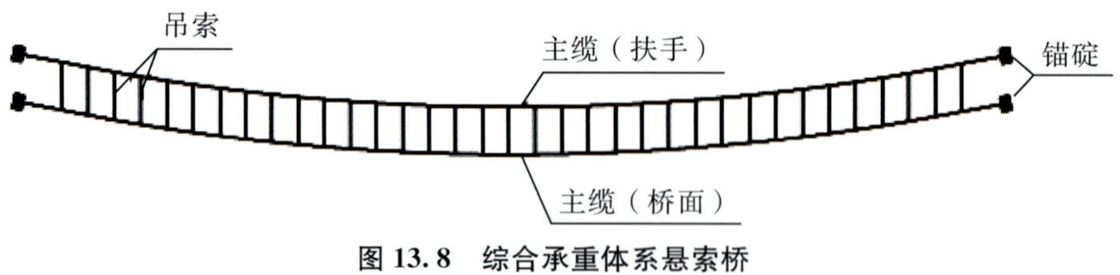

图 13.8　综合承重体系悬索桥

(4)单边支承式结构体系

这类人行悬索桥的桥面梁采用弧线形布置，主缆与吊索单边布置并通过索塔锚固，沿弧线内侧或外侧斜拉桥面(图 13.9)，适用于景区人行桥。单边支承式结构体系的受力原理是“一个圆弧形的桥面只需要在沿着一条弧线上有铰接的支座，就不会向下翻转”，这点完全不同于直梁结构。

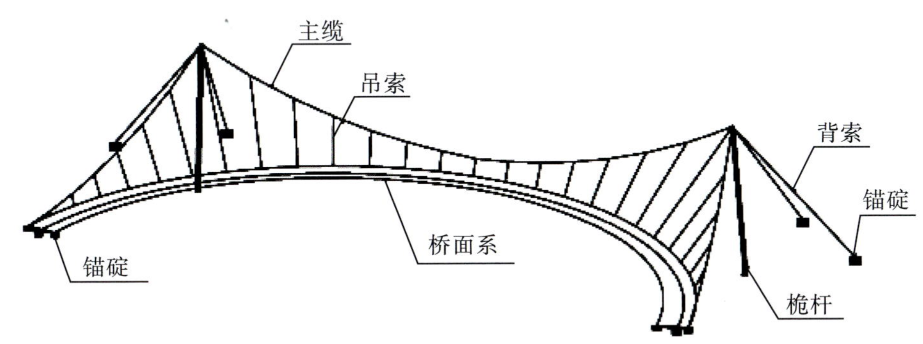

图 13.9 单边支承式结构体系悬索桥

依据表 13.16 可知，4 种结构体系在适用跨度、抗风稳定性、景观效果和工程造价方面存在一定的差异。由于卡洛特人行索桥采用一跨过江，主跨为 189m，为特大桥，并且桥址区内风环境较复杂，经综合比较，选择悬吊式结构体系悬索桥相对更加合理。

表 13.16 悬索桥方案对比

结构体系	适用跨度	抗风稳定性	景观效果	工程造价
悬吊式结构体系	大、中跨度	好	较好	较高
索道式结构体系	小跨度	较好	一般	较低
综合承重体系	中、小跨度	较好	一般	较高
单边支承式结构体系	中、小跨度	差	好	高

13.4.3.4 抗风设计关键问题研究

(1)风荷载作用

作用在人行悬索桥上的主要荷载包括自重、人群荷载、栏杆荷载和风荷载。而上述荷载中，风荷载对柔性悬索桥结构的设计至关重要。风对结构的作用可分为静力效应、静风效应和动力效应。其中，静力效应主要表现为结构产生的变形与内力及静力失稳；静风效应主要表现为由风引起的结构静风失稳，如静风扭转发散和静风横向失稳；动力效应包含抖振和涡激共振等有限振幅失稳，以及颤振和驰振等气动失稳现象。对于风荷载的静力效应，可以通过有限元软件直接计算，而风荷载的动力效应难以通过有限元软件直接获取，给结构抗风设计带来较大的挑战。无论是风荷载的静力效应还是动力效应，均是基于桥位处的设计基准风速得到结构的响应。

设计风荷载取值可参考《公路桥涵抗风设计规范》(JTG/T 3360—01—2018)、《公路悬索桥设计规范》(JTG/T D65—05—2015)、《建筑结构荷载规范》(GB 50009—2012)和 *AASHTO LRFD Bridge Design Specifications* (Customary U. S. Units)、*American Association of State and Highway Transportation Officials*(2012)等规范，必要时可结合

桥址当地实测风速取值。

计算风荷载时首先应确定基准风速和场地类别，然后根据计算构件的高度计算设计风速。根据 *AASHTO LRFD Bridge Design Specifications* 规范，当没有实测风速时，基准风速可取 100mph≈45m/s。桥梁场地类别依据《公路桥涵抗风设计规范》(JTG/T 3360—01—2018)确定为C类，对于深切"V"形河谷，主梁基准高度可取桥面至水面距离的2/3，同时还应考虑山峰、山谷修正系数的影响。

(2)主梁方案选择

人行悬索桥通常为钢结构桥梁，所采用的结构体系主要包含钢箱梁、钢桁梁和纵横梁等。不同的结构体系对应不同的结构断面，结构气动外形的差异对结构静力效应的影响较小，但对结构的动力效应具有较大的影响。根据人行悬索桥的主梁结构尺寸，主梁一般不具备发生驰振失稳的条件，可能的风致振动问题主要为颤振失稳。

《公路桥涵抗风设计规范》(JTG/T 3360—01—2018)依据理想平板颤振理论提出了颤振稳定指数的概念，用来初判结构的颤振稳定性。颤振稳定指数是一个判别桥梁颤振性能的综合性指数，可以反映桥梁所在地的风环境与结构刚度、质量及桥梁主梁气动外形之间的关系，对于公路桥梁具有较强的适用性。颤振稳定指数表达式为：

$$I_f=\frac{K_s}{\sqrt{\mu}}\cdot\frac{U_d}{f_tB}$$

式中，U_d——桥梁的设计基准风速；

K_s——与截面形状有关的系数；

μ——桥梁结构与空气的密度比(混凝土梁约为50，钢梁约为20)；

B——主梁的特征宽度；

f_t——主梁的扭转基频。

利用颤振稳定指数检验桥梁的颤振稳定性的原则为：当 $I_f<4$ 时，可按规范公式计算颤振临界风速；当 $I_f\geqslant4$ 时，应采用风洞试验(含虚拟风洞试验)确定颤振临界风速。当不具备风洞试验的条件时，可以根据颤振稳定指数的大小判别结构的颤振稳定性。

根据颤振稳定指数计算公式，不同的结构断面具有不同的形状系数 K_s 和扭转基频 f_t。下面将对纵横梁、闭口钢箱梁和钢桁梁3种方案进行有限元分析，分别计算颤振稳定指数。3种方案均采用主跨189m的悬索桥，桥面宽度均为3m，根据基准风速得到桥面处的设计风速为40.5m/s。

依据表13.17可知，人行悬索桥由于宽度较小，颤振稳定指数均远大于4，需要通过试验确定颤振临界风速。由于公路桥梁的宽度和刚度均大于人行桥，上述经验判别公式对人行桥的适用性有限，可将颤振稳定指数作为判别方案的参考指标。上述结果表明，3种方案的颤振稳定性均不能采用规范的公式验算，其中，闭口钢箱梁的颤振稳定指数更小，稳定性最好。尽管纵横梁体系的颤振稳定指数较大，但考虑到其设计和施工的便捷性，实际设计时纵横梁体系针对混凝土桥面板的人行桥方案仍然非常具有竞争力。

表 13.17　不同主梁方案的颤振稳定指数

主梁类别	K_s	μ	F_t/Hz	I_f
纵横梁	22	45	0.44	100.6
闭口钢箱梁	12	25	1.08	30.0
钢桁梁	22	30	0.87	62.3

(3)抗风措施

当结构的抗风性能不能满足承载能力极限状态或正常使用极限状态设计要求时，应通过优化构件气动外形、增加气动措施、附加阻尼装置、改变结构体系或刚度等措施予以满足。公路桥梁可以通过调整腹板倾角、风嘴形状及改变基本断面等措施优化构件气动外形，也可以通过附加导流板、抑流板、中央稳定板等气动措施进行改善。附加阻尼装置主要是通过设置阻尼器提供结构的阻尼。人行索桥因为桥面宽度窄，主梁高度小，优化气动外形措施的效果不明显，增加气动措施和附加阻尼装置等措施难以实施。因此，人行悬索桥的风致振动控制措施主要包括设置抗风索或者采用空间缆索系统。

由于卡洛特人行索桥的桥面宽度仅为 3m，设置空间缆索的效果甚微。下面将针对抗风索布置方案进行研究。抗风索方案研究以主跨 189m 的单跨双塔悬索桥为基础，主梁选用纵横梁体系，抗风索面水平夹角选用 5°、15°、30°和 45°共 4 种角度布置，并选用不设抗风索的方案作为参照。

通过大型通用有限元分析软件 Midas Civil 进行建模(图 13.10)分析，得到 5 种抗风索方案的动力特性和静力效应，对于动力特性主要进行扭转基频的比较，对于静力效应主要进行横向位移的比较，以此反映抗风索对结构的刚度和稳定性的贡献大小。

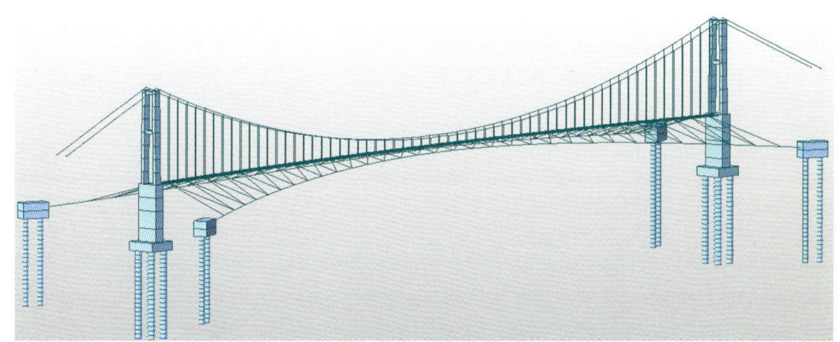

图 13.10　卡洛特人行索桥有限元模型

据表 13.18 可知，随着抗风索面水平夹角的增加，悬索桥的扭转基频逐渐减小，抗风索对人行悬索桥抗扭刚度的贡献作用逐渐较小；随着抗风索面水平夹角的增加，悬索桥的横向位移逐渐增大，抗风索对人行悬索桥横向刚度的贡献作用逐渐较小；悬索桥设置抗风索后，可增大扭转基频，增加幅度不明显，但对于横向刚度具有显著的增大效果。

表 13.18　　不同抗风索布置方案的结构效应对比

方案类别	方案一	方案二	方案三	方案四	方案五
抗风索角度/°	无抗风索	5	15	30	45
扭转基频/Hz	0.44	0.52	0.51	0.47	0.45
横向位移/mm	2137	551	555	706	973

13.4.3.5　结论

本章节基于巴基斯坦卡洛特水电站库区人行悬索桥项目，对悬索桥结构体系进行综合比选，确定出适用卡洛特人行悬索桥的悬吊式体系；对悬索桥抗风设计中的关键问题进行分析，归纳总结了桥址处设计风速的计算原则，对比分析得到相对合理的主梁结构形式和抗风索布置方案，希望为类似工程提供参考和借鉴。

13.4.4　场内重载桥梁设计研究

(1)工程概况

1# 公路桥设计为一跨 34m 预应力混凝土简支箱梁桥，两端接“L”形桥台，桥梁设计总长为 35.64m；进水塔交通桥为一跨 11.2m 钢筋混凝土简支空心板梁桥，一端接“L”形桥台，放置于坡比为 1∶0.6 的边坡上，桥台边距坡边大于 1.0m；另一端放置于预留桥台槽上，桥梁设计总长为 11.7m。两座桥梁均位于场内二级公路上，设计荷载为汽-60 级荷载，验算荷载为挂-100 级荷载，属于场内重载交通桥梁。

(2)场内重载与公路Ⅰ级荷载对比

根据设计标准及要求，《公路桥涵设计通用规范》(JTG D60—2015)及《厂矿道路设计规范》(GBJ 22—87)代表性的车辆荷载轴重分列如下：

1)公路Ⅰ级标准车辆荷载轴重、轴距情况见图 13.11。

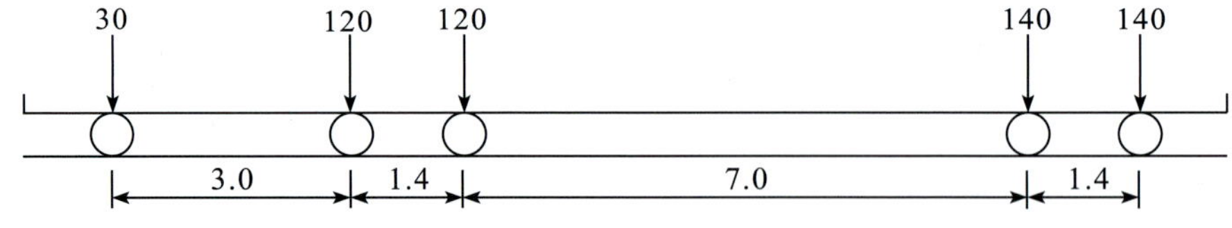

图 13.11　公路Ⅰ级标准车辆荷载(单位：长度，m；力，kN)

2)汽车 60 级荷载标准车辆荷载的轴重、轴距、纵向布置距离等情况见图 13.12。

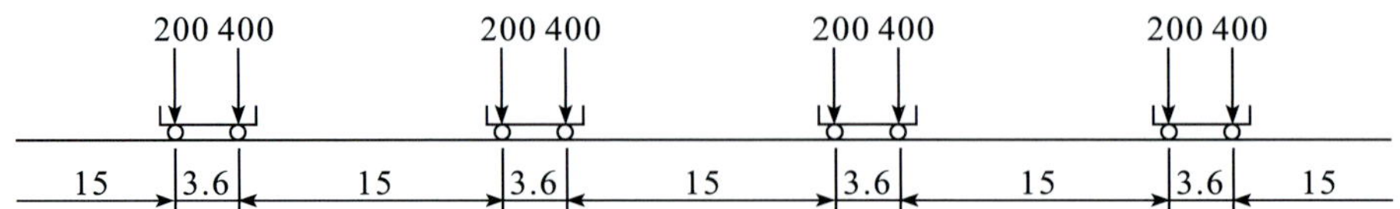

图 13.12　汽车 60 级荷载标准车辆荷载(单位：长度，m；力，kN)

3)挂车-100级荷载标准车辆荷载的轴重、轴距、纵向布置距离等情况见图13.13。

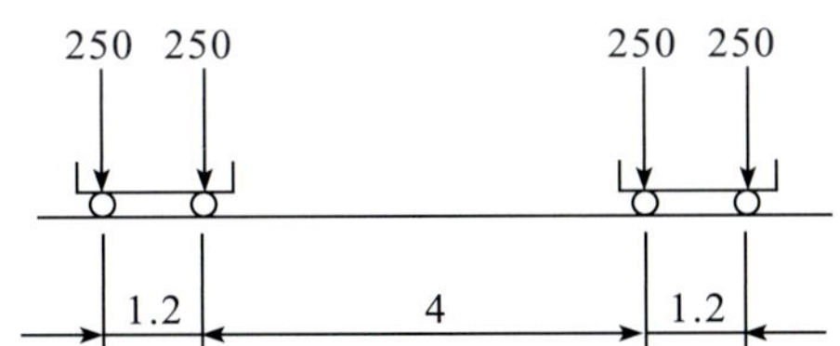

图13.13 挂车-100级荷载标准车辆荷载(单位:长度,m;力,kN)

从图13.11至图13.13可知,汽车60级车辆荷载的最大轴重为公路Ⅰ级车辆荷载的2.86倍,挂车-100级车辆荷载的最大轴重为公路Ⅰ级车辆荷载的1.79倍,均远远大于公路车辆荷载的轴重。

(3)计算结果分析

本次计算主要针对1#公路桥(34m预应力混凝土简支箱梁桥)进行对比分析,不同车辆荷载作用下汽车效应分析结果见表13.19。

表13.19 不同车辆荷载作用下汽车效应分析结果

项目	公路Ⅰ级	汽-60级		挂-100级	
		计算值	效应比值	计算值	效应比值
最大弯矩	4.96e+03	6.14e+03	1.24	8.1e+03	1.63
最大剪力	633	881	1.39	910	1.44

从表13.16可以看出,汽-60级荷载在跨中产生的最大弯矩是公路Ⅰ级产生的1.24倍,产生的最大剪力是公路Ⅰ级的1.39倍;挂-100级荷载在跨中产生的最大弯矩是公路Ⅰ级产生的1.63倍,产生的最大剪力是公路Ⅰ级的1.44倍。因此,对箱梁的梁高进行了加高设计,比同跨径常规桥梁加高了0.1m以满足规范要求。

(4)结论

1)重载荷载效应随桥梁跨度的增大而增大,在常规中小跨度时可考虑采用加强配筋解决结构承载力问题,当采用大跨度结构时需要增大梁部截面尺寸满足承载力要求。

2)重载汽车车辆荷载的轴重远远大于公路车辆荷载的轴重,需要对常规桥梁结构的桥面板进行承载力分析,对桥面板进行加强设计。

13.4.5 基于AASHTO规范的沥青路面设计

(1)概况

近年来,随着中国"一带一路"建设的推进,我国有大量基础设施建设项目正在海外开展。在海外工程项目实践过程中,均会要求适应本土常用的工程规范体系。对国外工程技术标准的理解和应用是项目顺利推进的必要条件。国际上常见的工程规范的推广对于促进行业技术交流和贸易业务拓展有着重要意义。本书依据《美国 AASHTO 路面结构设计指南》(以下简称 AAHSTO-GDPS)，结合海外工程实例，对沥青路面结构设计的基本方法进行了初探。

(2)AASHTO 规范的理解与分析

AASHTO 路面结构设计方法以现时服务能力指数(PSI)作为评价路面结构使用性能的指数，通过 PSI 指数使前期路面结构设计与后期路面运营性能评价保持延续性。AASHTO 规范建议柔性路面初始服务能力(p_0)取值 4.2，柔性路面末期服务能力(p_t)取值不低于 2.5(重要道路)或 2.0(非主要道路)。在分析总结了大量试验数据的基础上，提出了以下计算路面结构数(SN)的经验公式。

$$\log_{10}W_{18} = Z_R S_0 + 9.36\log_{10}(SN+1) - 0.20 + \frac{\log_{10}\left[\dfrac{\Delta PSI}{4.2-1.5}\right]}{0.40+\dfrac{1094}{(SN+1)^{5.19}}} + 2.32\log_{10}M_R - 8.07$$

式中，W_{18}——18-kip 等效当量轴载作用次数；

Z_R——正态分布标准差；

S_0——交通量和路面服务性能预测综合偏差指数；

$\Delta PSI = p_0 - p_t$；

M_R——计算层的下层材料弹性模量。

通过查阅 AAHSTO-GDPS 确定相关参数，根据当量轴载作用次数运用牛顿迭代法计算得出 SN，该 SN 值为路面结构的最低要求的结构数(图 13.14)。根据以下 AASHTO 路面分层厚度计算公式确定路面结构方案。

$$D_1^* \geqslant \frac{SN_1}{a_1};SN_1^* = a_1 D_1^* \geqslant SN_1$$

$$D_2^* \geqslant \frac{SN_2 - SN_1^*}{a_2 m_2};SN_1^* + SN_2^* \geqslant SN_2$$

$$D_3^* \geqslant \frac{SN_3 - (SN_1^* + SN_2^*)}{a_3 m_3}$$

式中，D_1^*，D_2^*，D_3^*——路面结构实际设计厚度。

在设计过程中需结合实际情况动态调整路面结构方案，对每一种方案进行实时验算，既要满足规范中对结构数的要求，也应该兼顾方案的经济性和合理性。最后综合考虑路面结构数、路面材料性能指标要求及相关系数以得出最优解。

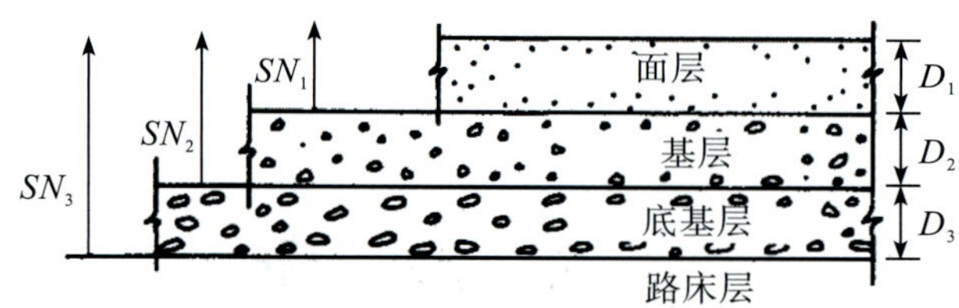

图 13.14 AAHSTO-GDPS 路面结构数

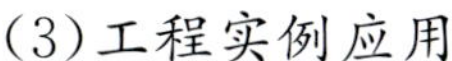
(3)工程实例应用

卡洛特水电站是吉拉姆河规划的5个梯级电站的第4级，上一级为阿扎德帕坦，下一级为曼格拉。坝址位于巴基斯坦Punjab省与AJK自治区相交的吉拉姆界河卡洛特桥上游1km处，下距曼格拉大坝74km，西距伊斯兰堡直线距离约55km。从伊斯兰堡—卡胡塔—科特里路可通向卡洛特场址。卡洛特水电站水库蓄水后库水上涨将淹没部分现状公路和桥梁。为保证地方交通的通畅，需对被淹没的库区交通进行重建。根据当地行政主管部门的管理要求，该库区公路路面工程采用AASHTO路面规范进行设计。

1)主要参数选取。

复建公路主要作用是恢复被淹没的库区公路，确保地方交通的通畅。该段公路原路面为沥青路面，复建公路同样采用沥青路面。通过查阅AAHSTO-GDPS，并结合项目相关资料，拟定以下计算参数：设计年限20年；等效当量轴载$W_{18}=30\times10^6$；可靠度取90%；正态分布标准差$Z_R=-1.282$；$S_0=0.45$；$\Delta PSI=P_0-P_t=4.2-2.5=1.7$；沥青混凝土弹性模量(68 ℉)$E_{AC}=440000\text{psi}$，$a_1=0.440$；水泥稳定碎石$E_{BS}=630000\text{psi}$，$a_2=0.162$，$m_2=1.0$；级配碎石$E_{SB}=15000\text{psi}$，$a_3=0.110$，$m_3=1.2$；路床回弹模量$M_R=10500\text{psi}$。

2)路面结构层厚度计算。

根据AAHSTO-GDPS推荐的经验公式，输入各结构层计算参数，运用迭代计算方法依次求解，各路面结构层最低要求的结构数分别为$SN_1=1.030$；$SN_2=4.604$；$SN_3=5.188$。

综合考虑AAHSTO-GDPS对路面结构层的最小厚度要求(表13.20)以及路面结构数SN的最低要求，拟推荐路面结构方案为：12.7cm沥青混凝土面层+3.81cm 5%水泥稳定碎石基层+20.32cm级配碎石垫层，并进行如下验算：

$$SN_1^*=a_1\times D_1^*=0.44\times5=2.2\geqslant SN_1=1.030$$

$$SN_1^*+SN_2^*=a_1\times D_1^*+a_2\times D_2^*\times m_2=0.440\times5+0.162\times15\times1.0=4.630$$

$$SN_1^*+SN_2^*\geqslant SN_2=4.604$$

$$SN_1^*+SN_2^*+SN_3^*=a_1\times D_1^*+a_2\times D_2^*\times m_2+a_3\times D_3^*\times m_3=0.440\times5+0.162\times15\times1.0+0.110\times8\times1.2=5.686$$

$$SN_1^*+SN_2^*+SN_3^*\geqslant SN_3=5.188$$

$$D_1^*\geqslant\frac{SN_1}{a_1};D_2^*\geqslant\frac{SN_2-SN_1^*}{a_2m_2};D_3^*\geqslant\frac{SN_3-(SN_1^*+SN_2^*)}{a_3\times m_3}$$

满足AAHSTO-GDPS规范要求。

结合以上路面结构计算数据，本项目复建公路最终推荐路面结构设计方案为：结构层分为3层，面层采用12.7cm厚沥青混凝土(面层分两层，从上至下分别为5.08cm厚AC-16C沥青混凝土和7.62cm厚AC-25C沥青混凝土)，基层为3.81cm厚5%水泥稳定碎石，垫层为20.32cm厚级配砂砾石。

表 13.20　　AAHSTO-GDPS 路面结构最小厚度要求

交通	沥青混凝土	骨料路基
＜50000	10（表层处治）	4
50001～150000	20	4
150001～500000	25	4
500001～2000000	30	6
2000001～7000000	35	6
＞7000000	40	6

(4)结语

海外基础设施建设项目往往要求我国设计方适应当地的工程规范体系，因此理解和运用国外设计规范十分重要。通过采用 AAHSTO-GDPS 进行沥青混凝土路面结构设计，对计算要点进行了分析，可供同类工程参考。

14 机电及金属结构

14.1 水力机械

14.1.1 水轮发电机组选型

卡洛特水电站是以发电为单一任务的发电工程，具有日调节性能。结合水库的排沙要求，水库水位自正常蓄水位降至排沙运行水位期间，若水库水位高于或等于451m且发电水头大于机组的最小水头时，电站正常发电，水库水位低于451m，电站停机；水库水位自排沙运行水位逐步回蓄至正常蓄水位期间，当水库水位高于451m且发电水头大于机组的最小水头时，电站发电运行。

14.1.1.1 机组型式选择

本电站水头变化范围为50.0～79.34m，属中、低水头范围，适用的水轮机型式有轴流转桨式、混流式两种。

若本电站采用轴流式水轮机，叶片数较多(估计8个叶片以上)、轮毂比较大(估计在0.65以上)，使得水轮机的引用单位流量较小，空化系数大，造成水轮机安装高程很低，土建工程量将大大增加。

混流式水轮机最优效率较高、空化系数较小，水轮机安装高程高，厂房土建工程量小、投资较省，而且其结构简单，制造难度小。综上本电站选择混流式水轮机。

水轮发电机为立式三相同步发电机，半伞式结构，采用密闭双路自循环端部回风无风扇径向通风系统。

14.1.1.2 额定水头选择

水轮机额定水头的选择应根据水电站运行水头范围、水头变幅及运行特点，结合水轮机安全运行稳定性要求、电站动能经济要求、工程技术经济特性指标等方面要求，经技术经济比较后合理选定。

根据巴基斯坦卡洛特水电站水头运行特性及其初步分析，初拟63m、65m和67m三种额定水头方案进行方案比选。经过上述技术经济比较，可得到以下结论。

1)根据40年日径流系列进行径流调节计算，额定水头越高，则受阻容量越大。

2)根据不同额定水头出力限制线，经长系列日径流计算，不同额定水头63.0m、65.0m

和 67.0m 方案多年平均电量分别为 32.1 亿 kW·h、32.06 亿 kW·h、31.97 亿 kW·h。63m 水头方案比 65m 水头方案年平均电量增加 0.04 亿 kW·h，67m 水头方案比 65m 水头方案年平均电量减少 0.09 亿 kW·h。

3）从可比水轮发电机组的投资比较来看，额定水头高的方案投资有所减小，63m 额定水头方案比 65m 增加 360 万元，67m 额定水头方案比 65m 减少 540 万元，主要机电设备投资额度相差不大。

4）63m、65m、67m 三种额定水头方案，最大水头 76.26m 与额定水头的比值由 1.21 下降到 1.138，随着额定水头的提高，最大水头与额定水头的比值呈减小趋势。水轮机额定水头在 65m 及以上时，可以将运行高水头与额定水头的比值控制在 1.18 以下，水轮机具有较好的高水头稳定运行区域和稳定性能。

综上所述，63m、65m、67m 三种额定水头方案，各方案单位电能投资指标基本相当，从稳定运行条件来看，65m、67m 方案略优于 63m 方案，且随着额定水头的提高，高水头稳定运行区域略有扩大；从增加年电量及减少受阻容量来看，63m 方案较优。考虑到水轮机高水头稳定性及减小电站出力受阻因素，推荐水轮机额定水头为 65m，相应水头保证率为 93.86%，与电站全年加权平均水头的比值为 0.94。

14.1.1.3 比转速及比转速系数

水轮机比转速 n_s 及比转速系数 K 是表征水轮机综合技术经济水平的重要特征参数之一，提高比转速可减小机组尺寸，降低机组造价和土建建设费用，有显著的经济效益，但同时受到效率、空蚀、泥沙磨损及稳定性等因素的制约，必须根据本电站的具体条件和机组制造水平综合考虑。

（1）统计分析

通过比较，与卡洛特水电站水头及容量相近的大容量水轮机比转速为 233～295m·kW，比速系数为 1810～2224。利用统计公式计算卡洛特水电站水轮机额定工况比转速 n_s 值为 246～283m·kW，相应比速系数 K 值为 1983～2281.5。综合考虑电站水轮机安全稳定运行并兼顾一定的技术经济要求，卡洛特水电站水轮机比速系数宜在 1950～2150，相应额定工况的比转速为 241.8～266.7m·kW。

（2）泥沙磨蚀对水轮机参数选择影响分析

卡洛特水电站水头范围在 50.0～79.34m，属中低水头、多泥沙混流式水电站。同时电站来流中泥沙含量较大，而且在汛期较为集中，尤其是水中泥沙石英及长石成分含量较多，含沙硬度高。

根据黄河流域或其他流域多泥沙电站的运行实践表明，多沙河流电站水轮机参数选择时要适当降低参数水平，一般而言，水轮机参数水平选择宜较清水条件下的机组参数水平低 15%～30%。

比较与巴基斯坦卡洛特水电站水头相近的含沙量大的电站，其水轮机比转速 n_s 大多在

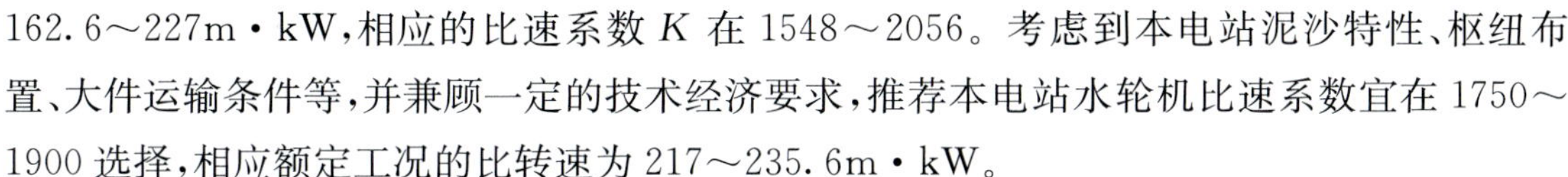

162.6～227m·kW，相应的比速系数 K 在 1548～2056。考虑到本电站泥沙特性、枢纽布置、大件运输条件等，并兼顾一定的技术经济要求，推荐本电站水轮机比速系数宜在 1750～1900 选择，相应额定工况的比转速为 217～235.6m·kW。

(3)转轮出口相对流速

根据对中国多泥沙电站调查统计，混流式水轮机磨损的部位及严重程度与水头相关，对于中、低水头段的电站由于使用高比转速水轮机，转轮区内水流的流速相对较高，转轮是主要磨蚀部件。研究和实验表明，水轮机过流表面的磨蚀与流速的 n 次方成正比，对于转轮叶片，一般 $n \geqslant 3 \sim 3.3$，即流速增加 10%，则磨蚀可加剧约 33%(按 $n=3$ 计算)，因此需降低转轮出口相对流速。

根据实际经验和试验成果，混流式水轮机由于转轮轴面流速 Vm 计算复杂，一般控制转轮出口圆周速度 U_2。根据对 A3 钢、20SiMn、0Cr13Ni4Mo、0Cr13Ni6Mo 等材料的试验成果及参照已运行电站磨蚀破坏的现状，建议转轮出口圆周速度 U_2 上限范围 34～38m/s。考虑到本电站的过机泥沙含量较为严重及水头运行范围，建议转轮出口圆周速度 U_2 取下限，即不超过 34m/s。

对于转轮出口相对流速选取，与本电站类似的小浪底水电站在水轮机招标文件中，对转轮出口最大相对流速作出了不大于 38m/s 的限制，实际最终投产运行水轮机的转轮出口最大相对流速为 35m/s。因此通过推荐转轮出口圆周速度和已投入运行电站转轮出口相对流速值，最终推荐本电站转轮出口相对流速不大于 35m/s。

(4)推荐的水轮机比转速及比速系数

综上所述，在清水条件下，根据统计分析推荐本电站水轮机比速系数 K 宜在 1950～2150 选择，相应额定工况的比转速 n_s 为 241.8～266.7m·kW；在多泥沙条件下，根据统计分析推荐本电站水轮机比速系数 K 宜在 1750～1900 选择，相应额定工况的比转速 n_s 在 217～235.6 m·kW；同时，考虑到转轮出口圆周速度 U_2 和转轮出口相对流速的要求，并兼顾电站的经济性，巴基斯坦卡洛特水轮机比速系数最终推荐在 1850～1900，相应额定工况的比转速为 229.5～235.6m·kW。

14.1.1.4 单位转速与单位流量

在初步确定了水轮机比转速和比速系数的水平后，再根据工程特点，选择合适的单位转速和单位流量，进行参数合理匹配，使电站工程投资省、发电效益大、运行安全稳定。比转速 n_s 的提高主要通过提高单位转速 n_1' 或单位流量 Q_1' 来实现。提高水轮机的 n_1' 可提高发电机同步转速，减轻发电机重量，降低机组造价。但 n_1' 的增加可能对水轮机的空化、磨蚀、泥沙磨损、运行稳定性带来不利影响。提高水轮机的 Q_1'，既可以减小水轮机本身的尺寸，降低机组造价，又可以减小厂房尺寸，节省土建投资，但 Q_1' 的提高也受到水轮机的空化性能、强度条件、泥沙磨损等其他一些因素的约束。

水电站的实际运行经验表明，水轮机的综合性能的优劣，很大程度上决定于 n_1'、Q_1' 的匹配好坏，只有当 n_1' 与 Q_1' 处于最优匹配时，才能获得最优的水轮机综合性能。在未进行水力设计前，一般采用经验或统计关系分析 n_1'、Q_1' 的匹配，再通过水力设计和模型试验优化最终确定综合性能优的单位参数匹配关系。

有关厂家在总结众多混流式水轮机性能参数的基础上，提出了混流式水轮机单位参数和比转速之间合理匹配的统计分析关系式，按这些关系式计算的巴基斯坦卡洛特电站水轮机的单位参数，兼顾本电站含沙量较大的特点，需适当降低 n_1' 和 Q_1'，最优单位转速可选在 74～76r/min，限制点单位流量可控制在 0.95～1.0m^3/s。

14.1.1.5 空化系数

由于水轮机的空蚀破坏对泥沙磨损有促进作用，空蚀与泥沙磨损的相互影响会加剧恶化对过流部件的破坏。因此对多泥沙电站应特别注意，要选用空化性能好的水轮机，吸出高度留有较大裕量，使水轮机处于无空化区域运行，避免空化现象，减轻磨蚀危害。

根据不同的统计公式计算巴基斯坦卡洛特电站水轮机模型临界空化系数及电站空化系数见表 14.1。

表 14.1　　空化系数计算结果

项目	国家	计算公式	n_s	计算值
模型空化系数	日本	$\sigma_m=0.0346(ns/100)^{1.32}$	229.5～235.6	0.104～0.107
	IEEJ	$\sigma_m=0.032(ns/100)^{1.233}$	229.5～235.6	0.089～0.092
电站空化系数	美国垦务局	$\sigma_p=2.56\times10^{-5}\times n_s^{1.64}$	229.5～235.6	0.191～0.199
	美国应用水力学	$\sigma_p=0.043(n_s/100)^2$	229.5～235.6	0.226～0.239
	日本电气学会	$\sigma_p=3.46\times10^{-6}\times n_s^2$	229.5～235.6	0.182～0.192
	日本水轮机	$\sigma_p=0.048(n_s/100)^{1.5}$	229.5～235.6	0.167～0.174
	瑞典 kMW	$\sigma_p=8\times10^{-5}\times n_s^{1.4}$	229.5～235.6	0.162～0.168
	奥地利 VOITH	$\sigma_p=7.56\times10^{-5}\times n_s^{1.4}$	229.5～235.6	0.153～0.158
	哈尔滨大电机研究所	$\sigma_p=8\times10^{-6}\times n_s^{1.8}+0.01$	229.5～235.6	0.152～0.159

《水力发电厂机电设计规范》(DL/T 5186—2004)建议：对于清水条件下运行的水轮机空化安全系数为 1.1～1.6；对于多泥沙水流条件下运行的水轮机空化安全系数为 1.3～1.8。因此，水轮机模型空化系数取上限值，模型水轮机临界空化系数控制不大于 0.105，电站空化系数控制不小于 0.193，电站空化系数与模型水轮机临界空化系数比值不低于 1.8。

14.1.1.6 模型水轮机参数水平

根据以上分析，巴基斯坦卡洛特水电站水轮机参数应达到如下水平：

比转速为 229.5～235.6m·kW，比速系数为 1850～1900，最优单位转速 n_{10}' 为 74～76r/min，限制点单位流量 Q_1' 为 0.95～1.0m^3/s，模型最高效率 η_{optM} 为 94.0%，真机最高效率 η_{optT} 为 95.5%，限制工况点模型临界空化系数 $\sigma_m\leqslant0.105$，电站空化系数 $\sigma_p\geqslant0.193$。

机组容量及台数比选如下：

1)从水轮机参数分析表明，各单机容量比转系数 k 均在 1850 左右，转轮出口圆周速度及转轮出口相对流速均小于减缓泥沙磨损的推荐值，技术上均可行。

2)从水轮机制造难度系数和发电机机械强度难度对比可以看出，随着单机容量的加大，机械强度难度也在加大，但各方案水轮机和发电机的机械强度难度均在大型发电机的机械强度难度统计范围内。

3)从枢纽布置格局及施工布置方案看，随着机组台数增加(单机容量的减小)，厂房规模、工程投资随之增加。

4)从主要机电设备及土建工程可比工程投资看，当机组台数多、单机容量小时，主要机电设备及土建工程投资增大。以装机 3×240MW 方案为基准，4×180MW、5×144MW 方案主要机电设备及土建工程可比工程投资要分别增加 0.75 亿、1.39 亿元。

5)从主要机电设备大件运输看，各单机容量方案机电设备重大件通过合适的结构设计后，重大件设备运输均在卡拉奇港卸船起岸转公路运输限界范围以内。但装机 3 台、单机容量 240MW 方案的水轮机转轮运输需采用散件运输至工地现场，在专用组焊加工厂房组焊、加工成整体，同时单台转轮总工期长达 12 个月。因此宜采用 4、5 台机方案。

6)从机电的调度灵活性看，本电站保证出力 116.1MW，单机容量分别为 240MW、180MW 和 144MW，保证出力与单机容量的比值分别为 48%、65%和 81%。其中，装机 4 台方案和装机 5 台方案保证出力均大于 60%，易于保证水轮机运行负荷在 60%～100%安全稳定的大负荷区运行，电站调度灵活性优于装机 3 台方案。

综合上述分析比较，卡洛特水电站装机 4 台、单机容量 180MW 方案参数合适、工程量适中、大件运输尺寸、重量适中、机组运行调度灵活，在 3 种装机方案中，是相对合适的机组方案。

因此，在保证机组长期安全稳定运行条件下，按既先进又稳妥及效益最大化原则，推荐卡洛特水电站采用 4 台单机容量为 180MW、同步转速为 100r/min 的水轮发电机组方案。

14.1.2 推荐机组主要技术参数、结构

14.1.2.1 水轮机主要参数水平

推荐卡洛特水电站机组方案的主要技术参数见表 14.2。

表 14.2 卡洛特水电站机组方案的主要技术参数

水轮机性能参数	装机容量/MW	720
	装机台数/台	4
	水轮机型号	HL(232)-LJ-640
	额定出力/MW	182.7
	额定比转速/(m·kW)	232
	额定比速系数	1870
	额定点效率/%	92

续表

水轮机性能参数	最优单位转速/(r/min)	74.5
	限制点单位流量/(m^3/s)	0.97
	模型临界空化系数	0.105
	电站空化系数	0.193
	额定转速/(r/min)	100
	额定流量/(m^3/s)	312.1
	转轮 D_1/m	6.4
	转轮出口圆周速度/(m/s)	33.5
	转轮出口相对流速/(m/s)	34.6
	转轮重量/t	165
	水轮机重量/t	1100
水轮机几何参数	相对导叶高度	～0.3
	蜗壳+X/m	12.80
	蜗壳－X/m	10.02
	蜗壳+Y/m	8.03
	蜗壳－Y/m	11.40
	尾水管高度/m	19.98
	尾水管长度/m	32.0
	尾水管出口宽度(净)/m	17.28
	尾水管出口高度/m	6.8
	水轮机机坑里衬内径/m	8.90
发电机性能参数	发电机型号	SF180-60/1530
	额定容量/(MW/MVA)	180/225
	额定电压/kV	15.75
	额定功率因数	0.8
	额定频率/Hz	50
	额定效率/%	98.5
	额定转速/(r/min)	100
	纵轴瞬变电抗 X'_d	0.35
	纵轴超瞬变电抗 X''_d	0.20
	短路比 SCR	1.1
	极数	60
	并联支路数	3
	槽电流/A	4888
	冷却方式	全空冷

续表

发电机性能参数	飞轮力矩 $GD^2/(t \cdot m^2)$	63000
	转子重/t	775
	发电机重/t	1550
发电机几何参数	定子铁芯内径/cm	1260
	定子铁芯高度/cm	185
	定子机座高度/cm	337
	下机架高度/cm	280
	上机架高度/cm	250
	定子机座外径/cm	1530
	风罩内径/cm	1810

14.1.2.2 水轮机安装高程

本电站厂房为引水式地面厂房，水轮机安装高程选择中，主要综合考虑到以下几个因素。

1)根据电站装机台数，设计尾水位初步取1台机组满发时下泄流量(Q=312.1m^3/s)对应的尾水位，即约386.66m。

2)由于水轮机的空蚀破坏对泥沙磨损有促进作用，空蚀与泥沙磨损的相互影响会加剧过流部件的破坏，因此适当降低水轮机的安装高程，加大吸出高度能够有效地减少水轮机的空化，从而降低泥沙磨损和空化联合作用造成的磨蚀程度。

根据推荐单机容量方案的比转速，本电站水轮机模型临界空化系数取0.105，电站空化系数取0.193，它们的比值为1.838。按选取的电站空化系数计算出的吸出高度为−3.0m，相应的水轮机安装高程约为383.5m。为有利于机组稳定运行，考虑尾水冲刷及电站保证出力为116.1MW(为单机容量的65%)等因素，最终确定水轮机安装高程为382.5m。

14.1.2.3 机组主要结构

根据大型机组设计、制造的经验，结合卡洛特电站具体条件，本阶段水轮发电机组总体结构为：水轮机采用竖轴混流式、金属蜗壳、弯肘型尾水管。发电机采用两部导轴承的半伞式结构，推力轴承布置在下机架上。

转轮采用不锈钢材料制造，铸焊结构，为便于运输，转轮采用分瓣运输、现场组焊成整体的运输加工方案。水轮机导轴承采用油浸式外循环稀油润滑分块瓦结构。水轮机轴采用卷焊或锻造加工而成，采用上、下外法兰结构。水轮机活动导叶采用三支承轴承结构，活动导叶由2个直缸接力器操作，接力器布置在水轮机机坑壁接力器坑衬内。蜗壳、座环和基础环均为钢板焊接结构，目前暂不考虑蜗壳与混凝土联合受力问题。

水轮发电机为立式三相同步发电机，半伞式结构，密闭循环空气冷却。发电机轴采用卷焊或锻焊加工。推力轴承采用小弹簧或小支柱巴氏合金金属轴承，油外循环冷却方式。导轴承采用分块瓦金属轴承。上机架为轻型结构，在现场将机架组焊成整体，上导轴承布置在上机架内。下机架为承重结构，在现场将机架组焊成整体，推力轴承布置在下机架上部，下导轴承布置在下机架下部。发电机还设有空气冷却系统、轴承润滑系统、电气和机械制动系统、粉尘收集系统及灭火系统等附属系统。

14.1.3 水轮机稳定性分析

14.1.3.1 概述

混流式水轮机，转轮叶片固定在上冠与下环之间，不可调节。在进行转轮流道和叶片翼型水力设计时，主要考虑满足水流在设计工况（最优工况）下具有良好的流动状态。在偏离设计工况运行时，必然会产生尾水管涡带，当偏离设计工况较远时，还会产生转轮叶片进口正、背面空化脱流和叶道涡。这些非稳定流态是引起水轮机水力振动的主要因素，是混流式水轮机的固有特性。

从近年来设计、制造、投运的60～75m水头段大型混流式水轮机在模型试验和实际运行中的水力现象看，主要是尾水管涡带压力脉动区影响水轮机不稳定运行。另外，存在的高部分负荷压力脉动区，即压力脉动混频峰峰值偏大、脉动频率等于或大于机组转频的压力脉动区，也要予以关注。因此，从机组选型设计到模型开发、真机设计、投运各阶段，都要认真研究卡洛特水电站机组的运行稳定性问题。

14.1.3.2 运行工况及尾水管压力脉动

水轮机的水力稳定性能取决于运行工况，高比速混流式水轮机运行工况划分为以下几个区域。

(1)区域1

极低负荷运行区。转轮出口水流具有正环量，振动不大，但效率太低，除空载工况外，一般不宜运行。

(2)区域2

部分负荷运行区。压力脉动幅值大，频率低，主要与转轮下面的旋转涡带有关，涡带的转动频率为转轮额定转动频率（通常称为转频）的0.15～0.3，如不采取可靠的补气措施，不宜在这个区域长期运行。实际经验表明，经常在区域2运行的水轮机寿命仅为几年，而在最佳运行区寿命可达几十年。

(3)区域3

高部分负荷运行区。通常对$n_s \geqslant 210$m·kW的混流式模型水轮机，在不同水头最优流量的65%～90%工况，在模型上可发现高于转频的压力脉动。

(4)区域4

最优效率运行区。水轮机的效率高，转轮下没有涡带，运行最稳定，又称为无涡区，可以

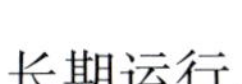

长期运行。

(5)区域 5

满负荷运行区。转轮下有柱状涡带,运行较稳定。

可以看出:

1)如果能够开发出一个优秀的转轮,叶片进水边正、背面空化初生线均可在电站整个运行水头范围以外。

2)在整个运行范围内转轮出口无可见卡门涡。

3)转轮叶道涡初生线出现在 50%~65%额定出力(或预想出力)中,叶道涡发展线出现在 40%~50%额定出力(或预想出力)中。如不采取可靠的补气措施,不宜在这个区域长期运行。

14.1.3.3 卡洛特水电站采取的措施

(1)能量指标

电站含沙量较大,因此在水轮机参数选择上不能片面追求高参数,应将水轮机的运行稳定性放在首位。中国生产的大型电站水轮机模型最优效率已超过 95%,按照常规可以对卡洛特水电站水轮机提出较高的效率预期值,但鉴于同水头段水轮机运行稳定性不好、转轮泥沙磨损严重等情况,卡洛特水电站不宜片面追求过高效率。综合考虑,推荐水轮机模型最高效率不低于 94.0%。

(2)空化性能

空化性能对水轮机的运行稳定至关重要。根据工程经验,多泥沙河流的水轮机空蚀和泥沙磨损具有相互联合作用,加速水轮机过流部件的损坏。卡洛特水电站采用适当降低比转速、降低转轮出口相对流速和安装高程的方法,尽量减小和降低水轮机的磨蚀,从而提高机组的运行稳定性。

(3)尾水管压力脉动

随着生产技术水平的进步和已建电站运行,人们越来越认识到在混流式水轮机模型试验时,研究尾水管中的涡带现象和测量压力脉动的重要性。模型与真机之间的涡带压力脉动存在一定的相似关系,通过模型试验可以看出产生涡带的负荷范围和固有频率。

根据同水头段大型水轮机的实际运行情况,结合卡洛特水电站的运行特点,经初步分析认为,对水轮机的稳定性应有如下要求:

1)在水轮机不补气条件下,距转轮出口 $0.4D_1$(此处 D_1 为转轮进口直径)处下游侧的尾水管测压孔测得的原型水轮机和模型水轮机尾水管的压力脉动值 $\Delta H/H$(ΔH 为相应水头 H 下单测点双幅混频值):

在 80%~100%机组预想出力时不大于 6%(混频),在 60%~80%机组预想出力时不大于 8%(混频),在 20%~60%机组预想出力时不大于 9%(混频),在小于等于 20%机组预想出力时不大于10%(混频)。

2)应在规定的正常运行范围内,不产生过大的叶道涡流,在转轮进口不产生正压面和负压面的空化。

3)在高水头高负荷区不产生特殊压力脉动现象。

(4)合理选择额定水头

通过对63m、65m、67m三个额定水头比选,各方案单位电能投资指标基本相当,从稳定运行条件来看,65m、67m方案略优于63m方案,考虑到水轮机高水头稳定性及减小电站出力受阻因素,推荐水轮机额定水头为65m,可以预计卡洛特水电站将具有较好的高水头稳定性能。

14.1.4 防止或减轻磨蚀的综合措施

卡洛特水电站水头范围在50.0～79.34m,调节库容1587万m^3,库容系数0.06%,为日调节水库,调节库容小;水库坝址以上流域年均悬移质输沙量为3315万t,多年平均含沙量为1.28kg/m^3,而且在汛期较为集中;水中泥沙石英和长石成分含量较多(占37%),含沙硬度高。因此,本电站具有中低水头、调节库容小、多泥沙、泥沙硬度高的特点。

14.1.4.1 泥沙磨损的主要危害

泥沙含量大的水流对水轮机通流部件损坏的危害主要表现如下:

1)水轮机的效率和出力大幅度降低,年发电量损失很大,如一些水轮机运行5000～20000h,效率下降1.5%～6%,电站年发电量损失5%～15%。如黄河三门峡水电站水轮机运行15000h必须扩修,其中4号机运行两年过流部件严重损坏,效率下降8.7%;青铜峡水电站根据运行历史记录,机组初期运行5年,效率降低16%,即平均每年降低3.2%,单台机组5年中损失发电量2016万kW·h。

2)缩短了水轮机大修周期,增加了大修时间和费用。例如中国云南省的大盈江水电站,装机容量4×175MW,水轮机额定水头289m,电站多年平均含沙量为0.427 kg/m^3,90%泥沙都集中在5—10月的汛期,泥沙材质为花岗岩,硬度较高。水库库容15.99万m^3,无调节能力。电站1～3号机组投运3年左右,过流部件转轮根部、底环抗磨板磨蚀严重,大部分抗磨环不锈钢层已被冲刷完。磨蚀的增加导致机组振动加大,影响机组出力,已经威胁到机组运行安全,增加了维修工作量和费用。

3)发生故障的概率增大,降低了运行灵活性和可靠性。

本电站具有中低水头、调节库容小、多泥沙、泥沙硬度高的特点,因此水轮机通流部件泥沙磨损问题将十分突出,应引起高度重视。从各个方面积极采取综合治理措施,尽量减少过机含沙量和减轻泥沙磨损的危害,延长水轮机通流部件的使用寿命,进而达到延长水轮机大修周期的目的。

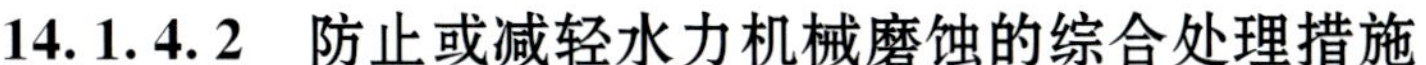

14.1.4.2 防止或减轻水力机械磨蚀的综合处理措施

(1)电站排沙运行方式

卡洛特水电站来沙时间主要集中在汛期4—8月。初步拟定水库排沙运行方式为：当入库流量大于1400m^3/s，但小于2100m^3/s时，利用水库461～456m的调节库容，集中时间加大泄量排沙；当入库流量大于2100m^3/s，水库降水位排沙，每天的水位降幅初步按不超过5m控制，直至排沙运行水位446m，当水库水位降至451m后，电站停机；当入库流量小于2100m^3/s后，水库水位逐步回蓄至正常蓄水位461m，回蓄期间每天的水位上涨初步按不超过10m控制。

(2)枢纽布置排沙措施

卡洛特水电站泥沙含量高，库沙比为4.2，水库排沙运行水位拟定在446m高程。溢洪道控制段左端设置2个中孔，为枢纽主要冲沙设施，中孔前布置冲沙槽，宽28.4m，底高程为423.00m。

为保证电站最低引水高程高于水库冲淤平衡高程，并在各运行条件下减少大粒径泥沙进入引水流道，进水口直接布置在溢洪道控制段前沿，利用中孔排沙，避免单独设置排沙设施。同时在进水口引渠前沿溢洪道引渠开挖边线设拦(导)沙坎，增强中孔(冲沙孔)冲沙效果，坎顶最大流速按在非常运行工况(451.00m高程水位)下1m/s控制，其高程定为440.00m，为电站最低引水高程，比泄洪洞中孔底板高17m。按照水工模型试验成果及参考相关的泥沙设计经验，电站进水渠前缘均在溢洪道中孔拉沙漏斗之内。在水库达到冲淤平衡后，如监测发现坎前泥沙淤积到一定高程，立即开启中孔排沙，排走进水口前淤积的泥沙，保证进水口“门前清”效果。

根据坝址河段泥沙粒径分析成果，小于0.25mm粒径的泥沙占悬移质比例约为92%，电站最低引水高程为440.00m，取渠内表层水引水发电，可明显减少大粒径泥沙过机。

水工试验成果表明，各工况下进水口流态较好，未发现有漩涡漏斗，泄洪冲沙孔运行时，能保证进水口“门前清”。泥沙模型试验成果表明，枢纽运行5年后进水口拦沙坎内淤积基本达到平衡状态，淤积高程小于0.5m，不影响电站引水发电。

(3)水轮机水力设计

1)合理选择机组参数及控制转轮出口相对流速。

合理选择机组参数及控制过流速度是含沙水流电站必须采取的关键措施之一。水轮机的泥沙磨蚀程度与水流速度因素影响极大，因此多沙河流电站水轮机参数选择时要适当降低参数水平，特别要控制转轮出口相对流速。根据对A3钢、20SiMn、0Cr13Ni4Mo、0Cr13Ni6Mo等材料的试验成果参照已运行电站磨蚀破坏的现状，建议转轮出口圆周速度不超过34～38m/s。考虑到本电站的泥沙较为严重及枢纽布置情况，建议转轮出口圆周速度不超过34m/s，转轮出口相对流速不大于35m/s。

综合多泥沙电站设计和运行的实际情况，推荐本电站水轮机比速系数为1870，相应的比转速为232m・kW，相应的转轮出口圆周速度为33.5m/s，相应的转轮出口相对流速为34.6m/s。

2)确定合适的水轮机安装高程。

由于水轮机的空蚀破坏对泥沙磨损有促进作用，空蚀与泥沙磨损的相互影响会加剧对过流部件的破坏，因此，适当降低水轮机的安装高程，加大吸出高度能够有效地减少水轮机的空化，有效地降低泥沙磨损的破坏程度。

根据推荐单机容量方案的比转速，本电站水轮机模型临界空化系数取0.105，电站空化系数取0.193，空化安全系数为1.838，计算出吸出高度为−3.0m，相应的水轮机安装高程约为383.5m，考虑尾水冲刷及为有效降低空蚀及磨损的联合作用，初步确定水轮机安装高程为382.5m。

(4)结构及加工工艺

对于多泥沙电站，水轮机结构设计总的原则是使高速含沙水流与部件的接触面积尽可能小，避免水流持续冲刷、急剧变化或方向突变，易磨损部件检修和更换方便。

1)过流部件的材料选择。

水轮机一些易磨损部件可采用抗泥沙磨损的不锈钢制造并严格控制材料的质量。

①上冠、叶片和下环采用抗空蚀、抗磨性能良好和焊接性能好的马氏体不锈钢。

②导叶采用抗磨蚀性能良好的不锈钢铸造。

③顶盖和底环抗磨板采用抗空蚀性能优良的不锈钢板，采用塞焊方式。

④顶盖与上冠和底环对应处宜设置不锈钢止漏环。

⑤锥管进口段采用抗空蚀性能良好的不锈钢板。

2)增加壁厚。

对不影响效率的结构件，增加易磨损部位壁厚是延长大修周期的方法之一。增加壁厚可避免磨损后出现高应力的问题。典型部件是顶盖止漏环拐角焊缝，顶板和导叶轴头圆角，转轮叶片、导叶和固定导叶出水边的厚度等。对于埋设部件，特别是顶盖平压管应有足够的壁厚。

3)抗磨防护涂层。

采用适当的抗磨涂层，可延长大修周期。目前，高速氧燃料(HVOF)火焰喷射涂层得到较为广泛的应用，适用这种喷涂工艺的涂层粉料主要由碳化钨和一种金属黏合剂(如铬化钨CoCr)组成。涂层的部位包括：转轮出水边下部(正面)靠下环区、下环内表面下部及叶片根部和下止漏环，以及局部的叶片进水边下根部(背面)；活动导叶出水边及导叶轴头密封环；顶盖、底环的止漏环和不锈钢抗磨板。

(5)水轮机运行

1)电站枢纽建成后，加强水库调度运用管理，加强电网调度和电站机组运行的协调，尽量使水轮机在稳定且高效的运行区域内运行，尽可能避免空载或低负荷工况运行。

2)应结合水库的运行，进行过机泥沙检测，选择合适的位置进行泥沙取样、含沙量测定，并进行泥沙特性分析。

3)汛期特别是在沙峰期运行，宜打开冲沙设施进行排沙。根据电站泥沙情况及特点，可考虑在泥沙集中期间短时间停机。

4)汛期运行中对顶盖的漏水量及压力等进行观测，判断止漏环的磨损情况，并在汛期运行后停机进行检查。

14.1.5 调速器及其油压装置

调速系统由调速器(包括电气控制部分和机械液压部分)、油压装置和附属设备组成。

调速器采用PID数字式微机控制电液调速器。液压操作控制系统的额定工作油压为6.3MPa。导叶接力器的全关和全开时间能在6～40s范围内独立可调。

调速器电气部分采用容错控制系统，在控制上可实现双通道自动控制＋电手动冗余控制，同时调速器具有纯机械手动操作功能。

调速器机械部分采用高性能双通道比例阀或步进电机作为电液转换单元，实现调速器的自动、电手动、纯机械手动运行方式。

调速器具有速度与加速度检测、转速控制、开度控制、功率控制、电力系统频率自动跟踪、导叶电气开限、参数自适应、在线诊断、容错及故障处理等功能。调速器能现地和远方进行机组的手自动开停机和紧急停机。能用通信和接点两种方式接收电站计算机监控系统的控制信号，并向计算机监控系统传送调速系统有关信息。

油压装置型号YZ-10-6.3，调速器的电气柜和机械液压部分单独设置，机械液压部分布置在回油箱上。压力油罐和回油箱为钢板焊接结构，压力油罐上装有压力表、压力开关或压力传感器、油位计、油位开关、空气安全阀、供排油接头、供气接头和手动操作空气泄放阀以及压缩空气自动补气装置。回油箱上装有机械液压柜、工作油泵、备用油泵、过滤器、嵌入式油位指示器、油位开关、温度控制装置、充油接口、呼吸器、排油接口和排油阀，以及油净化循环过滤装置接口等。

14.1.6 调节保证设计

14.1.6.1 计算限值

调节保证计算限值根据《水力发电厂机电设计规范》(DL/T 5186—2004)的有关规定，采用如下数值。

(1)转速升高率

当机组容量占电力系统工作总容量的比重较大，或担负调频任务时，宜小于50%；当机组容量占电力系统工作总容量的比重不大，或不担负调频任务时，宜小于60%。

根据巴基斯坦国家电网统计资料，截至2010年底，巴基斯坦全国总装机容量21455MW，其中水电6555MW，占30.6%；火电14439MW，占67.3%；核电461MW，占2.1%。

本电站单机机组180MW占巴基斯坦电力系统容量比重约为0.84%，比重相对较小，为适当留有裕度，本阶段机组最大转速升高率控制值暂按52%选取。

(2)蜗壳压力升高率

机组甩负荷的蜗壳最大压力升高率控制值，按以下不同情况选取：

当额定水头小于20m时，宜为70%～100%；

当额定水头为20～40m时，宜为70%～50%；

当额定水头为40～100m时，宜为50%～30%；

当额定水头为100～300m时，宜为30%～25%；

当额定水头大于300m时，宜小于25%。

蜗壳最大压力升高率控制值，应按计算值并留有适当裕度确定。根据规程规范规定，卡洛特水电站机组蜗壳允许的最大压力升高率宜控制在50%范围内。卡洛特水电站额定水头65.0m，蜗壳中心最大静压力为78.5m，按此计算，蜗壳末端最大压力计算值宜不大于117.75m。

(3)尾水管进口断面最大真空保证值

机组甩全负荷时，尾水管进口断面最大真空度控制值不应大于0.08MPa，考虑当地海拔高程及尾水管进口不稳定流动压影响，尾水管进口断面最大真空计算限值宜不大于0.075MPa。

(4)机组调节品质

水轮机调节系统动态特性应符合《水轮机控制系统技术条件》的规定，即机组甩负荷后动态品质应达到：

1)甩100%额定负荷后，在转速变化过程中，超过稳态转速3%以上的波峰不超过两次；

2)从机组甩负荷时起，到机组转速相对偏差小于±1%为止的调节时间t_g与从甩负荷开始至转速升至最高转速所经历的时间t_m比值不大于8；

3)机组甩100%额定负荷后，从接力器第一次向开启方向移动起，到机组转速摆动值不超过±0.2%为止所经历的时间，应不大于40s。

4)小波动应满足《水轮机控制系统技术条件》(GB/T 9652.1—2007)及《水轮机电液调节系统及装置技术规程》(DL/T 563—2004)的要求。

14.1.6.2 输水系统水力单元及计算参数

(1)输水系统及机组基本特性

电站为引水式地面厂房，机组采用一机一洞引水型式，输水系统总长约470.85m。引水隧洞段直径为9.5m，长度约311.4m；压力钢管段直径为7.9m，长度约64.5m。

依据卡洛特电站输水系统布置，输水系统过渡过程计算相关数据见表 14.3。

表 14.3　　4# 机组过渡过程计算相关数据

进水口长度/m	20.9
压力钢管前引水隧洞直径/m	Φ9.5
压力钢管直径/m	Φ7.9
水轮机额定流量/(m^3/s)	312.1
水流惯性时间常数 T_w/s	3.69
机组 GD^2/($t\cdot m^2$)	63000.0
机组惯性时间常数 T_a/s	9.13
$\sum LV$/(m^2/s)	2350.53

从表 14.3 中可以看出，4# 水力单元 1# 机系统的水流惯性时间常数 $T_w<4s$，机组惯性时间常数 $T_a>4s$、$T_w/T_a\leqslant 0.4$，T_w、T_a 和 T_w/T_a 均在规范要求的范围内。

(2)接力器关闭

接力器按一段直线关闭规律拟定，且导叶从额定点开度全关至零开度的时间整定为 9.0s，接力器最短开启时间为 9s，机组从空载增至 100%额定负荷给定时间为 60s。

14.1.6.3　主要计算工况选择

根据 2013 年 10 月水电水利规划设计总院关于《水电站输水发电系统调节保证设计专题报告编制暂时规定(试行)》中的相关规定及要求，为实现输水发电系统设计的技术经济合理性，在进行水力过渡过程大波动计算时，将计算工况分为设计工况和校核工况。设计工况为在电站正常运用范围内不利的水力过渡过程计算边界条件下，电站正常运用(包括开停机、增减负荷、正常工况转换以及稳定运行等状态)或正常运用时考虑一个偶发事件(设备故障、电力系统故障等)引起的过渡工况；校核工况为在上述正常运用条件下考虑两个相互独立的偶发事件引起的过渡工况。调节保证设计过程中一般不考虑 3 个独立的偶发事件或设备故障叠加引起的过渡过程工况。

针对卡洛特水电站的流道布置、输水系统特点、电站运行方式、机组负荷变化规律、导叶接力器、调速器、电网特性及可能的负荷扰动特点，过渡过程计算主要考虑简单工况和小波动工况，每大类又根据电站水位不同、水头不同、负荷扰动的大小及组合方式不同可分别组合成 D1～D4 、X1～X7 等进行全面的水机电联合过渡过程计算。

(1)简单工况

工况 D1:上游正常蓄水位，额定水头，1 台机全甩额定负荷；

工况 D2:1 台机满发对应下游水位，额定水头，1 台机全甩额定负荷；

工况 D3:上游正常蓄水位，最大水头，一台机突甩额定负荷；

工况 D4:4 台机满发对应下游水位，最小水头，一台机突甩满负荷。

(2)小波动工况

工况 X1：上游正常蓄水位 461m，额定水头，1 台机组在 90%额定负荷突减 5%额定负荷。

工况 X2：1 台机满发对应下游水位 386.70m，额定水头，1 台机组在 90%额定负荷突减 5%额定负荷。

工况 X3：上游正常蓄水位 461m，最大水头，1 台机组在 90%额定负荷突减 5%额定负荷。

工况 X4：4 台机满发对应下游水位，最小水头，1 台机组在 90%满负荷突减 5%额定负荷。

工况 X5：1 台机满发对应下游水位 386.70m，额定水头，1 台机组在额定负荷突减至空载。

工况 X6：上游正常蓄水位 461.0m，最大水头，1 台机组在额定负荷突减至空载。

工况 X7：4 台机满发对应下游水位，最小水头，1 台机组在 90%满负荷突减至空载。

14.1.6.4 过渡过程计算结果

(1)大波动计算结果

接力器按照一段直线关闭规律拟定，4# 机组水力过渡过程计算结果见表 14.4。

表 14.4　4# 机组大波动控制工况下调节保证计算结果

工况	初始值		调节保证计算结果		
	上游水位/m	下游水位/m	蜗壳进口最大压力/m	最大转速升 β_{max}/%	尾水管进口真空度/m
D1	461.00	393.60	109.66	51.16	5.46
D2	452.00	386.70	100.72	51.03	−3.65
D3	461.00	384.00	113.14	39.81	−4.25
D4	445.20	391.23	90.44	34.11	4.56

(2)小波动计算结果

机组小波动稳定计算主要考虑两类工况：①机组在 90%额定负荷工况下发生 5%的阶跃负荷扰动，考核并网后大负荷机组调节稳定性能；②机组从额定负荷甩负荷至空载运行，考核脱离电网后机组空载调节稳定性能。

对小波动而言，水头越低、T_w 越大则越不容易稳定。经分析计算，当调速器调节参数整定为 $T_n=1.84s$，$T_d=11.05s$，$b_t=0.605$ 时，最不利工况为 X7，该工况 4# 机组转速波动过程线见图 14.1。

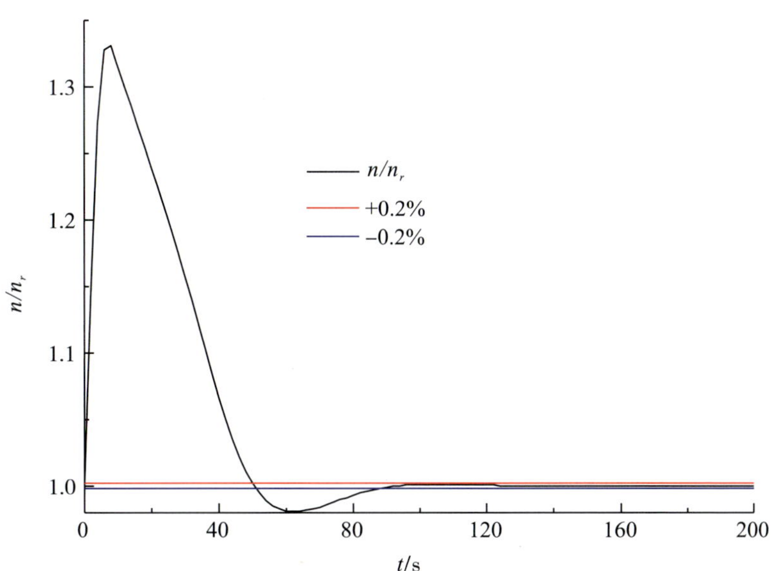

图 14.1 X7 工况 4# 机组转速波动过程线

由图 14.1 可见，在 X7 工况，4# 机组转速超过 3% 的波动次数不超过 2 次，但机组需要经过约 88.0s 才能够进入 ±0.2% 的转速带宽以内，不能满足规程规范规定 40s 以内进入 ±0.2% 带宽的要求，因此机组甩负荷至空载的小波动调节品质稍差。

14.1.6.5 计算结论

1) 采用直线关闭规律、导叶从额定点开度至零开度的接力器关机时间整定为 9.0s，接力器开启时间整定为 9.0s，机组从空载增至额定负荷的时间为 60s。计算结果表明：机组最大转速升高率 β_{max} 不超过 51.16%；蜗壳最大压力值不超过 113.14m；尾水管进口最大真空度不超过 4.25m。一段直线关闭规律计算值均未超过计算限值。

2) 机组调速器调节参数设定为 $T_n = 1.84s$，$T_d = 11.05s$，$b_t = 0.605$ 时，在最小水头甩满负荷至空载工况，机组转速小波动过程呈收敛稳定状态，但进入带宽时间稍长，调节品质稍差。

14.1.6.6 调节保证设计

根据调节保证设计限制及调节保证计算成果，卡洛特水电站输水发电系统及水轮发电机组调节保证设计如下：

(1) 机组转速

导叶采用一段直线关闭规律，经水力过渡过程计算，机组转速最大上升率计算值为 51.16%。考虑计算误差、机组特性曲线、GD^2 等机组最终特性参数变化等因素，机组甩负荷工况最大转速上升率设计值为 52.0%，在机组采购中应要求机组结构设计及强度按不小于飞逸转速工况设计。

(2)蜗壳压力

导叶采用一段直线关闭规律，经水力过渡过程计算，蜗壳最大动水压力计算值为113.14m。考虑计算误差、机组特性曲线、GD^2 等机组最终特性参数变化等因素，同时考虑蜗壳压力脉动的影响，预留3%的计算误差，即机组甩负荷工况蜗壳最大动压调节保证设计值为116.5m。

(3)尾水管进口真空度

采用一段直线关闭规律，经水力过渡过程计算，尾水管进口真空度计算值为4.25m。考虑计算误差、机组特性曲线、GD^2 等机组最终特性参数变化等因素，同时考虑尾水压力脉动的影响，即尾水管进口真空度调节保证设计值不大于4.0m。

14.1.7 起重设备

起重设备包括主厂房桥式起重机和安Ⅰ段卸货桥机。

(1)主厂房桥式起重机

主厂房起重设备的起重能力由起吊发电机转子控制。卡洛特水电站水轮发电机整体转子重约775t，考虑双小车并车平衡梁重约30t，大车并车平衡梁重约100t，吊轴重约20t，总起重量为1000t。

因此选用两台起重量为250t/50t +250t/50t 的双小车桥机，桥机跨度为22.0m。轨顶高程按起吊转子或定子考虑，桥机轨顶高程为412.00m。

(2)安Ⅰ段桥机

由于电站尾水位较高，为减少电站厂房纵向土建工程量，在安Ⅰ段安装场内设一台卸车桥机，卸车桥机按起吊进/出厂最重件考虑，进厂最重件为分瓣转轮，分瓣转轮重量约82.5t，出厂整体转轮为165t，因此选择一台200t/50t单小车桥机，用于主厂房设备进出卸货。桥机轨顶高程按进厂交通、大件尺寸及与主厂房起重机衔接考虑，确定桥机轨顶高程为429.50m。

14.1.8 辅助设备

14.1.8.1 技术供水系统

(1)供水方式比较

根据《水力发电厂水力机械辅助设备系统设计技术规定》(DL/T 5066—2010)，当水电站工作水头为15～70m时，宜采用自流减压供水方式。卡洛特水电站水头运行范围为50.00～79.34m，电站技术供水方式宜采用自流减压供水方式或二次循环供水方式(考虑到本电站泥沙含量大)。

自流减压供水方式与二次循环供水方式经济综合比较见表14.5。

表 14.5　　机组技术供水方案综合分析比较(全电站)

项目		自流减压供水	二次循环供水
年消耗电能	消耗电能/(万 kW·h)	294	496
	消耗电能成本/万元	58.8	99.2
设备发生费用/万元	购置费	低	高
	运行维护费	80	110
	设备总费用	低	高
可靠性分析		可靠度较高	可靠度较高
设备、管路布置		占地面积小	占地面积大
操作运行维护		简单	复杂
综合评价		年消耗电能少,设备费用低,设备布置简单,供水水压根据下游水位需要调节。系统可靠性较高,系统故障率相对较低,运行控制程序单一,操作运行维护简单	年消耗电能相对较多,设备费用高,设备管路布置复杂,供水水压不受下游水位影响。供水可靠性较高,运行经验成熟,运行控制程序较复杂,操作运行维护不太方便

从表 14.5 中可以看出,二次循环供水方案的设备投资较自流减压供水方案多,且年消耗电能指标高,每年增加消耗 40.4 万元,并且是长期的。从综合经济指标来看,从电站设计布置和今后的运行维护来考虑,自流减压供水优于二次循环供水。

综上所述,推荐采用直流减压供水方式,但为减少泥沙对设备的磨损,在技术供水系统设计时需充分考虑处理泥沙措施。

(2)技术供水系统的供水型式

卡洛特水电站技术供水系统的供水型式可采用两种:一是单机单元供水,二是集中供水。因电站机组单机容量大,技术供水系统用水量亦大,设备尺寸较大,管线及设备布置及连接难度较大,不宜采用 4 台机组集中供水方式。

为了保证技术供水系统的可靠性,现阶段选用二机联合的自流减压供水方案。

(3)技术供水系统布置

技术供水系统水源取自压力钢管,2 台机取水口用管道连通,1# 机组和 2# 机组为一组,3# 机组和 4# 机组为一组。机组之间用手动阀门隔开,1# 机组和 2# 机组的水源可互为备用,3# 机组和 4# 机组的水源可互为备用,2 台机组采用联合供水的自流减压供水方案。

本电站泥沙含量大,为了有效减少技术供水系统的泥沙含量,确保技术供水系统的运行安全,本电站主要采取如下措施。

1)在取水口的水源进入设备之前,采用自然沉降的方法,将粗大颗粒的泥沙排除。即将取水口进入 2 台机组连通管之前的取水总管的管径加大,以降低管内流速(流速在 1.5m/s

以下），同时将供水总管升至一定高度，再降至技术供水层，通过升高供水总管的垂直高度和降低流速的方法，达到自然沉降粗大颗粒泥沙，减少泥沙至技术供水系统的目的。

2）在滤水器前设置旋流器，排除较粗的颗粒直径的泥沙和杂物。

3）设置 2 台全自动旋转过滤器，互为备用，排除泥沙。

4）为了减少泥沙和水生物对技术供水系统的影响，供水系统具有正反向运行功能，可根据电站运行的实际情况，进行正反向运行的切换。根据多个电站的运行经验表明，正反向运行能够有效防止泥沙淤堵和水生生物的生长。

经计算，具有沉降粗大颗粒泥沙的取水总管直径为 DN500，2 台机组联合供水总管管径为 Φ426×9，取水口拦污栅条间距为 30～50mm。

每台机组设有 DN350，PN1.6MPa 旋转滤水器、全自动滤水器 2 台，总水量按 $Q=1000m^3/h$ 设计。

机组技术供水从滤水器后取水，设 2 台 DN350 机组供水减压阀、2 台 DN350 电动半球阀，减压阀、电动半球阀可互为备用。电动半球阀出口设有 1 台电动四通转换阀门，用于机组供水正反向运行，以降低泥沙堵塞和藻类生长。机组各冷却器供、排水管道上均设置电磁流量计、温度信号器，进、出口总管设置电磁流量计和压力变送器等。

减压阀采用压差控制方式，根据阀门出口与电站尾水的压力差值控制减压阀开度，从而保证流量稳定。减压阀水力控制回路设置两套过滤装置，在减压阀连续工作的前提下，按设定时间自动切换，自动排污。自动计时器可以设定反冲洗时间的长短，可以设定每次清洗的时间间隔。

滤水器根据进出口压差值排污或定时清污，或现场手动控制清污，3 种控制方式可切换选择。技术供水系统采用电动偏心半球阀等自动化元器件，使之具备自动控制、自动切换等功能。

水轮机主轴密封供水以厂内清洁水为主水源，蜗壳取水经滤水器过滤、减压阀减压后作为备用水源，当主水源消失或压力不能满足要求时，备用水源自动投入。

14.1.8.2 排水系统

卡洛特水电站排水系统分为机组检修排水系统、渗漏排水系统以及溢洪道排水系统。

（1）机组检修排水系统

机组检修均考虑安排在枯水季节进行，按一台机检修，其他 3 台机带额定负荷时的下游尾水位进行设计，千年一遇洪水校核。当尾水位超过千年一遇尾水位时，不考虑机组检修，原因是上述水位出现概率小且持续时间短。

1）机组检修排水。

机组检修排水系统采用间接排水方式，机组积水经盘形阀、排水廊道流至集水井，再由水泵将检修积水排至下游。该方案是已建电站中最常采用的排水方案。该方案优点是水泵台数少、布置集中、运行经验多、尾水管中水位下降快，易形成压差，使尾水门密封严密，缺点是尾水管至检修集水井间的排水管道中易沉淀泥沙，排除难度较大。因此还应考虑检修排水廊道中泥沙淤积问题，设计时在廊道中设置高压水管和压缩空气吹扫管。检修集水井的平面尺寸为8.8m(不含中墩和楼梯)×4.0m，检修集水井井底高程定为356.30m。

机组检修，需排除一台机压力钢管、蜗壳、尾水管直至下游尾水管出口闸门内的积水和运行机组尾水管盘形阀的流水量，总的积水量约为10442m^3，上、下游闸门及盘形阀总漏水量为766m^3/h。

2)检修排水设备选择。

用于机组检修排水的水泵一般有卧式离心泵、立式深井泵。离心泵由于受吸程的限制，水泵的装置位置较低，防潮防淹问题难以解决，因此不考虑选用卧式离心泵。立式深井泵没有防潮防淹问题，不存在吸程问题，另外占地较小，近年来得到广泛的应用，因此本电站的排水泵采用深井泵。

根据3台机运行总积水量及上、下游闸门及盘形阀总漏水量，按5h排空机组积水，选择3台深井泵，其流量参数为1000m^3/h，扬程50m。

3)检修排水设备运行方式。

机组检修排流道积水时，3台泵同时工作(若需缩短排水时间，潜水排污泵可投入运行)；排上、下游闸门及盘形阀漏水时，1台水泵断续工作，另外两台备用。检修排水泵在排流道积水时，可手动或自动控制泵的启停；排上下闸门漏水时，排水泵处于自动工作状态，水泵的启停根据集水井中的水位信号装置所整定的水位自动控制。

深井泵在运转前，轴承需先通入清水润滑，为此，设有润滑水总管，从厂内生活用水系统引至排水泵房，从润滑水总管上分别引出至各深井泵的润滑支管接口。

(2)渗漏排水系统

厂房渗漏排水系统按大坝下泄百年一遇洪水时的下游尾水位进行设计，按大坝下泄千年一遇洪水时的下游尾水位进行校核；同时还考虑在最低尾水位时也能满足渗漏排水的要求。

根据水工建筑物渗漏水量、机组运行过程中的设备漏水量以及生活水量等，参照中国同类型电站资料及已运行电站的实际情况，本电站厂房渗漏排水量按100m^3/h估算。

厂房渗漏排水系统采用间接排水方式，渗漏集水井井底高程为351.00m，集水井平面尺寸为7.5m×4.0m(长×宽)，有效容积90m^3。

考虑厂房渗漏水量的不确定性，为确保厂房安全，水泵台数按1台工作，2台备用配置，所选水泵流量300m^3/h，扬程65m。

工作泵和备用泵的启停，根据设置在集水井内的水位信号器整定的水位进行自动工作，当渗漏集水井的水位达到报警水位时，向中控室发报警信号。

深井泵在运转前，轴承需先通入清水润滑，为此，设有润滑水总管，从厂内生活用水系统引至排水泵房，从润滑水总管上分别引出至各深井泵的润滑支管接口。

1)集水井排污设备。

为对集水井进行清污，选择潜水排污泵作为清污设备，临时将潜水排污泵安装到集水井内的基础上进行清污，选择 $Q=150m^3/h$，$H=65m$ 潜水排污泵 2 台。

清污清淤时，首先将机组检修排水干管中的污物用压缩空气和有压清洁水冲至检修集水井，再打开检修集水井和渗漏集水井各自的冲水冲气阀门，用压缩空气和有压清洁水反复冲洗集水井底部，同时启动排污泵排污，直至排出的水变清为止。

2)油水分离设备。

考虑到本电站位于巴基斯坦，应遵循当地环保标准，对下游水质有一定的要求，因此在渗漏排水系统中需设置油水分离装置，其处理能力在 $10m^3/h$ 左右。

(3)溢洪道排水系统

溢洪道渗漏排水方式采用间接排水，即渗漏水通过排水廊道排至集水井，然后通过水泵排至下游。

溢流道渗漏水量为 $140m^3/h$。在溢洪道 3 区内横向灌浆排水廊道下游 404.75m 高程设一个排水泵房，泵房集水井有效容积为 $120m^3$，经计算，泵房选择 2 台($Q=400m^3/h$，$H=25m$)潜水排污泵，其中 1 台工作，另外 1 台备用。渗漏排水泵采用自动和手动控制运行方式，由液位信号器根据集水井的水位变化自动控制水泵的启动和停机及报警。

14.1.8.3 电站油系统

(1)透平油系统

1)设备选择。

透平油系统设置 2 个 $20m^3$ 净油罐、2 个 $20m^3$ 运行油罐，按 8h 过滤完一台机组用油，配置 2 台 JYG-100 型精密过滤机、1 台 ZJCQ-6 型透平油过滤机、2 台 2CY-12/6 型齿轮油泵，为给设备添油，设 $0.5m^3$ 移动式油车 1 台。

透平油经净油机处理后应达到如下指标：过滤精度 $\leqslant 5\mu$；含水量 $\leqslant 0.01\%$；净化清洁度 5 级。

为满足消防要求，油罐室、油处理室采用防火隔墙，各有独立的防火门，在油处理室下方设有容积为 $100m^3$ 的事故油池 1 个。

油库和油处理室设在安Ⅰ段下方，透平油库及油处理室地面高程为 405.50m。根据防火规程和厂房结构的要求，油库和油处理室分隔设置，油泵、滤油机、精密滤油机及油槽车均布置在油处理室内。单个油库面积为 $112.8m^2$，油处理室面积为 $126.3m^2$，配有单独的通风系统。

电厂设有纵贯全厂的 DN80 供排油管。机组各油槽及油压设备上接有活接头，当机组检修需要排油时，可通过排油泵和总排油干管向运行油罐排油，油处理完毕后，油罐可通过连接在油处理室总供油干管上的供油泵和供油管道向各用油设备供油。当运来新油时，可通过活接头，由油槽车自流向新油罐内充油。排污油时，可通过污油管、油泵及活接头向油槽车排油。

2)事故排油。

当油罐室发生火灾时,可通过油罐的事故排油管将油排入设在透平油油罐室和油处理室下方的事故油池,事故油池的容积约 $100m^3$。

为满足防火要求,油库、油处理室采用防火隔墙,均有各自的防火门窗,并设有若干干式泡沫灭火器和专用通风换气措施。此外,还设有 0.4m 高的挡油槛。

(2)电站绝缘油系统

1)设备选型设计。

为贮存净油及备用油,绝缘油系统设置 2 个 $15m^3$ 净油罐、2 个 $15m^3$ 运行油罐。按 24h 过滤完一台主变用油,配置 1 台 JYG-50 型精密过滤机、ZJB3KY 真空净油机 1 台、ZJA-3KY 高真空净油机 1 台。另外配置 2 台 2CY-6/3.3 型齿轮油泵。

绝缘油经高真空净油机处理后应达到如下指标:含水量≤3mg/kg;残余气体≤0.1%;过滤精度≤3μm;击穿电压≥75kV。

油库和油处理室设在安Ⅰ段下方,地面高程为 412.5m。根据防火规程和厂房结构的要求,油库和油处理室分隔设置,油泵、滤油机、真空净油机及油槽车均布置在油处理室内。单个油库面积为 $112.8m^2$,油处理室面积为 $132.0m^2$,配有单独的通风系统。

2)事故排油。

4 台主变压器共用 1 个事故油池,1 台单相主变压器失火时,3 台单相主变油箱中的油及消防水,排入事故油池。事故油池设在主变下方,地面高程为 419.0m,总容积约为 $250m^3$,可容纳 3 台单相主变的全部油量和 20min 消防水量。

当绝缘油罐室发生火灾时,可通过油罐的事故排油管将油排入设在油处理室及油库下的事故油池。

为满足防火要求,油库、油处理室采用防火隔墙,均有各自的防火门窗,并设有若干干式泡沫灭火器和专用通风换气措施。此外,还设有 0.4m 高的挡油槛。

14.1.8.4 电站压缩空气系统

本电站厂内压缩空气系统分为低压压缩空气系统和中压压缩空气系统,两系统分开设置。其中,低压压缩空气系统包括机组制动供气、工业供气和封闭母线微正压供气 3 个部分。3 部分供气压力等级相同,既可联合设置,也可分开设置。为保证供气的可靠性及充分发挥设备的作用,又要避免各系统用气相互影响,确保安全可靠,将制动用气与工业用气联合设置,封闭母线微正压供气独立设置。

(1)厂内制动与工业用气系统

厂内制动与工业用气系统的主要供气对象是机组制动用气、主轴密封用气和工业用气。

选用 3 台生产率为 $3.0m^3/min$、排气压力为 0.85 MPa 的低压空压机,在给制动贮气罐和工业用气贮气罐补气时,3 台空压机互为备用;检修维护用气时,根据实际用气量大小决定投入空压机的台数。为了满足该系统稳定运行，选用 2 个容积为 $4m^3$ 的制动用气贮气罐和 1 个容积为 $2m^3$ 的工业用气贮气罐。为满足其他用户临时供气要求，设有 2 台移动式空压机。

(2)封闭母线微正压供气系统

封闭母线微正压供气系统设有 2 台压力等级为 0.85MPa、排气量为 $3m^3/min$ 的风冷螺杆式空压机；2 台压力等级为 0.85MPa、排气量≥$4m^3/min$ 的空气干燥机；2 个压力等级为 0.8MPa、排气量≥$4m^3/min$ 的空气过滤器；2 个压力等级为 0.8MPa、贮气量为 $5m^3$ 的贮气罐。

(3)厂内中压压缩空气系统

厂内中压压缩空气系统用户为调速器油压装置。本电站油压装置压力等级为 6.3MPa。采用一级压力供气方式向油压装置供气，即压缩空气自中压贮气罐直接供给压力油罐。为保证空气质量，设有生产率为 $2.5m^3/min$、额定工作压力为 8MPa 的空气干燥机 2 台。中压气系统配置生产率为 $2m^3/min$、额定工作压力为 8MPa 的风冷式空压机 2 台，2 个 $V=4m^3$、$P=7MPa$ 贮气罐，生产率为 $2.5m^3/min$、额定工作压力为 8MPa 的空气过滤器 2 台。

中、低压空气压缩机及贮气罐均设有安全阀和压力过高、过低信号装置，空气压缩机的启动和停机均能实现自动控制。

14.1.8.5 电站水力监视测量系统

水力监视测量系统分为全电站测量和机组段测量。

全电站测量的项目有：电站上下游水位和毛水头，拦污栅压差，上、下游水库的水温。水位采用在机组进水口处和下游尾水处设置的钢管测井，在井内置入投入式变送器进行测量，拦污栅压差通过设在机组进水口处的栅前栅后的钢管测井，在井内置入投入式变送器进行测量。电站毛水头和拦污栅压差由各自的上下游水位变送器的压差值而取得。上游库水位测量设两个钢管测井，拦污栅后水位测量设 3 个钢管测井。尾水位测量设两个钢管测井。

机组段测量的项目有：蜗壳进口压力、末端压力、顶盖压力、锥管进口压力、锥管离转轮 $0.4D_1$ 处压力、肘管压力、尾水管出口压力、水轮机工作水头、工作门平压、尾水管压力脉动等。各测点均采用 DN20mm 不锈钢管引至仪表装设地点。转轮进口前各测点的仪表和阀门均布置在水轮机层仪表盘，转轮出口后各测点的仪表和阀门均布置在蜗壳进人交通廊道内。各机组进行机组效率和耗水率的监测。水轮机流量测量采用蜗壳差压法进行在线测量；设置机组状态监测系统测量机组振动、摆度、大轴轨迹、发电机气隙等。

14.2 电气一次

14.2.1 接入电力系统方式及电气主接线

卡洛特水电站采用两回 500kV 出线接入巴基斯坦电力系统，一回通过艾略特到达 NJ

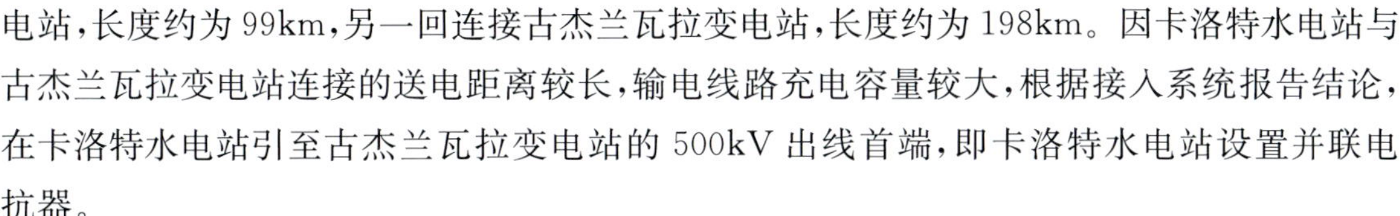

电站，长度约为 99km，另一回连接古杰兰瓦拉变电站，长度约为 198km。因卡洛特水电站与古杰兰瓦拉变电站连接的送电距离较长，输电线路充电容量较大，根据接入系统报告结论，在卡洛特水电站引至古杰兰瓦拉变电站的 500kV 出线首端，即卡洛特水电站设置并联电抗器。

14.2.1.1 电气主接线

卡洛特水电站装机容量 720MW，装设 4 台混流式机组，单机容量 180MW。电气主接线中发电机与变压器的组合方式比较了单元接线、扩大单元接线和联合单元接线，500kV 侧比较了双母线接线和 3/2 接线。卡洛特水电站装机容量较大，利用小时数较高，电力主送巴基斯坦国家电网，且承担重要负荷，要求电站具有较高的安全可靠性，尽可能避免线路全停、全厂停机的不利状况出现。根据卡洛特电站的运行特点和要求，综合考虑技术性能和经济比较，发电机与变压器的组合方式采用一机一变单元接线，500kV 侧采用 3/2 接线。

14.2.1.2 短路电流计算

卡洛特电站经 2 回 500kV 出线接入系统。根据接入系统报告结论，2020 年卡洛特电站 500kV 侧的最大三相短路电流为 19.89kA，最大单相短路电流为 18.22kA。经计算，在发电机主回路三相短路故障时，发电机侧提供的短路电流为 41kA，系统侧提供的短路电流为 49kA，总短路电流为 90kA。

14.2.1.3 厂区及坝区供电

(1)供电范围及负荷

卡洛特水电站主要建筑物有溢洪道、电站厂房、进水口等。电站厂内供电包括机组自用电、厂内照明及油、水、气、空调和通风、检修、尾水等用电负荷；坝区供电包括电站进水口、溢洪道及坝区照明等用电负荷。结合枢纽总布置格局，卡洛特水电站的供电范围主要包括电厂厂房、溢洪道、进水口及坝区等。经统计，水电站的最大用电负荷约为 7000kVA。

(2)厂用电系统

1)厂用电电源引接。

由于卡洛特水电站发—变组合采用单元接线，发电机与变压器之间已装设发电机断路器，因此从发电机电压母线上引接的厂用电源，不受机组开停影响，当机组停机时，发电机断路器断开，可从 500kV 系统倒送厂用电源，不仅提高了供电的可靠性和连续性，而且经济。鉴于卡洛特水电站在巴基斯坦国家电网中的重要性，要求厂用电具有较高的可靠性、灵活性和稳定性，因此电站每个单元接线的发电机电压母线上均引接 1 回厂用电源（共 4 回），作为厂用电主供电源；由于无法在附近找到合适的外来电源作为电站永久厂用电的备用电源，在厂内增设 1 台柴油发电机，作为机组黑启动电源，同时也可作为厂内紧急事故保安电源（如渗漏排水等）。

在全厂停机且外来电源全部失去的情况下，为了保证汛期泄洪安全，确保溢洪道安全运行，在溢洪道设置1台柴油发电机组作为保安电源。

2)厂用电供电电压。

由于卡洛特水电站枢纽范围大，各用电负荷比较分散，采用0.4kV一级电压不能满足电压质量的要求，因此必须采用两级电压供电。第一级电压采用11kV，第二级电压采用0.4kV。

3)厂用电接线。

电厂从发电机组机端引接4回厂用电源（对应4组单元接线），4回厂用电源经4台高压厂用变压器降至11kV，形成4段11kV母线。4段母线分成2组，各分段母线间均设有母联开关，母联开关和外来电源均设有备用电源自投装置，以保证运行段母线（分段或不分段运行时）任何时候只由一个电源供电。

根据枢纽各建筑物的布置及供电要求，在溢洪道设置11kV配电装置，两回电源来自电站厂房11kV厂用电母线，溢洪道和进水口各设1个11/0.4kV变电所，每个变电所配置两台互为备用的变压器，11kV电源引自溢洪道11kV配电装置。从溢洪道11kV配电装置取2回电源至业主营地。

4)厂用电供电点设置。

400V厂用电系统根据用电设备的重要性程度、运行方式及用电设备布置位置，设置8个低压厂用电供电点：1#、2#机组自用电供电点、3#、4#机组自用电供电点、1#公用电供电点、2#公用电供电点、厂内照明供电点、溢洪道供电点、进水口供电点、进厂公路供电点，其中除进厂公路供电点采用单电源回路由箱变供电外，其余均采用双电源回路供电，双回路互为备用。

14.2.2 500kV配电装置型式和布置

结合卡洛特水电站的实际情况综合考虑，卡洛特水电站高压配电装置采用全封闭组合电器（GIS）方案。

GIS配电装置布置在电站上游副厂房、主变室的上层GIS室内，与主变压器高压侧采用油/SF6套管连接。在GIS配电装置室屋顶设出线设备平台，两回500kV架空线路通过出线平台层出线。

14.2.3 主要电气设备选择

(1)短路电流水平

根据卡洛特水电站短路电流计算结果：500kV高压电器设备的短路电流水平均按50kA考虑；发电机主回路电压设备的短路电流水平均按63kA考虑。

(2)发电机型式和主要参数

1)型式。

卡洛特水电站水轮发电机是由立轴混流式水轮机驱动的竖轴、密闭循环、空冷、半伞式、

三相同步交流发电机。

2)额定功率和效率。

根据电站的装机容量、单机容量和发电机与水轮机输出功率相匹配的原则，发电机额定功率为180MW，发电机及其他主要电气设备均按额定功率设计。

3)额定电压。

额定电压与机组容量、合理的槽电流、冷却方式、发电机电压配电装置的选择等都有着密切的关系。发电机定子槽电流是衡量发电机技术经济性能的一项重要指标。根据本电站机组额定转速和采用的全空冷方式，发电机合理的槽电流范围应为4000～5000A，槽电流在此范围之外发电机经济性较差。卡洛特水电站发电机额定电压与槽电流的关系见表14.6。对于本电站发电机而言，15.75kV额定电压方案下的槽电流参数较为合理，发电机技术经济性能较优。综合考虑，发电机额定电压选择为15.75kV。

表 14.6　发电机额定电压与槽电流关系

额定功率/MW	180	
额定转速/(r/min)	100	
额定功率因数	0.8	
极数	60	
额定电压/kV	13.8	15.75
额定电流/A	9414	8248
并联支路数	4	4
槽电流/A	4707	4124

4)功率因数。

根据巴基斯坦输配电公司(NTDC)的要求，发电机的额定功率因数为0.8。

5)发电机主要参数。

①额定容量225MVA/180MW；

②额定电压15.75kV；

③额定频率50Hz；

④额定功率因数0.8；

⑤纵轴瞬变电抗 $X_d' \leqslant 0.35$；

⑥纵轴超瞬变电抗 $X_d'' \geqslant 0.20$；

⑦短路比 $SCR \geqslant 1.1$；

⑧并联支路数4；

⑨槽电流4124A；

⑩飞轮力矩 $GD^2 (t \cdot m^2) \geqslant 60000$。

(3)发电机断路器选型

结合本电站的特点，发电机断路器选用 SF6 断路器的成套开关设备，发电机断路器主要技术参数：型式户内 SF6，额定频率 50Hz，额定电压 25.3kV，额定电流 10500A，额定短路开断电流 100kA，系统源直流分量≥75%，发电机源直流分量≥130%。

(4)主变压器选型

主变压器额定容量应与所连接的水轮发电机额定容量相匹配，卡洛特水电站单机容量 180MW，采用单元接线，500kV 主变压器额定容量选择 225MVA。根据电站的地理位置和交通情况，主变压器的选型需要考虑运输条件。受运输条件限制，本电站选用单相变压器，3 个单相变压器组成三相变压器组。单相变压器容量为 75MVA，3 个单相变压器组总容量为 225MVA。

卡洛特水电站主变压器的冷却方式为强迫油循环风冷方式。

1)型式：单相油浸双绕组无载调压升压变压器；

2)型号：DFP-75000/500；

3)额定容量：75MVA；

4)额定电压：高压侧 $525/\sqrt{3}\pm2\times2.5\%$kV，低压侧 15.75kV；

5)阻抗电压：14%；

6)冷却方式：OFAF；

7)连接组别：YNd11。

(5)500kV 气体绝缘金属封闭开关设备(GIS)

1)500kV 全封闭组合电器(GIS)主要参数：额定电压 550kV，额定频率 50Hz，额定电流 4000A，额定开断电流 50kA，动稳定电流峰值 125kA，热稳定电流(2S)50kA。

2)断路器。

①额定电流 4000A。

②时间参数：分闸时间≤25ms；开断时间≤40ms；合闸时间≤100ms；合分时间(金属短接时间)≤50ms；额定操作顺序为 O-0.3s-CO-180s-CO；分合闸不同期性为相间/断口间分闸不同期性≤2.5ms/≤1.5ms，合闸不同期性≤4ms/≤2ms。

③额定短路开断电流：周期分量(有效值)50kA，首开极系数(100%)1.3。

④额定短路关合电流(峰值)125kA。

3)隔离开关。

①额定短时耐受电流 50kA；

②额定短路持续时间 2s；

③额定峰值耐受电流 125kA；

④开、合小电流能力 0.5A：开、合电容电流(有效值)2.5A，开、合电感电流(有效值)≥2A；

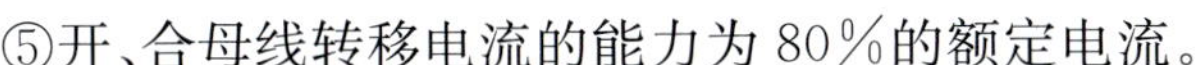

⑤开、合母线转移电流的能力为80%的额定电流。

(6)封闭母线选型

卡洛特水电站单机容量180MW，功率因数0.8，发电机回路出线额定电压15.75kV，主回路额定电流为9500A，发电机机端短路电流为49kA，发电机至变压器间的主回路及分支回路引出线采用全连式离相封闭母线。全连式离相封闭母线具有安全可靠、外壳屏蔽效果好、母线载流量大、便于安装维护等优点。

卡洛特水电站封闭母线额定电流不大，长度较短，采用自冷方式。离相封闭母线的主要参数见表14.7。

表14.7　　离相封闭母线的主要参数

名称	主回路	主变△连接回路	分支回路
频率/Hz	50	50	50
额定电压/kV	15.75	15.75	15.75
最高电压/kV	18	18	18
额定电流/kA	9.5	5.5	0.63
三相短路电流/((r·m·s)/kA)	63	63	125
额定峰值耐受电流/kA	173	173	315
额定短时耐受电流/((r·m·s)/kA)	63	63	125
额定短路持续时间/s	2	2	2
冷却方式	自冷	自冷	自冷

(7)500kV并联电抗器

1)额定电压$550/\sqrt{3}$kV；

2)系统标称电压$500/\sqrt{3}$kV；

3)额定频率50HZ；

4)额定容量：在电压$500/\sqrt{3}$ kV下额定容量(M_{var})111/3，在电压$550/\sqrt{3}$ kV下额定容量(M_{var})134.3/3；

5)额定电流：在电压$500/\sqrt{3}$ kV下额定电流(A)128，在电压$550/\sqrt{3}$ kV下额定电流(A)141；

6)冷却方式ONAN；

7)三相联结方式YN；

8)中性点额定电压72.5kV。

(8)厂用变压器选型

1)15.75/11kV高压厂用干式变压器。

①型式：单相自冷干式变压器；

②型号：DC10—2000/15.75/11/$\sqrt{3}$；

③额定容量：2000kVA；

④额定电压：高压侧 15.75±2×2.5%kV，低压侧 11/$\sqrt{3}$kV；

⑤阻抗电压：8%。

2)11/0.4kV 厂用干式变压器。

①型式：三相自冷干式变压器；

②型号：SCB-2000/11、SCB-1600/11、SCB-1250/11、SCB-1000/11、SCB-630/11、SCB-2000/11、SCZB-500/11(有载调压)；

③额定容量：2000kVA、1600kVA、1250kVA、1000kVA、630kVA、500kVA；

④额定电压：高压侧 11±2×2.5%kV、11±4×2.5%kV(有载调压)，低压侧 0.4kV；

⑤阻抗电压：6%(>630kVA)、4%(≤630kVA)。

3)11/0.4kV 箱式变电站。

①型式：户外；

②型号：ZBW10A-100/11；

③额定容量：100kVA；

④额定电压：高压侧 11±2×2.5%kV，低压侧 0.4kV；

⑤阻抗电压：4%。

14.2.4 过电压保护与接地

14.2.4.1 过电压保护

(1)经变压器送电的发电机避雷器配置

卡洛特水电站发电机和变压器采用单元接线型式，在发电机和主变压器之间装设了发电机断路器，每台主变压器低压侧均装有厂用变压器，并考虑系统倒送厂用电的运行方式。当发电机断路器断开时，主变压器低压侧连接有封闭母线，为防止变压器绕组间电磁感应传递过电压的作用，在每台变压器低压侧均装设了一组氧化锌避雷器。

(2)500kV 开关站避雷器配置

GIS 配电装置布置在地面升压变电站内。主变压器低压侧与封闭母线连接，高压侧采用油/SF6 套管与 GIS 连接。在 GIS 配电装置室屋顶设出线设备平台，两回 500kV 架空线路通过出线平台层出线。

在每回架空出线引下线处各设一组敞开式氧化锌避雷器，在 GIS 两组主母线上、每台主变压器高压侧均设一组 SF6 避雷器进行过电压保护。

(3)500kV 并联电抗器避雷器配置

并联电抗器场布置在厂房后边坡顶部平台，布置了出线门构、500kV 隔离开关、500kV

断路器、500kV 并联电抗器等。

在并联电抗器场门构引下线处布置 500kV 避雷器，以防止雷电侵入波的危害。此外，考虑到 500kV 断路器分断并联电抗器时，在强制熄弧下将产生操作过电压，因此，在 500kV 断路器与 500kV 并联电抗器之间布置一组 500kV 避雷器防止操作过电压对并联电抗器的危害。

14.2.4.2 直击雷保护

本电站将在每回架空出线（含并联电抗器场架空出线）上装设避雷线对其进行直击雷保护，500kV 敞开式设备和并联电抗器均位于避雷线的保护范围内。

溢洪道及进水口建筑物屋顶、电站内其他需要保护的建筑物屋顶均采用避雷带加以保护。进水口、溢洪道、尾水平台等处的门机均带有避雷针进行直击雷保护，其轨道应良好接地。

14.2.5 500kV 电气设备绝缘配合

14.2.5.1 绝缘配合原则

1）500kV 电气设备内、外绝缘相间对地额定操作冲击耐压与避雷器操作过电压保护水平间的配合系数不应小于 1.15。

2）500kV 变压器内、外绝缘相间对地额定操作冲击耐压，应为内绝缘相对地额定操作冲击耐压的 1.5 倍。

3）对于 500kV 设备，一般雷电保护因数不小于 1.4。

4）500kV 断路器同极断口间内绝缘额定操作冲击耐压应不小于线路避雷器操作过电压保护水平与$\sqrt{2}Uxg$ 之和。

5）500kV 断路器同极断口间内绝缘的全波雷电冲击耐压应不小于断路器全波雷电冲击耐压与$\sqrt{2}Uxg$ 之和。

14.2.5.2 主要电气设备的绝缘水平

（1）500kV 主变压器

1）本体（高压侧）。

①雷电冲击耐受电压（峰值）：全波 1550kV，截波 1675kV；

②操作冲击耐受电压（峰值）1175kV；

③工频耐受电压（有效值）680kV。

2）套管（高压）。

①雷电冲击耐受电压（峰值）全波 1675kV，截波 1800kV；

②操作冲击耐受电压（峰值）1175kV；

③工频耐受电压（有效值）750kV。

(2)500kV 全封闭组合电器(GIS)绝缘水平

	相对地	断口间
雷电冲击耐受电压 kV(峰值,1.2/50 μs)	1675	1675+450
操作冲击耐受电压 kV(峰值,250/2500 μs)	1300	1175+450
工频耐受电压 kV(有效值)	740	740+318

14.2.6 接地

14.2.6.1 工频接地电阻设计

根据 IEEE Std 80 *Guide for safety in AC substation grounding* 接地导则,整个电站的工频接地电阻允许值按不超过 1Ω 设计。巴基斯坦 AIM Energies(Pvt)Ltd 公司对电站接地电阻进行了实测,实测值为 0.214Ω,满足设计要求。

14.2.6.2 电站接地网总体布置

卡洛特水电站地处山区,电站坝址范围内土壤电阻率较高,为限制电站地网工频电压升高,应充分利用电站内水工建筑物水下部分可利用的金属物体,即自然接地体作为接地装置,同时按照 IEEE 有关标准,设置铜绞线人工接地网。为满足电站接触电位差和跨步电位差的要求,对高电压场所(GIS 室楼板、副厂房顶出线场、主变压器室楼板、并联电抗器场等高压配电装置布置的区域),进行均压设计。

电站构筑物主要有大坝、电站厂房、溢洪道、引水洞等,自然接地网主要由这些主体建筑的钢筋网或金属构件组成。自然接地网设计主要利用上述构筑物和电站厂房尾水渠及护坦底板面层钢筋网、蜗壳里衬钢筋、尾水管底板面层钢筋网、尾水护坦面层钢筋网、引水洞钢筋网,共同构成电站的自然接地体散流地网。另外,在电站厂房、导流洞、泄洪设施等部位设置铜材人工接地网,人工及自然接地网面积分别为:泄洪道区域 200000m^2,电站厂房引水洞及尾水区域 80000m^2,导流洞区域 49400m^2,总面积为 329400m^2。人工接地网通过接地干线和自然接地网等各部位连接,共同构成整个电站的总体接地网。

14.2.6.3 接地线截面选择

根据热稳定要求,接地线的最小截面为 $S_{min} \geqslant \frac{I_d}{C}\sqrt{t_d}$,按满足热稳定校验结果和业主工程师要求,卡洛特水电站电站厂房的接地主干线、接地引下线和电气设备的接地引下线及避雷带均采用 185mm^2 的铜绞线;导流洞、引水隧洞、进水口及溢洪道接地主干线、接地引下线和电气设备的接地引下线及避雷带均采用 95mm^2 的铜绞线。

14.2.7 照明

14.2.7.1 照明设计原则

根据卡洛特水电站建筑物的布置特点,照明设计分厂内、厂外两部分。厂内照明包括主

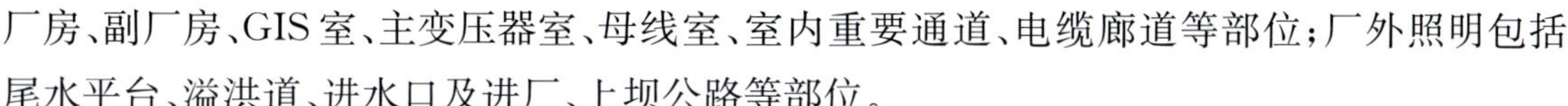

厂房、副厂房、GIS室、主变压器室、母线室、室内重要通道、电缆廊道等部位;厂外照明包括尾水平台、溢洪道、进水口及进厂、上坝公路等部位。

各主要场所最低照度值选定见表14.8。

表14.8　各主要场所最低照度值

工作场所	正常照明/lx		事故照明/lx
	混合照明	一般照明	
发电机层	500	150	10
水轮机层、母线层	150	50	5
中控室		300	30
计算机室、通信设备室、继电保护盘室、消防控制室		200	20
蜗壳层		20	
GIS室	200	75	5
主变压器室		50	3
封闭母线室		75	5
0.4～15.75kV配电装置室		100	5
蓄电池室、空调通风机房、充电机室		30	3
油处理室、压气机室、技术供水室		30	
高压试验室	300	100	
机修间	200	75	
电缆室、电缆夹层		20	
电缆廊道		5	
主要楼梯和通道		10	0.5
次要楼梯和通道		5	
溢洪道、进水口等变电所和集控室		100	
大坝坝面、上坝公路		1～5	

上述照明部位将根据工作场所的需要做必要的调整和调节,以达到照度要求值。

照明光源应采用光效高、光色好、启动性好、寿命长的光源,并根据被视对象的要求、使用场所的特点及照明种类选择。照明器(灯具)则选用外型美观、新颖、适合厂房环境条件,且安装维护方便的灯具,其布置应与建筑相协调。

为保证火灾事故情况下正常工作和人员疏散,必须配置应急照明和疏散指示标志照明灯具。

14.2.7.2　供电方式

结合电站总体布置,电站照明所需容量:厂内工作照明约300kW,厂内事故照明约25kW;厂外工作照明约145kW,厂外事故照明约10kW。

厂内照明共设置2台11/0.4kV有载调压变压器，分别接至11kV不同的母线上，变压器型式为SCB10—500kVA/11kV/0.4kV。照明变0.4kV侧主接线为单母线分段方式，正常情况下两段母线分开运行，其中一段母线或电源故障，分段开关自动投入供电。

电站事故照明电源采用应急电源系统(EPS)的交流电源。

厂外道路照明设1台11/0.4kV箱式变压器，接至11kV的1段母线上，箱式变压器型式为ZBW10A—100kVA/11kV/0.4kV；厂外其他照明负荷由就近各供电点供电，分别接在各低压配电柜上。

14.3 电气二次

14.3.1 计算机监控系统

14.3.1.1 监控对象

本电站监控系统的主要监控对象为：4台水轮发电机组及其辅助设备；4套发电机电压设备；4台机组进水口闸门；4台主变压器；500kV GIS设备及并联电抗器设备；全厂公用设备(包括厂用电、排水及气系统等)；上、下游水位计；泄洪闸门；全厂暖通空调设备；电站其他设备(如水淹厂房等)。

14.3.1.2 总体设计原则

1)电站按初期“少人值班”，最终“无人值班”(少人值守)的原则设计。

2)电站采用全计算机监控(不设常规监控)，即电站集中监控和现地监控单元均采用计算机监控，并在电站设备的现地设就地监控设施。

3)计算机监控系统应具有高度的可靠、完善的监控功能，良好的开放性，以确保系统的可扩展性和移植性，保护用户的硬、软件投资。

4)计算机监控系统应具有容错功能，主要环节采用冗余配置。

5)计算机监控系统采用分层分布式结构，保证系统中任何局部设备的故障均不影响监控系统总体功能的实现。

6)监控系统中的现地控制单元和各就地控制设施应能独立工作。

7)机组LCU具有独立于监控系统的水机保护系统。

8)采取二次系统安全防护措施，提高自身安全防护可靠性。

9)满足接入系统的要求，设置相应的接口设备。

14.3.1.3 监控系统的任务

电站计算机监控系统的任务是根据电力系统要求及电站设备的运行条件，完成对电站设备的自动监控，主要包括：

1)准确、及时地对整个电站设备运行信息进行采集及处理；

2)对电站机组及主要机电设备进行实时监控,保证电站安全运行并实现电站运行与管理自动化;

3)根据上级调度和电站运行要求,进行电站最佳控制和调节;

4)按照电网要求对系统稳定性进行监控,保证系统安全运行;

5)完成系统对外(如与上级调度、水情测报系统等)通信,并能与厂内其他系统(如故障录波、直流电源、通风空调、消防报警以及信息管理等系统)实现通信。

14.3.1.4 系统功能

卡洛特电站计算机监控系统的任务是根据调度部门(NPCC)的要求,对电站设备及泄洪闸设施等的运行情况进行集中监视及控制。其功能主要包括:准确、及时地对整个电站及大坝运行设备的信息进行采集与处理,对电站主要设备实施自动控制或直接控制,对电站主要设备进行监视和记录以实现电站运行管理自动化,同时具有电站的远方通信功能,实现电站运行数据向 NPCC 的传送,并接收上级调度下达的各项指令。

(1)数据采集和处理功能

1)数据采集。

能自动采集计算机监控系统所需的各类实时数据,自动接收 NPCC 自动化系统下发的各种命令信息,自动接收电站计算机监控系统以外的其他厂内外系统的数据信息。

2)数据处理。

对采集的每种数据进行相应的处理,以支持系统完成控制和记录功能。数据处理应包括数据可用性检查、数据库刷新、生成历史数据记录、事件顺序记录处理、事故追忆数据处理及各类计算数据处理。

(2)控制和调节

1)系统控制调节方式。

计算机监控系统控制调节方式分为控制方式和调节方式两类。控制方式包括现地控制方式、厂站控制方式和网调控制方式,调节方式包括现地调节方式、厂站调节方式及网调调节方式。

现地控制单元设有“现地/远方”切换开关。当切换开关处于“现地”位置时,监控系统控制方式及调节方式均工作在“现地”方式下,现地控制单元只接受通过现地级人机界面、现地操作开关、按钮等发布的控制及调节命令,厂站级及调度级只能采集、监视来自现地控制单元的运行信息和数据,而不能直接对该现地控制单元的控制对象进行远方控制与操作。当切换开关处于“远方”位置时,除紧急停机外,现地控制单元也不接受现地人机接口命令。

厂站级设有“电站控制/调度控制”软切换开关和“电站调节/调度调节”软切换开关。当切换开关处于“电站控制”或“电站调节”方式时,处于“远方”位置的现地控制单元接受电站级下达的控制或调节命令。调度级只能采集来自电站的运行信息和数据,不能直接对电站的控制对象进行控制或调节。当切换开关处于“调度控制”或“调度调节”方式时,电站计算机监控系统接受调度级下达的控制或调节命令，通过电站主站、现地控制单元对电站主辅设备进行控制或调节。

控制调节方式的优先级依次为现地级、厂站级和调度级。

2)一般控制与调节。

通过电站计算机监控系统可对电站的机组及其辅助设备、厂用电设备、全厂公用设备及500kV开关设备进行控制与调节。控制调节内容包括：

①机组的开停机操作、同期操作、机组辅助设备的操作等；

②机组转速/有功、电压/无功调整；

③全厂公用设备的选择操作和自动操作；

④500kV断路器、隔离开关及接地刀闸的控制与操作；

⑤大坝泄水设施的控制与操作。

3)自动发电控制。

卡洛特电站自动发电控制具有有功功率联合控制、给定频率控制、紧急调频控制等功能。自动发电控制能根据给定的总有功功率、给定的有功日负荷曲线、给定的母线频率或给定系统频率限值等，对参加自动发电的机组进行有功功率的自动调整。

自动发电控制应能实现开环、半开环、闭环3种工作模式。其中，开环模式只给出运行指导，所有的给定及开、停机命令不被机组接受和执行；半开环模式指除开、停机命令需要运行人员确认外，其他的命令直接为机组接受并执行；闭环模式系指所有的功能均自动完成。

自动发电控制应能对电站各机组有功功率的控制分别设置“联控/单控”控制方式。某机组于“联控”方式时，该机组参加AGC联合控制，处于“单控”方式时，该机组不参加AGC联合控制，但可接受操作员对该机组的其他方式控制。

紧急调频控制系指本站500kV系统频率异常降低或升高时，自动发电控制应能够根据频率降低和升高的程度以及机组当前的运行工况，增加或减少全厂的出力（包括自动启、停机组措施），以尽可能恢复电力系统的频率到正常范围。

4)自动电压控制。

自动电压控制能根据电站500kV母线电压，对全厂无功进行实时调节，使500kV母线电压维持在给定值处运行，并使电站无功在运行机组间合理地分配。

机组的“联控/单控”控制方式同样适用于自动电压控制，当某机组处于“联控”时，该机组参与AVC联合控制，当某机组处于“单控”时，该机组不参与AVC联合控制，但可接受其他方式控制。

(3)监视功能和人机接口功能

1)主站级人机接口。

电站运行人员对电站设备的监视及控制，维护和管理人员对系统的开发与维护，均通过系统的操作员站和工程师站等的人机接口设备完成，人机接口设备包括大屏幕显示设备、显示器、通用键盘、鼠标及打印机等。

2)现地级人机接口。

现地控制单元级各 LCU 配备有必要的人机接口功能，以便现场调试和在厂站设备故障情况下运行人员对本 LCU 所属设备进行相关操作和处理。现地人机接口设备应包括现地触摸屏、简化手动控制设备及便携式工作站等。

(4)运行管理与指导功能

计算机监控系统根据电站运行管理的要求，对电站设备的运行数据信息进行统计和记录，包括电站设备的各种操作、变位、参数越限等，形成运行管理所需的数据记录，以提供电站设备维护及管理所必需的信息，并方便运行人员查看电站及系统的运行情况。

提供操作指导、事故处理指导及运行管理指导。将电站一些重要而又复杂的操作条件以及进行这些操作条件形成的专家经验输入计算机系统，当进行这些操作时，计算机可根据当前状态提出指导意见，以减轻运行人员紧张程度，提高电站安全操作水平。

(5)系统通信功能

系统通信应实现以下功能：

1)与上级调度 NPCC 的通信。

本系统通过调度通信工作站实现与上级调度 NPCC 的通信功能，完成远方监视和控制功能。

2)与厂内其他子系统的通信。

本系统应能实现与下列厂内子系统的通信：

①电站设备状态监测系统；

②进水口及大坝闸门现地控制设备；

③电站电能计量装置；

④保护故障信息子站；

⑤火灾报警与联动控制系统；

⑥其他。

3)系统内通信功能。

为了实现监控系统功能要求，系统厂站各计算机节点间、厂站控制级与现地控制单元间均具有通信功能，以保证数据采集、操作控制命令的传送及通信诊断的实现。

4)与时钟同步装置的通信。

系统接收卫星时钟信息，以实现本系统内各节点与卫星时钟的同步。

(6)系统自诊断和软件开发功能

电站计算机监控系统自诊断功能包括硬件自诊断、软件自诊断、在线及离线自诊断。在线自诊断在检测到硬件或软件故障时应能形成系统检测报告，并将系统异常情况及时报警，通知有关人员进行处理，并可对某些异常情况进行自动恢复或冗余部件切换处理。

通过工程师工作站实现系统软件的开发、维护和修改以及数据库、画面、报表及操作票的编辑等。

(7)培训功能

监控系统具有操作、维护、软件开发和管理等方面的培训功能。

在培训软件运行时，其初始信息应来自监控系统。培训人员在培训过程中如对某设备进行操作，相应的培训程序被启动，对运行和操作过程进行仿真模拟。但不能影响正常的生产过程。

(8)远程诊断与维护

计算机监控系统具有远程诊断与维护功能，可通过电话拨号方式连通远方计算机与电站计算机监控系统，进行在线诊断和远程维护。

14.3.1.5 系统结构

由于本电站500kV高压电气设备(含主变)与发电机、厂用电等其他电气设备分属巴基斯坦国家电力输电公司不同部门调度管理，因此全站监控系统由电站监控系统(CSCS)和500kV监控系统(SAS)两部分组成。两个系统均分成主控级和现地控制级两层，全厂实时数据库和历史数据库分别分布在主控级计算机中，监控系统各功能分布在系统的各个节点上，每个节点严格执行指定的任务，并通过网络与其他节点进行通信。电站监控系统(CSCS)结构见图14.2，开关站监控系统(SAS)结构见图14.3。

SAS、CSCS相对独立，又相互联系。CSCS主站层两台交换机分别同时经两台规约转换器与SAS主站层两台交换机相互通信。CSCS和SAS主站层设备可分别同时监视全站信息，但是两个系统的操作员工作站仅能对本辖区的电气设备进行远程控制操作。

机组LCU、公用LCU及大坝公用设备LCU采用单模光缆以双网接入CSCS站控层交换机。

开关站间隔单元BCU1、BCU2、BCU3以双网接入SAS站控层交换机。

监控系统采用全开放分层分布式网络结构，系统采用传输速率为100Mbps的工业以太网结构，当主用链路出现断点时，在500ms之内切换到备用链路。

14.3.1.6 系统配置

电站监控系统(CSCS)厂站层主要配置有：4台信息管理服务器，2台操作员工作站，1台工程师工作站，1台培训仿真工作站，2台调度通信工作站，1台厂内通信服务器，2台Web数据服务器，2台Web发布服务器，10台显示器，2套对时时钟装置(GPS和北斗各一套)，1套大屏幕显示系统，2套激光打印机，2台监视终端等。

CSCS现地控制单元节点配置有：4套机组LCU(LCU1～LCU4)，1套公用LCU(LCU5)，进水口闸门及大坝公用设备LCU(LCU6)等。

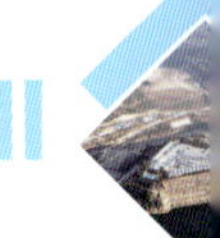

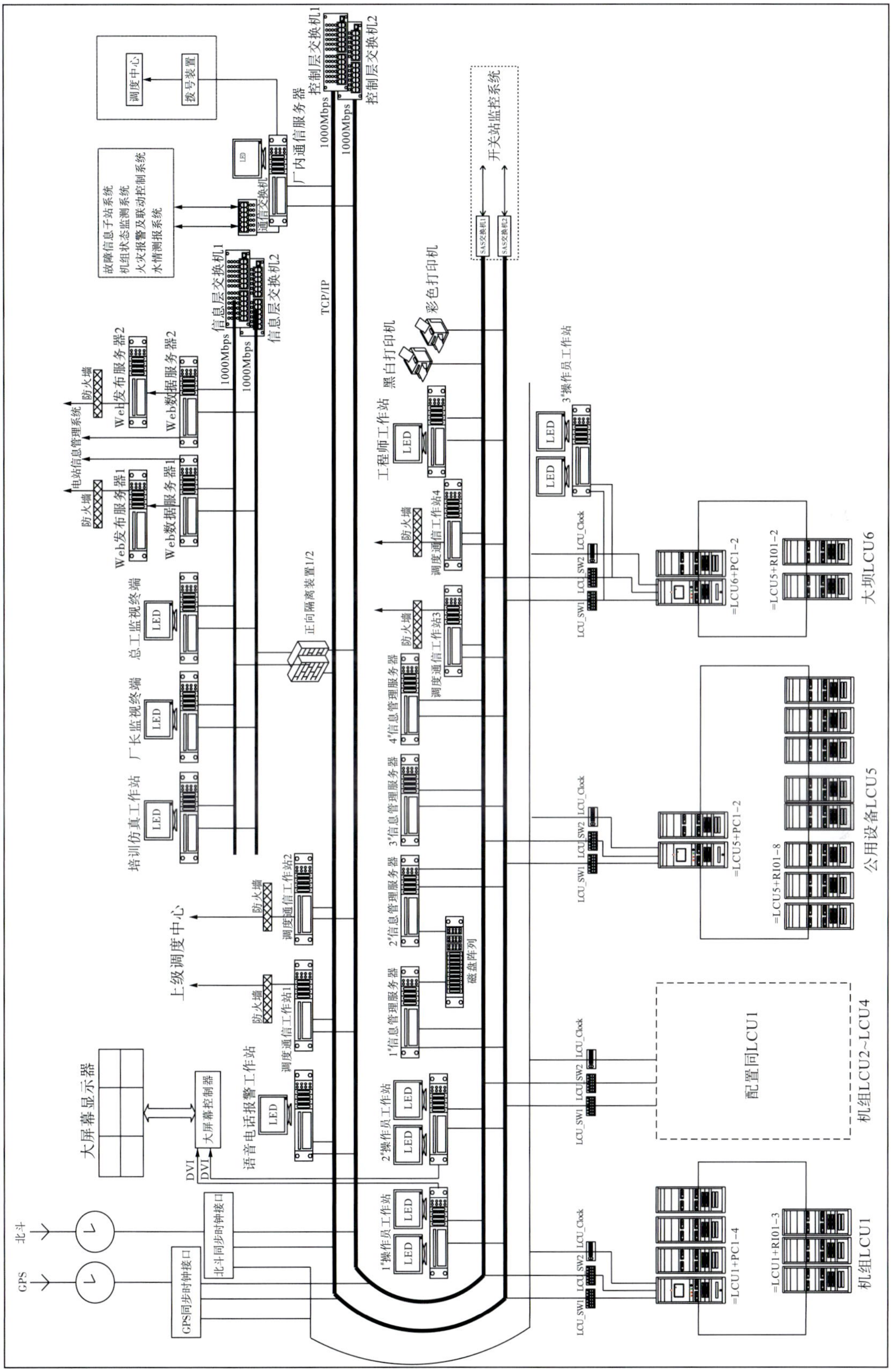

调度中心
拨号装置
故障信息子站系统
机组状态监测系统
火灾报警及联动控制系统
水情测报系统
厂内通信服务器
通信交换机
LED
控制层交换机1
控制层交换机2
1000Mbps
1000Mbps
开关站监控系统
SAS交换机1
SAS交换机2
信息层交换机1
信息层交换机2
1000Mbps
1000Mbps
TCP/IP
彩色打印机
黑白打印机
工程师工作站
3#操作员工作站
电站信息管理系统
防火墙
Web发布服务器2
Web数据服务器2
Web发布服务器1
Web数据服务器1
总工监视终端
厂长监视终端
培训仿真工作站
正向隔离装置1/2
调度通信工作站4
调度通信工作站3
4#信息管理服务器
3#信息管理服务器
2#信息管理服务器
1#信息管理服务器
磁盘阵列
上级调度中心
调度通信工作站2
调度通信工作站1
大屏幕显示器
大屏幕控制器
语音电话报警工作站
2#操作员工作站
1#操作员工作站
DVI
DVI
GPS
北斗
GPS同步时钟接口
北斗同步时钟接口
LCU_SW1
LCU_SW2
LCU_Clock
=LCU6+PC1-2
=LCU5+RI01-2
大坝LCU6
=LCU5+PC1-2
=LCU5+RI01-8
公用设备LCU5
配置同LCU1
机组LCU2~LCU4
=LCU1+PC1-4
=LCU1+RI01-3
机组LCU1

图14.2 电站监控系统

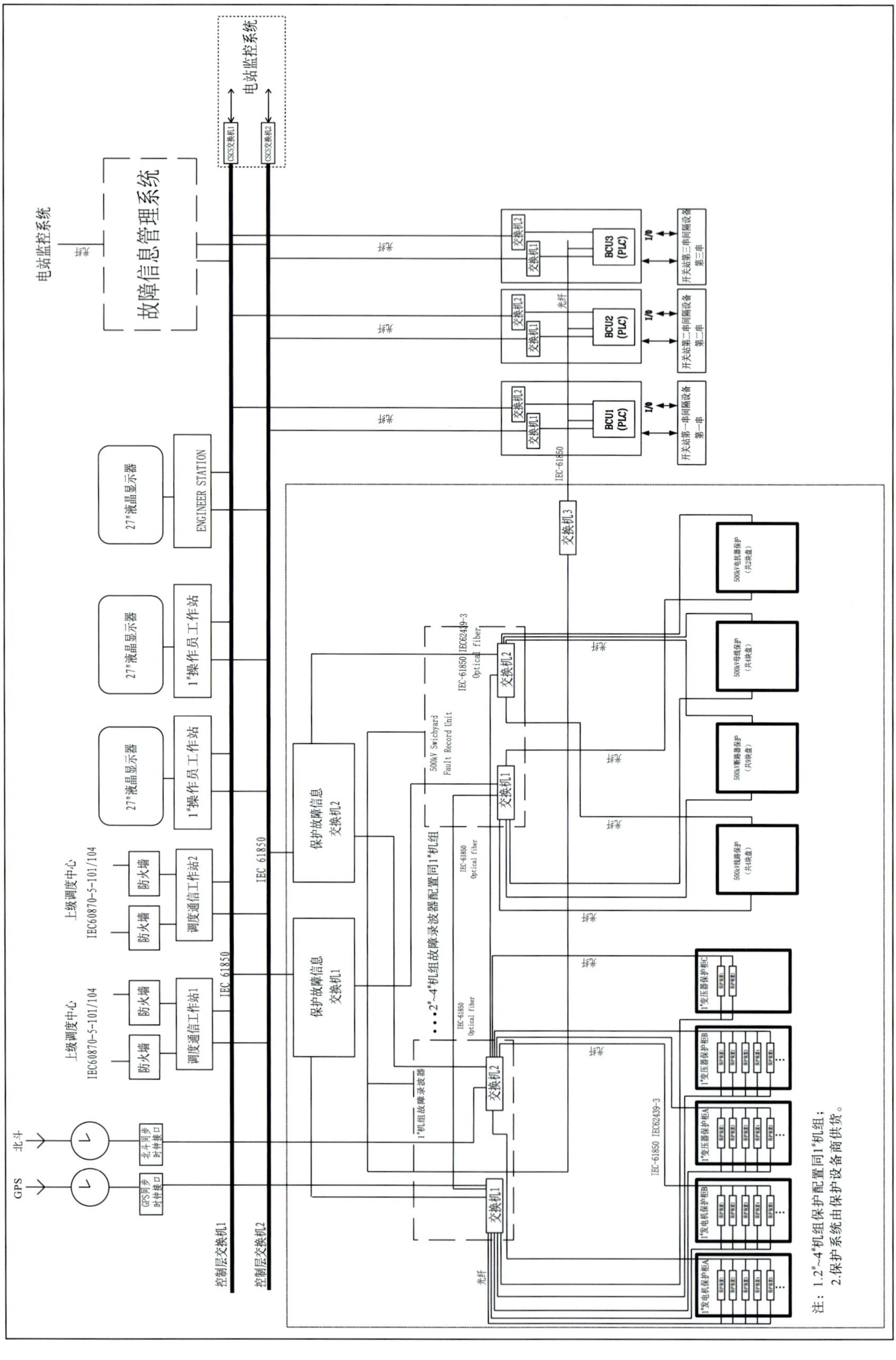

注：1.2#~4#机组保护配置同1#机组；
2.保护系统由保护设备商供货。

图14.3　开关站监控系统

SAS 现地控制单元(BCU)按被控对象配置 3 套开关站间隔单元(BCU1、BCU2、BCU3)。BCU 负责完成现地被控对象的过程控制,实时采集现地设备的各种信息,进行设备状态监视,完成开关站及线路上各断路器、刀闸的投/切等操作,并与厂站层进行通信。BCU 分别配置通信接口,完成与保护系统设备之间的通信。

14.3.1.7 系统安全防护

对于系统中与用于外部通信的计算机设有物理隔离装置及防火墙等必要的网络安全措施,以避免外部非法侵入。

14.3.1.8 监控系统供电

电站、开关站厂站层设备由 UPS 电源供电,输出电压为 AC 230V。用于 CSCS 的 UPS 电源容量为 30kVA,用于 SAS 的 UPS 电源容量为 10kVA;大坝集控楼也配有一套 5kVA 的 UPS 电源,给大坝集控楼的工程师站及事故照明供电。每套 UPS 电源均不自带蓄电池组,所需直流电源由相应的直流系统提供。UPS 电源采用冗余配置,以并联热备用方式运行。

监控系统现地控制单元采用 220V 交、直流电源供电,230VAC 取自厂用交流系统,220VDC 取自厂用直流系统。

14.3.1.9 机组辅助设备控制

机组辅助设备控制系统主要包括以下系统:

1)主轴密封控制系统;

2)水轮机水导轴承冷却水控制系统;

3)顶盖排水控制系统;

4)主轴补气控制系统;

5)调速器油压装置控制系统;

6)机械制动控制系统;

7)机组技术供水系统;

8)发电机其他辅控系统(如制动粉尘收集、油雾吸收、电加热等)。

各系统控制设备自成体系并通过 I/O 实现与机组 LCU 接口,机组重要的水力机械参数采取开关量和模拟量的双重监视。

14.3.1.10 公用设备的自动控制

电站公用设备自动控制包括以下系统:

1)中压空压机控制系统;

2)低压空压机控制系统;

3)微正压送风控制系统;

4)机组检修排水控制系统;

5)厂内渗漏排水控制系统；

6)大坝渗漏排水控制系统；

7)通风空调控制系统。

就地控制设备采用I/O接口或现场总线方式与计算机监控系统的公用设备现地控制单元LCU5连接，以实现远方自动控制。操作人员也可通过就地控制设备上的人机接口设备实现单台设备的控制功能。

14.3.1.11 进水口快速门控制系统

电站每台机组的快速门的油泵房内均配置独立的就地控制设备，每套就地控制设备均由动力部分和控制部分组成。

由于进水口闸门控制柜距离厂房较远，机组LCU经光缆及光电收发器与进水口闸门控制装置的RS485接口，采用MODBUS-RTU协议通信；机组LCU与闸门控制柜之间还经I/O光纤接口模块互通IO重要信息。

中控室控制台上设有带盖的紧急停机按钮和紧急关进水快速闸门按钮，采用硬接线方式实现事故情况下的进水口闸门快速关闭。

14.3.2 励磁系统

本电站水轮发电机组采用长江三峡能事达电气股份有限公司生产的IAEC-6000自并励静止可控硅励磁系统。励磁系统顶值电压为2倍(在发电机端正序电压下降至机端额定电压的80%时，还能保证2倍顶值电压倍数)，整个系统可分为励磁变压器、励磁调节器、晶闸管整流桥、灭磁和起励装置4个主要部分。

除励磁变压器外，其余设备分别组装6面励磁柜，包括：1面调节柜、3面功率柜、2面灭磁柜。励磁柜均布置在主厂房发电机层上游侧。

(1)励磁变压器

采用3台额定容量为900 kVA的单相自然风冷环氧浇注干式变压器，变压器一次电压为15.75kV，二次电压为660V，连接组为Yd11，绝缘等级为H级，线圈的最高温升(用电阻法测量)为80K，线圈最热点温度不超过130℃。励磁变压器布置在上游副厂房内，由广东顺特供货。

(2)励磁调节器

励磁调节器由两套控制通道组成，两个控制通道采用100%冗余结构，在软件、硬件及结构上完全独立，而且在每一自动通道中设有手动控制单元。两个控制通道具有完全独立的电源回路、测量单元、逻辑控制。通道间采用热备的运行方式，同时接受输入控制与调节信号并执行操作与调节。功率柜控制器能够同时收到两个控制通道的指令，但是只响应在线控制输出和触发脉冲指令。在线控制通道发生故障时备用自动投入运行，并闭锁故障通道，防止误切入故障通道。当励磁调节器两个通道的电压调节(AVR)方式同时故障时，系统则自动切换至励磁电流（FCR）调节方式运行。通道间实时通信跟踪并保持调节输出一致，保证系统不会因任何切换而发生扰动。

本控制通道硬件由励磁控制终端、测量单元、控制单元和电源单元组成。控制通道控制单元之间通过光纤点对点网络进行控制及数据交换。

励磁控制终端硬件采用工业级 PC，与励磁各个控制通道进行信息交换和实时在线监测，完成人机接口、可视化图形显示、各种参数设置、事件记录，从而实现对发电机运行状态的监视和记录等，也可作为一个子站与电厂（站）主计算机管理系统进行联网，实现励磁设备自动化管理，并可以实现远程实时诊断维护功能。

（3）晶闸管整流柜

采用 3 柜并联运行模式，每柜装有 1 个三相全控整流桥。整流桥退出 1 个支路仍保证机组在所有运行工况下正常运行，包括强励。

功率整流器采用强迫风冷，每柜设 1 个主风扇和 1 个备用风扇。备用风扇在柜内温度异常升高时可自动启动。

（4）灭磁和起励系统

本电站正常停机采用逆变灭磁，在发电机事故时，采用由磁场断路器、非线性电阻组成的灭磁系统灭磁。磁场断路器采用法国 LENOIR 公司的 CEX98 3200 2.1 快速直流断路器。

励磁系统正常为残压起励，DC220V 为备用起励，起励时间最大不超过 5s。当机组转速达 95%额定转速时首先利用残压起励升压，若残压起励在一定时间内未能使发电机升压，自动启动备用起励电源升压。当发电机电压升至额定电压的 10%时，电压调节器自动投入工作，并自动切除起励回路，设有起励失败的保护回路及信号输出。

14.3.3 继电保护及故障信息处理系统

14.3.3.1 继电保护

卡洛特电站采用单元接线方式，4 台发电机—变压器组接至 550kV 系统，该系统为 3/2 接线方式，共有 2 回 550kV 出线。保护配置具体如下：

（1）发电机保护

发电机保护按双套保护系统分别组屏的原则配置，每面屏柜配置南瑞科技生产的具有完整主、后备保护功能的微机保护装置，保护功能完全独立。

1）发电机保护 A 柜配置。

①发电机纵差保护（87G—A）。

采集发电机机端和中性点侧每相电流，它能反映发电机定子绕组各种相间（包括机端相间）短路故障。该保护动作后作用于解列、停机、跳灭磁开关；同时有接点输出作为发电机消防柜启动灭火的闭锁条件。

②发变组纵差保护(87GT—A)。

采集发电机中性点和主变高压套管的每相电流，它能反映发电机、变压器绕组各种相间短路故障以及主变高压侧接地短路故障。该保护动作后作用于解列、停机、跳灭磁开关。

③发电机完全裂相横差保护(87GUP-A)。

采集发电机中性点两组分支的三相电流，能反映发电机定子相间短路故障、定子匝间短路故障及分支断线故障。该保护动作后作用于解列、停机、跳灭磁开关；同时有接点输出作为发电机消防柜启动灭火的闭锁条件。

④发电机零序电流型横差保护(60G-A)。

该保护作为反映发电机内部匝间短路及分支断线故障的主保护，采集发电机中性点连线上的电流，保护具有三次谐波滤过功能，三次谐波滤过比应不小于100。该保护动作后作用于解列、停机、跳灭磁开关。

⑤定子一点接地保护(64G-A)。

通过在发电机中性点接地变压器二次侧注入一个低频信号实现。保护反应定子100%绕组一点接地故障，包括发电机中性点附近某点经一定大小的电弧电阻接地或该点绝缘电阻下降至整定值的一点接地故障。该保护动作后作用于解列、停机、跳灭磁开关及发信号。机组运行、开机过程及机组停运时注入式保护均应起保护作用。

⑥定子过电压保护(59G-A)。

保护反应定子绕组的异常过电压，动作后延时作用于解列、灭磁及发信号。

⑦定子过负荷保护(51G-A)。

保护设有定时限及反时限两部分。定时限低定值延时动作于发信号；定时限高定值及反时限作用于解列。

⑧负序电流保护(46G-A)。

保护引入中性点侧CT三相电流，检测由于发电机不对称负荷、非全相运行及外部不对称短路产生的负序电流，保护由定时限和反时限两部分组成。定时限低定值延时动作于发信号；定时限高定值及反时限作用于解列。

⑨失磁保护(40G-A)。

用阻抗元件作为低励磁和失磁故障的主要判别元件；以母线低压元件监视母线电压，它是低励、失磁的另一主要判别元件；以励磁低电压元件作闭锁元件，该元件动作值应随发电机所带有功负荷的大小而自动改变，使动作电压随发电机所带有功功率增大而自动增大，以防止重负荷下发生低励故障时，保护被误闭锁。该保护动作后延时解列。

⑩发电机阻抗保护(21G-A)。

作为发电机主保护的后备，带时限动作于解列及发信号，以较长的时限动作于停机、跳灭磁开关及发信号。

⑪转子一点接地保护(64E-A)。

采用注入式原理实现，保护能监视励磁回路对地绝缘，如发生一点接地，能指示故障点位置及故障点接地过渡电阻值，保护动作后延时发信号。机组运行、开机过程及机组停运时注入式保护均应起保护作用。

⑫发电机出口断路器失灵保护(50BF-A)。

该保护由发电机保护接点启动、用3个相电流元件判别断路器位置(相电流元件应有足够的灵敏度，其动作及返回时间均不大于20ms)，用发电机出口侧复合电压元件进行闭锁。失灵保护起动后，瞬时重跳本断路器一次；如不成功，则延时跳开主变高压侧断路器和高厂变低压侧断路器。

⑬误上电保护(60/27G-A)。

为防止发电机在停机、盘车或启动升速但磁场开关未合闸时，发生机端断路器误合闸而使同步发电机处于异步启动工况，造成转子过热而损坏，设此保护。本保护在发电机并网后自动退出运行，解列后自动投入运行。保护动作于停机、跳灭磁开关及发信号。

⑭失步保护(78-A)。

在短路故障、系统稳定振荡等情况下，保护不应误动。当振荡中心在发变组内部、失步运行时间超过整定值或电流振荡次数超过规定值时，保护动作于解列。当电流过大影响断路器跳闸安全时应闭锁出口。

⑮逆功率保护(32G-A)。

当导叶误关闭而机端断路器未跳闸时，发电机将变为电动机运行，从系统中吸收有功功率，会引起机组异常振动而损坏，故设此保护。保护按吸收系统有功定值整定，设两段时限，第一段作用于信号；第二段作用于解列。

⑯过激磁保护(24G-A)。

作为反应电压升高和频率降低引起发电机和主变压器过激磁故障的保护。保护包括定时限和反时限两部分，定时限部分输出信号接点，作用于降低励磁电流；反时限部分输出接点，作用于解列、跳灭磁开关及发信号。

⑰轴电流保护(38/51-A)。

保护反应机组推力轴承润滑面有电流通过而可能使油膜破坏，并危及机组安全，保护动作后作用于解列、停机及跳灭磁开关。

⑱励磁变速断保护(50ET-A)。

保护测量励磁变高压侧电流，瞬时动作于解列、停机、跳灭磁开关。

⑲励磁变过流保护(51ET-A)。

作为励磁变电流速断保护的后备，动作于发信号，延时动作于解列、停机、跳灭磁开关。

⑳励磁变过负荷保护(51ETL-A)。

延时动作于发信号。

㉑励磁变压器温升保护(49ET)。

温度较高时动作于发信号；温度过高时动作于解列、停机、跳灭磁开关。

㉒TA/TV 二次回路断线保护(95-A)。

保护应具有 TA/TV 断线检测功能，能在 TA/TV 二次侧接线回路开路时起动告警信号，并闭锁必要的保护。

2)发电机保护 B 柜保护配置。

B 盘上配置与 A 盘保护功能相同，只是定子一点接地保护、转子一点接地保护采用了不同原理实现。

①发电机 100%定子一点接地保护(64G-B)。

采用基波零序过电压保护与三次谐波电压保护共同组成 100%定子一点接地保护。基波零序过电压保护取机端电压，设两段保护，低定值段带时限动作于信号，高定值段带时限动作于停机。三次谐波电压保护取机端和中性点电压进行三次谐波比较，动作于信号。

②发电机励磁绕组一点接地保护(64E-B)。

采用乒乓原理求解励磁回路对地电阻(R_f)和接地点的位置($\alpha_{\%}$)，保护动作于信号。

(2)变压器保护

变压器双重化电气量保护(含主变和高厂变)装于相互独立的保护屏内，每面屏柜都有完整的变压器主保护及后备保护。其中，A 柜主变保护采用的是西门子产品，B 柜主变保护采用的是施耐德产品；A、B 柜的高厂变保护，C 柜配置的非电量保护和 GCB 失灵保护采用的是南瑞科技的产品。

1)变压器保护 A 柜配置。

①主变压器纵差保护(87T-A)。

作为反应主变压器内部、引出线和套管相间故障和高压侧接地故障的主保护。该保护动作后作用于解列、停机、跳灭磁开关、跳高厂变低压侧断路器；同时有接点输出作为主变水喷淋灭火的闭锁条件。

②主变压器零差保护(87NT-A)。

作为反应主变高压侧接地故障的保护，检测主变高压侧各相电流和中性点零序电流，该保护动作后作用于解列、停机、跳灭磁开关、跳高厂变低压侧断路器；同时有接点输出作为主变水喷淋灭火的闭锁条件。

③变压器过激磁保护(24T-A)。

作为反应电压升高和频率降低引起主变压器过激磁故障的保护，包括定时限和反时限两部分。定时限分两段，低定值段动作于信号，高定值段动作于解列。反时限部分的整个特性应由信号段、反时限段、速断段等三部分组成，并能分别整定。反时限段、速断段动作于解列、跳灭磁开关。

④变压器方向过流保护(51/67T-A)。

装于主变压器高压侧,方向指向低压侧,主变压器倒送厂用电时作为主变压器后备保护,延时动作于跳变压器各侧断路器。

⑤变压器热过负荷保护(49T-A)。

有别于国内常用的过负荷保护原理,保护采集主变高压侧电流,用算法模拟变压器运行过程中的热积累,既兼顾变压器的过载能力又确保温度不会过高导致变压器损坏。保护延时动作于跳变压器各侧断路器。

⑥主变压器中性点过流保护(51NT-A)。

保护检测 550kV 系统发生接地故障时,在主变压器中性线上的过电流,延时断开变压器高压侧断路器以及厂用变低压侧断路器。

⑦厂用变压器差动保护(87ST-A)。

作为反应厂用变压器内部、引出线相间故障的主保护。该保护动作后作用于解列、跳高厂变低压侧断路器及发信号。

⑧厂用变压器过电流保护(51ST-A)。

作为厂用变压器差动保护的后备,保护测量厂用变压器高压侧电流,低定值延时动作于发信号,高定值延时动作于跳主变压器两侧断路器、跳高厂用变压器低压侧断路器及发信号。

⑨厂用变压器热过负荷保护(49ST-A)。

如同主变压器热过负荷保护,延时动作于跳主变压器两侧断路器、跳高厂变低压侧断路器及发信号。

⑩TA/TV 二次回路断线保护(95 - A)。

保护应具有 TA/TV 断线检测功能,能在 TA/TV 二次侧接线回路开路时起动告警信号,并闭锁必要的保护。

2)变压器保护 B 柜配置。

变压器保护 B 柜的保护原理、动作对象和输出信号与 A 柜中的完全相同。

3)变压器保护 C 柜配置。

①主变压器重瓦斯保护(80TH)。

保护接受来自主变压器本体的瓦斯继电器动作信号并起动出口继电器作用于解列、停机、跳灭磁开关、跳高厂变低压侧断路器及发信号。

②主变压器温度过高保护(49T)。

主变压器温度过高时,动作于跳主变压器两侧断路器、跳高厂变低压侧断路器及发信号。

③主变压器压力释放保护(63T)。

作为反应主变压器内部故障引起油箱压力过高的保护,保护动作于跳主变压器两侧断路器、跳高厂变低压侧断路器及发信号。

④主变压器冷却器故障保护(54T)。

当主变压器冷却器电源消失、冷却器全停时，保护延时动作于跳主变压器两侧断路器、跳高厂变低压侧断路器及发信号。

⑤厂用变压器温度过高保护(49ST)。

厂用变压器温度过高时，动作于跳主变压器两侧断路器、跳高厂变低压侧断路器及发信号。

主变轻瓦斯、主变温度高报警、主变油位异常等报警信号，从主变端子箱按相分别直接上送监控系统，有利于运行人员对有潜在故障风险的分相变压器重点排查。

(3)500kV 系统保护

1)500kV 母线保护。

每组 500kV 母线配置一套西门子的母线差动保护和一套施耐德的母线差动保护，分别独立组盘安装，两组母线共 4 块母线保护盘。边断路器失灵延时动作或母线保护动作后，均瞬时跳开与母线相连接的所有断路器的两个跳闸线圈。

母线差动保护跳闸经复合电压闭锁，以防止保护误动作。

与国内通行做法相比，本电站母线保护增加了 EFP(End Fault Protection)功能，以图 14.4 为例：边断路器 B1Q2 断开、母线保护用 TA 与 B1Q2 之间发生短路时，母线保护的 EFP 动作，启动远跳(或跳 GCB)、跳中间断路器并启动其失灵保护、闭锁重合闸等，母线保护不会断开其他间隔的边断路器。

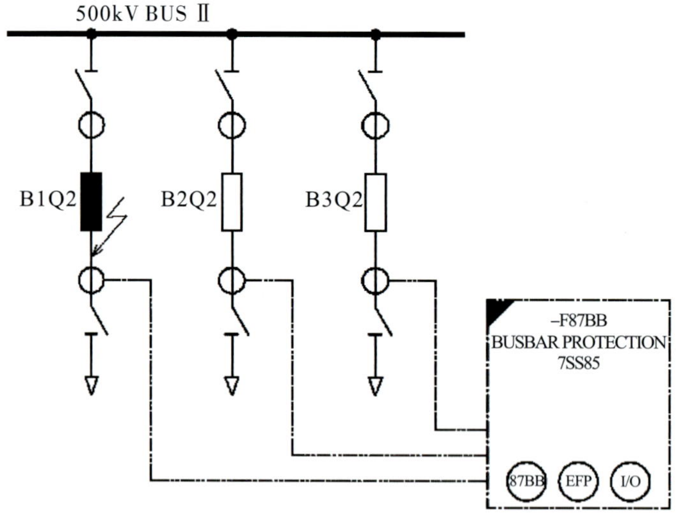

图 14.4　电站母线 EFP 保护功能

2)500kV 断路器保护柜。

每个断路器配置一块断路器保护盘，配有 1 套断路器保护装置；对于边断路器，还配有一套短引线保护装置。

①断路器失灵保护(50BF)。

所有500kV断路器均分别装设断路器失灵保护,保护动作后瞬时重跳本断路器,延时跳开与该断路器相邻并有电气联系的断路器(包括发电机出口断路器或线路对侧断路器)。

②短引线保护(87S)。

当某条500kV进线或出线停运检修时,与该线路连接的2台断路器(之间的连线为短引线)仍有可能在运行,为此每个短引线配置1套短引线保护,以切除该短引线上的各种故障,并启动这两个断路器的失灵保护。

500kV断路器三相不一致保护由断路器现地操作机构箱实现,动作后延时跳开断路器三相。

3)500kV线路保护柜。

本电站有两回500kV线路,每回线路有两块保护屏。具体功能如下:

①线路保护A柜。

a. 线路保护(21/21N-A)。

采用西门子的7SA87型保护装置,能准确反映各种相间/相地故障,经本线路两侧各两台载波机,与对侧保护构成全线“欠范围允许式”距离保护;由三段式相间和接地距离及多个零序方向过流构成全套后备保护。

b. 线路过压保护(59Ⅰ/Ⅱ/Ⅲ)。

按巴基斯坦电力部门要求,配有3套相互独立的过压保护装置7SJ82,分别实现低定值长延时、高定值短延时以及反时限跳闸功能,并启动线路远跳。过压保护与其他线路电气量保护动作启动失灵的出口不能合一。

c. 自动重合闸(79-A)。

采用西门子的7VK87型重合闸装置,由2套线路保护同时启动,能采集与线路有关的两个断路器三侧的电压,可独立对两个断路器进行先、后自动重合。按巴基斯坦习惯,三相短路或三相短路接地故障不得进行重合闸,其他单相或两相(接地)短路,均是三相跳闸,再三相重合闸的运行方式。

由于每个重合闸装置要对两个断路器发令重合,闭锁重合的保护输入必须区别对待,如母线保护动作只能闭锁边断路器重合、不得闭锁中间断路器重合,而母线保护的EFP只能闭锁中间断路器重合;发变组保护只能闭锁中间断路器重合,不得闭锁边断路器重合。

②线路保护B柜。

a. 线路保护(21/21N-B)。

采用施耐德的P443型保护装置,能准确反映各种相间/相地故障,经本线路两侧各两台载波机,与对侧保护构成全线“欠范围允许式”距离保护;由三段式相间和接地距离及多个零序方向过流构成全套后备保护。

b. 方向过流保护(67/67N)。

采用西门子的7SJ82型保护装置,作为2套线路主保护的后备,对线路相间及相地短路故障可实时有效保护。

c. 自动重合闸(79-B)。

与500kV线路保护柜A柜的一样，也是采用西门子的7VK87型重合闸装置，功能与A柜的完全一样。

4)500kV并联电抗器保护。

500kV电抗器A柜配置一套西门子的7UT82 P1F503853型差动保护、7SJ82 P1J821324型零序电流差动保护、7SJ82 P1J359951型过流保护、7VK87 P1D65593断路器失灵保护以及南瑞继保的PCS-9830型分相投切装置；B柜配置施耐德的P64232QDBM0xx8L型差动保护、西门子的7SJ82 P1J821324型零序电流差动保护、7SJ82 P1J359951型过流保护、6MD85 P1G394495型非电量保护。

根据巴基斯坦国家电力部门要求，电抗器保护动作仅跳电抗器回路断路器；电抗器回路断路器失灵保护延时动作，才跳500kV线路断路器并远跳线路对侧断路器。

14.3.3.2 故障录波及保护信息管理系统

(1)机组故障录波系统

每个发变组单元设置1套微机型故障录波装置，共4套，实时采集发电机中性点侧电流、发电机机端电流/电压以及发电机保护、11kV母线保护的动作信号，故障发生时能快速录波供故障原因分析。

(2)500kV系统故障录波

500kV系统录波共由4块屏组成，第1～3块屏用于采集500kV电流/电压信号、开关站所有保护以及变压器保护的动作信号，第4块屏为故障分析装置屏，装有显示屏及打印机。

(3)保护及故障信息管理子站

本电站设置一套微机型保护及故障信息管理子站，对全站所有保护装置和故障录波装置(包括发变组、500kV开关站等保护及故障录波设备)进行在线管理、监视与维护，并对事故、故障信息进行监视、分析、打印及将信息送至电站计算机监控系统及上级调度部门。

每个发变组单元设置1套故障录波装置，柜内设网络交换机2台，每台机组的2块发电机保护屏柜、3块变压器保护屏和1套故障录波装置的各两个以太网口同时接入这2台交换机，这2台交换机再经2根单模光缆对应于保信子站柜内的2台主交换机相连。

开关站2#、3#故障录波装置柜各设1台光纤交换机，500kV系统所有保护装置和3台故障录波装置均经多模光纤分别接入这2台交换机，这2台交换机再经单模光缆对应接入保信子站柜内的2台主交换机，2台主交换机分别经单模光缆与SAS系统的主交换机相连，实现开关站保护/故障信息与监控系统之间的通信；故障录波分析装置柜另设1台光纤交换机，经多模光纤采集500kV系统所有保护装置和3台故障录波装置的信息，送往500kV开关站第1串现地控制单元盘2#柜交换机，超五类屏蔽线经以太网口将第1、2、3串现地控制

单元盘 2# 柜互联，并分别与 SAS 系统的主交换机电以太网口相连，实现开关站保护/故障信息与监控系统之间通道备用。

14.3.4 操作电源系统

14.3.4.1 直流电源系统

(1)概述

为了保证卡洛特水电站二次设备可靠运行，根据电站机电设备布置情况，直流电源系统配置采用分散设置方式，以缩小直流电源供电范围，提高电源系统工作可靠性及供电质量。电站设置 4 套直流电源系统，其中包括 2 套机组直流电源系统(每 2 台机组设置 1 套)、1 套开关站直流电源系统和 1 套大坝直流电源系统。

机组直流电源系统主要供给机组控制、保护、励磁、调速器等的操作电源。

开关站直流电源系统主要供给 500kV 开关站设备控制、保护、录波、安稳、电能计量、厂用电系统控制及保护、辅助设备控制、UPS 等所需的电源。

大坝直流电源系统主要用于大坝配电系统控制及保护等设备的控制操作电源。

(2)系统设置

每套机组直流电源系统包括 2 组阀控式密封铅酸蓄电池、2 套充电装置、1 台绝缘监视装置、1 台直流系统监控装置、配电及保护器具、监视仪表及报警信号等。

开关站直流电源系统包括 2 组阀控式密封铅酸蓄电池、3 套充电装置、1 台绝缘监视装置、1 台直流系统监控装置、配电及保护器具、监视仪表及报警信号等。

大坝直流电源系统包括 2 组阀控式密封铅酸蓄电池、2 套充电装置、1 台绝缘监视装置、1 台直流系统监控装置、配电及保护器具、监视仪表及报警信号等。

4 套直流电源系统共用 2 套移动式放电装置。

直流系统电压等级均采用 220V。

每套充电设备采用高频开关整流模块组合、N+1 或 N+2 冗余备份方式，模块之间无主从且自动均流，设备具有充电(恒流充电、限流恒压充电)、浮充电及自动转换功能。

220V 直流母线为单母线分段接线，每段母线上分别接有 1 组蓄电池及 1 套充电装置。当其中 1 套充电设备故障或更换电池时，该段母线所接直流负荷可以转移至另外 1 段直流母线或投入第三组备用充电装置继续正常运行。2 组单母线间应能实现联络，并应满足在运行中 2 段母线切换时不中断供电的要求。切换过程中允许 2 组蓄电池短时并联运行。

蓄电池采用阀控密封铅酸蓄电池，每组蓄电池均由 110 只单体电池串联组成，正常以全浮充电方式运行。机组直流系统的每组蓄电池容量为 1200Ah；开关站直流电源的每组蓄电池容量为 960Ah；大坝直流电源的蓄电池容量为 270Ah。

充电装置采用高频开关充电装置，为浮充电与均衡充电兼用。每台充电装置可依据直流系统的运行状态自动进行充电或浮充电状态的转换。充电装置的输出电压为 180～300V。

14.3.4.2 交流电源

交流电源主要用于确保全厂二次设备如各保护柜、LCU 柜等二次盘柜柜内的加热、照明及二次设备控制操作系统等对交流电源的需要。

每台机组设置 1 块交流电源分盘，开关站设置 1 块交流电源分盘，公用控制设备设置 1 块交流电源分盘，大坝控制设备设置 1 块交流电源分盘。交流电源采用单母线、双交流进线供电方式，两回交流进线可自动切换，互为备用。

14.3.5 通信系统

卡洛特水电站通信系统主要由电力系统通信和枢纽内部通信两大部分组成，以保障电站、大坝及进水口等电力设备的正常运行和日常管理。

（1）电力系统通信

电力系统通信主要承担电站与电力调度部门之间的数据、话音、保护等信息的传输。卡洛特水电站除一回出线至距本电站约 198km（实际近 230km）的 NEW GHAKHAR 变电站外，还设一回线路和距本电站约 80km 的 NJ 开关站联络。接入系统及联络线路的电压等级均为 500kV。考虑卡洛特水电站 500kV 的电压等级和在电网中的重要地位，卡洛特水电站对外采用光纤和电力载波两种通信方式，并在卡洛特水电站设置 BITS 系统一套。

1）光纤通信。

建设卡洛特水电站至 NEW GHAKHAR 变电站和 NJ 电站的 OPGW 光纤通信电路，接入电力系统。开通传输容量为 STM-4（622Mbit/s）的 SDH 光纤通信电路，保护方式为 1+1 线形通道保护，设备时钟取至电站设置的 BITS 系统。OPGW 地线复合光缆采用 24 芯 ITU-T G. 652D 单模光纤。

为调度自动化信息、调度电话及综合数据网等提供相应接口，在卡洛特水电站配置 2 套 PCM 数字复接设备，分别在卡洛特水电站至 NEW GHAKHAR 变电站和 NJ 电站之间各开通 1 条 PCM 通道。

2）载波通信。

为防止光纤通信故障，在卡洛特水电站——新咖咔变电站和 NJ 电站的电力线路上各开通 1 条电力载波通道，分别作为复用保护通道及通信备用通道。电站配置 2 套电力载波机，采用保护和话音、调度自动化复用的设备，发信功率按 80W 设备考虑（后根据 NTDC 要求都改为 100W）。结合方式采用 R 相和 Y 相之间的相—相耦合方式。

（2）枢纽内部通信

枢纽内部通信由行政通信和生产调度通信组成，主要完成枢纽内部生产调度及管理部门之间的通信。

1）行政通信。

由于电站施工期间采用电信公网通信，基本没有施工通信设施可以利用。为满足枢纽内部各行政职能部门及与相关业务单位之间的行政通信联系。在电站设置一台容量为256线的程控交换机，完成行政电话用户之间的语音交换，并与电站程控调度总机之间建立2M中继联系。枢纽对外通信可通过本程控交换机建立与当地电信公网之间的中继电路，开通国内、国际长途直拨通信业务。该中继电路由业主与当地电信部门协商解决。

2)生产调度通信。

鉴于枢纽布置及各建筑设施的运行要求，在电站、大坝泄洪闸分别设有中央控制室和集中控制室，各控制室分别完成所管辖建筑设施的运行调度，因此将枢纽分为电站、大坝泄洪闸等两个调度区域。根据本枢纽规模、调度用户初估数量以及中继电路数量，在电站设置一台容量为200线的程控调度总机，除在电站中控室布置1个调度台外，还在大坝泄洪闸集控室布置1个调度台，每个调度台分别调度本区域内的调度电话用户。

该调度总机还分别与电站行政交换机及电力系统调度通信设备之间建立中继联系，并留有与防洪调度系统的通信接口。另外，在大坝泄洪建筑物配置两对无线对讲机供流动工作人员使用。

3)防汛调度通信。

本电站对外防汛调度通信可利用电网或公网等手段接收和传送与本站相关的防汛调度信息。

4)卫星通信。

原设计是提供一部卫星电话作为应急通信使用，后根据NTDC要求，增加了VSAT卫星通信系统。长江设计院比选了购买和租用两种方式和3个厂家的资料，目前KPCL租用了1套为期2年的卫星通信系统，确保在光纤和载通道故障时用于与NPCC的调度通信。

14.3.6 泄洪闸门控制系统

(1)设备的配置与布置

泄洪表孔(6孔)及泄洪冲沙孔(2孔)每扇弧形工作闸门启闭机设1套液压泵站，每套液压泵站设1个现地控制站，共设有8个现地控制站，对液压泵站及其启闭机设备进行控制操作，实现对泄洪表孔和泄洪冲沙孔弧形工作闸门的控制。

每个现地控制站均由2个动力柜、1个控制柜及端子箱组成。现地控制站采用可编程序控制器(PLC)作主要控制器件。每套控制设备配置1台不间断电源。各现地电控设备(3台电控柜)布置在相应闸门液压泵房内。

(2)设备功能

1)控制方式选择。

现地站设有远方控制、现地控制、现地检修控制3种控制方式。3种控制方式可在现地操作切换，每次只能使用一种方式控制(现地优先)，且应维持必要的闭锁关系。

2)运行控制功能。

①油泵电机同时运行,分时启动;

②闸门在任意开度的启、闭、停运行控制;

③每扇闸门的液压启闭机双缸同步运行控制,两套油缸同步运行误差小于 10mm;

④在远方控制和现地控制方式下,闸门开启在任意开度时,因油缸内、外泄漏造成油缸活塞在 48h 内下滑量达到 200mm 时,发出报警信号并启动油泵电动机,自动将闸门提升至下滑前的开度。

3)报警及保护。

①油泵电机过负荷保护,供电回路缺相保护;

②油路过压、失压保护,油箱油位过低、超限保护,油温高、油温低保护等;

③闸门开终、关终保护和纠偏保护;

④故障音响报警及自诊断保护。

4)现地站运行显示。

①现地控制站设置各种设备工作状态和故障报警显示;

②油缸行程及闸门开度检测与数字显示,双缸行程偏差检测与数字显示;

③闸门及液压泵站运行显示;

④动力电源和控制电源显示。

(3)泄洪闸门的集中控制

为满足水工对泄洪闸门的控制要求,泄洪闸门的集中控制功能由电站计算机监控系统及泄水闸现地控制单元(LCU6)实现。

现地控制设备与电站监控系统设备之间通过光纤以太网通信方式进行连接和 I/O 硬连接,向电站监控系统传送泵站和闸门运行信息,并接受电站监控系统下达的控制命令。

14.3.7 电站安全监控系统

电站配置 1 套安全监控系统,包括图像监控系统和门禁系统,为电站各项生产设施的安全运行提供可靠保障。

14.3.7.1 图像监控系统

巴基斯坦卡洛特水电站图像监控划分为电站和大坝建筑物(含泄水闸、进水口等)2 个监控区域。

(1)系统结构

根据水利枢纽电站建筑物布置特点,将工业电视分为电站和大坝建筑物 2 个区域。工业电视系统采用分级系统结构,分为控制级和现地级。控制级设 5 套图像监控工作站,其中 1 台布置在中控室前台作为整个系统的图像监控主工作站,具有最高控制权限及控制优先级。另外 4 套图像监控工作站分别布置在中控室后台、厂长室及总工室、大坝集控室。

现地级设备有2套，分别为电站现地级控制设备和大坝现地级控制设备。每套现地级设备主要包括网络交换机、显示器、网络存储录像机及机柜等。现地级通过网络交换机将数字图像信号传到图像监控系统局域网，接受图像工作站的控制。

前端设备主要由前端网络交换机、光纤收发器、网络摄像机、防雷器及拾音器等组成。

前端设备采用全网络式摄像机，视频从前端设备输出即为数字信号，并以基于TCP/IP协议的以太网为传输媒介，实现视频在网络上的传输，能实现整个系统的控制、调度、存贮、授权控制等功能。

控制级与现地级的数字传输，采用高速以太网，通过交换式以太网交换机相连接，网络传输速率应为100Mbps。

(2)系统功能

1)控制功能。

①自动控制。

摄像机镜头的光圈调节由镜头的光检测电路，根据被摄物体的照度自动控制光圈大小；能够对图像自动调节焦距、自动逆光补偿及自动调节对比度；视频自动循环切换由系统程序控制完成，切换周期通过控制软件进行设置。

②远方手动控制。

通过图像工作站可以实现下列远方手动控制：摄像机开启/关闭、云台水平/垂直、镜头焦距的远近和聚焦位置预置、光圈大小、防护罩雨刮风扇开启和关闭、录像机的录像/放像/停止。应具有视频切换功能，可将任意摄像机视频图像切换给任意显示器或监视器。直接对切换顺序和周期进行编程控制，对设备进行监视。可选择多画面显示传输，对现场多个监控点进行综合监视。

③自动调用功能。

能根据预置的图像，自动成组切换、调用相应的图像画面在显示器或监视器上显示。

④报警及联动控制功能。

当监控点发生报警时，如火警、非法人员闯入、手动报警等，应能自动推出关联的摄像机图像，同时启动网络存储录像机。图像工作站发出语音报警提示。

⑤循环切换功能。

具有图像的自动循环切换和手动切换功能，可将任意摄像机的图像切换到系统中任意一个显示器或监视器，并使每个监控点的地址及说明均可叠加在相对应的图像画面上。自动循环切换间隔时间可灵活设置。

⑥电子地图功能。

图像工作站应具有前端布点电子地图功能。可以用操作手柄、鼠标或键盘激活每个布点，自动切换出相关联的摄像机图像。

2)图像采集与处理功能。

实时显示多个视频图像窗口;对任一路图像录像,以便保存记录。

3)报警功能。

系统设备故障、前端设备被盗以及重要部位设防报警。

4)主控台及分控台设置功能。

主控台具有监视、控制及报警功能,并具有最高的优先级。

分控台具有与主控台相同的监视、控制及报警功能,但主控台可设置所有分控台的优先级别、监控范围,并在必要时锁定分控台的控制指令。

5)监听功能。

对重要部位配合摄像机实现可视和监听。任一分控台可根据需要,配合图像选听现场声音,全面了解现场实时状态。

6)报警布防、撤防功能。

报警的布防和撤防应包括报警点、报警设备类型、摄像机序号及联动动作等设置。所有报警点必须布防,系统应能在报警信号发生时作出响应,可以根据需要在不同时段布防和撤防。

7)信息交换功能。

具有与火灾自动报警及联动系统通信功能。

(3)监视点设置

电站分区的摄像机分别布置在机组水轮机进人廊、水轮机层、发电机层、尾水平台、0.4kV 配电盘室、11kV 配电盘室、发电机断路器及厂用变室、励磁变室、机组直流电源室、辅助盘室、GIS 室、550kV 出线场、技术供水室、油库、油处理室、电缆廊道、检修渗漏排水泵房、中控室、计算机室、主厂房入口、通信室、开关站蓄电池室、UPS 电源室、主变压器室、尾水平台等部位。拾音器主要布置在水车室、中控室等部位。

大坝分区的摄像机分别布置在大坝集中控制室、0.4kV 配电盘室、11kV 配电盘室、泄洪闸门、泄洪启闭机室、进水口启闭机室、坝顶上/下游侧、面板堆石坝等部位。

(4)系统供电方式

图像监控系统采用集中供电和就地取电两种方式。

14.3.7.2 门禁系统

本项目门禁系统主要实现对电站中控室、计算机室和通信室等主要通道入口门的进出控制。

门禁系统采用分布式网络结构,由控制级设备和前端设备组成。控制级设备和前端设备之间连接的网络设备,与图像系统共用。不单独设置门禁管理工作站,门禁管理工作站的功能由图像监控工作站实现。

前端设备由门禁控制器、电源设备、读卡器、电磁锁(含门磁)、闭门器、开门按钮等组成。

前端设备中最主要的是门禁控制器,所有的读卡器、电磁锁(含门磁)、开门按钮等其他前端设备均接入相应的门禁控制器中，各门禁控制器通过网络与门禁管理工作站通信，完成各种系统功能(门禁控制、电子巡更、防盗报警等)的目的。

门禁识别卡选用非接触式感应卡。所有的读卡器、电动锁具、开门按钮等前端设备均通过屏蔽线连接至相应的门禁控制器，门禁控制器能够接收并存储相关控制信息。

门禁系统与火灾报警系统联动，发生火灾时，门禁失效；按开关出门的方式，门禁系统采用刷卡进门。

14.3.8 火灾自动报警系统

火灾自动报警系统由1套联动型集中火灾报警控制器、1套联动型区域火灾报警控制器、1套消防广播系统、1套消防图形显示系统、若干火灾探测器、若干监控模块、若干各种联动控制箱、若干声光报警器、若干手动报警器及探测控制网络、电缆、穿线管等组成。

集中火灾报警控制器、消防广播控制柜、消防图形显示系统(台式)布置在电站中控室，电站中控室兼作消防控制室。

区域火灾报警控制器布置在大坝集中控制室内，负责溢洪道和进水口的火灾报警和消防联动，区域火灾报警控制器和集中火灾报警控制器间采用光纤通信。

通过散布于全厂的点式探测器或缆式线型感温电缆，火灾报警系统能实现对厂房各重要场所进行24h不间断的火情监测。当探测器检测到有火情时，通过系统总线，向火灾自动报警控制器报警；火灾自动报警控制器在接收到报警后，经过信息处理，在报警控制器上以数码(或液晶)显示方式，显示出火灾的部位；同时，根据火情发生的部位，经确认及延时后，自动或手动对该部位及相关部位的防火排烟设备、灭火设备进行相应控制，实施灭火及火灾隔断等措施。

火灾自动报警系统系统功能如下。

(1)数据采集

系统具有对枢纽各探测区域内的感烟探测器、感温探测器、火焰探测器、红外线对射探测器、手动报警器、声光报警设备、消防联动控制设备及其联动控制模块、火灾控制器等设备的数据采集能力。全面掌握火灾信息及火灾报警、灭火设备的运行工况，并将有关信息送至电站监控系统。主要采集以下各类信息：

1)所有探测器或传感器的输出信号；

2)联动模块的输入、输出信号；

3)手动报警器、声光报警器等设备的输出信号；

4)联动控制设备的运行状态；

5)火灾报警控制器的运行状态；

6)探测总线、通信网络的工作状态；

7)其他。

（2）安全报警

系统能对探测区域内的火灾探测器和其他传感器所送的信息进行实时处理，正确完成各项信息记录管理、联动控制及声光报警等功能。安全报警应包括以下内容：

1）能正确监测和区分火灾探测器和传感器的正常/故障/预报警/火警等各项工作状态，并进行相应的报警处理；

2）能正确监测系统通信、探测总线网络等设备的故障/正常等工作状态，并作出相应的报警处理；

3）能形成各类正常/故障/预报警/火警等数据记录和各项分类统计记录；

4）各点、各类声光报警能形成相应的图形画面；

5）联动过程中各种报警应具有时标标定和记录功能。

（3）控制功能

1）系统对所监控的设备能严格按照联动工艺的要求进行可靠、有效、准确和灵活的控制。

2）对所监控的设备发出开启、关闭等命令并能接收设备运行的各种状态反馈信号。

3）具有自动和手动两种联动控制操作方式。在自动方式下，系统按联动工艺要求所规定的动作顺序和时间间隔等要求自动启停联动控制设备；在手动操作方式下，操作员可直接操作所有联动控制设备。

（4）数据通信

1）当重点部位如透平油库、油处理室发生火灾时，以 I/O 接口方式将火灾信息传至图像监控系统，同时联动该区相应的摄像机摄像并进行确认。

2）与电站计算机监控系统经以太网通信，将相应的火灾信息送至电站计算机监控系统。

（5）系统诊断

系统具有完备的硬件及软件自诊断功能，包括在线周期性诊断、请求诊断、离线诊断和远方诊断。诊断内容包括：计算机内存自检；硬件及其接口自检，包括火灾探测器、传感器、联动控制设备、通信接口、各种功能模件等（包括区域控制器的故障自检信号）。当诊断出故障时，应自动发出报警信号，并能确定故障点位置，采取相应的保护措施。

（6）系统维护

1）系统采用交互式画面编辑工具、交互式报表编辑及编译工具，具有操作方便灵活的特点，用户能增加自定义图块或图标，画面及报表中的动态数据项与数据库的联系应能通过鼠标自动连接。

2）系统具有画面、报表以及报文（包括用于显示的报文、语音报文、电话语音报文）编辑功能。

3）系统具有完善的软件配置管理、软件接口以及软件的可重用性构造。

(7)联动控制

1)发电机二氧化碳灭火。

水轮发电机采用二氧化碳气体灭火，由主机厂家配套，独立控制，并将控制反馈信号送入报警控制主机。

2)变压器或并联电抗器水喷雾灭火。

电站有 12 台单相主变压器、4 台电抗器采用水喷雾灭火。火灾报警控制器收到某台变压器或并联电抗器的失火信号，同时收到相关设备主保护动作信号以及与失火设备的断路器全部断开的信号后，立即发出水喷雾灭火指令。

3)七氟丙烷气体灭火。

中央控制室、计算机室、升压站蓄电池室设置七氟丙烷气体灭火系统。集中火灾报警控制器收到上述部位的火灾信号时，立即发出火灾声光报警，提醒保护区内人员撤离；同时控制器发出指令，关闭风机、防火阀等。火灾信号经运行人员确认后，远程发出灭火指令，启动电磁驱动装置，此时七氟丙烷气体得以释放进行灭火。

4)风机的联动控制。

①火灾时火灾自动报警系统启动风机连续运行排烟，排烟完毕后恢复到平时运行状态。需要如此联动控制的部位有：主厂房发电机层屋顶排风机(共 16 台)，上、下游副厂房 411.50m 层可逆轴流风机(共 4 台)，上、下游副厂房防烟竖井顶部防烟风机(共 6 台)。

②火灾时火灾自动报警系统自动停止排风机运转、关闭风机进风口处防火阀。灭火后，远程或现地手动开启排风机排烟，排烟过程连续运行。排烟完毕后，恢复到平时运行状态。需要如此联动控制的部位有：厂内油库排风机(1 台)，厂内蓄电池室排风机(共 3 台)，中控室、计算机室事故排风机(共 2 台)，大坝蓄电池室轴流风机(1 台)，大坝变压器室及配电室轴流风机(共 2 台)，大坝油泵房及水泵房轴流风机(共 2 台)，引水闸工作门启闭机房各安装 2 台轴流风机(共 6 台)。

③火灾时火灾自动报警系统自动停止排风机或冷水机组运转。需要如此联动控制的部位有：GIS 室排热风机(共 6 台)、排 SF6 风机(共 3 台)，水车室轴流风机(共 4 台)，渗漏泵房排风机(1 台)，交通廊道送风机(1 台)，下副卫生间排风机(1 台)，风冷式冷水机组(共 2 台)。

5)电梯联动。

当发生火灾时，强制所有电梯停于首层。

14.4 通风空调及生活给排水

14.4.1 室内外空气设计参数的选择

本电站位于工程流域内的气候可以分为四季，即东北季风季(12 月至次年 2 月)、热季

(3—5 月)、西南季风季(6—9 月)和 10—11 月的过渡期。年内降雨分配受地形和季节影响，时空分布不均，年内以夏季降水量较大，年际变化也较大。Domel 站 1968—2006 年多年平均气温约 20℃，最高年平均气温为 23.9℃(1968 年)；年内气温以 6 月、7 月最高，平均最高气温为 28.6℃；最低日均气温为 9.17℃，出现在 1 月。Domel 站 1—7 月风较多，最大平均风速为 23.8km/h；8—12 月风较少，12 月风速最低，为 9.5km/h。

夏季通风室外计算温度按公式 $t_{wf}=0.71t_{rp}+0.29t_{\max}$。式中，$t_{wf}$ 为夏季通风室外计算温度，t_{rp} 为累年最热月平均温度，$t_{\max}$ 为累年极端最高温度。根据 Domel 站 1989—2006 年室外气象参数，1990 年 6 月为累年最热月，t_{rp} 为 30.83℃；极端最高温度出现在 1990 年 6 月 24 日，$t_{\max}$ 为 38.06℃。由此得到夏季通风室外计算温度 t_{wf} 为 32.93℃。

在本设计中，厂内各部位温度、湿度值的选定，主要考虑到除了要满足规范和设备的要求以外，还要满足工作人员对环境“舒适度”的要求。有关资料表明，当夏季室温≤27℃、冬季室温为 16～20℃，相对湿度为 40%～60%，气流速度≤0.25m/s 时，室内的空气环境即处于人的“舒适区”，人在室内感觉比较舒适。因此对于中控室、电算室、通信室等人员比较集中的房间，其室内温度、湿度值基本上是按“舒适区”要求确定的。而主厂房发电机层、水轮机层等，由于面积大、空间高、人员少，主要以要满足规范和设备的要求确定的。

根据国家有关设计规范及水电站设备的运行要求，并参照已建水电站厂房通风空调设计的经验，按照厂房各部位的功能，工作场所的重要性及工作人员、机电设备的运行需要，确定厂房内各部位的室内空气计算参数，见表 14.9。

表 14.9　　室内空气设计参数

序号	部位	夏季		冬季	
		温度/℃	相对湿度/%	温度/℃	相对湿度/%
1	主厂房	≤35	≥75	≥5	≥75
2	GIS	≤40	≥75	≥10	≥75
3	中控室、计算机室、通信室、大坝集控室等	≤27	45～60	16～18	45～60

14.4.2　电站热湿负荷计算

经过对厂房内主要机电设备散热量和厂房散湿量计算，我们最终得到热湿负荷及空调设备选型，见表 14.10。

表 14.10　　热湿负荷及空调设备选型

<table>
<tr><th>序号</th><th>位置</th><th>总散热量/kW</th><th>总散湿量/(kg/h)</th><th>空调设备冷量/kW</th><th>空调设备选型</th></tr>
<tr><td>1</td><td>上副 411.50m 层</td><td>125.34</td><td>2.86</td><td>149.5</td><td>13 台柜式风机盘管机组，制冷量 13×11.5kW</td></tr>
<tr><td>2</td><td>上副 404.50m 层</td><td>92</td><td>2.48</td><td>92</td><td>8 台柜式风机盘管机组，制冷量 8×11.5kW</td></tr>
<tr><td>3</td><td>主厂房发电机层</td><td>117.8</td><td>6.07</td><td rowspan="3">185.5</td><td rowspan="3">上副 8 台柜式风机盘管机组，制冷量 4×11.5kW+4×9kW；下副 9 台柜式风机盘管机组，制冷量 9×11.5kW</td></tr>
<tr><td>4</td><td>上副 398.50m 层</td><td>34.8</td><td>2.48</td></tr>
<tr><td>5</td><td>下副 398.50m 层</td><td>31.4</td><td>1.70</td></tr>
<tr><td>6</td><td>水轮机层</td><td>166.7</td><td>4.67</td><td>184</td><td>4 台柜式风机盘管机组，制冷量 4×46.0kW</td></tr>
<tr><td></td><td>总计</td><td>568.04</td><td>20.26</td><td>611</td><td>风冷冷水机组 2 台，制冷量 $Q \geqslant 2\times312$kW</td></tr>
</table>

14.4.3　通风空调系统方案

全厂设有以机械进风、机械排风为主体的横贯主、副厂房的通风系统，副厂房空调系统，局部降温空调系统，单独通风系统，事故防、排烟系统，除湿系统以及其他建筑物空调通风系统。

(1)主厂房通风系统

室外空气从上、下游副厂房竖井进入，横穿厂房，向中间主厂房流动，带走厂内的余热、余湿后从主厂房屋顶排出场外。

在上、下游副厂房两端各设 2 个通风竖井。在每个竖井内布置 1 台可逆式风机，风量约 100000m^3/h，共 400000 m^3/h。室外空气经厂房上、下游的进风竖井进入副厂房内。在副厂房每层设一根纵向风管，沿纵向向副厂房各层送风。在副厂房发生火灾时，风机逆向旋转，排除副厂房的烟气。

送入上、下游副厂房的风沿副厂房向主厂房流动，从低温区流向高温区，经主、副厂房隔墙上的防火阀进入主厂房。同时在主厂房每个机组段布置屋顶风机 4 台，共 16 台，单台参数(G=21000m^3/h，H=158Pa，N=2.2kW)。多层串联带走余热、余湿后，最后由该风机排出厂外。该风机火灾时兼排烟风机。

在每个机组的水车室各布置 1 台轴流风机(G=6000m^3/h，H=231Pa，N=1.5kW)，共 4 台，为水车室送风。

油库、蓄电池室等产生有害、易燃、易爆气体的房间，单独采用机械排风的方案。在安Ⅱ

段 390.97m 高程布置有透平油库及油处理室，安Ⅱ段下游副厂房 398.50m 层布置 1 个通风机房，内设 1 台防爆轴流风机，参数($G=10900m^3/h$，$H=450Pa$，$N=4.0kW$)，接风管为透平油库及油处理室排风，排风管接入排风竖井至厂房顶部排风塔，将含油气体排出厂外，进风分别从油库侧墙上的防火阀进入。在电站左侧厂区 419.00m 高程布置 1 个油处理室，在 419.00m 高程油处理室布置 1 台防爆轴流风机，参数($G=4200m^3/h$，$H=150Pa$，$N=1.1kW$)，直接将含油气体排至室外，进风从油处理室侧墙上的防火风口进入。油库及油处理室的进风口和风机的排风口上均安装防火阀，火灾发生时，可以自行关闭，切断火源。在安Ⅱ段下游副厂房 398.50m 层通风机房内布置 1 台防腐防爆轴流风机，单台参数($G=4200m^3/h$，$H=450Pa$，$N=1.5kW$)，接风管为下游副厂房 4 个蓄电池室排风，排出泄漏的氢酸气体。在安Ⅱ段上游副厂房 411.47m 层通风机房内布置 1 台防腐防爆轴流风机，单台参数($G=2200m^3/h$，$H=250Pa$，$N=1.1kW$)，接风管为 EPS 室排风。

在厂房上游平台上布置有主变压器室和 GIS 室。主变压器室自然通风；GIS 室内有 SF_6 气体，需将其排出室外。在 GIS 室下游墙上部，布置 6 台防腐轴流风机，单台参数($G=10000m^3/h$，$H=150Pa$，$N=1.5kW$)；排出 GIS 室内的余热；在 GIS 室下游墙下部，布置 3 台防腐轴流风机，单台参数($G=10000m^3/h$，$H=150Pa$，$N=1.5kW$)，排出泄漏的 SF_6 气体。

在上游副厂房布置了 3 个疏散楼梯间，分别为 4[#]、5[#]、6[#] 楼梯间。在下游副厂房布置 2 个疏散楼梯间，分别为 8[#]、10[#] 楼梯间，主副厂房各层人员在火灾时可通过这些楼梯间疏散逃生。升压站设置了 1 个疏散楼梯间，为 2[#] 楼梯间，火灾时供人员疏散逃生。厂房内疏散距离均不超过 60m。在每个疏散楼梯间顶部均布置 1 台正压送风机($G=250000m^3/h$，$H=350Pa$)，火灾时启动，对楼梯间加压送风，防止烟气进入，便于人员逃生。

(2)副厂房空调系统

在升压站管理楼内布置有中控室、计算机室、通信室、辅助盘室、办公室、蓄电池室等。在升压站管理楼楼顶布置 1 套 VRV 空调机组，冷量 118kW，$N=40.5kW$，为中控室、计算机室、辅助盘室、办公室等房间降温，空调室内机布置在各空调房间内。蓄电池室设置独立的通风系统，并配置 1 台防爆分体空调。

(3)局部降温空调系统

电站厂房采用风冷冷水机组提供冷源，设风冷式冷水机组 2 台($Q_{冷}\geqslant 312kW$，$N\leqslant 115kW$)，管道式离心水泵 3 台($W=60m^3/h$，$H=33mH_2O$)，自动反冲洗排污电子水除垢过滤器 1 台(DN150，$W=180m^3/h$)，布置于左侧厂区 419.00m 层平台上。冷冻水通过预埋管进入厂房内接各层电气设备用房的柜式风机盘管机组，对上述部位及房间内的机电工艺设备进行冷却。

(4)除湿系统

考虑到厂房比较潮湿，在水轮机层和下部廊道布置移动式除湿机对上述部位进行除湿。除湿机的冷凝水用软管就近排放。

14.4.4 生活给排水系统

本电站厂房生活供水管直接从水厂清水池取水，然后送往厂内各用水点。在安Ⅱ段下游副厂房 398.47m 水轮机层布置有 1 个卫生间，卫生间下层设有污水处理装置室。安Ⅰ段升压站各层共设有 3 个卫生间，卫生间下层设有污水处理装置室。

上述各用水点的排水、废水就近接入排水沟排放；安Ⅱ段厂内卫生间污水经污水处理装置处理后，排入尾水。安Ⅰ段升压站卫生间污水经污水处理装置处理后，排入厂坝坝面排水沟。

14.5 消防

14.5.1 设计依据和设计原则

14.5.1.1 设计依据

遵循中国及巴基斯坦国内相关消防法律法规的有关规定。

14.5.1.2 设计原则

消防系统设计原则主要包括以下几点。

1)贯彻“预防为主、防消结合”的消防工作方针和确保重点、兼顾一般、便于管理、经济实用的原则。

2)工程消防设计与枢纽总体布置一起统筹考虑，必须保证消防车道、防火间距、安全出口等要求。

3)消防设施配置要满足本工程以消防“自救为主、外援为辅”的要求。

4)水利水电工程的水源充足，充分发挥水消防优势。

5)消防设施与生产、生活设施相结合，施工期临时消防设施与永久性消防设施相结合，实用性、先进性和经济性相结合。

6)消防设备应选用经国家有关产品质量监督检测单位检验合格的产品，并要求安全可靠、使用方便、技术先进、经济合理。

7)满足工程防火、监测、报警、控制、灭火、排烟、救生等几方面的功能要求。

8)满足本工程其他对消防系统的特殊要求。以现行有关消防设计规程、规范为依据。

14.5.2 火灾分析及总体消防方案

电站内机电设备(主要是：水轮发电机组、主变压器、透平油油罐、绝缘油油罐、电缆廊道等)失火时，火灾一般为 B 类火灾和带电物体燃烧火灾(E 类)，不易扑灭，且对生产设备危害性极大。而生活管理区和电站公用区内失火时，火灾一般为 A 类火灾，比较容易扑灭，火灾危害性相对较小。

针对上述分析，确定本水电站的总体灭火方案为：对 A 类火灾的消防介质以水消防为主，部分不适宜采用水消防的部位、场所，采用移动式化学灭火器；对 B 类或 E 类火灾为主的重要的生产用机电设备配置自动水喷雾灭火系统或气体灭火系统等专用消防设施；各建筑物内外配置一定数量的室内外消火栓和移动式灭火器；另外在电站专门配置中性泡沫清水两用消防车 1 辆，进行机动灭火。

14.5.3 建筑防火设计

14.5.3.1 生产建筑物、构筑物的火灾危险性及耐火等级

根据生产场所的重要程度、火灾危险性类别，将电站厂房各部位火灾危险性分成 3 类，其耐火等级见表 14.11。

表 14.11 电站厂房各部位火灾危险性类别及耐火等级

部位	主变压器	中央控制室、继电保护盘室、电子计算机室、载波与程控机房、电缆廊道、电缆竖井、油库、油处理室、变配电室、电梯机房等	主副厂房及安装间、厂用变压器、空压机室、厂用配电盘室、GIS 室大坝启闭机房等	通风机房、空调机房	深井泵房、技术供水室
火灾危险性类别	丙	丙	丁	戊	戊
耐火等级	一	二	二	二	二

14.5.3.2 大坝建筑物消防设施

本电站大坝分为两个部分，其一为非溢流坝段采用的沥青心墙堆石坝，其二为溢流坝段采用的混凝土重力坝，因非溢流坝段采用的沥青心墙堆石坝为单纯的挡水构筑物，没有布置机电设备等需要防火的设施，故该部位不设消防设施；溢流坝段的混凝土重力坝布置有启闭机房、集控室、配电室等，里面布置有重要机电设备，为重点防火对象，因此，大坝只在该坝段采取消防措施，具体布置如下：

(1)坝面消防

在坝面变电所附近设置 1 个室外消火栓，以用于该部位的灭火，消防水源来自 547m 高程消防水池。

(2)坝顶门机消防

在每个坝顶门机机架和控制室内各设若干只手提式干粉灭火器。

(3)启闭机房、集控室、配电室和变压器室等的消防

大坝坝顶启闭机房、集控室、配电室和变压器室等的消防措施如下：

1)各房间的安全出入口上设防火门；

2)各房间内均设置若干只手提式干粉灭火器或推车式干粉灭火器；

3)所有进出口电缆洞用无机耐火材料封堵；

4)控制室用非燃烧材料装修；

5)每个启闭机房结合正常排风需要设1台事故排烟轴流风机。

14.5.3.3 电站进水口建筑物消防设施

电站进水口主要建筑物有油泵房、变压器、配电房等，其耐火等级均为二级，具体消防措施如下：

1)室外电缆沟内电缆采用阻燃型；

2)每个房间内设若干只手提式干粉灭火器或推车式干粉灭火器；

3)各房间结合正常排风需要均设置1台事故排烟风机；

4)各房间进出电缆孔洞用无机耐火材料封堵。

14.5.3.4 厂房建筑物消防设施

(1)防火分区

将本电站主厂房和上、下游副厂房分别各划为一个防火分区，相邻两个防火分区间设置防火隔墙、防火门窗阻止火灾跨区漫延；此外，为了确保防火安全，还对电站易失火的重点场所及有特殊要求的部位，如厂内油罐、油处理室、电缆吊架、母线廊道及竖井等，设置防火分隔或防火隔墙、防火门窗、防火阀进风口等进行分隔。

(2)厂房安全疏散设施

1)厂房对外安全疏散。

厂房对外主交通出入口为进厂大门，另外在主厂房4#机组段下游副厂房和安Ⅱ段上游副厂房垂直交通竖井中各设1个防烟楼梯间和1部消防电梯，可直达室外地面，作为厂房对外安全疏散主要通道，每个电梯楼梯间还设有不少于10m^{2}的合用前室。

上述电梯前室及楼梯间门均采用乙级防火门，并按疏散方向开启。电梯井底部设排水措施，前室及楼梯间设加压送风系统。

2)厂房内部安全疏散。

厂房各机组段下游侧设有1部1.2m宽安全疏散楼梯，作为垂直交通通道连接厂房的各层，楼梯宽度及位置满足安全疏散要求。

(3)主、副厂房建筑物防火设计

1)建筑物的耐火等级。

厂房主要为现浇钢筋混凝土梁板柱结构，各部位结构构件及墙体的耐火等级按不低于二级设计。

2)防火门设置。

厂房内一般电气用房采用乙级或丙级防火门，油罐室、油处理室安全疏散出口，主副厂房之间均采用甲级防火门。

(4)厂房灭火设施

厂房内部灭火对象为厂内主要机电设备，其具体灭火设施配置详见 14.5.4 节“机电设备消防”。

在厂房上游平台变压器场周围布置 3 个室外地上式消火栓，对主变和厂房进行灭火。

14.5.4 机电设备消防

(1)机电设备消防主要对象

卡洛特水电站机电设备的消防主要对象为水轮发电机组、主变压器、透平油油罐、绝缘油油罐、中央控制室及计算机房等。

(2)水轮发电机组消防

水轮发电机采用 CO_2 灭火方式。

(3)主变压器、电抗器(新增)消防

卡洛特水电站 4 台机组设置 4 台三相变压器组，每台三相变压器组由 3 个单相变压器组成。单相变压器容量为 75MVA，3 个单相变压器组总容量为 225MVA。变压器采取如下消防措施：

1)主变压器布置在 419.0m 高程主厂房上游侧，每台主变压器底部设事故贮油坑，并设公共事故集油池。

2)主变压器采用水喷雾灭火。主变消防采用双水源的供水方式，547m 高程水池作为主水源，自流减压供水给主变消防，机组技术供水滤水器出口处取水经水泵加压作为备用水源。

卡洛特水电站设置 4 台(其中 1 台备用)高压并联电抗器，其额定电压为 550kV，额定容量为 44.8MVA，电抗器采用水喷雾灭火。

(4)中央控制室、计算机房消防

中央控制室、计算机房和开关站蓄电池室消防采用预制式气体灭火系统，在中央控制室、计算机房和蓄电池室内布置一定数量的预制式气体灭火柜，不需要设置管网和喷头。

(5)主副厂房消防

在安装场段和每个机组段均配有推车式和手提式干粉灭火器，同时在安装场段、机组段、上下游副厂房均设置了消火栓。

在桥机上配有手提式干粉灭火器，以备必要时人工消防。

水轮机层以下各种廊道进口处均配备有手提式干粉灭火器。

厂用变压器、电气试验室布置在上游副厂房 411.50m 层，本层各房间内均分别配备有手提式干粉灭火器。

通信盘室布置在GIS室副楼419.0m层，辅助盘室及UPS室布置在GIS室副楼431.0m层，各房间内均配有推车式和手提式干粉灭火器。

上游副厂房405.50m层布置有封闭母线、发电机断路器，本层各房间内均配有手提式干粉灭火器。

(6)透平油油罐消防

油罐室、油处理室采用防火墙分隔，油罐室设有2个安全疏散出口，出口设有外开的甲级防火门，与油处理室相通的出口设有挡油槛。油处理地面下设有事故油池，容积为$100m^3$。

在油罐室、油处理室内设有手提式干粉灭火器，以及砂箱等消防设施。为了防止静电产生危害，每个油罐均设有接地装置。

(7)绝缘油油罐消防

油罐区及其油处理室等房间均配置手提式干粉灭火器，油罐区出入口、油处理室还配有砂箱。为了防止静电产生危害，油罐均设有接地装置。

(8)电缆及电缆吊架

电缆及电缆通道的主要消防措施有：

1)电缆采用阻燃电缆，其氧指数应大于30。电缆的护套采用成束燃烧性能B类的材料。对于消防电源回路的电缆采用耐火电缆。

2)电缆吊架层间设置耐火隔板，并按机组单元、分支单元及配电装置室单元设置防火隔断。

3)电缆穿墙(楼板)、所有盘柜的电缆进出孔及电缆管的所有孔洞均采用防火堵料封堵。

4)在电缆竖井的上、下两端设置防火隔断。

(9)电梯井

电梯与廊道相连处设防火分隔，电梯出口设前室，其排烟窗面积不小于$3m^2$，设外开乙级防火门，机房设事故排烟装置、防火进风口，并设自动报警和手提式干粉灭火器。电缆进口洞用无机耐火材料封堵。

(10)消防水源

本电站主要机电设备采用水灭火方式消防，如主变压器和主厂房等。主水源取自547m高程水厂高位消防水池，机组技术供水滤水器出口处取水作为备用，设2台加压水泵，1台工作，1台备用。

14.5.5 公用消防供水系统设计

电站主水源利用施工水厂及施工水池经改建后作为永久水源系统使用，水厂建在右岸施工营地和水轮机拼装厂附近，水厂清水池高程547.0m，容积$2000m^3$。该水池高程能保证电站各用水设备终端不至于承受过高的静压的同时能满足电站消防最不利情况下对水压的要求，也能满足电站一次消防最大用水量的要求，设计将其确定为电站消防的主水源。

备用水源通过坝前取水获得，经过滤并加压后连接到厂房消防供水干管，保证整个电站消防具有可靠的双水源。

14.5.6 防排烟设计

在上、下游副厂房两端各设 2 个通风竖井。在每个竖井内布置 1 台可逆式风机，风量约 100000m^3/h，共 400000m^3/h。在副厂房每层设一根纵向风管接入风机，在副厂房发生火灾时，风机逆向旋转，排除副厂房的烟气。

在主厂房每个机组段布置屋顶风机 4 台，共 16 台，单台参数（G=21000m^3/h，H=158Pa，N=2.2kW）。该风机火灾时兼排烟风机，抽排主厂房烟气排至室外。

在上游副厂房布置了 3 个疏散楼梯间，分别为 4$^\#$、5$^\#$、6$^\#$ 楼梯间。在下游副厂房布置 2 个疏散楼梯间，分别为 8$^\#$、10$^\#$ 楼梯间，主副厂房各层人员在火灾时可通过这些楼梯间疏散逃生。升压站设置了 1 个疏散楼梯间，为 2$^\#$ 楼梯间，火灾时供人员疏散逃生。厂房内疏散距离均不超过 60m。在每个疏散楼梯间顶部均布置 1 台正压送风机（G=250000m^3/h，H=350Pa），火灾时启动，对楼梯间加压送风，防止烟气进入，便于人员逃生。

14.5.7 火灾报警及控制系统

在电站中央控制室内设置 1 套主控微机完成电站火灾报警及消防联动控制系统与电站计算机监控系统、泄水闸火灾报警与控制系统、工业电视系统等的通信。电站火灾自动报警及联动控制系统集中报警控制器和区域报警控制器中均具有紧急广播功能。

当火灾发生时，由电站火灾自动报警及联动控制系统自动或手动启动防排烟设备，并使全厂通风、空调系统自动停止，并接收其反馈信号；主变压器和发电机的水灭火装置接受自动灭火控制命令后，并不能马上启动，只有同时获得感烟探测器火灾信号或感温探测器火灾信号、该设备断路器跳闸信号和保护动作信号时，自动灭火系统才能投入灭火。

14.5.8 消防供电、照明及防雷接地

（1）消防供电的任务与供电部位

消防供电的任务是确保消防用电设备的连续可靠供电，使火灾事故时各项消防系统仍能正常运行，从而保证人员疏散，迅速及时地扑灭火灾，最大限度地减少火灾损失和人员伤亡。

消防电源供电的重点部位是消防水泵、防排烟设施、消防事故照明和疏散指示标志、火灾自动报警和自动灭火装置等。

（2）消防电源的等级和供电要求

本电站消防用电设备按二级负荷供电。电站内所有的消防用电设备均设置专用的双回

路消防供电电源，双回路电源分别由两段不同的0.4kV配电装置母线各引一回电源至消防设备的现场供电设备，在最末一级现场供电设备处设双电源自动切换装置，现场进行切换。

专用的双回路消防供电电源中的每一回电源容量均应满足消防用电可能出现的最大负荷的需要。

装有双电源切换装置的配电箱或控制箱宜尽量靠近用电负荷。

消防用电设备设有明显标志，消防现地控制箱不与其他设备混合使用。

为保证在电缆廊道内失火的情况下，仍然保证消防设备的供电，消防回路的供电电缆均采用阻燃或耐火电缆，分层布置。

(3)消防应急照明和消防疏散照明

消防应急照明和消防疏散照明是应急照明系统的重要组成部分，供电必须连续可靠。

设置EPS应急电源系统，对消防应急照明进行供电。在局部没有EPS电源的部位，消防应急照明采用自带蓄电池的应急灯，火灾时连续供电时间不少于90min。

消防疏散照明均采用自带蓄电池的标志灯，火灾时其连续供电时间不少于90min。

消防应急照明和消防疏散照明线路均采用阻燃或耐火电线，线路上不设置现地照明开关及插座。

本电站消防应急照明和消防疏散照明灯具设置如下：

1)主要疏散楼梯、通道、安全出口、中控室、蓄电池室、通信设备室等场所均设置消防应急照明和消防疏散照明灯具。

2)消防应急照明灯具宜设在墙面或顶棚上。

3)各安全出口正上方设置指示安全出口的消防疏散照明灯具，各疏散楼梯、通道及其拐角处墙面上设置指示安全出口方向的消防疏散照明灯具，且灯具中心距地1m以下，间距一般不大于20m。

4)消防应急照明和消防疏散照明灯具的保护罩采用非燃烧材料制成，在易燃和易爆部位采用防爆型或隔爆型灯具。

本电站的消防应急照明和消防疏散照明按照上述要求进行设置。

(4)防雷接地

1)防雷保护。

对电站高压架空出线的敞开式设备在架空出线上装设避雷线对其进行直击雷保护，大坝坝顶建筑物顶、电站内其他需要保护的建筑物屋顶均采用避雷带加以保护。所有门机采用避雷针保护，其轨道应良好接地。

在架空出线入口和GIS配电装置母线以及每台主变压器高压端装设了氧化锌避雷器，进线雷电侵入波过电压保护。

2)接地。

卡洛特水电站地处山区，坝址范围内土壤电阻率较高，为限制电站地网工频电压升高，应充分利用电站内水工建筑物水下部分可利用的金属物体，即自然接地体作为接地装置，并在溢洪道、进水口、厂房等电站主要区域敷设铜材人工接地网。此外，为满足电站接触电势和跨步电势的要求，对高电压场所应进行均衡电位接地设计。

14.6 金属结构

14.6.1 金属结构总体布置与选型

卡洛特水电站的金属结构设备主要由布置在引水发电建筑物、泄洪建筑物和导流建筑物的各闸门(拦污栅)、启闭机及引水压力钢管等组成。

电站进水口从上游往下游方向依次设有拦污栅、检修门和快速门。每台机组进水口由隔墩分为4个拦污栅栅孔，共16孔，孔口尺寸5.25m×19.2m，拦污栅由进水口塔顶2×800/600/600kN双向门机的回转吊操作。电站进水口共设一扇检修门，孔口尺寸为7.5m×10.17m，由塔顶门机的主钩操作。每台机组进水口各设一扇快速门，共4扇，孔口尺寸为7.5m×9.7m，快速门由容量为1600/3000kN的液压启闭机操作。引水隧洞采用“一机一洞”布置方式，每条隧洞直径为9.6m，自隧洞上弯段起为压力钢管，钢管直径从9.6m经15m长的锥管段后缩减为7.9m，$1^{\#}$～$4^{\#}$机钢管长度分别约为99.486m、97.542m、95.535m、93.450m，4条钢管总长为386.013m。电站尾水按“一机一洞两出口”方式布置，每条尾水洞出口被中隔墩分为2孔，共8孔。尾水出口设有电站尾水检修门，孔口尺寸为9.0m×5.8m，由布置在尾水平台上的2×630kN单向门机操作。

泄洪建筑物布置6个表孔和2个泄洪排沙孔。泄洪表孔孔口尺寸为14.0m×22.0m，顺河向依次布置有检修叠梁门和弧形工作门，分别由2×1600/500kN坝顶双向门机和2×4500kN液压启闭机操作。泄洪排沙孔孔口尺寸为9.0m×12.0m(9.0m×10.0m)，顺河向依次布置有事故检修门和弧形工作门，分别由坝顶门机和2×2000/2×400kN液压启闭机操作，坝顶门机与表孔检修门共用。

导流建筑物共布置3条导流隧洞，共3孔。每孔设一扇进口封堵闸门，孔口尺寸12.5m×12.5m。水库蓄水时，封堵闸门由布置在混凝土高排架上的2×2500kN固定卷扬机操作下闸封堵。

金属结构主要参数、特性及工程量见表14.12。

表 14.12　卡洛特水电站金属结构设计参数及工程量

序号	项目	孔口参数(宽×高—设计水头)(m×m—m)	闸门数量/孔	闸门			启闭机				备注
				门重/t	埋件/t	总重/t	型式	容量/kN	数量	总重/t	
一	溢洪道	小计:5466t									
1	泄洪表孔检修叠梁门	14.0×22.0—22.236	2/6	276.4	39	786.8	门机	共用			与排沙孔事故检修门共用门机
2	泄洪表孔弧形工作门	14.0×22.0—22.65	6/6	410	12	2532	液压机	2×4500	6	660	含泵站和埋件
3	泄洪排沙孔事故检修门	9.0×12.0—38	1/2	177	42.6	262.2	门机	2×1600/500	1	600	含抓梁、轨道和埋件
4	泄洪排沙孔弧形工作门	9.0×10.0—38	2/2	223.1	14.4	475	液压机	2×2000/2×400	2	150	含泵站和埋件
二	电站	小计:6412.3t									
1	电站进水口拦污栅	5.25×19.2—4	4×4+2/4×4	28.1	14.5	737.8	门机	2×800/600/600	1	430	含2套备用拦污栅;门机重量含抓梁、轨道和埋件
2	电站进水口检修门	7.5×10.17—29.5	1/4	93.3	34.6	231.7	门机	共用			
3	电站进水口快速门	7.5×9.7—29.5	4/4	89	23.9	451.6	液压机	1600/3000	4	240	含泵站和埋件
4	电站尾水检修门	9.0×5.8—50.67	4×2/4×2	65.6	33.3	791.2	门机	2×630	1	180	含抓梁、轨道和埋件
5	引水压力钢管	3350t(4条合计,ϕ9.6～7.9m,总长386.013m)									材料为Q345R和Q345C
6	钢管伸缩节	152t(4个合计)									
三	导流隧洞	小计:1112.7t									
1	导流隧洞进口封堵门	12.5×12.5—6/73	3/3	246	47.4	880.2	卷扬机	2×2500	3	232.5	含埋件
四	其他	500kV出线场、电抗器场构架和设备柱共250t									
总计:13393t											

14.6.2 泄洪建筑物金属结构设计

溢洪道共布置6个泄洪表孔和2个泄洪排沙孔。泄洪表孔孔口尺寸为14.0m×22.0m，顺河向依次布置有检修叠梁门和弧形工作门，分别由2×1600/500kN坝顶双向门机和2×4500kN液压启闭机操作。泄洪排沙孔孔口尺寸为9.0m×12.0m(9.0m×10.0m)，顺河向依次布置有事故检修门和弧形工作门，分别由2×1600/500kN坝顶门机和2×2000/2×400kN液压启闭机操作；排沙孔事故检修门与表孔检修门共用坝顶门机。

14.6.2.1 泄洪表孔检修门及启闭机

考虑到表孔弧形工作门检修及弧形门安装期上游挡水的需要，6个泄洪表孔共设2扇检修门(图14.5)。表孔堰顶高程439.00m，检修门孔口尺寸14.0m×22.0m，设计水头22.236m。检修门型式为平面叠梁门，由7节组成。闸门由坝顶2×1600/500kN双向门机借助液压自动挂钩梁操作，操作方式为静水启闭。不工作时2扇叠梁门均存放在闸顶右侧的门库内。

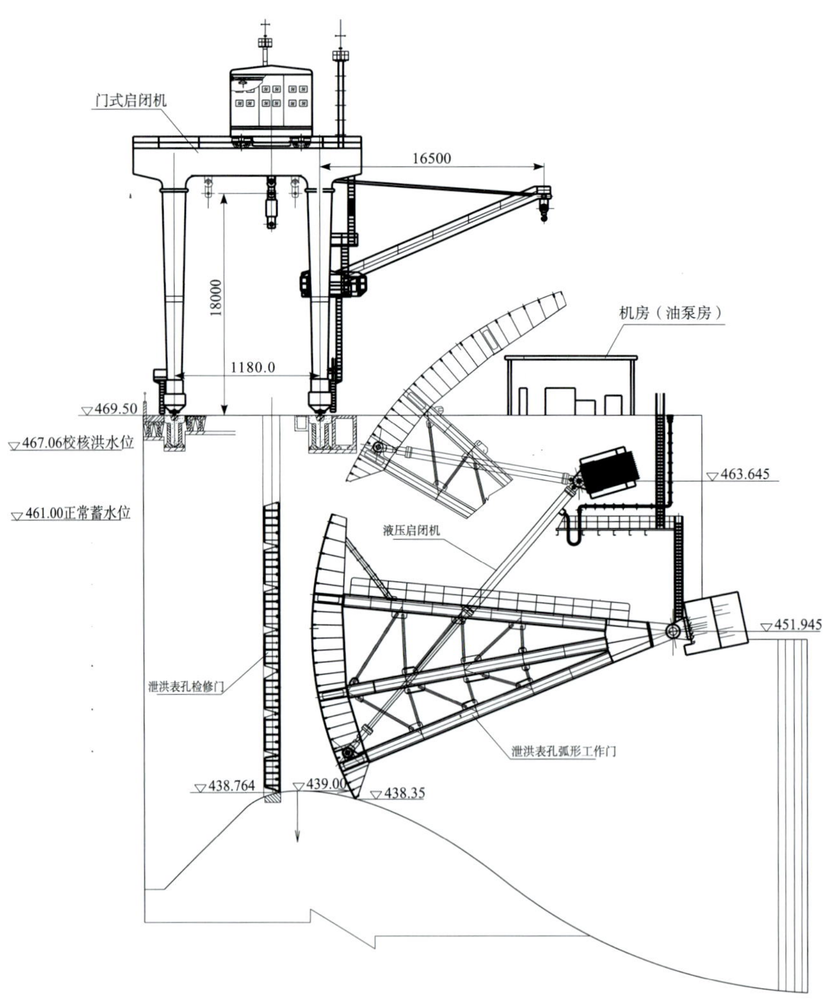

图14.5 大坝泄洪表孔金属结构布置

闸门主梁为焊接工字形结构，主要材料为 Q345B。闸门正向、反向支承均为滑块，侧向支承为导轮。闸门止水布置在下游侧，侧止水为“P”形橡皮，底止水为条型橡皮，各节叠梁之间设节间止水。

泄洪表孔检修门埋件由主轨、副轨、反轨、底坎等组成，其中主轨为板焊结构。止水座板材料为不锈钢，其余为 Q235B 型钢和钢板焊接结构。

2×1600/500kN 双向门式启闭机装设在溢洪坝顶 469.50m 高程平台上。门机主小车为双吊点，总起升高度 55m，坝面以上起升高度 18m，轨距为 13.2m。回转吊布置在门架下游侧，回转幅度 16.5m，总起升高度 55m，坝面以上起升高度 17m。

门机主钩用于操作表孔检修门和排沙孔事故检修门，下游侧回转吊用于液压启闭机的安装、检修及零星物品的吊运。

14.6.2.2 泄洪表孔弧形工作门及启闭机

泄洪表孔共 6 孔，每孔设 1 扇弧形工作门，表孔堰顶高程 439.00m，弧形门孔口尺寸 14.0m×22.0m，设计水头 22.65m。弧形工作门弧面半径为 29.00m，支铰高程 451.945m。闸门采用双吊点，由 2×4500kN 液压启闭机操作；操作方式为动水启闭，可局部开启。

由于孔口高度过大，用双支臂结构会使门叶上端悬臂段过长，导致闸门变形严重，门叶结构上部显得过于臃肿，加大启闭机容量，增加油缸的制造难度。而使用三支臂结构，既能精简门叶结构，又能使闸门重心分配合理，减少启闭机的容量。图 14.6 为大坝泄洪表孔弧形工作门水压力分布。

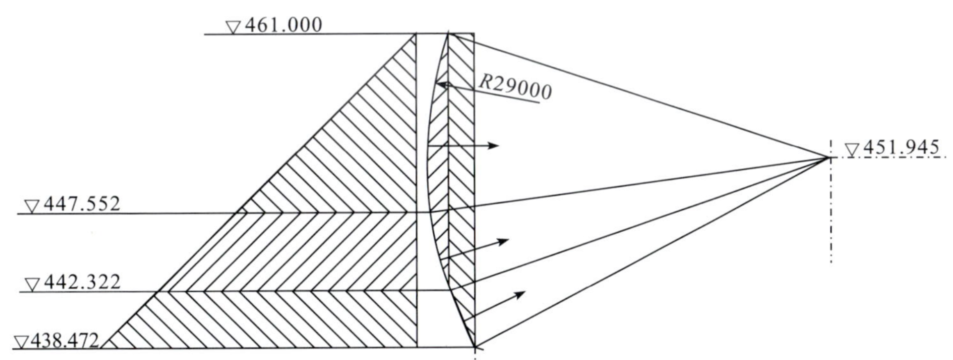

图 14.6 大坝泄洪表孔弧形工作门水压力分布

闸门为主横梁直支臂结构，支臂的分布按照受力平均分配的原则，每个支臂的角度为受力范围内合力的方向。主梁和支臂均为双腹板焊接箱型梁结构，主要材料为 Q345B，弧形工作门支铰为球铰，采用自润滑球面滑动轴承。弧形工作门分节制造，在现场拼焊成整体。侧向支承为导轮。弧形工作门埋件由侧轨和底坎组成，焊接结构，止水座板材料为不锈钢。

泄洪表孔共安装 6 台液压启闭机，每台启闭机配一套液压泵站和一套电气控制设备。启闭机总体布置形式为双吊点、尾部支铰座悬挂两端铰接支承液压启闭机，启闭机支铰高程 463.645m，泵站机房地面高程 469.500m。采用现地控制和远方控制，无论处于何种控制方式下，启闭机均可全程或局部开启。

液压启闭机工作行程 11.73m，启、闭门速度 0.4～0.7m/min。采用电液双比例闭环同步控制；油缸活塞杆采用陶瓷涂层防腐，并自带与陶瓷涂层结合在一起的行程检测装置；另配外置式闸门开度仪。

液压启闭机油缸、液压泵站等在安装、检修时的吊运，以及坝面上零星物品的吊运，可通过坝顶 2×1600/500kN 门机的回转吊来完成。

14.6.2.3 泄洪排沙孔事故检修门及启闭机

两个泄洪排沙孔（图 14.7）共设 1 扇事故检修门，孔口尺寸 9.00m×12.00m，底槛高程为 423.00m，设计水头 38.0m。事故检修门为平面定轮闸门，分节制造运输，在现场用高强螺栓连接成整体。闸门面板和止水均布置在上游侧，防止泥沙进入门体内。闸门由坝顶 2×1600/500kN 双向门机借助自动挂钩梁操作，闸门操作方式为动水闭门，平压阀充水平压启门。闸门面板及止水均布置在上游侧，因此门后不需要布置通气孔。不工作时事故检修门存放在坝顶门库内。

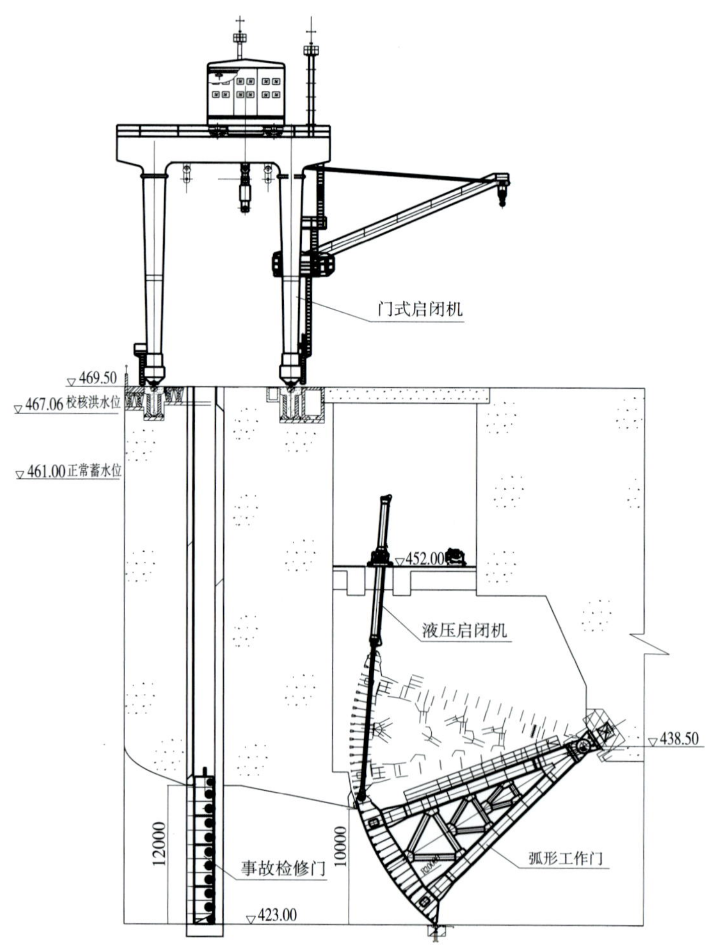

图 14.7 泄洪排沙孔金属结构布置

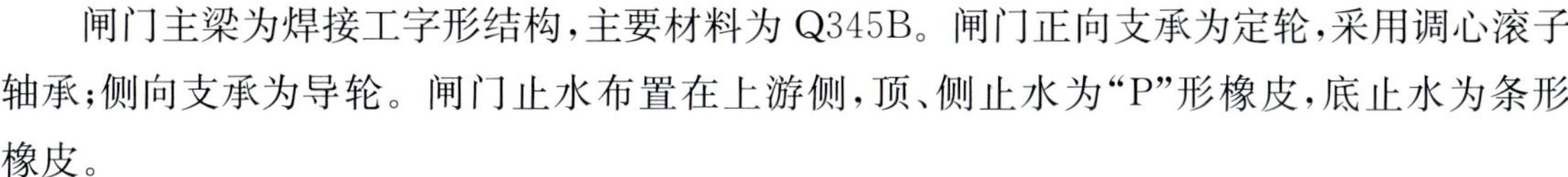

闸门主梁为焊接工字形结构，主要材料为 Q345B。闸门正向支承为定轮，采用调心滚子轴承；侧向支承为导轮。闸门止水布置在上游侧，顶、侧止水为“P”形橡皮，底止水为条形橡皮。

泄洪排沙孔事故检修门埋件由主轨、副轨、反轨、底坎、门楣等组成，其中主轨为 ZG35CrMo 调质，分节铸造；反轨、副轨、底坎等均为 Q235B 钢板和 Q235B 型钢组合焊接结构，止水座板材料为不锈钢。

泄洪排沙孔事故检修门与泄洪表孔检修门共用坝顶 2×1600/500kN 双向门机。

14.6.2.4 泄洪排沙孔弧形工作门及启闭机

根据水库泥沙淤积计算和排沙运行方式，电站总输沙量大，在汛期的主要来沙期需降低库水位至排沙水位运行，以增大库区水面比降和水流流速，从而利于水库排沙走沙，闸门排沙在 4—8 月，排沙出坎流速最大值为 22.82～20.12m/s。水工布置有两个泄洪排沙孔，每孔设一扇弧形工作门，要求局部开启调节水位，并考虑蓄水期闸门前一定的泥沙淤积。

初步拟定水库排沙运行方式为：①当入库流量大于机组满发流量，但小于 1540m^3/s 时，利用水库在 461～458m 的调节库容，集中 6h 加大泄量排沙；②当入库流量大于 1540m^3/s，但小于 2100m^3/s 时，利用水库的调节库容，一天分两次集中 6h 加大泄量排沙；③当入库流量大于 2100m^3/s，水库降水位排沙，每天的水位降幅初步按不超过 5m 控制，水库需 3d 降至排沙运行水位 446m，当水库水位降至 451m 后，电站停机排沙；④当入库流量小于 2100m^3/s 后，水库水位逐步回蓄至正常蓄水位 461m，回蓄期间每天的水位上涨初步按不超过 10m 控制。

泄洪排沙孔共两孔，每孔设一扇弧形工作门，可局部开启调节水位。闸门弧面半径为 20.00m，孔口尺寸 9.00m×10.00m，底槛高程 423.00m，设计水头 38.0m。闸门由 2×2000/2×400kN 液压启闭机操作，动水启闭。

闸门结构采用主横梁直支臂型式，分节制造，在现场拼焊成整体。主梁和支臂为焊接箱型结构，主要材料为 Q345B。弧门支铰采用自润滑球面滑动轴承。

埋件由侧轨、底坎、门楣等组成，型钢和钢板焊接结构，止水座板材料为不锈钢。

两个泄洪排沙孔中部闸室共安装 2 台液压启闭机，操作启闭 2 扇泄洪排沙孔弧形工作闸门。每台启闭机配一套液压泵站和一套电气控制设备。启闭机总体布置形式为双吊点、中部十字铰摆动机架支承，双作用油缸，启闭机安装高程 452.00m，采用现地控制和远方控制。无论处于何种控制方式下，启闭机均可全程或局部开启。在泄洪排沙孔启闭机房上方设有检修吊物孔，供安装和检修时吊运启闭机油缸。

液压启闭机工作行程 13.55m，启门速度 0.5～0.8m/min，闭门速度 0.4～0.6m/min。采用电液双比例闭环同步控制；油缸活塞杆采用陶瓷涂层防腐，并自带与陶瓷涂层结合在一起的行程检测装置；另配内置式闸门开度仪。

泄洪排沙孔弧形门液压启闭机油缸、液压泵站等的安装和检修，可以通过坝顶 2×1600/

500kN 门机的回转吊进行吊运。

14.6.3 引水发电建筑物金属结构设计

14.6.3.1 电站进水口金属结构设计

电站进水口从上游往下游方向依次设有拦污栅、检修门和快速门(图 14.8)。每台机组进水口由隔墩分为 4 个拦污栅栅孔,共 16 孔,孔口尺寸 5.25m×19.2m,拦污栅由进水口塔顶 2×800/600/600kN 双向门机的回转吊操作。电站进水口共设一扇检修门,孔口尺寸为 7.5m×10.17m,由塔顶 2×800/600/600kN 双向门机的主钩操作。每台机组进水口各设一扇快速门,共 4 扇,孔口尺寸为 7.5m×9.7m,快速门由容量为 1600/3000kN 的液压启闭机操作。

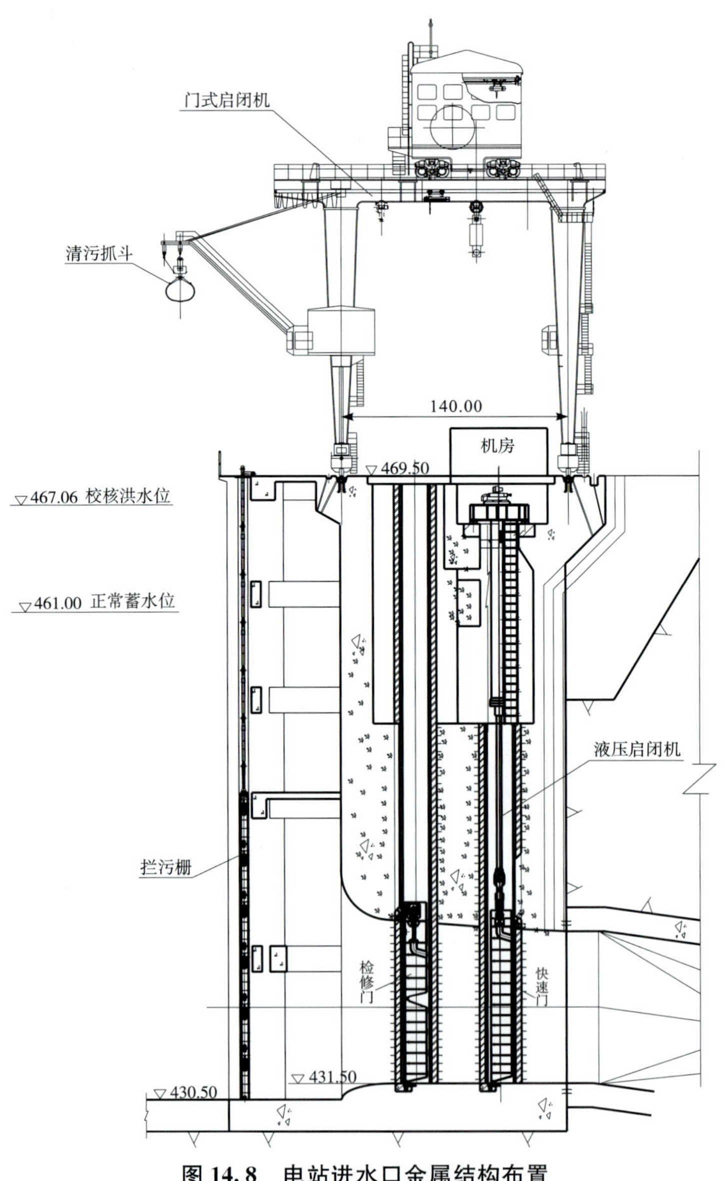

图 14.8 电站进水口金属结构布置

电站每台机组进水口由隔墩分为 4 个栅孔，栅槽底坎高程为 430.50m，孔口尺寸 5.25m×19.20m；拦污栅按 4.0m 水位差设计。拦污栅为直立平面活动式拦污栅，栅后各机组前沿进口相通。在拦污栅顶部高程 449.70m 处布置有混凝土盖板，以防止污物从拦污栅顶部进入进水口。拦污栅通过吊杆由布置在进水塔顶门机上的回转吊操作，必要时停机进行提栅清污。

拦污栅共 18 套，其中 2 套备用。拦污栅栅体共分 6 节，每节高约 3.20m，单吊点，吊杆分为 5 节。栅体节间以销轴连接，吊杆与拦污栅体、吊杆与吊杆间亦以销轴连接。拦污栅主梁采用焊接板梁式结构，节间用连接轴及连接板连接，并由吊杆连接锁定在进水塔顶。

电站进水口 4 孔共设一扇检修闸门，孔口尺寸为 7.50m×10.17m，底坎高程为 431.50m，设计水头 29.50m。电站进水口检修门为平面滑动门，分 3 节制造，在现场焊接成整体，由塔顶门机的主钩操作。闸门主梁为焊接工字形结构，主要材料为 Q345B。闸门正、反向支承为滑块，侧向支承为导轮。闸门止水布置在上游侧，顶、侧止水为“P”形橡皮，底止水为条形橡皮。

电站进水口检修门静水闭门、平压开启，门顶设平压阀。闸门由布置在进水塔顶部的 2×800/600/600kN 双向门式启闭机主钩借助液压自动挂钩梁操作。闸门平时锁定在进水口顶部的门槽内。

电站进水口检修门埋件由主轨、副轨、反轨、底坎、门楣和锁定等组成，其中主轨为厚钢板焊接结构；主要材料为 Q345B。止水座面材料为不锈钢，其余为 Q235B 型钢和钢板焊接结构。

进水口检修门由 2×800/600/600kN 双向门式启闭机操作，门机装设在进水塔顶 469.50m 高程平台上。门机主钩用于操作进水口检修门，还用于快速门和液压启闭机的安装、检修，上游侧回转吊用于操作进水口拦污栅和清污抓斗的水中清污。

门机大车沿左、右方向走行，其轨距为 14.0m，走行距离约为 104m；门机 2×800kN 起升机构布置在小车上，小车在门机跨内沿上下游方向走行，走行距离约为 9.0m；门架上游左、右侧各布置 1 台主钩 600kN/副钩 100kN 的双钩回转吊。

电站每台机组进水口设 1 扇快速门。快速门孔口尺寸为 7.50m×9.70m，底坎高程均为 431.50m，设计水头 29.50m。电站进水口快速门用于机组发生事故时，动水快速关闭，闭门时间为 2min。门后隧洞两侧各布置有一道通气孔，孔径为 1200mm。

快速门型式为平面滑动门，主梁为焊接工字形结构，主要材料为 Q345B。闸门分 3 节制造运输，在现场通过高强螺栓连接并拼接成整体。闸门面板和底止水布置在上游侧，顶、侧止水布置在下游侧，提门时采用平压阀充水平压，静水启门，由容量为 1600/3000kN 的液压启闭机操作。闸门和液压启闭机之间通过一节短吊杆连接。

快速门门槽埋件由底槛、侧底槛、主轨、反轨、门楣等组成，均为钢板和型钢组合的焊接构件。

电站进水口快速门 1600/3000kN 液压启闭机油缸总成安装在电站进水口 466.50m 高

程平台上，液压泵站安装在坝顶专用机房内，机房地面高程 469.50m。每台启闭机配一套液压泵站和一套电气控制设备。启闭机总体布置形式为单吊点、尾部球面和锥面浮动法兰支承液压启闭机，现地控制和远方控制。

液压启闭机工作行程 10.8m，慢速启闭门速度 0.6m/min，快速闭门时间为 2min（含 0.5m 缓冲行程时间）。油缸活塞杆采用陶瓷涂层防腐，另配内置式闸门开度仪。

考虑到电站所处地区地震烈度大，且快速门长期悬挂孔口处于待机状态，闸门检修（如更换止水）的周期长等因素，采用油缸下沉的布置方案，以避免地震发生时因水平加速度引起的荷载对油缸及其机架造成破坏。由震害调查及动力分析可知，设备（机架）越高，地震作用效应越强；设备（机架）顶部重量越大，地震作用效应也越大。因此，宜降低设备（机架）高度，减轻其顶部重量，以减小地震作用效应。

14.6.3.2 电站引水隧洞金属结构设计

卡洛特电站采用岸边引水式地面厂房，布置在右岸，安装 4 台机组，单机容量 180MW，总装机容量 720MW。4 条引水隧洞采用一机一洞引水方式，平行布置，轴线间距为 27m。压力钢管自引水隧洞上弯段起，由上弯段、斜直段、下弯段、锥管段和下平段组成，之后与机组蜗壳相接（图 14.9）。钢管起始段直径为 9.6m，在下弯段之后经 15m 长的锥管段缩减为 7.9m，1# ～4# 机钢管长度分别约为 99.486m、97.542m、95.535m、93.450m，4 条钢管总长为 386.013m。由于是地面厂房，在隧洞出口与厂房上游墙处设置永久伸缩缝，加之围岩条件比较破碎，为Ⅳ类围岩，因此在其间的钢管上设置伸缩节，以满足基础不均匀沉降的要求。

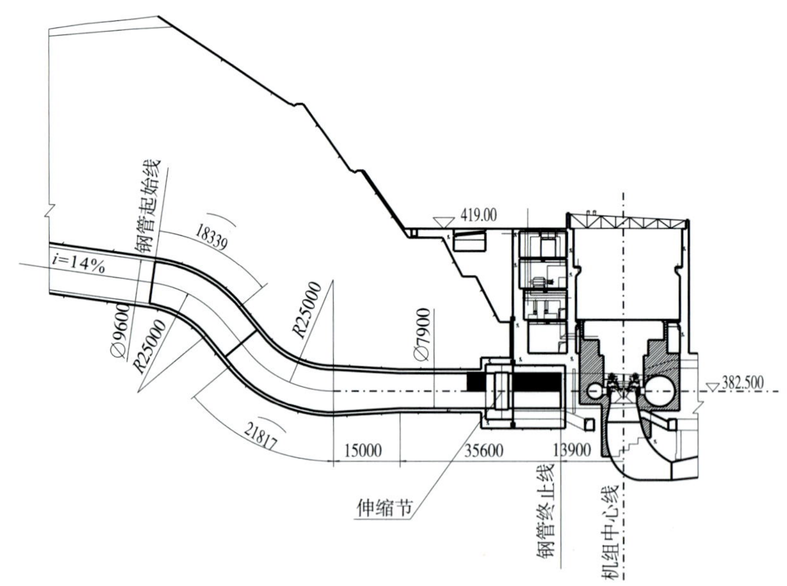

图 14.9 电站压力钢管布置

水库正常蓄水位 461.00m，引水隧洞进口中心高程为 436.25m，机组安装高程 382.50m。经过调保计算，钢管最大设计水头为 117.5m（含水锤升压），最大 *HD* 值

为 1107m^2。

压力钢管埋在山体之中，压力钢管最大埋深 30 多米，钢管按明管设计。钢管采用 Q345R 钢材，壁厚 32～36mm。由于受外水压力作用，压力钢管外须设置加劲环，加劲环的间距 2.0～3.0m，断面为矩形，采用 Q345C 钢材制作。

14.6.3.3 电站尾水金属结构设计

电站尾水按"一机一洞两出口"方式布置，每条尾水洞出口被中隔墩分为 2 孔，共 8 孔。尾水出口设有电站尾水检修门(图 14.10)，孔口尺寸为 9.0m×5.8m，静水闭门、平压阀充水平压后启门，由布置在尾水平台上的 2×630kN 单向门机借助液压自动挂钩梁操作。

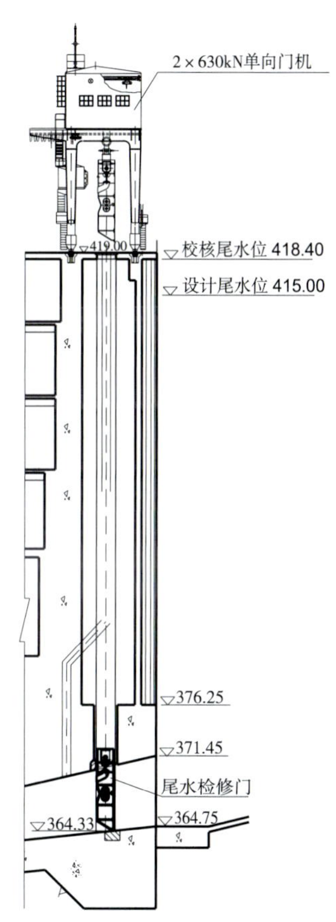

图 14.10 电站尾水金属结构布置

闸门底坎高程 364.33m，下游设计尾水位 415.00m，设计水头 50.67m。考虑机组安装施工期挡水需要，每孔设一扇检修门，共 8 扇检修门。

尾水检修门为平面滑动门，分两节制造，在现场通过焊接连接成整体。不工作时，闸门存放在尾水平台的门库内。闸门主梁为焊接工字形结构，主要材料为 Q345B。闸门正、反向支承为滑块，侧向支承为侧轮。闸门顶、侧止水为"P"形橡皮，布置在机组侧；底止水为条形橡皮，布置在下游侧。由于尾水下游侧可能积聚泥沙，闸门的面板布置在下游侧，防止泥沙进入闸门格构内，以免闸门被淤死，或大大增加闸门的启门力。

尾水检修门埋件由主轨、副轨、反轨、底坎、门楣等组成，其中主轨为厚钢板焊接结构。止水座面材料为不锈钢，其余为Q235B型钢和钢板焊接结构。

电站尾水出口顶部布置一台2×630/100kN单向门式启闭机，装设在尾水塔顶419.00m高程平台上。门机轨距为6.0m，走行距离约为160m。

14.6.4 导流洞金属结构设计与优化

电站共布置3条导流隧洞，共3孔。每孔设一扇进口封堵门，水库蓄水时，封堵门由布置在混凝土高排架上的固定卷扬机操作下闸封堵。

导流洞进口封堵门孔口尺寸为12.5m×12.5m，底坎高程为388.00m(图14.11)。闸门为平面滑动门，双吊点；每扇闸门分7节进行制造和运输，在现场通过节间穿销连接成整体。闸门主梁为焊接工字型结构，主要材料为Q345B。闸门正向支承为带夹槽的工程复合材料滑块，反向支承为钢滑块。闸门面板、止水均布置在下游侧，顶、侧止水为“P”形橡皮，底止水为条形橡皮，各节之间设节间止水。

闸门下闸操作水位394.00m，操作水头6.00m；下闸时事故提门水头10.00m；闸门最大设计挡水水位461.00m，静水水头73.00m，地震效应动水水头9.49m，总水头82.49m。闸门由布置在混凝土高排架上的2×2500kN固定卷扬机操作，动水闭门，下闸封堵后不再启门。

导流洞封堵门在下闸过程中，考虑到门槽泥沙淤积，闭门时小范围内多次放下、提起以便于冲沙，保证闸门下达底槛。

门槽埋件由底槛、侧底槛、主轨、反轨、门楣及锁定装置等组成，均为钢板和型钢组合的焊接构件。

2×2500kN固定卷扬式启闭机共3台，安装在1#～3#导流洞进口425.80m高程排架的平台上，总扬程为22m。启闭机主要由起升机构、机架、防雨机罩、爬梯、栏杆、液控应急操作装置、电控设备以及附属设备组成。起升机构由卷筒装置、减速器(含润滑油)、电动机、液压推杆制动器、联轴器、动滑轮组、定滑轮组、平衡滑轮装置、荷载限制器、高度指示器、行程限制器、钢丝绳等组成。

在无电源或电机故障情况下，采用液控应急操作装置可以手动同步操作动水关闭闸门。

招标设计方案为每条导流洞进口通过中隔墩分为2孔，共6孔。孔口尺寸为6.25m×12.5m，每孔设一扇进口封堵门，共6扇，每扇闸门各配置一台2000kN固定卷扬机，共6台。

该方案每扇闸门重100t，每套门槽埋件重45t；每台卷扬机重60t。闸门、埋件和卷扬机总工程量为1230t。

施工设计阶段进行了布置优化，各导流洞进口取消中隔墩，孔口尺寸加大为12.5m×12.5m，每孔设一扇进口封堵门，共3扇；每扇闸门各配置一台2×2500kN固定卷扬机，共3台。

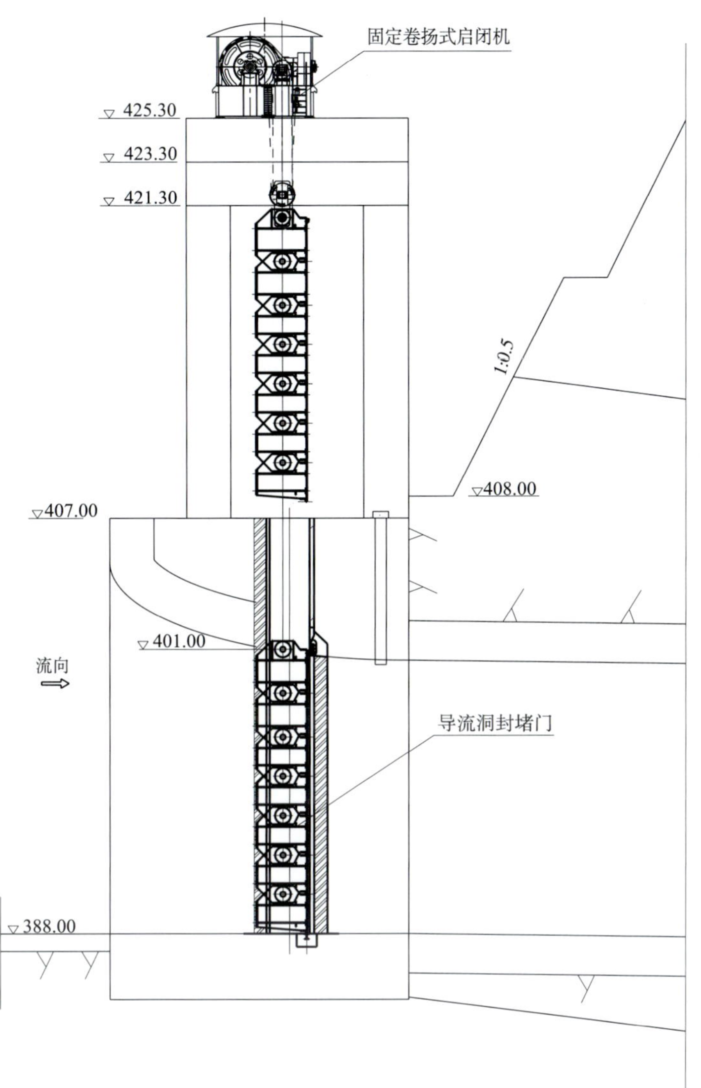

图 14.11 导流洞金属结构布置

现方案每扇闸门重 243t，每套门槽埋件重 47.4t；每台卷扬机重 77.5t。闸门、埋件和卷扬机总工程量为 1103.7t。两种方案金属结构工程量对比见表 14.13。现方案和原方案相比，导流洞金属结构总工程量减少 126.3t，金属结构造价减少约 300 万元。

表 14.13 导流洞金属结构工程量对比

项目	孔口数量	封堵闸门			启闭机		合计/t
		门重/t	埋件/t	总重/t	单重/t	总重/t	
原方案	3×2	100	45	870	60	360	1230
现方案	3	243	47.4	871.2	77.5	232.5	1103.7

14.6.5 金属结构抗泥沙设计

卡洛特水库坝址以上流域年均悬移质输沙量为3315万t，多年平均含沙量为1.28kg/m³，推移质输沙量为悬移质输沙量的15%，推移质输沙量为497万t。卡洛特水库调节库容1587万m³，库容系数0.06%，具有泥沙量大、库容小的特点。泥沙量大可能带来闸门淤积问题和闸门、启闭机磨损问题，因而排沙和防淤是本工程金属结构设计的重点和难点。

在枢纽总体布置中，专门设置了2个泄洪排沙孔，用以开启排沙。电站进水口前沿还设置了拦沙坎，用以阻止推移质进入进水口。已建工程的运行实践表明，拦沙坎和排沙闸对于防、排推移质的作用显著，为金属结构设备的防沙安全运行提供了基本的保障。

在金属结构设备设计上，也采取了适当的措施进一步防止或减轻泥沙对其运行的影响。例如，将闸门面板尽量布置在可能出现泥沙淤积的一侧，防止泥沙进入闸门格构内，以免闸门被淤死，或大大增加闸门的启门力。无法避开的情况下，在计算闸门的启门力时应充分考虑泥沙荷载，或采取冲淤措施，保证闸门安全运行。

此外，液压启闭机油缸采用表面喷涂陶瓷活塞杆，以提高其耐磨性和耐蚀性，抵御泥沙带来的磨损，延长使用寿命。表面喷涂陶瓷是一种较为先进的表面处理方式，可以用来替代传统的表面镀铬工艺。表面喷涂陶瓷活塞杆是在活塞杆表面通过热喷涂陶瓷涂层加工而成，活塞杆的基体材料仍采用优质碳素结构钢或其他合金材料。陶瓷涂层技术能有机地把金属材料的强韧性、易加工性和陶瓷材料的耐高温、耐磨损和耐腐蚀等特性结合起来，提高活塞杆表面的耐腐蚀性、耐磨损性。喷涂在活塞杆上表面的均匀、不导磁、不渗透的特制陶瓷保护层，不仅具有良好的耐腐蚀、耐磨损和抗刮伤的特性，而且有较高的硬度，它的耐冲击能力及对金属的黏合力也较好，可延长使用寿命，降低维修费用。

14.6.6 金属结构抗震设计

14.6.6.1 地震荷载计算方法

雪山公司等咨询联合体可行性研究报告提出50年超越概率10%地震水平动峰值加速度为0.25g，根据中国国家地震局复核成果，地震基本烈度按Ⅷ度考虑。

按中国《水工建筑物抗震设计规范》(DL 5073—2000)规定，卡洛特水电站壅水建筑物抗震设防类别为乙类，非壅水建筑物抗震设防类别为丙类，对应的壅水建筑物和非壅水建筑物均采用基本烈度作为设计烈度，即设计地震加速度为0.26g。

地震作用按《水工建筑物抗震设计规范》(DL 5073—2000)确定，采用拟静力法计算地震作用效应。地震作用效应考虑地震惯性力和水平向地震作用的动水压力；地震惯性力忽略竖直惯性力，只考虑水平向两个惯性力，其大小相等方向垂直。

沿建筑物高度作用于质点i的水平向地震惯性力代表值为：

$$F_i = a_h \xi G_{Ei} \alpha_i / g$$

式中，地震设计烈度为Ⅷ度，水平向设计地震加速度代表值 $a_h=0.26g=2.55\text{m/s}^2$（$g=9.81\text{m/s}^2$）；地震作用的效应折减系数 $\xi=0.25$；集中在质点 i 的重力作用标准值 $G_{Ei}=mg$（m 为质量，g 为重力加速度）；质点 i 的动态分布系数 $\alpha_i=1.4$。

因此，闸门的水平向地震惯性力为：

$$F=2.55\times0.25\times mg\times1.4/g=0.8925\text{m}$$

水深 h 处的地震动水压力代表值为：

$$P_w(h)=a_h\xi\psi(h)\rho_w H_0$$

式中，$\rho_w=1000\text{kg/m}^3$；

H_0——闸门挡水高度，$H_0=23.15\text{m}$；

$\psi(h)$——水深 h 处的地震动水压力分布系数。

因此：

$$P_w(h)=2.55\times0.25\times\psi(h)\times1000\times23.15=14758.125\psi(h)$$

14.6.6.2 防震措施

（1）闸门防震设计

金属材料具有强度高、弹性模量大、塑性好等力学特性，决定了其具有较强的抗冲击、抗震动等抵御动荷载的能力。闸门设计规范要求，所用钢材的许用应力与其屈服强度（σ_s）之间应考虑 1.5～2.0 的安全系数。因而，按设计规范要求进行设计、采用合适钢材进行制造的钢闸门，其本身具有一定的承受超设计荷载的能力。

地震动水压力对露顶式弧形闸门支腿影响较大，故在设计中对泄洪表孔弧形闸门支臂结构进行了加强，保证地震工况下支臂结构不会失稳。

为适应地震发生时可能出现的较大变形，泄洪表孔、泄洪排沙孔弧形闸门的支铰采用了球铰，以适应变形免遭破坏。

（2）启闭机防震设计

《水电水利工程启闭机设计规范》（DL/T 5167—2002）针对地震荷载规定：当启闭机工作地区的地震基本裂度大于或等于Ⅶ度时，应考虑地震水平荷载。《起重机设计规范》（GB/T 3811—2008）中指出：起重机基础受到外部激励引起的载荷是指由于地震或其他震波迫使起重机基础发生震动而对起重机引起的载荷。因此，对在高地震烈度地区工作的启闭机，须对其进行抗震设计，并采取适当的防震措施。

为此在启闭机的招标文件中明确了卡洛特水电站地震设计烈度为Ⅷ度，并要求设计、制造厂家在设计、制造启闭机设备时充分考虑这种地震载荷，采取相应的措施消除或减轻地震给设备带来的影响。

固定式启闭机基础连接应牢固可靠，防止地震移位，门式启闭机应设置可靠的夹轨器和锚定装置，并应有足够的稳定性，在地震时不致发生脱轨和倾覆。

启闭机的电气控制设备一般均可靠安装在各自的机房内，地震发生后，只要各自机房不出现毁灭性破坏，电控设备均能在接收到启闭机设备故障报警信号后自动发出相关信息，提示运行值班人员加强巡视或自动停机，防止设备进一步损坏。

另外，对所有启闭机，均从选型和布置上设法降低了启闭机或其机架高度，减轻启闭机或其机架顶部的重量，以减轻地震对启闭机或其机架带来破坏。如在本电站进水口快速门液压启闭机的布置上，考虑到电站所处地区地震烈度大，经过对油缸高出进水塔顶布置方案和油缸下沉式布置方案两者进行比较后，确定采用油缸下沉方案，以避免地震发生时因水平加速度引起的荷载对油缸及其机架造成破坏。

14.6.7 金属结构防腐设计

14.6.7.1 闸门及拦污栅防腐涂装

(1)泄洪表孔弧形门、排沙孔弧形门、电站进水口拦污栅和电站进水口快速门

1)以喷射的方式对所有表面进行彻底清理，达到 Sa3 级标准要求；

2)热喷锌，喷涂厚度 160μm；

3)封闭底漆为环氧清漆一道，干膜厚 30μm；

4)中间漆为环氧云铁漆二道，干膜厚 100μm；

5)封闭面漆为改性耐磨环氧涂料，干膜厚 100μm；

6)涂层总厚度为 390μm；

7)面漆颜色为深灰色(B01)。

(2)弧形工作门的铰链、铰座等铸钢件未机加工表面

1)底漆为环氧富锌漆一道，干膜厚 60μm；

2)中间漆为环氧云铁漆二道，干膜厚 100μm；

3)面漆为丙烯酸聚氨酯一道，干膜厚 60μm；

4)涂层总厚度为 220μm；

5)面漆颜色为深灰色(B01)。

(3)泄洪表孔检修门、泄洪排沙孔事故检修门、电站进水口检修门、尾水检修门、导流洞封堵门

1)以喷射的方式对所有表面进行彻底清理，达到 Sa2.5 级标准要求；

2)底漆为环氧富锌漆一道，干膜厚 60μm；

3)中间漆为环氧云铁漆二道，干膜厚 100μm。

4)面漆为改性耐磨环氧涂料，干膜厚 140μm；

5)涂层总厚度为 300μm；

6)面漆颜色为深灰色(B01)。

(4)埋件外露表面部分

1)除不锈钢和主轨工作面外均采用热喷锌和涂料防腐；

2)以喷射的方式对所有表面进行彻底清理，达到 Sa2.5 级标准要求；

3)热喷锌，喷涂厚 160μm；

4)封闭底漆为环氧清漆一道，干膜厚 30μm；

5)中间漆为环氧云铁漆二道，干膜厚 100μm；

6)面漆为改性耐磨环氧涂料，干膜厚 100μm；

7)涂层总厚度为 390μm；

8)面漆颜色为深灰色(B01)。

(5)埋件埋入部分(与混凝土结合面)

1)以喷射的方式对表面进行彻底清理，达到 Sa2 级标准要求；

2)涂刷无机改性水泥砂浆，干膜厚 300～500μm。

(6)特殊零部件(或部位)

1)轴：镀乳白铬、硬铬各 50μm。

2)门叶、支承滑块之间的连接加工面，采用无机富锌漆二道，干膜厚 60μm。

14.6.7.2 启闭机防腐涂装

(1)门式启闭机、固定卷扬式启闭机、液压启闭机油缸及机架

1)以喷射的方式对所有表面进行彻底清理，达到 Sa2.5 级标准要求；

2)底漆为环氧富锌漆 2 道，干膜厚 100μm；

3)中间漆为环氧云铁漆 2 道，干膜厚 100μm；

4)面漆为丙烯酸聚氨酯漆 2 道，干膜厚 150μm；

5)漆膜总厚度 350μm。

(2)埋件外露表面部分

1)以喷射的方式对所有表面进行彻底清理，达到 Sa2.5 级标准要求；

2)底漆为环氧富锌漆 2 道，干膜厚 100μm；

3)中间漆为环氧云铁漆 2 道，干膜厚 100μm；

4)面漆为丙烯酸聚氨酯漆 2 道，干膜厚 100μm；

5)漆膜总厚度 300μm；

6)面漆颜色为中灰色(B02)。

(3)埋件埋入部分

1)以喷射的方式对表面进行彻底清理，达到 Sa2 级标准要求；

2)涂无机改性水泥砂浆，干膜厚 300～500μm。

(4)梯子、栏杆

采用热浸锌防腐。

(5)门机、卷扬机面漆颜色要求

1)卷筒端壁和所有旋转部件端壁部的两侧为大红色(R03)；

2)液压自动挂脱梁为橘黄色(Y08)。

(6)油箱、油管等不锈钢件经喷氧化铝后涂标志漆

底漆为环氧富锌漆一道，干膜厚 40μm。面漆：油箱为丙烯酸聚氨酯漆二道，干膜厚 100μm。油管两端及中段色环，标志漆二道，干膜厚 80μm，宽 3mm×30mm×10mm(色环数×色环宽度×色环间隔)。

14.7 关键技术问题研究

14.7.1 水力机械

(1)水轮机稳定性分析

根据近年来设计、制造、投运的 60～75m 水头段大型混流式水轮机在模型试验和实际运行中的水力现象看，主要是尾水管涡带压力脉动区影响水轮机不稳定运行。另外，存在的部分高负荷压力脉动区，即压力脉动混频峰峰值偏大、脉动频率等于或大于机组转频的压力脉动区，也要予以关注。因此，从机组选型设计到模型开发、真机设计、投运各阶段，都要认真研究卡洛特机组的运行稳定性问题。

本电站通过合理选择水轮机参数以及开发优秀转轮模型以提高机组运行稳定性，主要措施如下：

1)合理选择能量指标。

鉴于同水头段水轮机实际运行稳定性一般，加之本电站含沙量较大，在水轮机参数选择时将水轮机的运行稳定性放在首位。综合考虑，推荐水轮机模型最高效率不低于 94.0%。

2)优化空化性能。

根据工程经验，多泥沙河流的水轮机空蚀和泥沙磨损具有相互联合作用，加速水轮机过流部件的损坏，产生磨蚀。卡洛特水电站采用适当降低比转速、降低转轮出口相对流速和安装高程的方法，尽量减小和降低水轮机的磨蚀，从而提高机组的运行稳定性。

3)控制尾水管压力脉动。

结合卡洛特水电站的运行特点，对水轮机的稳定性应有如下要求：

①在水轮机不补气条件下，距转轮出口 $0.4D_1$(此处 D_1 为转轮进口直径)处下游侧的尾水管测压孔测得的原型水轮机和模型水轮机尾水管的压力脉动值 $\Delta H/H$(ΔH 为相应水头 H 下单测点双幅混频值)。

在 80%～100%机组预想出力时不大于 6%(混频)，在 60%～80%机组预想出力时不大于 8%(混频)，在 20%～60%机组预想出力时不大于 9%(混频)，在小于等于 20%机组预想

出力时不大于 10%(混频)。

②应在规定的正常运行范围内,不产生过大的叶道涡流,在转轮进口不产生正压面和负压面的空化。

③在高水头高负荷区不产生特殊压力脉动现象。

4)合理选择额定水头。

通过对多个额定水头比选,各方案单位电能投资指标基本相当,从稳定运行条件来看,65m、67m 方案略优于 63m 方案,考虑到水轮机高水头稳定性及减小电站出力受阻因素,推荐水轮机额定水头为 65m,可以预计卡洛特水电站将具有较好的高水头稳定性能。

5)开发优良的转轮模型及转轮,确保机组的稳定运行。

(2)水轮机磨蚀问题分析研究

卡洛特水电站水头范围在 50.0~79.34m,调节库容 1587 万 m^3,库容系数 0.06%,为日调节水库,调节库容小;水库坝址以上流域年均悬移质输沙量为 3315 万 t,多年平均含沙量为 1.28kg/m^3,而且在汛期较为集中;水中泥沙石英和长石成分含量较多(占 37%),含沙硬度高。因此,本电站具有中低水头、调节库容小、多泥沙、泥沙硬度高的特点。

泥沙含量大的水流对水轮机通流部件损坏的危害主要包括:水轮机的效率和出力大幅度降低,年发电量损失大;缩短了水轮机大修周期,增加了大修时间和费用;发生故障的概率增大,降低了运行的灵活性和可靠性。

结合卡洛特水电站泥沙特性及枢纽布置条件,通过采取以下措施防止和减轻泥沙对水轮机过流部件的磨损。

1)根据电站来沙时间采取排沙运行方式;

2)采用枢纽布置排沙设施,溢洪道控制段左端设置 2 个中孔,为枢纽主要冲沙设施,中孔前布置冲沙槽,宽 28.4m,底高程为 423.00m。

3)结合水电站运行特点,优化水轮机水力设计。

①合理选择机组参数及控制转轮出口相对流速,推荐本电站水轮机比速系数为 1870,相应的比转速为 232m·kW,相应的转轮出口圆周速度为 33.5m/s,相应的转轮出口相对流速为 34.6m/s。

②确定合适的水轮机安装高程,考虑尾水冲刷及为有效地降低空蚀及磨损的联合作用,初步确定水轮机安装高程为 382.5m。

4)采用合理的结构及加工工艺。

水轮机结构设计总体原则是使高速含沙水流与部件的接触面积尽可能小,避免水流持续冲刷、急剧变化或方向突变,易磨损部件检修和更换方便。

①水轮机一些易磨损部件可采用抗泥沙磨损的不锈钢制造并严格控制材料的质量;

②对不影响效率的结构件,增加易磨损部位壁厚;

③采用高速氧燃料(HVOF)火焰喷射涂层对转轮出水边下部(正面)靠下环区、下环内

表面下部及叶片根部和下止漏环，以及局部的叶片进水边下根部（背面），活动导叶出水边及导叶轴头密封环，顶盖、底环的止漏环和不锈钢抗磨板进行喷涂。

5）优化水轮机运行调度。

电站枢纽建成后，加强水库调度运用管理。加强电网调度和电站机组运行的协调，尽量使水轮机在稳定且高效的运行区域内运行。尽可能避免空载或低负荷工况运行。结合水库的运行，进行过机泥沙检测，选择合适的位置进行泥沙取样、含沙量测定，并进行泥沙特性分析。汛期，特别是在沙峰期运行中，宜打开冲沙设施进行排沙。根据电站泥沙情况及特点，可考虑在泥沙集中期间短时间停机。汛期运行中对顶盖的漏水量及压力等进行观测，判断止漏环的磨损情况，并在汛期运行后停机进行检查。

6）通过与相关科研单位和制造厂针对巴基斯坦卡洛特水电站的泥沙对水轮机过流部件的磨蚀进行探讨，拟定水轮机转轮检修周期。

7）采用浑水模型试验的方法对浑水条件下的流动状况进行检验。

8）储存一些磨损严重需要更换部件的备品备件（如导叶、顶盖等），为节省停机时间，汛后或大修时迅速更换，空闲时修补。关键部件要定期检查，并将每个部件磨损的检查结果与设计允许值相比较，将每个部件的磨损深度和材料的磨损量绘成图样。

14.7.2 电气

14.7.2.1 卡洛特水电站接地网计算专题研究

（1）水电站接地网计算研究现状

由于水电站的特定地理位置和特殊的土壤结构，接地系统的设计和计算较为复杂。具体的土壤结构和电气特性对接地参数有很大的影响。根据土壤电阻率分布的特点，将土壤划分为不同区域，提出了一种更现实、更直观的模型——块状土壤模型。该模型是各区域电阻率保持一致的计算模型。该方法以导体的线电荷密度和不同介质边界上的表面电荷密度为未知变量，建立边界积分方程，计算接地网的接地电阻；同时该方法的未知量数量明显减少，可以分析接地网在复杂土壤结构中的性能。

国际上专业从事电力系统接地设计和干扰分析软件开发和营销的公司 SES（Safe Engineering Services & technologies），开发了 CDEGS（Current Distribution Electromagnetic Fields Grounding and Soil Structure Analysis），性能处于世界领先水平，已在世界各国广泛应用。CDEGS 软件包是一套功能强大的集成工程软件，旨在准确分析接地、电磁场、电磁干扰等问题。

（2）卡洛特水电站土壤模型

本研究基于题为《巴基斯坦卡洛特水电站土壤、岩石和水电阻率测量报告》中的数据。Wenner 和 MT 方法都用于电阻率测量。大坝、河岸、厂房、导流隧洞区域共有 204 个 MT 法点和 14 个 Wenner 法点。此外，杰赫勒姆河的流动河流中还有 6 个 Wenner 法点。表 14.14

显示了上述各点测量结果的平均值。

表 14.14　　各区域电阻率测量结果　　（单位：Ω·m）

区域	0～300m 深度			300～1000m 深度		
	最低限度	最大	平均	最低限度	最大	平均
溢洪道	33.8	65.4	48.4	39.3	69.8	50.5
导流隧道	24.2	60.9	42.5	35.5	60.4	47.6
发电站	29.3	70.2	41.1	33.4	54.1	44.1
坝	28.0	60.0	42.1	30.5	60.4	42.6
水	47.7					

在表 14.14 中，水电站区域电阻率在 41.1～50.5Ω·m 范围内。因此，根据报告，土壤模型测量为 50Ω·m 的均匀土壤。然而，考虑到测量误差和天气原因以及巴基斯坦类似水电站的经验，土壤模型的电阻率计算为 50Ω·m 和 300Ω·m。

杰赫勒姆河的电阻率为 47.7Ω·m。考虑最低水位，水深为 20m，水模型涵盖溢洪道、上游和下游区域。

（3）卡洛特水电站接地网设计

卡洛特水电站为引水式电站，地处山区，由于坝址范围内土壤电阻率较高，为了限制电站接地网工频电压的升高，充分利用了水电站水工建筑物水下部分的自然接地装置。同时按照 IEEE 有关标准设置了铜绞线人工接地网。为满足电站接触电位差和跨步电位差要求，对高压区进行均压接地设计。

厂房区域内，接地网由敷设在引水隧洞、尾水渠、厂房边坡的铜绞线组成，接地网与尾水管相连。主厂房和副厂房内有多根主接地导体垂直于或沿水流方向铺设。采用主接地导体从主厂房上游墙和下游墙、副厂房上游墙敷设到各楼层直至厂房屋顶，并与主、副厂房及升压站各楼层建有的接地网相连。厂房内各楼层的设备均与附近的接地导体相连。

525kV 主变压器布置在上游副厂房主变压器室内 419.0m 高程。均压接地网由敷设在主变压器底板上的铜绞线组成。主变层所有设备均接入均压电网。

GIS 配电装置布置在主变上层 431.0m 高程 GIS 室内。均压接地网由敷设在 GIS 室楼板内的铜绞线组成。GIS 接地端子首先接到室内地面接地铜排，再通过接地铜排接入均压网。

GIS 室屋顶出线设备平台，从上游到下游放置 SF6 /空气出线套管、阻波器、电容式电压互感器和避雷器。出线门构位于下游侧。这里有操作和维护人员定期在屋顶上巡视。为确保人身和设备安全，均压电网铺设主要由铜绞线组成，上述高压设备与附近的铜绞线相连。

并联电抗器设置在厂房后坡平台顶板处。并联电抗器通过裸导体依次连接 550kV 避雷器、550kV断路器、550kV隔离开关和550kV避雷器，然后引接至线路。均压网主要由铜绞线组成，以上设备与附近的接地网相连。

溢洪道边坡上设有大量锚杆。通过连接边坡上及水工结构底板的接地铜绞线形成溢洪道接地网。

(4)卡洛特水电站接地电位分布计算

为保证系统发生短路故障时人身和设备的安全，应尽量减小电站的接地电阻，同时还要平衡接地网的接地电位分布。一般是保证接触电位差和跨步电位差满足人身安全要求，控制接地网内部的电位差，保证接地网电位升高的GPR作用于设备的反击电位，不超过绝缘性能。为了更精确地计算卡洛特水电站接地网接地电位分布情况，为接地网的设计安全提供依据，专门开展了卡洛特水电站接地计算研究。

卡洛特水电站500kV母线最大单相短路电流为18.22kA。根据巴基斯坦水电站的类似工程经验，接地线的分流系数约为0.3，因此进入接地网的最大接地短路电流为0.7×18.22kA=12.754kA。当短路电流从开关站注入接地网时，对于50Ω·m和300Ω·m的土壤电阻率水电站区域的最大接地阻抗为0.09 Ω和0.24 Ω。因此，地电位抬升(GPR)在50Ω·m时V_1为1.1475kV，而在300Ω·m的V是13.06kV。

1)接触电位差和跨步电位差的允许值计算。

根据IEEE Std.80，厂内主副厂房、GIS室、主变压器层等，电阻率ρ_s为1000 Ω·m；短路电流的失效持续时间t_s为1.0s。对于GIS室顶部出线场区域电阻率ρ_s的值为200 Ω·m；短路电流的持续时间t_s为1.0s。对于电抗器场等室外区域电阻率ρ_s的值为200 Ω·m顶层厚度h_s=0.15m，底层土壤电阻率ρ_b为50 Ω·m或300 Ω·m，短路电流持续时间t_s为1.0s。接触电位差和跨步电位差的允许值见表14.15。

表14.15　电站区各区域的接触电位差和跨步电位差允许值

区域		接触电位差允许值 E_t/V	跨步电位差允许值 E_s/V
电站区	出线场	208.00	313.99
	主副厂房、GIS室、主变层	343.99	873.97
	电抗器场	144.78(50 Ω·m)，154.80(300 Ω·m)	231.12(50 Ω·m)，271.21(300 Ω·m)

2)计算各区域的接触电位差和跨步电位差。

卡洛特水电站接触电位差和跨步电位差的计算主要针对人流频繁和高压电气设备所在的地方。场所分别为主副厂房、主变层、GIS室和屋顶出线平台。在计算接触电位差和跨步电位差时，应考虑所有导体的影响。

进入接地网的最大接地短路电流为I_G=12.754kA。

各区域接地网网格为6～10m，在给定的最大接地短路电流时计算的接触电位差和跨步

电位差均能满足人身安全要求,详细计算结果见表 14.16。

表 14.16　　各区域的接触电位差和跨步电位差

区域	最大接触电位差	最大跨步电位差
主、副厂房	45.27V(50 Ω·m) 144.80V(300 Ω·m)	23.55V(50 Ω·m) 99.42V(300 Ω·m)
主变层	163.28V(50 Ω·m) 209.99V(300 Ω·m)	14.55V(50 Ω·m) 36.25V(300 Ω·m)
GIS 室	121.20V(50 Ω·m) 115.49V(300 Ω·m)	58.13V(50 Ω·m) 45.73V(300 Ω·m)
出线平台	197.36V(50 Ω·m) 162.56V(300 Ω·m)	28.88V(50 Ω·m) 9.52V(300 Ω·m)
电抗器场	105.98V(50 Ω·m) 122.50V(300 Ω·m)	21.22V(50 Ω·m) 25.30V(300 Ω·m)

(5)卡洛特水电站接地导体截面选择计算

1)设计依据。

卡洛特水电站的接地设计依据是 IEEE Std 80 *Guide for safety in AC substation grounding* 和 *Interconnetion Study For Karot Hydroelectric Power Project*。接地导体的横截面将根据"*Interconnection Study For Karot Hydroelectric Power Project*"中提供的单相短路电流计算结果选择。

文献"*Interconnection Study for Karot Hydroelectric Power Project*"表 6.3 中单相短路电流的计算结果为 2021 年至 2022 年卡洛特水电站 500kV 最大单相短路电流 18.22kA。

2)接地导体截面选择的计算。

①接地故障持续时间(t_c)假定为 3s,根据 IEEE Std 80 计算得出接地导体截面积计算:$A=113\text{mm}^2$,所以铜绞线截面积为 120mm^2。

②接地故障持续时间(t_c)假定为 1s,根据 IEEE Std 80 计算得接地导体截面积计算为:$A=65.2\text{mm}^2$,铜绞线截面积为 95mm^2。

3)故障电流持续时间的确定及结论。

接地导体的横截面应保证导体及其接头能够承受整个接地故障电流而不超过一定的温度。根据 IEEE Std 80 中要求"继电器故障可能导致故障持续时间超过一次清除时间。备用清理时间通常足以确定导体的尺寸。对于较小的变电站,这可能接近 3s 或更长。但是,由于大型变电站通常具有复杂的保护方案,故障一般会在 1s 或更短的时间内清除。"由于本站为大型水电站,继电保护设计复杂,后备清除时间小于 1s,即接地故障可在 1s 内清除,故建议故障持续时间为 1s。经计算,接地导体的最小横截面为 $65.2\ \text{mm}^2$。但根据业主工程师

2017 年 9 月 19 日的 *Earthing/Grounding Design*（No. SSS/5065056/MF/1.10.02/1423）中要求，故障清除时间 3s。经计算，接地导体的最小横截面应为 113 mm^2。因此选择截面为 120mm^2 的铜绞线即可满足上述要求。

最终业主工程师要求水电站厂房内部及所有高电压区域接地网主干线按截面为 185mm^2 的铜绞线开展施工详图设计。

14.7.2.2 500kV 断路器选相分/合闸方案研究

本电站两回 500kV 线路中，至 NEW GHAKHAR 变电站的 500kV 线路近 230km。为补充线路容性无功，该线出口设有 3 台分相并联电抗器。与国内通行的并联电抗器随线路投/退的做法不同，本电站的调度管理部门——巴基斯坦国家输变电公司（NTDC）坚持并联电抗器回路设断路器 B1Q4，见图 14.12。

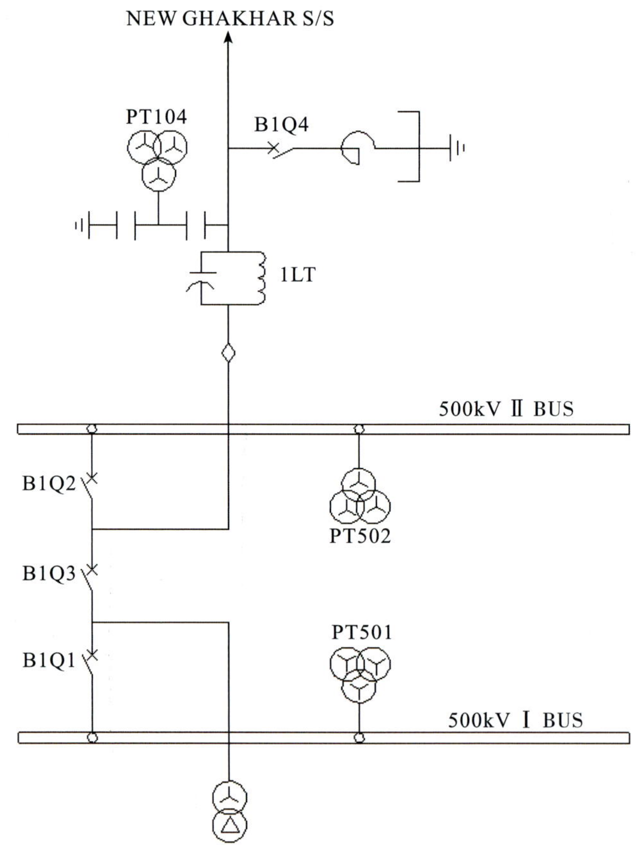

图 14.12 并联电抗器回路断路器

这意味着线路对侧带电且本侧断路器合闸前，必须先投入并联电抗器，即先合并联电抗器回路断路器 B1Q4，否则长线路电容效应引起的翘尾电压升高将导致 500kV GIS 串上的线路断路器 B1Q2 或 B1Q3 无法并网。

即使额定电压下感性负荷（空载变压器、并联电抗器等）合闸时，若断路器合闸相位不合适，将会产生很大的涌流引起瞬间电压降低，导致系统电压波动和保护继电器误动作；并联电抗器投入之前翘尾电压更是恶化了断路器 B1Q4 的合闸条件。

在电网中投入或切除负载时，由于电网中的电压是正弦波形，负载投入或切除的瞬间，电网电压可能在电压峰值处也可能在电压零点处。随着负载容性或感性的不同，负载投入的最佳时间也不同，如容性负载投入时要求在电网电压过零点，感性负载要求投入时在电网电流过零点(即电压峰值处)，如果负载的断路器分合闸时没有达到上述要求，就会产生危害电网安全的过电压和涌流，这些过电压和涌流会导致电网中负载的可靠性和寿命降低，也可能会导致保护和安全自动装置的误动。

为此，经反复研究，本项目率先在海外采用国产设备——南瑞继保研发的 PCS-9830 型选相分/合闸装置对并联电抗器回路断路器进行分相分、合控制。并联电抗器回路断路器分相分、合接线见图 14.13。

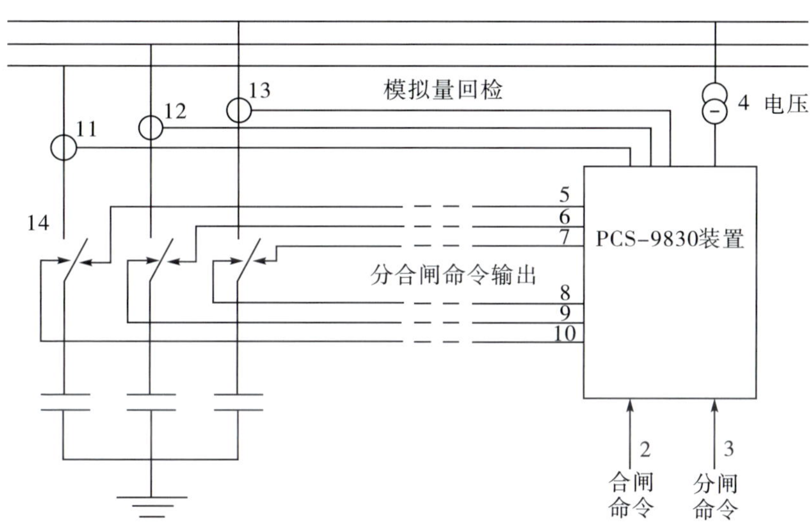

图 14.13 并联电抗器回路断路器分相分、合接线

选相分合闸装置通过采集待分/合断路器两侧的电压及断路器回路的电流，经过微处理器分析处理后，使每相断路器的动、静触头在系统电压波形的指定相角处分合(而不是 3 个断路器同时合闸)，使得变压器、电容器组、并联电抗器等电力设备在对自身和系统冲击最小的情况下投入/退出电力系统。

断路器选相分/合闸装置的应用能够大大降低断路器分、合闸瞬间所造成的涌流和过电压，有利于系统电网的稳定，从而降低电力系统的建设维护费用；同时，可降低分断时断路器触头的电气磨损，减少触头重燃的可能性，延长断路器设备的维护周期和使用寿命。

自 5 月初首台机组投产以来 500kV 并联电抗器回路断路器反复分、合动作的投运结果证明，本项目采用国产断路器选相分/合闸方案是成功的。

14.7.2.3 500kV 断路器重合闸方案研究

本站 500kV 系统为 3/2 接线，与线路相连的 2 个断路器在被启动且未被闭锁时，都要进行重合闸，确保连续供电的需要。

每个线路断路器各自配置独立的重合闸装置是国内通行做法。而 NTDC 坚持每套线路保护柜装设一套重合闸装置，每套重合闸装置要能与线路相连的 2 个断路器都进行重合操作。这将人为引起下列问题：

1）每套线路保护动作启动重合闸时，不仅要启动本柜的重合闸装置，还要启动另一套线路保护柜的重合闸装置；

2）与中间断路器相连的机组保护动作，只能闭锁两套重合闸装置对中间断路器的重合闸，不得闭锁边断路器的重合闸；

3）与边断路器相连的 500kV 保护动作，只能闭锁两套重合闸装置对边断路器的重合闸，不得闭锁中间断路器的重合闸；

4）与线路相连的 2 个断路器中的任何一个失灵保护延时出口动作、并联电抗器保护动作（如果有）、过压保护动作或收到对侧的远跳信号，都应闭锁两套重合闸装置对两个线路断路器的重合闸操作。

由此可见，有别于国内通行做法的重合闸配置，将导致重合闸启动、闭锁接线异常复杂。地处海外，尊重对方惯常理念是推进项目顺利实施的必要条件，否则 NTDC 验收工程师拒绝签字。在疫情肆虐、工期紧、任务重的情况下，经现场抽丝剥茧、条分缕析的细致工作，在未增加出厂设备的前提下，完成了与两回线路有关的保护盘柜接线的大量修改工作。经 NTDC 工程师现场逐项检查确认，相关接线修改得以顺利通过验收，并在随后多次线路故障情况下重合成功，经受了实际运行的考验。

14.7.2.4 载波通信频带拥挤方案研究

本电站至对侧 NJ 和 New Ghakhar 变电站的载波通信，遇到了相当大的麻烦。NTDC 委托 KPCL 代购对侧全套载波通信设备，在三峡发展与通信厂家签订正式合同和设计联络会大半年之后，又在 2020 年 8 月 10 日发函（REF+NO-CTO-CPPAG-DGN-R-KPCL-16055-57+COMMUNICATION），通知 KPCL 对侧 NJ 和 New Ghakhar 变电站的户外载波通信设备，包括线路阻波器、结合滤波器和电容式电压互感器都准备用已有旧设备，而且还要求 KPCL 对这两段载波通信的调试开通负责。

载波通信的特点是要求两侧的设备要匹配，但是在业主准备了厂家报批图纸，正在供货时，提出这种要求，不仅让通信厂家产生了经济损失，更严重的问题是，两侧的阻波器等设备可能不匹配，长江设计院就此问题通过 KPCL 多次找 NTDC 询问和开会，但每次都有不同的回复，让人头痛不已。经过一年多的反复确认，对侧的阻波器确实与卡洛特的不是同一品牌和型号，而且 NTDC 没有按照通信厂家和长江设计院推荐的载波通信频段，而是在设备到现场后，指定了非常狭窄的载波通信频段，造成现场调试人员要现场改频，将 8kHz 的载

波机，改成4kHz，而且规定在卡洛特至NEW GHAKHAR变电站的4个收发频段，无间隙地紧紧安排在一起(88～104kHz)，造成调试时报故障，无法通信。设计院在认真研究了阻波器的阻塞特性后，提出了将同一方向不同载波机的发送频率拉开4kHz的办法，即两边各超出2kHz，经现场调试验证，获得成功。

对侧载波通信设备及接线不在EPC合同范围内，但KPCL应NTDC的委托，代购对侧的载波通信设备，并委托长江设计院进行设计(KLT-JD-2021-154)，包括对侧保护盘柜的改线等。

14.7.2.5 光纤通信超设计条件方案研究

本电站至对侧New Ghakhar(Gujranwala，Nokhar)变电站的500kV线路，原设计条件是198km，但是在实施过程中，最后的实际线路长度是近230km，发生了显著的改变，如果根据原有的理论计算，已经到现场的光纤通信设备配置，不能实现这段线路的通信。为了尽快解决这个问题，设计院通过KPCL多次催促NTDC完成光纤线路的竣工验收测试，其中还发现在线路中间光纤全部中断的严重问题，后经NTDC完成修复后重新测试，光纤损耗部分达到要求，就是在卡洛特的光通信设备不增加配置的前提下，也能保证光纤通信的实现。但是对侧New Ghakhar变电站的光纤通信设备由NTDC负责，NTDC业主没有配置光放，且挪用了卡洛特本侧的两个光功率放大板(OBU)，导致光纤通信只通了一路，没有备用通道。这个问题是NTDC的责任，理论上没有问题，增加两个光功率放大板就能解决。

14.7.3 金属结构

14.7.3.1 泄洪表孔弧形工作闸门设计关键技术

(1)闸门抗震设计

1)地震工况设计条件。

按照《水工建筑物抗震设计规范》(DL 5073—2000)，卡洛特水电站壅水建筑物抗震设防类别为乙类，非壅水建筑物抗震设防类别为丙类。因此，壅水建筑物和非壅水建筑物采用基本烈度作为设计烈度，即设计地震加速度为0.26g。

依据《电力设施抗震设计规范》(GB 50260—2013)要求，卡洛特水电站水轮发电机组及其他机电设备抗震设计应与电站水工建筑物采用相同标准设计，即地震基本烈度按Ⅷ度考虑，设计地震加速度为0.26g，采用0.31g进行复核。

2)地震工况设计方法。

《水电工程钢闸门设计规范》(NB 35055—2015)附录D.0.8列有两种金属结构地震动水压力计算方法，分别为拟静力法和动力法。

拟静力法中需考虑地震作用的效应折减系数。折减系数是为了弥合按设计地震加速度进行动力分析的结果与宏观震害现象的差异，适用于一般水工建筑物。但拟静力法带有经验性的静态计算模式和参数取值不可能正确反映水工建筑物设计安全裕度和结构的动态地震效应及其地震破坏机理，其取值是否对金属结构同样适用，目前尚不清楚，尚待深入研究。而目前许多国家的抗震规范中，采用动力法计算地震动水压力时仍采用 Westergaard 公式或者它的修改型；美国、日本等国的水工建筑物抗震设计中，仍采用 Westergaard 公式或者它的修改型和 Zanger 电模拟试验成果，分别计算直立和倾斜迎水面上的地震动水压力。国内也开始更多地采用 Westergaard 公式计算闸门地震动水压力，且 Westergaard 公式用于上游面垂直时效果比较好，当迎水面有折坡时，若水面以下直立部分的高度大于或等于水深的一半时，可近似取作直立面。故本次复核工作使用动力法 Westergaard 公式进行计算，公式为：

$$P_h = \frac{7}{8} a_g \rho_w \sqrt{Hh}$$

式中，P_h ——水深 h 处的地震动水压力，kN/m^2；

a_g ——地震加速度，m/s^2；

ρ_w ——水的密度，t/m^3；

H——水面至库底深度，m；

h——计算水深，m。

3）地震工况设计计算。

蓄水位 461.00m，闸门底坎高程 438.472m，孔口宽度 14.0m，大坝底板高程 443.00m，重力加速度 $g=9.8m/s^2$，支铰中心高程 451.945m，弧面半径 29.0m。

取地震加速度 a_g 为 $2.548m/s^2$；水的密度 ρ_w 为 $1t/m^3$；设计水位至库底深度 H 为 38m；计算水深（设计水位至底坎高度）h 为 22.53m，计算得 $P_h=66.05kN/m^2$，转换成地震动水水头为 6.66m，叠加上设计水位 461.00m，相应校核水位为 467.66m。叠加地震荷载的总水压力 P_w 为 57335kN，未叠加地震荷载的总水压力 P_w 为 24121kN，荷载变化超过容许应力特殊荷载组合下提高比例 15%，需对闸门各构件的强度、刚度进行具体验算，验算结果见表 14.17。

表 14.17　　闸门各构件的强度、刚度验算结果

主要计算结果	计算值	特殊荷载组合容许应力值	特殊荷载说明
主梁最大正应力/MPa	235.9	258.75	$1.15\times[\sigma]$
主梁最大剪应力/MPa	141.7	155.25	$1.15\times[\tau]$
主梁跨中挠度/mm	15.15	19.90	$\frac{L}{600}$

续表

主要计算结果	计算值	特殊荷载组合容许应力值	特殊荷载说明
主横梁与支臂节点折算应力/MPa	252.4	284.60	1.1×1.15×[σ]
支臂平面内稳定/MPa	247.5	258.75	1.15×[σ]
支臂平面外稳定/MPa	163.3	258.75	1.15×[σ]

因此，表孔弧形闸门的设计满足地震基本烈度为Ⅷ度情况下的抗震要求。

(2)闸门结构设计

闸门结构布置合理与否，直接决定着整个结构的可靠性及经济性。泄洪表孔弧形工作闸门属于窄高型，高宽比达 1.65 倍，而且闸门需要长时间局部开启泄洪，运行条件较为恶劣。设计中首先要保证门叶及支臂具有足够的强度和整体刚度，同时支铰轴承、止水的材料也相当重要，应确保闸门运行灵活、止水严密并能有效抑制闸门局部开启时的脉冲振动。从闸门尺寸来看，结构布置采用主横梁和主纵梁式布置均可，但从设计、制造、运输及安装方面考虑，主横梁方案分节方便，主梁不用从中截断，闸门制造工艺相对简单，且安装焊缝质量较易控制，所以选择了主横梁式布置。

如按双主横梁、双支臂等荷载布置，则弧形闸门高度较大，上支臂以上门叶悬臂段将会超过 8m，其刚度很难保证，因此设计中进行了三支臂布置方案的比较。

双支臂结构要保证门叶上悬臂段刚度，显然需要采取某些措施，或悬臂段加设支撑结构或采用主梁不等荷载布置，从结构布置的合理性与经济性看都不如三支臂结构。

经布置计算，三支臂闸门主梁梁高和支臂梁高均比双支臂降低 40%左右，A 型支臂双主梁箱型断面与三支臂结构差值不大。因此双支臂和三支臂闸门的工程量基本相当。但从闸门整体刚度看，三支臂结构对闸门整体刚度影响非常明显。支臂结构式表孔弧门的关键部件，支臂为一偏心受压柱，除应满足强度要求外，还应在外力作用下不失去稳定。三支臂结构设计计算和制造相对困难一些，但其刚度大，有利于抗振，对要求长时间局部开启泄洪的弧形闸门来讲尤为重要，最后选定采用三支臂结构。

闸门采取 Π 型主框架形式，主梁与支臂均采用箱型梁结构。为了节约工程量，在设计过程中对各框架的受力进行了详细计算，最终使三个框架受力均匀(图 14.14)。

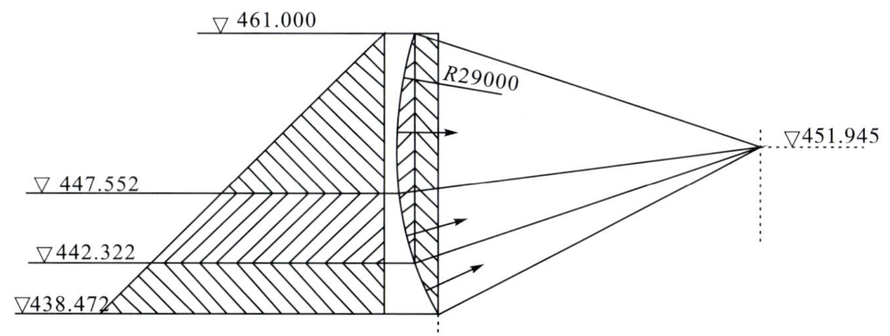

图 14.14 大坝泄洪表孔弧门水压力分布

(3)闸门支铰轴承选型

闸门支铰轴承采用自润滑球面滑动轴承。自润滑轴承具有结构简单、摩擦力小、承载力大、寿命长、免维护等特点，能够满足大型弧形闸门支铰对轴承特性指标的要求。闸门虽为直支臂结构，一般情况下也可使用自润滑圆柱轴套，但因此闸门规模庞大，半径达29m，水压力引起的材料弹性变形，气温变化引起的材料变形，制作、安装产生的误差，闸门局部开启时产生的震动，甚至地震时，均会使闸门产生横向位移，在自润滑圆柱轴套边缘产生较大的边缘应力，迫使增大选型尺寸，增加成本，也会影响支铰的运行安全、性能和寿命。而自润滑球面滑动轴承具有自动调心、对偏斜不敏感、受力均匀、可同时承受径向和轴向荷载等优势。

15 安全监测

15.1 主要监测部位和监测项目

15.1.1 主要监测部位

为了做好卡洛特水电站工程安全监控工作，既能快速地、量化地了解其敏感部位的工作状态，又能宏观地、全面地掌握整个工程的运行状况，决定将监测部位划分为两个层次：重点部位(断面)、一般部位(断面)。

根据卡洛特水电站工程各建筑物布置情况、地质条件及结构特点，经研究比较，选定下列部位作为本工程的重点监测部位。

1)沥青混凝土心墙堆石坝(分别在大坝最高处及左右约 80m、向左岸方向约 160m 处各设一个重点监测断面)；

2)溢洪控制段 3# 坝段；

3)溢洪控制段 8# 坝段；

4)2# 引水隧洞及 2# 机组厂房段；

5)4# 引水隧洞；

6)溢泄道左右岸边坡(两岸各设 3～4 个重点监测断面)；

7)电站进出口边坡(进出口各设 2～3 个重点监测断面)；

8)导流洞进出口边坡(进出口各设 1～2 个重点监测断面)；

9)2# 导流洞(洞内设 2 个重点监测断面)。

15.1.2 主要监测项目

卡洛特水电站为大Ⅱ等大(2)型工程，大坝、泄水建筑物、电站引水及尾水系统、电站厂房等主要永久性水工建筑物为 2 级建筑物，其主要建筑物监测项目如下。

(1)沥青混凝土心墙坝

主要监测项目包括：大坝表面变形、坝体内部变形、心墙与填筑料间的错动、大坝内部渗流压力、坝基渗流压力、绕坝渗流、渗漏监测、水质分析、心墙应力应变、坝体填筑料压力及人工巡视检查等。

(2)泄洪冲沙建筑物

以控制段作为监测重点，主要监测项目包括：建筑物水平位移、垂直位移、结合缝开度、基础扬压力、坝基渗漏量、绕坝渗流、陡坡结合面渗压、水质分析、钢筋应力、锚索预应力及温度分布等。

(3)引水发电建筑物

主要监测项目包括：进水塔的表面变形和基础沉降、引水隧洞围岩的表面及深部变形、引水隧洞围岩与衬砌的开度、厂房沉降变形、厂房基础扬压力、厂房基础渗流量、结构混凝土与岩体结合面开度、受力集中部位的应力应变等。

(4)导流建筑物

主要监测项目包括：土石围堰的表面变形与边坡侧移、围堰堰体浸润线、围堰背水侧漏水量、导流洞的表面及深部变形、围岩与衬砌的开度、衬砌结构混凝土应力、钢筋应力等。

15.2 沥青混凝土心墙堆石坝监测设计

根据卡洛特沥青混凝土心墙坝的工程规模、建筑物布置和基础条件，在大坝上按约 80m 间距布置 4 个重点监测横断面，桩号分别为 K0＋138.00、K0＋218.00、K0＋298.66、K0＋378.00。这些断面从左至右依次编号为 1# ～4# 监测断面，其中 3# 断面(K0＋298.66)为最大坝高监测断面。

15.2.1 变形监测

(1)大坝表面变形监测

大坝表面水平位移采用视准线监测、表面垂直位移采用水准点监测。

1)表面水平位移监测。

分别在大坝上游坡面高程 462.0m、坝顶高程 469.5m 和下游坡面高程 449.5m、429.5m、410.0m 等处顺坝轴线各布设 1 条视准线。在各条视准线上每间距 40m 左右布设 1 个视准线测点(对应监测断面处必须设置测点)，在各条视准线两端的稳定岩石边坡上各布设 1 个视准线工作基点。以上共布置视准线 5 条、视准线测点 42 个、视准线工作基点 10 个。

2)表面垂直位移监测。

分别在大坝表面各视准线测点和视准线工作基点观测墩的基座上各布设 1 个水准点，以监测大坝表面各位置的垂直位移情况。共布设水准点 52 个。

(2)坝体内部变形监测

大坝内部的水平位移采用钢丝位移计和测斜管监测，垂直位移采用水管式沉降仪和分层沉降管进行监测。

1)坝内水平位移监测。

选择在大坝3#监测断面(桩号K0+298.66),分别于高程449.5m、434.0m和418.5m按25m间距在心墙后的填筑料中布置钢丝位移计测点,以监测坝体内各测点处的水平位移情况。对应上述测点高程在下游坝坡上布置观测房,将钢丝位移计测读装置纳入观测房中集中保护。共布设钢丝位移计3套(10个测点)、观测房3间。

选择在大坝1#、2#、3#、4#监测断面处,分别于心墙上游侧高程462.0m、坝顶高程469.5m和下游坡面高程449.5m各布设1根测斜兼分层沉降管,以监测坝体内不同高程的水平位移与沉降情况。共布设测斜兼分层沉降管11根。

2)内部垂直位移监测。

选择在大坝3#监测断面(桩号K0+298.66),分别于高程449.5m、434.0m和418.5m按25m间距在心墙后的填筑料中布置水管式沉降仪测点,各测点位置与钢丝位移计测点位置相对应,沉降仪测读装置设在下游坝坡上的观测房内。共布设水管式沉降仪3套(10个测点)。

大坝1#、2#、3#、4#监测断面处的坝内不同高程填筑料的沉降情况,采用前述布置的测斜兼分层沉降管监测。

(3)心墙与过渡层位错监测

选择在大坝3#监测断面(桩号K0+298.66),按约18m间距在心墙与过渡层的结合面上布设位错计,以监测不同高程心墙与过渡料的不均匀沉降情况,共布设位错计10支。

15.2.2 渗流监测

根据卡洛特水电站大坝布置、基础渗控及排水等设计情况,确定其渗流监测内容为:坝体渗压、坝基渗压、绕坝渗流、渗漏、水质分析等。

(1)坝体渗压监测

选择在大坝1#～4#监测断面处,按照约30m间距顺流向在墙后过渡层、排水垫层、堆石区等处埋设渗压计,以监测坝体内顺流向的渗压分布及浸润线变化情况。共布设渗压计22支。

(2)坝基渗压监测

选择在大坝1#～4#监测断面处的坝基透水层内,于防渗墙前后分别钻孔布设1支和3支(或2支)渗压计,以监测坝基渗透压力沿程分布情况。并在3#监测断面,防渗墙前后不同高程各增设2支渗压计,共布设渗压计19支。

(3)绕坝渗流监测

在大坝两岸灌浆帷幕后的坡面上顺流向各布设1～2个绕坝渗流监测断面,每个断面各布设3～4根测压管,以监测大坝两端绕坝渗流情况。共布设测压管共12根。

(4)渗漏监测

通过在大坝下游坝趾处布设量水堰,测量大坝可能出现的渗漏情况。共布设量水堰1套。

15.2.3 应力应变监测

根据本工程沥青混凝土心墙堆石坝的结构形式和受力特点，选定如下项目进行应力应变监测：心墙表面应变监测、填筑料压力监测。

(1)心墙表应变监测

在2#、3#监测断面的心墙内分别按约18m和30m间距分不同高程埋设沥青混凝土心墙表面应变计，以监测沥青混凝土心墙的表面应变情况。每一高程在心墙上、下游侧各设1支表面应变计。共布设表面应变计16支。

(2)填筑料压力监测

在2#、3#监测断面的心墙下游侧填筑料内，在底部和中下部埋设两向土压力计组，土压力计分别沿高程方向和顺流向布置，且与坝体渗压测点结合布置，以监测不同位置填筑料的填土压力情况。共布设土压力计12支。

(3)观测站布置

在对应各重点监测断面位置处的下游坡高程449.5m马道上各设一个观测站，将各监测断面所设仪器电缆引入对应观测站内集中保护与管理。共布设观测站3个。

15.3 泄洪消能建筑物监测设计

溢洪道布置在坝址右岸河湾地块，顺流向由进水渠、控制段、泄槽、挑坎、下游消能区等组成。其中控制段兼具挡水和泄流控制作用，其重要性最高，应进行重点监测，其他部位可不作监测或仅作少量一般性监测。根据控制段的工程布置、结构形式及受力特点，决定选取控制段的3#坝段和8#坝段作为重点监测部位。

15.3.1 变形监测

15.3.1.1 水平位移监测

溢洪道控制段的坝顶及基础水平位移主要采用正倒垂线和引张线进行监测。

(1)坝顶水平位移监测

在控制段顶部顺坝轴线布置1条引张线，在经过的每个坝段各布设1个引张线测点，以监测控制段各坝段的坝顶表面水平位移情况。在坝顶引张线的左岸坝端附近布设1套正垂线和1套倒垂线，在坝顶引张线的右岸坝端附近布设1套倒垂线，作为坝顶引张线的工作基点。

(2)基础水平位移监测

在3#、5#和8#坝段基础廊道内各布设1套倒垂线，监测典型坝段基础水平位移情况。

以上共计布设引张线1条(测点11个)、正垂线1套、倒垂线5套。

15.3.1.2 垂直位移监测

控制段的坝顶及基础垂直位移主要采用精密水准进行监测。

(1)坝顶垂直位移监测

在控制段每个坝段顶部的上侧各布设 1 个水准点,以监测控制段各坝段坝顶垂直位移情况。同时在 3#、5# 和 8# 坝段顶部下游侧对应布置 1 个水准点,以监测所在坝段的倾斜情况。

(2)基础垂直位移监测

在控制段每个坝段的基础廊道内各布设 1 个水准点。在 8# 坝段布设 1 套双金属标作为基础部位水准点的工作基点,同时在 8# 坝段基础廊道和坝顶间的闸墩内布设 1 套坝内双金属标,起到沟通廊道内外高程和校核基础双金属标稳定性的作用。

在 3# 和 8# 坝段的坝踵和坝趾处各钻孔埋设 1 支基岩变形计,以监测重点坝段坝踵和坝趾处的基础受压变形情况。

(3)混凝土边墙垂直位移监测

在溢洪道泄槽段左、右侧边墙,少量布置水准点进行垂直位移监测。

以上共计布设水准点 31 个、双金属标 2 套、基岩变形计 4 支。

(4)结合面开度监测

在控制段两端混凝土与陡坡岩体结合面上各布设 3 支测缝计,以监测混凝土与陡坡岩石的结合效果。

在 3# 和 8# 坝段的坝踵附近各布设 1 支测缝计,以监测该处混凝土与基岩的结合情况。

在泄槽部位选择 2 个横向断面,于两侧结构混凝土与基岩结合面、3# 和 8# 坝段泄槽底板混凝土与基岩结合面上各布设 1 支测缝计,以监测混凝土与岩石结合面的开度变化情况。

以上共布设测缝计 15 支。

(5)裂缝监测

施工过期溢洪道控制段 10#、11# 坝段迎水面出现表面裂缝,为监测裂缝开度变化,选择在迎水面裂缝处布设测缝计。共布设测缝计 2 支。

15.3.2 渗流监测

根据溢洪道建筑物的工程布置、基础渗控及排水等设计情况,确定其渗流监测项目主要包括坝基扬压力,坝基和坝体渗漏量、绕坝渗流和陡坡结合面渗压。

15.3.2.1 坝基扬压力监测

根据泄洪冲沙建筑物结构特点和渗控措施,拟采取纵、横、环向监测断面相结合的布置形式对坝基和泄槽扬压力进行监测。在上游基础廊道内沿坝轴线方向设 1 个纵向扬压力监测断面，在 3# 和 8# 坝段基础底部各设 1 个顺流向扬压力监测断面，在泄槽环向排水廊道设 1 个环向扬压力监测断面。监测仪器采用钻孔式测压管或埋入式渗压计，测压管孔底需伸入建基面以下 1.0m。

（1）纵向监测断面

在控制段基础廊道的排水孔轴线上布设一排扬压力监测点，每个坝段各设 1 根测压管，以监测控制段基础扬压力沿坝轴线纵向分布情况。

（2）横向监测断面

顺流向在 3# 和 8# 坝段的坝基结合面上各布设 2 支渗压计，顺流向在 3# 和 8# 坝段相接的泄槽底部结合面上各布设 3 支渗压计，使其与所在坝段基础廊道布设的测压管相结合，形成 2 个完整的顺流向扬压力监测断面，以监测上述坝段及相连泄槽的顺流向基础扬压力分布情况。

（3）环向监测断面

泄洪冲沙建筑物下游侧泄槽范围采用封闭抽排的降压措施，根据排水廊道及排水设施布置情况，在环向排水廊道的排水孔轴线上，每隔 50～60m 布设 1 根测压管，以监测泄槽基础扬压力沿排水廊道的分布情况。

以上共布设测压管 22 根、渗压计 32 支（考虑测压管后期实现自动化）。

15.3.2.2 坝基和坝体渗漏量监测

（1）坝基渗漏量监测

施工期采用排水孔单孔容积法观测坝基渗漏量，运行期采用量水堰集中量测坝基渗漏量。根据控制段及泄槽基础廊道布置、排水沟流向、集水井等布置情况，在溢洪道左、右排水廊道和泄槽末端集水井的排水沟内布设量水堰。共布设量水堰 4 套。

（2）坝体渗漏量监测

控制段坝体混凝土缺陷、冷缝及裂缝等处的漏水，一般采用目视观察。漏水量较大时，设法集中后用容积法量测。

15.3.2.3 绕坝渗流监测

在控制段两岸灌浆帷幕前后的坡面上顺流向各布设 2 个绕坝渗流监测断面，每个断面各布设 2～3 根测压管，以监测控制段两端绕坝渗流情况。这些测压管在溢洪道控制段建成正式蓄水前安装到位，既作为绕坝渗流监测孔，同时也作为两岸地下水位长期观测孔。共布设测压管 10 根。

15.3.2.4 陡坡结合面渗压监测

在控制段两端混凝土与陡坡结合面上，对应坡面测缝计布置，各布设 2～3 支渗压计，以监测混凝土与陡坡结合面的渗压情况。共布设渗压计 6 支。

15.3.3 应力应变监测

根据泄洪冲沙建筑物的结构形式和受力特点，选取弧门支座部位、冲沙孔孔口周边、表孔闸墩下部等应力集中部位进行监测，监测内容包括：钢筋应力、预应力及坝体混凝土温度分布等。

结合表孔坝段结构应力计算成果，在8#坝段表孔闸墩下部布设12支钢筋计，在4#坝段、8#坝段和10#坝段表孔弧门支座扇形钢筋处各布设5支钢筋计，以监测弧形闸门支承结构应力集中区的钢筋应力情况，共计布设钢筋计27支。

在3#坝段的大体积混凝土结构内分散布设10支温度计，在8#坝段的大体积混凝土结构内分散布设19支温度计，以监测控制段下部大体积混凝土温度变化情况。

在8#坝段上游面约10cm处分散布设约7支温度计，在8#坝段下游面约10cm处紧贴坝面布设3支温度计，以监测坝面温度及库水温情况。

在8#坝段坝基中间部位钻孔埋设4支温度计，以监测坝基地温情况。

结合冲沙孔结构应力计算成果，在3#坝段的孔口周边布设7支钢筋计，以监测冲沙孔周边应力集中区的钢筋应力情况。

根据表孔闸墩预应力锚索布置情况，在4#坝段、8#坝段和10#坝段闸墩各选择3束锚索，在孔口布设锚索测力计监测锚索预应力变化情况。共计布设锚索测力计9台。

在泄槽段的2个横向断面与2个顺流向扬压力监测断面的交汇处各选择1根锚杆布设1支锚杆应力计，以监测泄槽底板在扬压力作用下锚杆受力情况。

在3#和8#坝段基础廊道和坝顶各设一个观测站，在右岸坝肩布设一个观测站，将附近的仪器电缆引入对应观测站内集中保护与管理。共布设观测站5个(3#、8#坝段基础廊道利用垂线观测房)。

以上共布设钢筋计34支、温度计43支、锚索测力计9台、锚杆应力计4支、观测站5个。

15.4 引水发电建筑物监测设计

引水发电建筑物主要包括进水口、引水隧洞、地面厂房及尾水渠等。根据引水发电建筑物的工程布置、结构形式和工作特点，选取2#机组和4#机组对应的引水隧洞和2#机组对应的厂房段作为代表性部位进行重点监测。

15.4.1 变形监测

(1)进水口

在2#和4#进水塔的基础四角各钻孔埋设1支基岩变形计，以监测受进水塔上部荷载作用下的基础沉降情况。在各个进水塔塔顶四角各布设1个水准点，以监测进水塔的塔顶垂直位移情况，同一进水塔上的水准点还可以监测块体倾斜情况。以上共布设基岩变形计8

支、水准点 16 个。

(2)引水隧洞

在各条引水隧洞钻爆施工过程中，每间隔 50～100m 布置 1 个收敛监测断面，地质条件较差洞段适当加密，以全面监测施工过程中隧洞围岩表面变形情况。每个收敛监测断面各设 5 个收敛测点，配合收敛计观测围岩的表面收敛变形。共计布设收敛标点约 140 个。

在 2# 和 4# 引水隧洞的上斜段、中间斜段和下平段，选择在围岩地质条件较差处各布置 1 个监测断面，共 6 个断面。在每个重点监测断面的洞室中上部各钻孔埋设 3 套多点位移计；在 2#、3# 引水隧洞末端的伸缩节室顶拱各埋设 1 套单点位移计。共计布设多点位移计 18 套、单点位移计 2 套。

在引水隧洞的 6 个监测断面处，于围岩与衬砌混凝土结合面上各布设 2 支测缝计，以监测衬砌混凝土与围岩的结合效果。

以上共布设收敛测点 140 个、多点位移计 18 套、单点位移计 2 套、测缝计 12 支。

(3)电站厂房

在 2# 和 4# 机主厂房上、下游侧基础面各钻孔埋设 1 支基岩变形计，以监测主厂房受上部荷载作用下的基础变形情况。

在主厂房各机组和安装场顶部四角各埋设 1 个水准点，以监测主厂房各结构块体的表面沉降情况。

在 2# 机、4# 机和安Ⅱ段上游侧的陡坡混凝土与岩体结合面上，分不同高程各布设 2～3 支测缝计，以监测厂房结构混凝土与坡面结合面的开度变化。

在安Ⅰ段上下游侧基岩结合面各布设 1 支测缝计，以监测安Ⅰ段基础因扬压力作用引起的结合面开度变化。

以上共布设基岩变形计 4 支、水准点 24 个、测缝计 8 支。

15.4.2 渗流监测

(1)引水隧洞

在引水隧洞的 6 个监测断面的洞室腰部，于围岩与衬砌混凝土结合面上各埋设 1 支渗压计，以监测衬砌混凝土所受外水荷载作用情况。共布设渗压计 6 支。

(2)电站厂房

在厂房下游基础排水廊道内，每个机组段(含安Ⅱ段)各钻孔布设 1 根测压管，以监测厂房基础扬压力情况。在厂房交通廊道、基础排水廊道的排水沟内布设量水堰，以监测基础排水量变化情况。在 2# 机、4# 机和安Ⅱ段的下游灌浆排水廊道内各钻孔布设 1 根测压管，在厂房结构混凝土与基岩结合面上顺流向各埋设 3～4 支渗压计，以监测厂房基础扬压力分布情况。在安Ⅰ段上下游侧基岩面各布设 1 支渗压计，以监测地下水对安Ⅰ段基础的扬压力作用情况。

以上共布设测压管 5 根、量水堰 4 套、渗压计 17 支(考虑测压管后期实现自动化)。

15.4.3 应力应变监测

(1)引水隧洞

在引水隧洞的 6 个监测断面选择 3 根支护锚杆各布设 1 支锚杆应力计，在监测断面的衬砌结构内各埋设 3 支钢筋计、3 支应变计和 1 支无应力计，以监测衬砌混凝土结构应力和钢筋应力情况。在含钢衬的重点监测断面，各埋设 3 支钢板计。在 $2^{\#}$ 和 $4^{\#}$ 引水隧洞进出口部位各设 1 个临时观测站(工程量计入边坡监测章节)，将附近的监测仪器集中引入观测站内集中管理与保护。共计布设锚杆应力计 18 支、钢筋计 18 支、应变计 18 支、无应力计 6 支、钢板计 6 套。

(2)电站厂房

根据厂房结构计算成果，在 $2^{\#}$ 机的尾水管扩散段布设 5 支钢筋计，在 $2^{\#}$ 机的尾水肘管段布设 6 支钢筋计，以监测尾水管周边钢筋应力情况。

在 $2^{\#}$ 机的尾水管肘管段顺流向和垂直流向各布设 3 支钢板计，以监测肘管钢衬在内水作用下的应力变化情况。

在 $2^{\#}$ 机蜗壳周边垂直流向各布置 4 个监测断面(平面上呈 90°夹角分布)，每个监测断面上布设 4 支钢筋计和 4 支钢板计。在蜗壳进口处布设 1 个监测断面，环向布设 4 支钢板计，以监测厂房流道过水时受内水作用下的钢筋应力和钢板应力变化情况。

在 $2^{\#}$ 机组止推环周边顺流向及环向各布设 4 支钢筋计，共计布设钢筋计 8 支，以监测止推环周边钢筋受力变化情况。

在 $2^{\#}$ 机组下游墙高程 377m、高程 381.5m、高程 391.0m 和高程 399.0m 各布设 1 支钢筋计，共计布设钢筋计 4 支，以监测不同水位下墙体应力变化情况。

在 $2^{\#}$ 主厂房下游侧高程 398.5m 平台设 1 个观测站，将附近的监测仪器集中引入观测站内集中管理与保护。

以上共布设钢筋计 39 支、钢板计 26 支、观测站 1 个。

15.5 导流建筑物监测设计

卡洛特水电站的导流建筑物包括导流洞、上游土石围堰、下游土石围堰等。根据各导流建筑物的工程规模和结构特点，决定仅选取导流洞和上游土石围堰进行监测，监测重点为变形和渗流。

15.5.1 变形监测

(1)导流洞

在各条导流洞钻爆施工过程中，每间隔 50～100m 布置 1 个收敛监测断面，地质条件较差洞段适当加密，以全面监测施工过程中导流洞围岩表面变形情况。在每个收敛监测断面的洞室中上部各布置5个收敛标点，配合收敛计观测围岩的表面收敛变形。

在2#导流洞内选择在围岩地质条件较差处布置2个监测断面，每个断面的洞室中上部各钻孔埋设3套多点位移计，以监测不同深度围岩的变形发展情况。

在2#导流洞的2个监测断面的喷混凝土与衬砌混凝土结合面上各埋设2支测缝计（顶拱和腰部各1支），以监测衬砌混凝土与围岩的结合效果。

在3条导流的堵头处，顺水流方向分别布置2个监测断面。在每个监测断面封堵体顶部及两侧与洞壁接缝处，各布设1支测缝计，以监测接缝开度情况。

以上共布设收敛测点75个、多点位移计6套、测缝计22支。

（2）上游土石围堰

在上游土石围堰的堰顶上每间隔50m左右布设1个水平位移测点，用施工控制网点作为工作基点，监测土石围堰表面水平位移情况。共布设水平位移测点5个。

在堰顶水平位移测点观测墩的墩座上各布设1个水准点，在围堰背水侧中间马道上每隔约50m布设1个水准点，以全面监测土石围堰表面沉降变形情况。

以上共布设水平位移测点5个、水准点8个。

15.5.2 渗流监测

（1）导流洞

在2#导流洞的2个监测断面，于围岩与衬砌混凝土结合面上各埋设1支渗压计，以监测衬砌混凝土所受外水荷载作用情况。

在3条导流堵头监测断面的封堵体顶部及两侧与洞壁接缝处，各布设1支渗压计，以监测渗透压力情况。

以上共布设渗压计20支。

（2）上游土石围堰

在施工期针对围堰的渗漏情况，利用排水泵通过观测其抽水量，对围堰漏水情况进行监测。

15.5.3 应力应变监测

在2#导流洞2个监测断面处，给合洞室围岩支护锚杆布置情况，每个断面各选择5根系统锚杆，每个锚杆上各布设1支锚杆应力计，以监测支护锚杆受力情况。

在2#导流洞2个监测断面处，每个断面在衬砌混凝土中各布设2支应变计、4支钢筋计和1支无应力计，以监测衬砌混凝土结构应力和钢筋应力情况。

以上共布设锚杆应力计10支、应变计4支、钢筋计8支、无应力计2支。

15.6 安全监测自动化设计

沥青混凝土心墙堆石坝强震监测点设在坝高最大处，分别在坝顶和坝后高程 429.5m 马道各布设 1 个测点；另外在大坝右岸灌浆平洞、溢洪道 7# 坝段坝顶、电站进水塔顶部和河谷自由场地各布设 1 个强震测点。自由场地测点应布设在大坝下游距工程区 1km 以内的河谷空旷地带，测点周围不受建筑和结构振动影响，且位于稳定基岩上。

本枢纽工程地震监测系统共布设强震测点 6 个，每个测点各设 1 套强震动加强度仪，其传感器测量方向分别布设成水平径向、水平切向和竖向 3 分量。

15.7 心墙渗漏监测

根据工程需要和大坝基础渗控工程施工质量检查及技术咨询会专家组意见，为了解沥青心墙坝后渗漏情况，设计考虑在心墙后布设光纤渗流监测系统对心墙渗流进行监测。心墙渗漏监测采用铜网内加热温度感测光缆。埋设于岩土体中具有内加热功能的温度感测光缆，在恒定电流作用下，根据欧姆定律，会以额定功率产生热量，加热光缆被加热后会对周围岩土体发散热量，加热光缆以及周围的岩土体也被加热至一定温度。渗漏发生将导致光缆局部出现低温区，从而识别渗漏区域。

在沥青混凝土心墙后约 10cm 的过渡层中铺设铜网内加热温度感测光缆（以下简称“渗漏监测光缆”），在混凝土基座上部高程 391.3～461.0m，每间隔约 5m 水平布设一层渗漏监测光缆，每两层形成一个测温回路（即两层采用同 1 根光缆，光缆两端头分别由左右两侧贴近岸坡绕至上层）。各回路光缆端头贴右岸边坡向上牵引。在坝体下游侧右岸桩号 K0＋430.00，高程 462.0m 处设置一座观测房 OS-4，渗漏监测光缆牵引至该观测房集中观测。牵引过程中光缆外套镀锌钢管保护，并在管内预留一定的变形余量，钢管表面每间隔 5cm 密钻小孔方便外水流动。光缆埋设利用坝体分层填筑的间歇期施工，当坝体填筑至渗漏监测光缆埋设高程时，开挖深度大于 15cm，宽度 30～40cm 的“V”形槽，将渗漏监测光缆外套镀锌钢管放入“V”形槽，再用过渡料回填压实。

15.8 安全监测自动化设计

15.8.1 自动化监测项目

为了保障卡洛特水电站的施工与运行安全，分别在沥青混凝土心墙堆石坝、泄洪冲沙建筑物、引水发电建筑物、导流建筑物、工程边坡等部位布设了变形、渗流、应力应变、强震等各类监测设施。这些监测设施按监测方式分为两类。一类属于持续量监测，如部分变形、渗流、应力应变和强震，这些设施一般采用电测仪器，可直接接入自动化系统，实现联机实时采集。另一类属于非持续量监测，如外部变形监测（几何水准、三角测量等）等，不能直接接入自动化采集系统，监测数据与初步处理后的资料需人工录入监测系统数据库。

为了使监测系统能及时提供大量的有效数据供分析和决策，以满足工程对实时监测和快速反馈的要求，并尽可能减少后期监测工作中的人力投入，将绝大部分持续量、监测测点接入本工程自动化系统。需接入自动化系统的监测仪器具体种类如下。

1）变形监测仪器：垂线座标仪、双金属标仪、引张线仪、测缝计、位错计、水管式沉降仪、钢丝位移计、多点位移计、基岩变形计等。

2）渗流渗压监测仪器：渗压计、测压管、量水堰水位计。

3）应力应变监测仪器：应变计、无应力计、温度计、钢筋计、钢板计、锚杆应力计及锚索测力计等。

4）强震监测仪器：三分量加速度计。

5）光纤渗流监测仪器：温度感测光缆。

卡洛特工程安全监测系统共布设各类测点约 1118 个，前方现场实施人员已对损坏仪器进行梳理，目前能接入自动化系统的各类持续量、监测测点 723 个，不能接入自动化系统的各类监测测点约 395 个。

15.8.2　自动化测点配置

根据卡洛特水电站各建筑物和监测仪器的布置特点，其工程安全监测自动化系统采用分层分布式的网络结构。整个系统由监测管理站、现地监测站两级组成。各现地监测站根据汇聚的监测仪器数量，相应配置数据采集单元（MCU）。为了尽可能提高自动化观测水平、降低后期运行人力投入，决定将所有电测仪器全部接入自动化系统，相应需配置数据采集单元（MCU）38 台。

本工程强震监测系统共设置了 6 台强震仪，分别位于沥青混凝土心墙堆石坝坝顶和下游坝坡、大坝右岸灌浆平洞、泄洪控制段坝顶、电站进水塔塔顶和下游自由场地。本工程监测自动化系统完工后，强震系统作为一个独立子系统，也应一并接入本自动化系统，全部实现监测中心集中控制和自动采集。

本工程在沥青混凝土心墙后约 10cm 的过渡层内，从混凝土基座上部高程 391.3m 至高程 461.0m 之间铺设铜网内加热温度感测光缆，以监测心墙渗漏情况。本工程监测自动化系统完工后，光纤渗流监测系统作为一个独立子系统，也应一并接入本自动化系统，全部实现监测中心集中控制和自动采集。

15.8.3　自动化网络结构

根据卡洛特水电站各建筑物布置和运用相对独立，监测仪器多且分散的特点，监测自动化系统采用环上多分支网络结构，其网络结构见图 15.1。

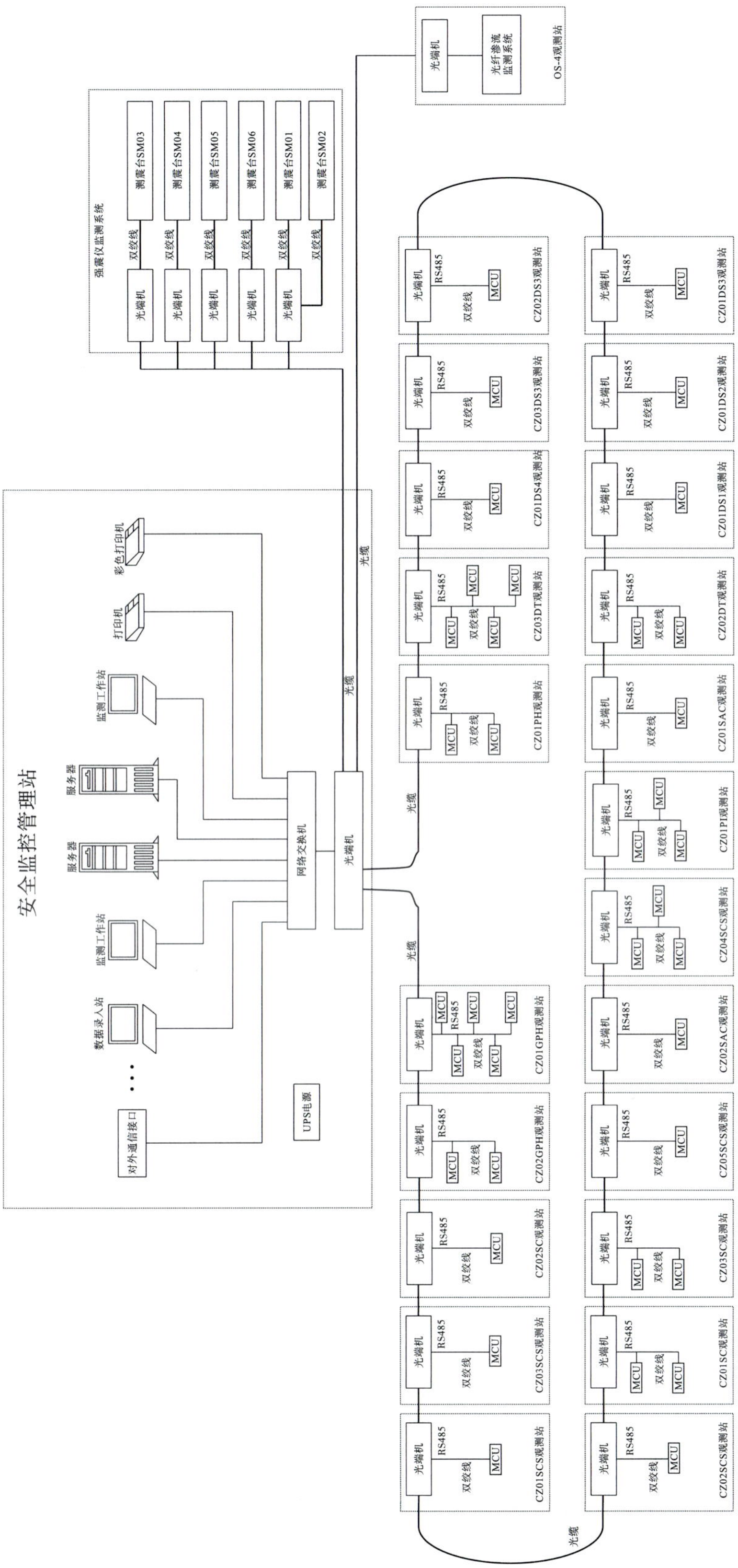

图15.1　安全监测自动化系统网络结构

该网络结构的主环网通信介质为光缆，采用10/100M交换式以太网，各支线通信介质为双绞线，均采用EIA-RS-485标准通信方式，支线上各MCU以总线控制方式与光端机连接。监测管理站各计算机设备、网络打印机通过双绞线接至交换机，交换机选用100Mbps通用网络交换机，是监测管理站内部局域网的主设备。

监测自动化系统为智能型分布式网络结构，主要由监测管理站、沥青混凝土心墙堆石坝MCU群、泄洪排沙建筑物及两岸边坡MCU群、引水发电建筑物及进出口边坡（含导流洞进出口边坡）MCU群、各自动采集传感器及人工采集数据离线输入及分析等组成。

卡洛特水电站监测管理站设在本工程厂房内。各MCU群分别设在监测仪器相对集中的各建筑物现地监测站内，监测管理站及各MCU群通过光纤交换机接入光纤环网，并按监测管理站的指令进行数据采集和信息交换。对于未进入自动化系统的监测测点，则采用人工方式采集数据，并离线录入本工程数据管理系统。

15.9 安全监测系统实施要求

15.9.1 表面变形测点的埋设安装

表面位移测点包含水平位移测点和垂直位移测点，采用钢筋混凝土标墩或施工图规定的标点，具体埋设和观测技术要求按照设计图纸和《混凝土坝安全监测技术规范》（DL/T 5178—2003）的要求执行。

15.9.2 钢丝位移计的埋设安装

（1）定位

1）在坝面填筑到离埋设高程以上约1.1m时，测量定出埋设的管线和测点位置，开挖沟槽至埋设高程以下约0.7m。

2）按1%坡度整平埋设基床。在过渡料中整平压实达到埋设高程；在堆石料中，以反滤层形式填平补齐压实达到埋设高程。整平基床的不平整度小于±2cm，达到的压实度与周围坝体相同。

3）仪器埋设具体施工方案由施工单位编制，报主管单位批准后实施。

（2）锚固装置的埋设

锚固端接头及锚固板固定盘结构，按图纸要求埋设，并详细记录埋设位置的高程、桩号。

（3）铟钢丝的安装

1）在整平的基床上，沿管线和观测点的位置，配管道、基点板、伸缩接头、万向接头、分线盘、挡泥圈等，按设计的铟钢丝中心各测点高程，埋设所有配套设施。

2）按每个测点（即埋设锚固板处）至观测房内标点的距离配铟钢丝，其长度各放长5m，

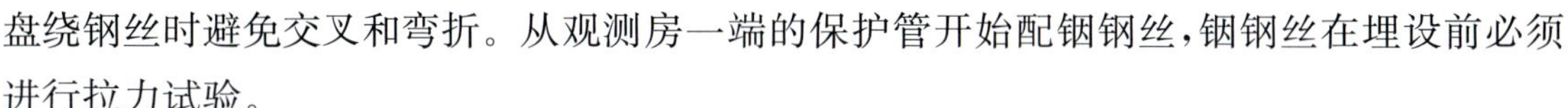

盘绕钢丝时避免交叉和弯折。从观测房一端的保护管开始配铟钢丝，铟钢丝在埋设前必须进行拉力试验。

3)将各测点的钢丝汇集到装有固定标点的观测台水平位移计测量装置上。

4)水平位移计的观测，应平行测定两次，其读数差不得大于2mm。

(4)回填

1)采用人工回填管线周围的堆石料，压实密度应与周围坝体的密度相同，压实堆石料时勿冲击其管身。位于过渡料部分，回填原坝料，位于堆石料部分，以反滤形式回填压实；靠近仪器设备周围用细粒料充填密实。

2)回填超过仪器顶面以上约1.1m，可进行静碾压；回填超过仪器顶面以上约1.6m时，可进行大坝的正常施工填筑。

(5)修建观测台

按图纸要求建好观测房，设置观测房自身水平、垂直位移的标点，利用视准线法对该标点进行水平、垂直位移监测。观测支架的纵轴线与待安装的管路中心线大致在同一轴线上，观测台面高程略低于保护管中心线。安装时，观测台与观测房管路端头应有不小于0.5m的距离，另考虑到水管式沉降仪沉降后要求观测房的地面高程大体一致，因此，应比管路中心线高程低1.4～1.6m，并用Φ10×10cm膨胀螺栓牢固地将观测台固定在观测房的地面上。最后安装自动控制与测量系统。该系统设备的安装按厂家技术要求进行。

(6)观测

1)仪器埋设完毕，测读初始读数前，对铟钢丝进行预拉，即在测读装置的各大轮下面分别挂上80～100kg的配重砝码，将各铟钢丝拉直。

2)加重后等待30min读数一次，经多次重复读数至最后两次读数值不变时，则记录在考证表上，并作为初始读数。

15.9.3 水管式沉降仪的埋设安装

(1)埋设线路的开挖和基床的整理

1)当坝面填筑到测点以上约1.2m高程时，按1%坡度沿设计埋设线开挖沟槽。在堆石料坝体中挖深约1.8m，须以反滤形式人工压实整平基床。在过渡料坝体中，当开挖接近埋设高程时，应仔细操作，避免超挖。

2)在埋设测头处浇筑厚约50cm的混凝土基床或用浆砌石堆砌。用水平尺校准测头的水平度，其不平整度应小于±2mm。

3)管路的坡度取1%，倾向观测房，能保证测点沉降量的可测性。采用水准仪校测管路基床坡度及测点高程。

4)水管式沉降仪观测，安装前应先排尽测量管路内的水和气。用测量板上带刻度的玻璃管测定。应平行测读两次，读数差不得大于 2mm。

(2)测头和管路的安装埋设

1)将测头置于混凝土基床面上，根据管路埋设坡度决定基床面顶高程。安放测头的混凝土基床面可采用 80cm×80cm 方形或 Φ80cm 圆柱形体。混凝土(一般采用 C20)浇捣时，注意各部位均充填密实，至距顶面约 10cm 时，平放一张钢筋网，继续浇筑，将顶面抹平。按常规养护方法养护至拆模。浇混凝土前须对测头性能进行测试，确定其合格后方可开始浇筑。测头外部必须加防护罩。

2)将各管路外套 Φ114mm(或 Φ110mm)保护管，然后沿已整平的基床蛇形平放引至观测房的测量板上。

3)在堆石料坝体中，以反滤形式人工回填压实，回填至测头顶面以上约 1.1m 时，即可恢复坝面填筑碾压；在过渡料坝体中，管路周围回填原坝料，人工夯实至测头以上 1.1m 即可恢复正常施工填筑，但不得进行震动填压。

(3)量测板安装

1)将各测头的管路对号就位接到量测板上，打开各测头通气管阀门，依次用脱气水给各测头的测量管充水排气。气泡排尽后打开通向玻璃量管的阀门，使其水位升高一点，关进水阀，待管内水位稳定后，读出水面刻尺数值，此值即为测头的起始读数，同时测出量测管安装基面高程，一并记入埋设考证表。

2)各测头的量测管采用无接头的整管，若必须连接时，采用专门的连接措施。

3)最后按厂家技术要求安装自动控制与测量系统。

15.9.4 位错计(心墙与填料间)的埋设安装

1)在坝体填筑面达到埋设高程时，在心墙和坝填筑面测量定位。

2)按定位线在心墙上钻 Φ25mm 的孔，孔深 10cm。

3)将 Φ20×9cm 钢筋作为固定端插入孔内，孔内回填。

4)将位错计套上保护钢管，并与锚固杆连接好，并将另一端与连接杆相连的锚固钢板焊牢，铅锤调直位错计。

5)保护钢管端头用涂黄油的棉纱或麻丝塞满，各铰接处以同样方式包裹。

6)拔掉位错计两端销钉，调整拉压量程，一般应预压至满量程(即压位移为零)，压实锚固板四周填料，测读基准值。

7)位错计和锚固板附近 1m 范围内的坝体填料人工压实，防止损坏位移计。

15.9.5 倒垂线的埋设安装

(1)倒垂钻孔

1)控制倒垂钻孔的放样误差小于±2cm，造孔孔径不小于 Φ219mm，在 Φ168mm 保护管埋设后，其有效管径不小于10cm。

2)造孔过程中，每钻进1～2m检测一次孔斜，发现孔斜超限时，及时纠正。

3)对倒垂孔的钻孔进行地质素描，绘制钻孔柱状图，保证其岩芯获取率达90%。

4)终孔后，认真做好孔口保护，防止杂物掉入孔内。

5)终孔孔深一定达到设计图要求，误差小于±10cm。

(2)倒垂线的埋设安装

1)垂线埋设安装严格按设计施工图、厂家使用说明书和《混凝土坝安全监测技术规范》(DL/T 5178—2003)的要求执行。

2)倒垂钻孔完成后，清出孔内残留岩粉。安装保护管，各段钢管连接时加密封物，防止漏水和漏浆。埋设就位后立即进行全孔测斜，满足要求后进行灌浆。

3)倒垂线采用固定锚块，以高强度水泥浆或水泥沙浆固定在钻孔保护管底部。锚块的安装确保垂线处于倒垂孔有效孔径圆心上。

4)垂线与浮体连接安装应在锚块充分固定后进行。安装浮体组时使倒垂线与浮子处于自由状态，并处于浮筒中央。

5)先安装测线，再安装坐标仪底盘，使仪器导轨平行于观测方向，并使坐标仪底盘调整水平。

15.9.6 引张线的埋设安装

1)引张线测点箱及保护管支架预埋件、引张线预留窗(槽)的放样误差不大于2cm，浇筑误差不得大于3cm，总体上必须满足无浮托引张线悬链线的实际要求。

2)端点墩、测点支架与廊道混凝土连接牢固，使其成为一个整体。

3)端点处定位卡的"V"形槽槽底应水平，方向与测线一致。滑轮槽的方向及高度与定位卡的"V"形槽一致。

4)各测点读数尺"0"方向必须一致；读数尺面水平，其分划线与测线平行；尺面高度需调整到恰当的位置，既保证观测时钢丝处于自由灵敏的状态，又不能太高使观测产生视差。

5)所有引张线测点均可采用引张线读数仪(显微镜)进行观测，读数仪底盘应水平，底盘中心线与测线垂直，与读数尺平行；读数仪十字丝与测线平行和垂直。

6)引张线用保护管进行保护，并保证钢丝与管壁的距离不小于2cm。

7)安装完成后，测定各测点与两端点之间距，测距相对中误差不大于1/1000；测定各钢尺尺面高程，测量误差不大于±2mm。

15.9.7 测斜管兼沉降管的埋设安装

(1)坝基覆盖层钻孔

1)钻孔终孔直径不小于130mm，深入基岩1m，钻孔倾斜度应小于1°。

2)开孔孔位与设计位置的偏差不得大于50cm。因故变更孔位应征得主管单位同意，并记录实际孔位。

3)钻孔工作结束后，测斜管埋设之前，将孔道内的钻孔岩屑和泥沙冲洗干净，直到回水变清10min后结束，并向钻孔内送入压缩空气，将钻孔内的积水排干。

4)钻孔完成后，将对其妥善保护，并经检查验收合格后，方可进行下一步操作。

(2)测斜管及沉降环的安装

1)采用伸缩接头连接上、下测斜管，连接时使导槽严格对正，不得偏扭。管子和接头用平头铆钉铆住，管接头处用生胶带密封防止水泥浆进入。测斜管安装时"十字槽"方向一对平行坝轴线，另一对垂直坝轴线。测斜管吊装到位后，对测斜管与孔壁间隙进行回填，孔口需设保护装置。在埋设过程中，根据基座高程的实际位置，沉降环高程可适当调整，并保证沉降环安装在设计高程的一根测斜管底接头以上至少1m。在沉降环以下1m段涂少量黄油。

2)测斜导管在埋设施工中严加保护，防止被破坏。在埋设导管同时按设计位置埋设沉降环。埋设方法根据工程情况可采用挖坑法、超前法或拔管法等，每节导管内滑槽上下必须对准。

3)测斜管兼沉降管随坝体填筑，每接长一节管，应进行一次观测。观测时，先从上至下，再从下至上测读，当电磁式沉降仪遇到沉降环鸣叫时读取测值，以两次读数值的平均值作为该沉降环的沉降测值。在每次观测时，应同时观测该管口所处的地面高程。

4)各测斜管兼作沉降管，应分别做出水平位移和垂直位移沿轴线方向的过程线。

(3)管座的埋设

1)测斜管和沉降环按设计位置和高程安装。安装前对各测斜管、连接管进行严格检查，不符合要求的应严禁使用。测斜孔的钻孔开口直径不小于135mm。孔壁要求平整光滑。钻孔完毕后应除净孔内残留岩粉，测定钻孔偏斜度。清基完毕后，按设计图纸要求埋入土质心墙内测斜管。

2)在安放底座时，必须保证测斜管内"十"字形一对滑槽与坝轴线平行，另一对与坝轴线垂直。

3)对于埋设在最大坝高处的测斜管伸入高塑性黏土2.5m，管底焊1cm厚的钢板，钢板中心焊一根直径为32mm的钢筋，伸入坝基廊道顶部混凝土0.5m。

15.9.8 测斜管的埋设安装

(1)钻孔

1)钻孔测斜仪测孔孔位、孔深、孔斜应严格按设计图纸放样和施钻，孔深达到设计深度，超深控制不大于50cm。

2)钻孔终孔直径为110mm。控制钻孔铅直度偏差在50m内不大于3°，孔位偏差不大于

20cm。钻孔岩芯进行地质素描。

3)检查钻孔是否畅通,核实钻孔深度和倾斜度,确保钻孔孔壁平整光滑且轴线一致,全面清洗钻孔,清除孔内残留岩粉。

(2)安装测斜管

1)测斜管安装前检查是否平直,两端是否平整,对不符合要求的测斜管进行处理或舍去。

2)使测斜管的一对导槽朝向可能的边坡运动方向。测管上印有一条引导线,安装时应始终保持这个方向。

3)测斜管采用现场逐节组装的方法进行安装。确保导管及底部管帽封闭牢靠,以防止水泥浆进入管内。安装过程中使导管中的一对导槽方向与预计的岩体位移方向相近。用测扭仪测量测斜管导槽转角,以保证测斜仪探头沿导槽方向畅通无阻。

(3)灌浆

1)清理钻孔岩屑,测量钻孔深度,装上底帽。

2)下放测斜管直到孔底,并防止测管上浮,封好管口防止浆液进入。

3)将灌浆管下放到孔底并用泵将浆液泵入。

4)水泥浆沉淀并固结后,根据需要对孔口附近补灌,然后安装保护帽。

5)灌浆后,用压力水将测孔内壁冲洗干净,并在孔口加盖保护。

6)记录每一测斜管接头的深度,测定导槽的方位。

15.9.9 基岩变形计的埋设安装

1)根据设计图纸要求放样,孔径 Φ76mm,孔深一般为 15m,钻孔倾斜度控制在 0.3%,对钻孔基岩要进行地质素描。

2)清理干净钻孔内的石渣和积水,将基岩变形计的测杆和 PVC 护管的各接头连接牢固,并逐段向孔内送进。

3)测杆、护管和灌浆管安装就位后,用水泥浆全孔灌浆,水泥浆的水灰比为 0.5∶1,灌浆压力为 0.1MPa,待水泥浆初凝后安装传感器,并预拉 1/3 的量程,检查无误后安装孔口保护装置。

4)仪器埋设 24h 后,经检验合格,其上方 1m 范围用人工方法浇筑混凝土,埋设后要防止碰撞,并有专人维护和检测。

15.9.10 多点位移计的埋设安装

1)采用岩芯钻,钻孔孔径 Φ110mm,其轴线弯曲度小于钻孔半径。

2)钻孔结束后应清除孔内残渣,检查钻孔通畅情况,测量钻孔深度、方位、倾角。

3)对岩芯进行描述,作出钻孔岩芯柱状图。

4)按照设计的测点深度并根据钻孔岩芯柱状图，将锚头、位移传递杆、护管和传感器组装后运至埋设地点。

5)将组装好的多点位移计和灌浆管、排气管(水平孔与上仰孔)逐段捆扎好，护管连接处用胶密封，并对每米护管用彩色胶带做出标志，然后缓缓送入孔内。

6)多点位移计入孔后，固定传感器装置，并使其与孔口齐平，引出电缆，用水泥砂浆密封孔口。

7)孔口水泥砂浆固化后，开始封孔灌浆，保证钻孔灌浆饱满(排气管出浆)。浆液终凝24h后打开孔口装置，经检测合格，将电缆引出，然后安装保护罩和孔口保护盖。

15.9.11 测缝计(岩体与混凝土间)的埋设安装

1)在岩体中钻孔，孔径Φ76mm，孔深1m。

2)在孔内填满水泥砂浆，砂浆应有微膨胀性，将带有加长杆的套筒挤入孔中，筒口与孔口齐平，然后将螺纹口涂上机油，筒内填满棉纱，旋上筒盖。

3)混凝土浇至高出仪器埋设位置20cm时，挖去捣实的混凝土，打开套筒盖，取出填塞物，旋上测缝计，回填混凝土。

15.9.12 渗压计的埋设安装

(1)坝基渗压计

1)坝基埋设渗压计时，在埋设前后进行检验，并按相关要求使其达到饱和状态。按设计位置在清基后地面线的测点处钻一个孔深60cm、孔径15cm的浅孔，或挖同样尺寸的坑。

2)在孔内回填细砂。

3)将渗压计埋在细砂中，孔口用盖板封上，并用水泥砂浆封住，埋设后的渗压计，仪器以上的填方安全覆盖厚度不小于1m。

4)连接电缆沿坝基开挖沟槽敷设，留10%的裕度，不互相交绕。

(2)坝基深孔渗压计

1)钻孔内埋设渗压计，按图纸要求进行钻孔埋设。

2)孔径Φ76mm，孔深达到设计深度，超深不大于10cm。钻孔过程中每钻进3m应测量一次孔斜。孔斜偏差不应大于2%。

3)在钻孔完成后，在孔底铺设中粗砂垫层，厚约30cm。然后自下而上分段埋设渗压计，并依次以干净的中粗砂封埋测头，以膨润土干泥球逐段封孔，封孔段长度，按图纸要求进行。

4)电缆采用PVC软管保护，用铅丝与测头相连。施工过程中应随时进行检测，一旦发现仪器与连接电缆有损坏时，及时处理或重新埋设。

(3)坝体渗压计

1)堆石坝坝体填筑到埋设高程以后，再填筑30cm×30cm×20cm(长×宽×高)的浅坑。

2)在坑内回填细砂。

3)将渗压计埋在细砂中,其上 1m 范围内填料人工填实,超过 1m 后方能恢复机械施工。

15.9.13 测压管的埋设安装

(1)钻孔

1)钻孔直径 110mm,钻孔倾斜度应小于 1°。

2)开孔孔位与设计位置的偏差不大于 50cm。

3)钻孔工作结束后,测压管埋设之前,用压力风水进行冲洗,将孔道内的钻孔岩屑和泥沙冲洗干净,直到回水变清 10min 后结束,并向钻孔内送入压缩空气,将钻孔内的积水排干。

4)钻孔完成后,应妥善保护,并经检查验收合格后,方可进行下一步操作。

(2)测压管制作

1)测压管用镀锌管加工,包括进水管和导管两段,外径 75mm,壁厚 4mm。

2)进水管长 75~80cm,透水孔孔径 8mm,按设计图纸开孔,梅花形布置,内壁无刺。管外壁包裹两层无纺布,长 75cm。

(3)测压管埋设

1)在钻孔底部充填洗净的粒径为 5~8mm 的砾石垫层,厚 30cm。将测压管放入孔内,进水管段底部位于砾石垫层上。

2)在进水管周围填入上述规格洗净的砂砾石,并使之密实。填至设计高度后,回填 30~50mm 厚膨润土。

3)回填 C10 水泥砂浆直至管口高程,水泥砂浆水灰比不大于 0.4,并捣实,以防产生气泡和收缩。

4)按设计图纸安装孔口装置,并测定管口高程。

15.9.14 量水堰的埋设安装

1)量水堰的型式根据测点部位流量确定,量水堰的堰板采用厚度为 8mm 的不锈钢板制作。

2)堰槽采用矩形断面,其总长度大于 7 倍堰上水头,且不小于 2m。其中,堰板上游的堰槽长度大于 5 倍堰上水头,且不小于 1.5m;堰板下游的堰槽长度大于 2 倍堰上水头,且不小于 0.5m。堰槽宽度不小于堰口最大水面宽度的 3 倍。

3)在堰槽的预留位置安装堰板,堰顶至排水沟沟底的高度大于 5 倍堰上水头,堰板直立且与水流方向垂直。堰板为平面,局部不平处不得大于±3mm。堰口的局部不平处不得大于±1mm。堰板顶部水平,两侧高差不大于堰宽的 1/500。直角三角堰的直角误差不大于 30″。

4)堰板和侧墙铅直。倾斜度不得大于 1/200。侧墙局部不平处不大于±5mm。堰板与侧墙垂直，误差不大于30″。

5)两侧墙平行。局部的间距误差不大于±10mm。

6)测读堰上水头的测针，设在堰板上游1.0m处。量水堰计的安装按厂家说明书进行。

15.9.15 应变计的埋设安装

1)按设计要求，先测量放样，确定应变计的埋设位置，安装支杆，调准支杆的方向，再将应变计固定在支杆上。埋设仪器的角度误差不超过1°。

2)剔除仪器周围混凝土中2cm以上的大骨料，人工振捣密实。下料时距仪器1.5m以上。

3)埋没过程中进行现场维护，仪器埋好后，设置明显的标记。

15.9.16 无应力计的埋设安装

1)按图加工或按尺寸要求购置双层锥体镀锌白铁皮无应力计隔离筒，内外筒之间的缝隙填充木屑或橡皮。

2)用16#铅丝将一支应变计固定于隔离筒内正中，将系牢应变计的无应力计隔离筒用辅助钢筋架立在设计埋设点位，距相邻应变计组0.5m。

3)当填筑料填至仪器埋设高程后，将系牢应变计的无应力计隔离筒筒口朝上调整好筒体方向，使筒体中心轴垂直水平面。

4)用中、细石由上口填入筒内，细石切勿掉入内外筒之间的缝隙中，以人工捣实或小型振捣器振实，注意不要伤及仪器。随后用填筑料将无应力计筒覆盖，振捣时不损坏无应力计。

5)无应力计埋设后，在仪器旁插上标记，加以保护，防止振坏或移位，但振捣也不能太远，以免造成仪器附近积水，影响埋设质量及观测成果。

15.9.17 土压力计的埋设安装

土压力计埋设时，其受压(力)面的埋设方向应严格按图纸要求埋设。安装时，应避免受压面直接接触石块，土压力计传力面周围土体必须剔除石块并均匀压实，且紧贴土压力计受力面，不得有空隙。土压力计另一面与先期填筑面或混凝土面紧密结合。

15.9.18 锚索测力计的安装

1)待锚索内锚固段与承压垫座混凝土的承载强度达到设计要求后，在锚索张拉前，将锚索测力计安装在孔口垫板上，并将测力计专用的传力板安装在孔口垫板上，要求垫板与锚板平整光滑，并与测力计上下面紧密接触，测力计或传力板与孔轴线垂直，其倾斜度应小于0.5°，偏心不大于5mm。

2)安装锚具和张拉机具，并对测力计的位置进行检验，检验合格后进行预紧。

3)测力计安装就位后，加荷张拉前，应准确测量其初始值和环境温度，连续测3次。当3次读数的最大值与最小值之差小于1%F·S时，取其平均值作为监测的基准值。

4)锚索施工时,观测锚索应在对其有影响的周围其他锚索张拉之前进行张拉加荷。

5)基准值确定后应按设计技术要求分级加荷张拉,逐级进行张拉监测:一般每级荷载应测读一次,最后一级荷载应进行稳定监测。每5min测读一次,连续测读3次,最大值与最小值之差小于1%F·S时则认为稳定。

6)张拉荷载稳定后,应及时测读锁定荷载;张拉结束后应根据荷载变化速率确定监测时间间隔;最后进行锁定后的稳定监测。

7)锚索测力计及其电缆设置保护装置。

15.9.19 锚杆应力计的埋设安装

1)按设计要求钻孔,孔径大于90mm,钻孔直径应大于锚杆应力计的最大直径,其轴线弯曲度应小于钻孔半径。钻孔结束后冲洗干净,防止孔壁沾油污。

2)按锚杆直径选配相应规格的锚杆应力计,将仪器两端的连接杆分别与锚杆焊接在一起,焊接强度不低于锚杆强度。焊接过程中应采取措施避免温升过高而损伤仪器。

3)在已焊接锚杆应力计的观测锚杆上安装排气管,将组装检测合格后的观测锚杆送入钻孔内,引出电缆和排气管,插入灌浆管,用水泥砂浆封闭孔口。

4)安装检查合格后进行灌浆。

15.9.20 钢筋计的埋设安装

1)按钢筋直径选配相应规格的钢筋计,将仪器两端的连接杆分别与钢筋焊接在一起,焊接强度不低于钢筋强度。焊接过程中采取措施避免温升过高而损伤仪器。

2)安装、绑扎带钢筋计的钢筋,将电缆引出点朝下。

3)混凝土入仓应远离仪器,振捣时振捣器至少应距离钢筋计0.5m,振捣器不可直接插在带钢筋计的钢筋上。

15.9.21 温度计的埋设安装

1)埋设在混凝土内的温度计,在该层混凝土振捣后挖坑埋入,再回填混凝土,并人工捣实。记录仪器读数并妥善牵引好仪器电缆。埋设在坝体上游面的温度计电缆先垂直向上牵引,再水平向下游牵引,水平牵引时电缆上套一止水环。

2)埋设在基岩中的温度计,采用钻孔埋设,孔径不小于42mm。孔深钻至设计深度。再将孔内清洗干净,若孔内有水流出,先在孔内填一部分水下砂浆,砂浆凝固后,将孔内积水清干。最后将仪器按照埋设深度绑扎在一根PVC管上一同放入孔内,用微膨水泥砂浆封孔,牵引好电缆。

15.10 监测成果分析

15.10.1 沥青混凝土心墙堆石坝监测成果

15.10.1.1 坝体表面位移

（1）坝体表面沉降变形

大坝表面沉降变形从2021年10月起测，截至2022年6月实测累计沉降量为－1.71～168.69mm，下闸蓄水后的沉降累计增幅在－2.23～152.16mm，坝体最大沉降变形发生在0+298.66断面（即最大坝高断面）。水库蓄水后沉降缓慢增加，见表15.1和图15.2、图15.3。

表15.1　大坝表面沉降监测成果统计　（单位：mm）

仪器编号	安装位置	沉降量		蓄水后总变化量
		蓄水前	当前值	
		2021-11-18	2022-06-28	
BM23AD	EL.449.5m马道K0+098.0	0.36	－1.08	－1.44
BM24AD	EL.449.5m马道K0+138.0	3.37	17.18	13.81
BM25AD	EL.449.5m马道K0+178.0	15.33	111.35	96.01
BM26AD	EL.449.5m马道K0+218.0	15.90	145.11	129.20
BM27AD	EL.449.5m马道K0+258.0	16.83	156.17	139.34
BM28AD	EL.449.5m马道K0+298.66	16.53	168.69	152.16
BM29AD	EL.449.5m马道K0+338.0	14.54	133.36	118.82
BM30AD	EL.449.5m马道K0+378.0	10.47	114.47	104.00
BM31AD	EL.449.5m马道K0+418.0	7.65	77.88	70.24
BM32AD	EL.429.5m马道K0+218.0	5.59	26.25	20.67
BM33AD	EL.429.5m马道K0+258.0	9.63	41.44	31.82
BM34AD	EL.429.5m马道K0+298.66	11.66	50.77	39.11
BM35AD	EL.429.5m马道K0+338.0	9.28	28.05	18.77
BM36AD	EL.429.5m马道K0+378.0	10.81	32.57	21.76
BM37AD	EL.429.5m马道K0+418.0	0.52	－1.71	－2.23
BM38AD	EL.410.0m马道K0+218.0	0.60	1.25	0.65
BM39AD	EL.410.0m马道K0+258.0	2.19	7.70	5.51
BM40AD	EL.410.0m马道K0+298.66	3.30	13.14	9.84
BM41AD	EL.410.0m马道K0+338.0	2.46	8.46	6.00
BM42AD	EL.410.0m马道K0+378.0	1.03	2.45	1.42

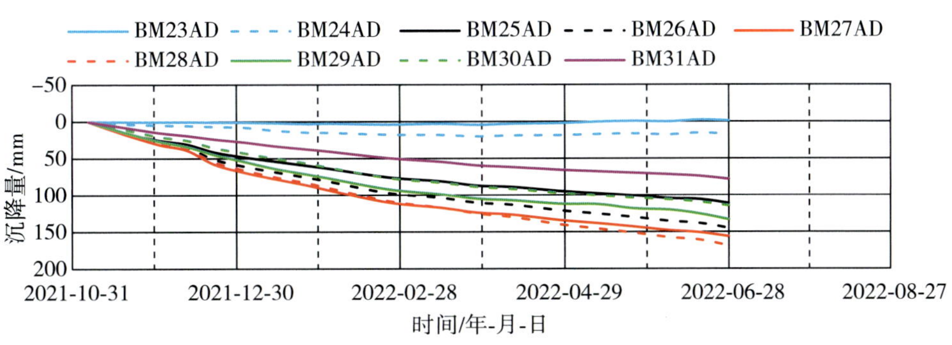

图 15.2 大坝 EL. 449.5m 马道表面位移测点沉降变化过程曲线

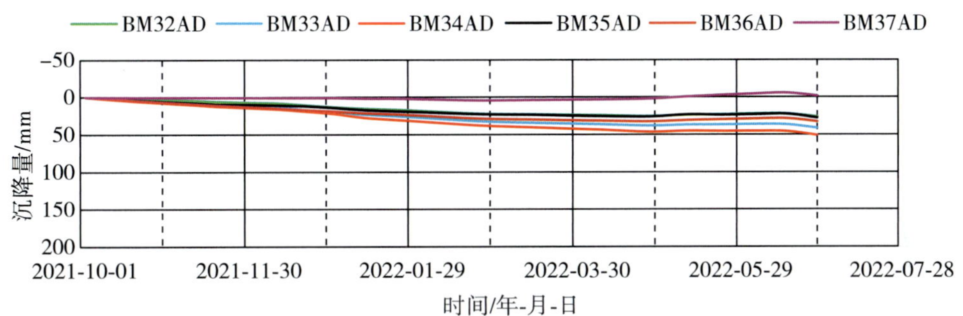

图 15.3 大坝 EL. 429.5m 马道视表面位移测点沉降变化过程曲线

从以上监测资料可以看出，堆石体表面沉降变形，呈现出中间较两端大、上部较下部大的规律，符合一般堆石坝体的沉降特征。

(2)坝体表面水平变形

坝体表面水平位移从 2021 年 10 月起测，截至 2022 年 6 月向下游位移为 3.3～167.48mm，下闸蓄水后的最大累计增幅约 163.77mm，大坝中部桩号 K0＋218.0～K0＋378 部位位移较大。水库蓄水后向下游位移有缓慢增大现象，见表 15.2 和图 15.4、图 15.5。

表 15.2 大坝表面水平位移监测成果统计 (单位：mm)

仪器编号	安装位置	水平位移量		蓄水后总变化量
		蓄水前	当前值	
		2021-11-18	2022-06-25	
TP23AD	EL. 449.5m 马道 K0＋098.0	1.19	3.30	2.10
TP24AD	EL. 449.5m 马道 K0＋138.0	2.62	19.47	16.85
TP25AD	EL. 449.5m 马道 K0＋178.0	1.76	86.00	84.25
TP26AD	EL. 449.5m 马道 K0＋218.0	1.86	133.52	131.66
TP27AD	EL. 449.5m 马道 K0＋258.0	3.71	167.48	163.77
TP28AD	EL. 449.5m 马道 K0＋298.66	3.25	163.78	160.53

续表

仪器编号	安装位置	水平位移量		蓄水后总变化量
		蓄水前	当前值	
		2021-11-18	2022-06-25	
TP29AD	EL. 449.5m 马道 K0+338.0	0.83	107.55	106.72
TP30AD	EL. 449.5m 马道 K0+378.0	3.63	115.79	112.16
TP31AD	EL. 449.5m 马道 K0+418.0	2.13	65.46	63.33
TP32AD	EL. 429.5m 马道 K0+218.0	5.32	46.87	41.55
TP33AD	EL. 429.5m 马道 K0+258.0	5.93	65.10	59.17
TP34AD	EL. 429.5m 马道 K0+298.66	11.02	84.51	73.50
TP35AD	EL. 429.5m 马道 K0+338.0	7.23	44.00	36.77
TP36AD	EL. 429.5m 马道 K0+378.0	7.16	38.90	31.74
TP37AD	EL. 429.5m 马道 K0+418.0	2.14	7.54	5.39
TP38AD	EL. 410.0m 马道 K0+218.0	2.37	8.90	6.52
TP39AD	EL. 410.0m 马道 K0+258.0	2.47	17.93	15.45
TP40AD	EL. 410.0m 马道 K0+298.66	2.96	22.12	19.16
TP41AD	EL. 410.0m 马道 K0+338.0	2.76	17.10	14.34
TP42AD	EL. 410.0m 马道 K0+378.0	1.87	4.84	2.97

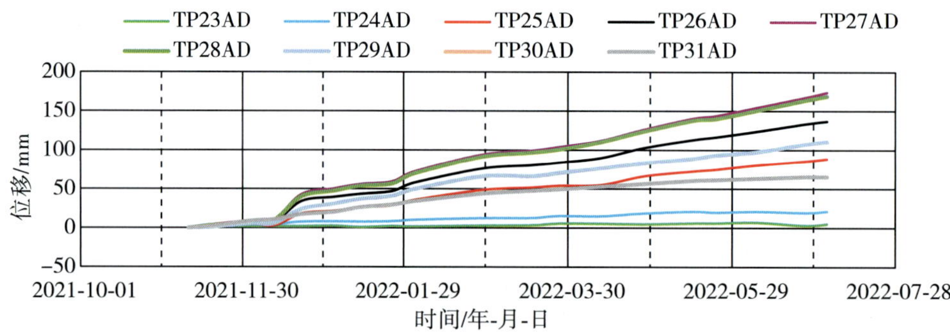

图 15.4　大坝 EL. 449.5m 马道视准线水平位移变化过程曲线

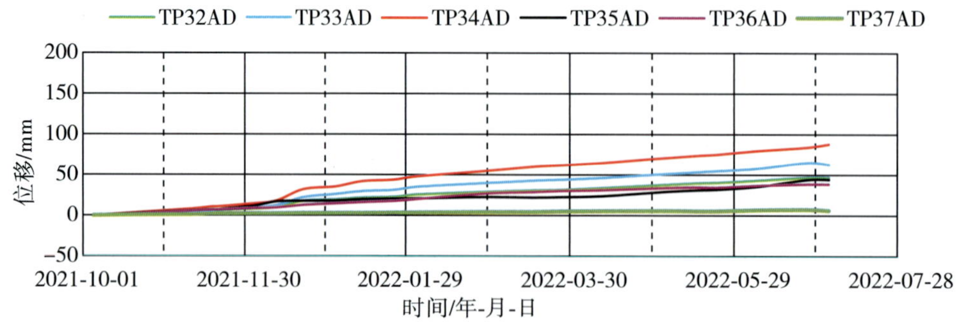

图 15.5　大坝 EL. 429.5m 马道视准线水平位移变化过程曲线

从以上监测资料可以看出，堆石体表面上下游方向变形呈现出上部变形较下部变形大、中间变形较两端变形大的规律性，符合面板堆石坝的上下游变形特征。

15.10.1.2 坝体内部变形

(1)坝体内部沉降

2021 年 10 月底，观测房内的观测系统投入正常观测；2022 年 6 月 25 日，测得的最大累计沉降量为 674.88mm，蓄水后的最大累计增幅约 213.47mm，当前的最大日沉降速率约 0.5mm/d，坝体内部沉降测点的沉降量变化较小，沉降速率在逐渐减小，见表 15.3 和图 15.6、图 15.7。

表 15.3　　大坝填筑区桩号(坝)0+298.66 水管式沉降仪观测成果统计

序号	测点编号	高程/m	坝轴距/m	2021-09-07 /mm	2022-06-25 /mm	蓄水期间变幅 /mm
1	TC-01DS3	420.9	(横)0+0.425	614.27	674.88	60.60
2	TC-02DS3	420.5	(横)0+24.976	571.97	663.08	91.10
3	TC-03DS3	420.1	(横)0+50.085	490.17	581.58	91.40
4	TC-04DS3	419.7	(横)0+75.106	358.17	438.48	80.30
5	TC-05DS3	419.4	(横)0+99.967	222.77	258.38	35.60
6	TC-06DS3	435.7	(横)0+0.854	463.05	626.94	163.89
7	TC-07DS3	435.4	(横)0+25.018	260.35	393.44	133.09
8	TC-08DS3	434.9	(横)0+50.037	207.65	318.04	110.39
9	TC-09DS3	450.5	(横)0+0.846	366.42	579.89	213.47
10	TC-10DS3	450.5	(横)0+24.986	268.22	473.19	204.97

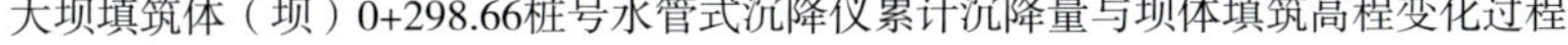

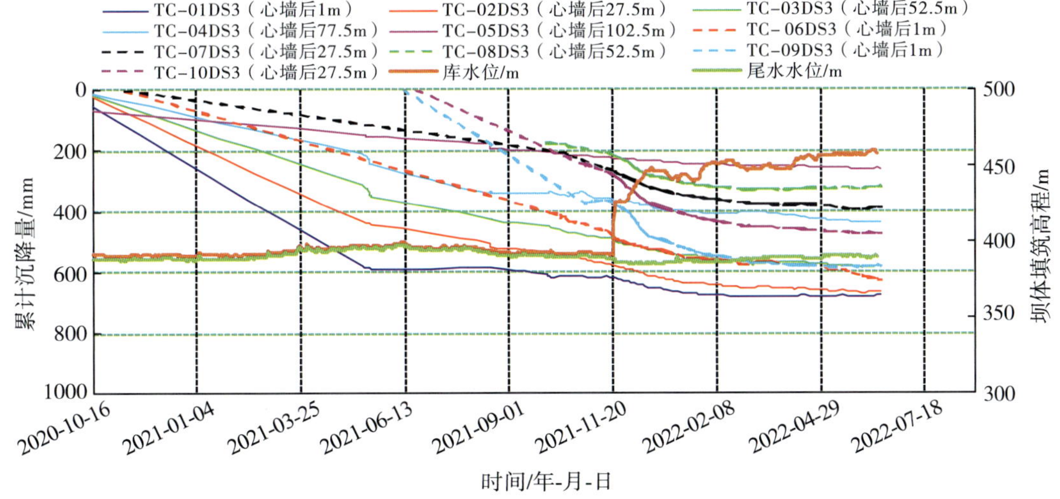

图 15.6　水管式沉降仪的沉降量与坝体填筑高程变化过程曲线

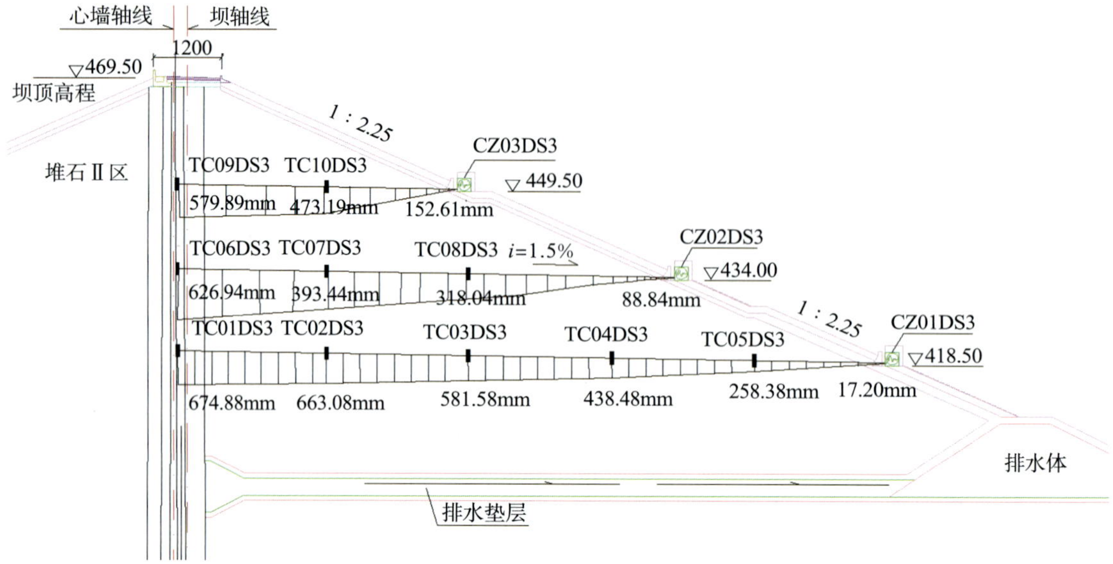

图 15.7　水管式沉降仪的沉降量变化过程曲线

(2)坝体内部水平位移

2021 年 10 月底，观测房内的观测系统投入正常观测；2022 年 6 月 25 日，测得的最大累计水平位移量为 163.57mm(ID-09DS3)，蓄水后的累计增幅约 160.34mm，当前的最大日位移速率约 0.3mm/d，坝体内部水平位移测点的变化趋势较平稳，符合大坝的正常变形规律，见表 15.4 和图 15.8。

表 15.4　大坝填筑区桩号(坝)0+299.66 钢丝水平位移计观测成果统计

序号	测点编号	高程/m	坝轴距/m	2021-09-07 蓄水前/mm	2022-06-25 当前值/mm	蓄水期间变幅/mm
1	ID-01DS3	420.9	(横)0+0.425	1.30	−36.44	−37.74
2	ID-02DS3	420.5	(横)0+24.976	1.41	−14.64	−16.05
3	ID-03DS3	420.1	(横)0+50.085	−0.74	−3.56	−2.82
4	ID-04DS3	419.7	(横)0+75.106	1.88	5.23	3.35
5	ID-05DS3	419.4	(横)0+99.967	1.05	15.41	14.36
6	ID-06DS3	435.7	(横)0+0.826	8.15	54.27	46.12
7	ID-07DS3	435.4	(横)0+25.119	9.13	69.24	60.11
8	ID-08DS3	434.9	(横)0+50.084	6.89	71.82	64.93
9	ID-09DS3	450.5	(横)0+0.838	3.23	163.57	160.34
10	ID-10DS3	450.5	(横)0+24.992	2.18	156.00	153.82

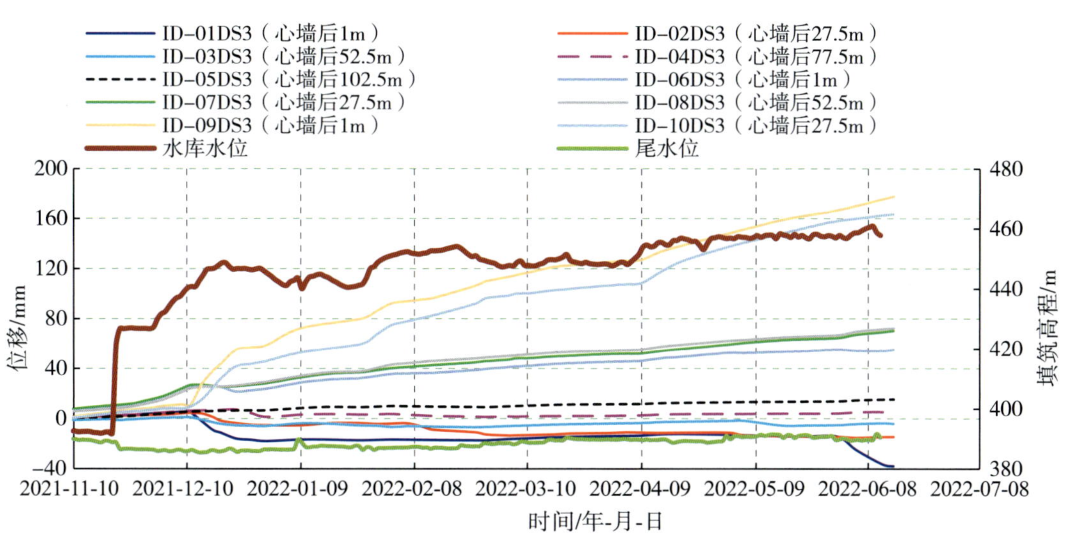

图 15.8　钢丝水平位移计的位移量与坝体填筑高程变化过程曲线

(3)分层沉降量

目前，大坝填筑区沉降磁环测得的最大累计沉降量为 632.44mm（ES01DS3-5#，桩号 K0＋298.66，高程 397.7m，心墙上游侧，距坝轴线约 23m 处，2022 年 6 月 22 日测值），蓄水期间的最大累计沉降量约 210.48mm（ES01DS3-20#）。目前，大坝已经填筑到顶 EL. 469.5m，见表 15.5。

从各沉降环的测值来看，设计在大坝填筑到顶的工况条件下计算的坝体最大坝高部位的最大累计沉降量为 1010mm，目前的坝体还在施工阶段，已沉降量约占设计累计沉降量的 62.6%；后续，在大坝的运行过程中，坝体仍将持续沉降，但沉降速率已经在逐渐减小。

表 15.5　大坝填筑区沉降磁环观测成果统计

仪器编号	安装位置	高程/m	沉降量/mm		蓄水后变化量/mm
			蓄水前（2021-11-12）	蓄水期间变幅（2022-06-22）	
ES01DS1-1#	1-1 断面 K0＋138.00 心墙上游侧 20.0m	446.2	214.70	230.41	15.71
ES01DS1-2#	1-1 断面 K0＋138.00 心墙上游侧 20.0m	450.4	221.30	250.00	28.70
ES01DS1-3#	1-1 断面 K0＋138.00 心墙上游侧 20.0m	454.0	174.60	215.42	40.82
ES02DS1-1#	1-1 断面 K0＋138.00 心墙下游侧 7.5m	447.0	198.10	213.87	15.77

续表

仪器编号	安装位置	高程/m	沉降量/mm		蓄水后变化量/mm
			蓄水前（2021-11-12）	蓄水期间变幅（2022-06-22）	
ES02DS1-2#	1-1 断面 K0+138.00 心墙下游侧 7.5m	450.9	178.50	206.37	27.87
ES02DS1-3#	1-1 断面 K0+138.00 心墙下游侧 7.5m	455.3	154.60	192.73	38.13
ES01DS2-1#	2-2 断面 K0+218.00 心墙上游侧 20.0m	398.7	245.40	254.24	8.84
ES01DS2-2#	2-2 断面 K0+218.00 心墙上游侧约 20.0m	401.7	289.30	296.71	7.41
ES01DS2-3#	2-2 断面 K0+218.00 心墙上游侧约 20.0m	406.9	304.60	313.59	8.99
ES01DS2-4#	2-2 断面 K0+218.00 心墙上游侧约 20.0m	410.7	289.50	302.28	12.78
ES01DS2-5#	2-2 断面 K0+218.00 心墙上游侧约 20.0m	414.7	374.80	398.29	23.49
ES01DS2-6#	2-2 断面 K0+218.00 心墙上游侧约 20.0m	419.0	403.20	438.92	35.72
ES01DS2-7#	2-2 断面 K0+218.00 心墙上游侧约 20.1m	423.0	384.60	430.95	46.35
ES01DS2-8#	2-2 断面 K0+218.00 心墙上游侧约 20.2m	428.8	383.80	442.08	58.28
ES01DS2-9#	2-2 断面 K0+218.00 心墙上游侧约 20.2m	433.1	196.20	266.21	70.01
ES01DS2-10#	2-2 断面 K0+218.00 心墙上游侧约 20.2m	437.6	248.50	329.44	80.94
ES01DS2-11#	2-2 断面 K0+218.00 心墙上游侧约 20.2m	442.3	258.90	351.57	92.67
ES01DS2-12#	2-2 断面 K0+218.00 心墙上游侧约 20.2m	446.7	206.70	311.10	104.40
ES01DS2-13#	2-2 断面 K0+218.00 心墙上游侧约 20.2m	451.2	147.50	263.73	116.23

续表

仪器编号	安装位置	高程/m	沉降量/mm		蓄水后变化量/mm
			蓄水前（2021-11-12）	蓄水期间变幅（2022-06-22）	
ES01DS2-14#	2-2 断面 K0+218.00 心墙上游侧约 20.2m	454.6	264.80	392.81	128.01
ES02DS2-1#	2-2 断面 K0+218.00 心墙下游侧 7.5m	401.3	164.60	169.54	4.94
ES02DS2-2#	2-2 断面 K0+218.00 心墙下游侧 7.5m	405.9	235.10	243.54	8.44
ES02DS2-3#	2-2 断面 K0+218.00 心墙下游侧 7.5m	409.3	277.30	287.61	10.31
ES02DS2-4#	2-2 断面 K0+218.00 心墙下游侧 7.5m	413.4	343.70	364.51	20.81
ES02DS2-5#	2-2 断面 K0+218.00 心墙下游侧 7.5m	417.2	327.80	358.80	31.00
ES02DS2-6#	2-2 断面 K0+218.00 心墙下游侧 7.6m	421.2	378.50	420.80	42.30
ES02DS2-7#	2-2 断面 K0+218.00 心墙下游侧 7.6m	425.3	383.30	435.60	52.30
ES02DS2-8#	2-2 断面 K0+218.00 心墙下游侧 7.6m	428.7	341.00	404.20	63.19
ES02DS2-9#	2-2 断面 K0+218.00 心墙下游侧 7.6m	432.5	342.80	417.39	74.59
ES02DS2-10#	2-2 断面 K0+218.00 心墙下游侧 7.6m	437.0	255.60	339.79	84.19
ES02DS2-11#	2-2 断面 K0+218.00 心墙下游侧 7.6m	441.6	221.30	316.99	95.69
ES02DS2-12#	2-2 断面 K0+218.00 心墙下游侧 7.6m	446.1	317.40	423.38	105.98
ES02DS2-13#	2-2 断面 K0+218.00 心墙下游侧 7.6m	450.7	238.80	354.78	115.98
ES02DS2-14#	2-2 断面 K0+218.00 心墙下游侧 7.6m	454.9	93.20	221.95	128.75

续表

仪器编号	安装位置	高程/m	沉降量/mm		蓄水后变化量/mm
			蓄水前（2021-11-12）	蓄水期间变幅（2022-06-22）	
ES03DS2-1#	2-2 断面 K0+218.00 心墙下游侧 55.0m	399.6	208.50	212.74	4.24
ES03DS2-2#	2-2 断面 K0+218.00 心墙下游侧 55.0m	402.8	293.70	299.92	6.22
ES03DS2-3#	2-2 断面 K0+218.00 心墙下游侧 55.0m	406.8	278.40	287.73	9.33
ES03DS2-4#	2-2 断面 K0+218.00 心墙下游侧 55.0m	410.3	325.60	339.50	13.90
ES03DS2-5#	2-2 断面 K0+218.00 心墙下游侧 55.0m	416.6	326.30	352.67	26.37
ES03DS2-6#	2-2 断面 K0+218.00 心墙下游侧 55.0m	420.4	328.70	367.84	39.14
ES03DS2-7#	2-2 断面 K0+218.00 心墙下游侧 55.0m	424.0	323.20	373.12	49.92
ES03DS2-8#	2-2 断面 K0+218.00 心墙下游侧 55.0m	428.2	203.70	265.99	62.29
ES03DS2-9#	2-2 断面 K0+218.00 心墙下游侧 55.0m	432.7	132.50	206.36	73.86
ES03DS2-10#	2-2 断面 K0+218.00 心墙下游侧 55.0m	437.2	226.40	312.13	85.73
ES03DS2-11#	2-2 断面 K0+218.00 心墙下游侧 55.0m	441.9	296.70	395.80	99.10
ES03DS2-12#	2-2 断面 K0+218.00 心墙下游侧 55.0m	446.4	260.20	372.57	112.37
ES01DS3-1#	3-3 断面 K0+298.66 心墙上游侧 20.0m	381.2	248.70	252.74	4.04
ES01DS3-2#	3-3 断面 K0+298.66 心墙上游侧 20.0m	386.2	302.40	309.16	6.76
ES01DS3-3#	3-3 断面 K0+298.66 心墙上游侧 20.0m	392.2	347.50	358.38	10.88

续表

仪器编号	安装位置	高程/m	沉降量/mm		蓄水后变化量/mm
			蓄水前（2021-11-12）	蓄水期间变幅（2022-06-22）	
ES01DS3-4#	3-3 断面 K0+298.66 心墙上游侧 20.0m	393.9	474.10	486.94	12.84
ES01DS3-5#	3-3 断面 K0+298.66 心墙上游侧 20.0m	397.7	605.70	632.44	26.74
ES01DS3-6#	3-3 断面 K0+298.66 心墙上游侧 20.0m	401.8	469.20	506.64	37.44
ES01DS3-7#	3-3 断面 K0+298.66 心墙上游侧 20.0m	403.3	450.30	498.84	48.54
ES01DS3-8#	3-3 断面 K0+298.66 心墙上游侧 20.0m	407.9	447.50	507.44	59.94
ES01DS3-9#	3-3 断面 K0+298.66 心墙上游侧 20.0m	412.0	420.10	493.44	73.34
ES01DS3-10#	3-3 断面 K0+298.66 心墙上游侧 20.0m	415.8	389.40	474.44	85.04
ES01DS3-11#	3-3 断面 K0+298.66 心墙上游侧 20.0m	419.6	374.70	470.34	95.64
ES01DS3-12#	3-3 断面 K0+298.66 心墙上游侧 20.0m	422.8	399.30	508.84	109.54
ES01DS3-13#	3-3 断面 K0+298.66 心墙上游侧 20.0m	426.3	339.80	460.54	120.74
ES01DS3-14#	3-3 断面 K0+298.66 心墙上游侧 20.0m	428.6	324.70	457.24	132.54
ES01DS3-15#	3-3 断面 K0+298.66 心墙上游侧 20.0m	432.7	334.20	478.64	144.44
ES01DS3-16#	3-3 断面 K0+298.66 心墙上游侧 20.0m	437.2	241.50	398.84	157.34
ES01DS3-17#	3-3 断面 K0+298.66 心墙上游侧 20.0m	441.6	335.20	503.64	168.44
ES01DS3-18#	3-3 断面 K0+298.66 心墙上游侧 20.0m	446.1	343.90	524.84	180.94

续表

仪器编号	安装位置	高程/m	沉降量/mm		蓄水后变化量/mm
			蓄水前（2021-11-12）	蓄水期间变幅（2022-06-22）	
ES01DS3-19#	3-3 断面 K0+298.66 心墙上游侧 20.0m	451.2	287.50	480.04	192.54
ES01DS3-20#	3-3 断面 K0+298.66 心墙上游侧 20.0m	455.7	276.40	486.88	210.48
ES02DS3-1#	3-3 断面 K0+298.66 心墙下游侧 7.5m	383.9	209.20	215.41	6.21
ES02DS3-2#	3-3 断面 K0+298.66 心墙下游侧 7.5m	391.0	263.80	275.35	11.55
ES02DS3-3#	3-3 断面 K0+298.66 心墙下游侧 7.5m	392.9	307.50	329.81	22.31
ES02DS3-4#	3-3 断面 K0+298.66 心墙下游侧 7.5m	397.1	325.40	360.04	34.64
ES02DS3-5#	3-3 断面 K0+298.66 心墙下游侧 7.5m	400.9	327.80	374.88	47.08
ES02DS3-6#	3-3 断面 K0+298.66 心墙下游侧 7.5m	404.8	405.50	465.91	60.41
ES02DS3-7#	3-3 断面 K0+298.66 心墙下游侧 7.5m	408.8	417.80	490.15	72.35
ES02DS3-8#	3-3 断面 K0+298.66 心墙下游侧 7.5m	416.9	401.20	486.68	85.48
ES02DS3-9#	3-3 断面 K0+298.66 心墙下游侧 7.5m	420.9	424.60	521.91	97.31
ES02DS3-10#	3-3 断面 K0+298.66 心墙下游侧 7.5m	426.9	371.80	482.35	110.55
ES02DS3-11#	3-3 断面 K0+298.66 心墙下游侧 7.5m	428.7	370.30	493.88	123.58
ES02DS3-12#	3-3 断面 K0+298.66 心墙下游侧 7.5m	430.6	352.50	489.22	136.72
ES02DS3-13#	3-3 断面 K0+298.66 心墙下游侧 7.5m	435.2	311.80	460.25	148.45

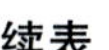

续表

仪器编号	安装位置	高程/m	沉降量/mm		蓄水后变化量/mm
			蓄水前（2021-11-12）	蓄水期间变幅（2022-06-22）	
ES02DS3-14#	3-3 断面 K0+298.66 心墙下游侧 7.5m	439.4	289.20	452.48	163.28
ES02DS3-15#	3-3 断面 K0+298.66 心墙下游侧 7.5m	445.2	237.10	411.82	174.72
ES02DS3-16#	3-3 断面 K0+298.66 心墙下游侧 7.5m	449.6	205.70	393.67	187.97
ES02DS3-17#	3-3 断面 K0+298.66 心墙下游侧 7.5m	454.3	136.80	340.88	204.08
ES03DS3-1#	3-3 断面 K0+298.66 心墙下游侧 55.0m	386.2	260.20	267.32	7.12
ES03DS3-2#	3-3 断面 K0+298.66 心墙下游侧 55.0m	390.9	310.50	318.82	8.32
ES03DS3-3#	3-3 断面 K0+298.66 心墙下游侧 55.0m	398.0	294.70	312.76	18.06
ES03DS3-4#	3-3 断面 K0+298.66 心墙下游侧 55.0m	401.6	344.20	370.59	26.39
ES03DS3-5#	3-3 断面 K0+298.66 心墙下游侧 55.0m	405.6	397.30	433.41	36.11
ES03DS3-6#	3-3 断面 K0+298.66 心墙下游侧 55.0m	409.5	424.70	468.43	43.73
ES03DS3-7#	3-3 断面 K0+298.66 心墙下游侧 55.0m	413.5	364.20	417.05	52.85
ES03DS3-8#	3-3 断面 K0+298.66 心墙下游侧 55.0m	417.9	350.10	411.37	61.27
ES03DS3-9#	3-3 断面 K0+298.66 心墙下游侧 55.0m	421.8	334.70	404.50	69.80
ES03DS3-10#	3-3 断面 K0+298.66 心墙下游侧 55.0m	425.6	297.40	375.72	78.32
ES03DS3-11#	3-3 断面 K0+298.66 心墙下游侧 55.0m	429.8	298.50	385.74	87.24

续表

仪器编号	安装位置	高程/m	沉降量/mm		蓄水后变化量/mm
			蓄水前(2021-11-12)	蓄水期间变幅(2022-06-22)	
ES03DS3-12#	3-3断面 K0+298.66 心墙下游侧 55.0m	434.3	294.70	390.06	95.36
ES03DS3-13#	3-3断面 K0+298.66 心墙下游侧 55.0m	439.0	284.20	389.88	105.68
ES03DS3-14#	3-3断面 K0+298.66 心墙下游侧 55.0m	443.7	294.30	407.91	113.61
ES03DS3-15#	3-3断面 K0+298.66 心墙下游侧 55.0m	448.4	268.50	391.71	123.21
ES01DS4-1#	4-4断面 K0+378.0 心墙上游侧 20m	425.8	199.70	211.12	11.42
ES01DS4-2#	4-4断面 K0+378.0 心墙上游侧 20m	430.1	224.40	251.85	27.45
ES01DS4-3#	4-4断面 K0+378.0 心墙上游侧 20m	434.3	256.40	303.17	46.77
ES01DS4-4#	4-4断面 K0+378.0 心墙上游侧 20m	438.1	245.70	311.28	65.58
ES01DS4-5#	4-4断面 K0+378.0 心墙上游侧 20m	442.6	212.20	296.40	84.20
ES01DS4-6#	4-4断面 K0+378.0 心墙上游侧 20m	447.0	224.40	326.71	102.31
ES02DS4-1#	4-4断面 K0+378.0 心墙下游侧 7.5m	425.2	194.70	208.15	13.45
ES02DS4-2#	4-4断面 K0+378.0 心墙下游侧 7.5m	429.6	242.20	271.61	29.41
ES02DS4-3#	4-4断面 K0+378.0 心墙下游侧 7.5m	433.7	246.50	294.47	47.97
ES02DS4-4#	4-4断面 K0+378.0 心墙下游侧 7.5m	437.8	233.70	299.84	66.14
ES02DS4-5#	4-4断面 K0+378.0 心墙下游侧 7.5m	441.5	195.10	279.90	84.80

续表

仪器编号	安装位置	高程/m	沉降量/mm		蓄水后变化量/mm
			蓄水前(2021-11-12)	蓄水期间变幅(2022-06-22)	
ES02DS4-6#	4-4 断面 K0+378.0 心墙下游侧 7.5m	445.8	221.40	323.87	102.47
ES02DS4-7#	4-4 断面 K0+378.0 心墙下游侧 7.5m	451.8	217.90	338.36	120.46
ES03DS4-1#	4-4 断面 K0+378.0 心墙下游侧 55.0m	425.6	202.10	210.61	8.51
ES03DS4-2#	4-4 断面 K0+378.0 心墙下游侧 55.0m	430.3	212.00	235.42	23.42
ES03DS4-3#	4-4 断面 K0+378.0 心墙下游侧 55.0m	434.3	211.70	250.94	39.24
ES03DS4-4#	4-4 断面 K0+378.0 心墙下游侧 55.0m	438.6	227.40	281.96	54.56
ES03DS4-5#	4-4 断面 K0+378.0 心墙下游侧 55.0m	442.9	216.10	285.77	69.67
ES03DS4-6#	4-4 断面 K0+378.0 心墙下游侧 55.0m	446.7	161.50	246.99	85.49

15.10.1.3 沥青混凝土心墙及过渡料变形

沥青混凝土心墙与过渡料间已安装埋设位错计(过渡料沉降为正值表示沉降,负号则相反)和表面应变计(心墙压缩变形为负值表示沉降,负号则相反)。目前,测得的沥青混凝土心墙的沉降变形量为 33.95mm(桩号 K0+298.66、下游侧面高程 401.0m、S02DS3)。蓄水后沥青混凝土心墙的压缩变形量累计降幅约 0.37mm,变化较小;对应的沥青混凝土心墙相对过渡料的最大沉降量约为 83.24mm,表现在最大主监测断面(桩号 K0+298.66、J02DS3)的上游侧面。该点在蓄水后的降幅约 0.32mm,其他测点的最大增幅约 16.00mm(J03DS3);结合位错变形曲线,近期测点 J05DS3 在蓄水位高于其安装高程,受水浸泡后,过渡料相对心墙的沉降变形在逐渐增大,见表 15.6、表 15.7 和图 15.9 至图 15.11。

表 15.6　　沥青混凝土心墙表面应变计观测成果统计

仪器编号	安装位置	高程/m	压缩变形量/mm		蓄水期间变化量/mm
			蓄水前（2021-11-16）	当前值（2022-06-22）	
S01DS2	2-2 断面 K0+218.00 心墙上游侧	401.0	−30.38	−30.43	−0.05
S02DS2	2-2 断面 K0+218.00 心墙下游侧	429.8	−15.15	−18.06	−2.91
S03DS2	2-2 断面 K0+218.00 心墙下游侧	460.1	0.00	−2.94	−2.94
S04DS2	2-2 断面 K0+218.00 心墙下游侧	401.0	−17.28	−18.87	−1.59
S05DS2	2-2 断面 K0+218.00 心墙下游侧	429.8	−10.05	−17.00	−6.95
S06DS2	2-2 断面 K0+218.00 心墙下游侧	460.1	0.00	−0.10	−0.10
S01DS3	3-3 断面 K0+298.66 心墙上游侧	382.1	−18.58	−18.53	0.05
S02DS3	3-3 断面 K0+298.66 心墙上游侧	401.1	−34.32	−33.95	0.37
S04DS3	3-3 断面 K0+298.66 心墙上游侧	435.6	−0.14	−4.99	−4.84
S05DS3	3-3 断面 K0+298.66 心墙上游侧	452.8	−0.63	−5.25	−4.63
S06DS3	3-3 断面 K0+298.66 心墙下游侧	382.2	−2.71	−2.66	0.06
S07DS3	3-3 断面 K0+298.66 心墙下游侧	401.1	−7.59	−9.87	−2.28
S08DS3	3-3 断面 K0+298.66 心墙下游侧	416.4	−4.06	−5.82	−1.77
S09DS3	3-3 断面 K0+298.66 心墙下游侧	435.6	−5.52	−9.35	−3.83

表 15.7　　沥青混凝土心墙位错计观测成果统计

仪器编号	安装位置	高程/m	沥青混凝土心墙沉降量/mm		蓄水期间变化量/mm
			蓄水前（2021-11-16）	当前值（2022-06-27）	
J01DS3	3-3 断面心墙上游侧	382.1	0.16	0.28	0.12
J02DS3	3-3 断面心墙上游侧	401.1	−83.56	−83.24	0.32
J03DS3	3-3 断面心墙上游侧	416.5	−14.14	−30.14	−16.00
J04DS3	3-3 断面心墙上游侧	435.6	−14.72	−22.82	−8.10
J05DS3	3-3 断面心墙上游侧	452.8	−4.83	11.10	15.93
J06DS3	3-3 断面心墙下游侧	382.1	−2.65	−2.54	0.11
J07DS3	3-3 断面心墙下游侧	401.1	−28.55	−31.51	−2.96
J08DS3	3-3 断面心墙下游侧	416.4	−27.01	−32.88	−5.87
J09DS3	3—3 断面心墙下游侧	435.6	−4.85	−11.30	−6.45

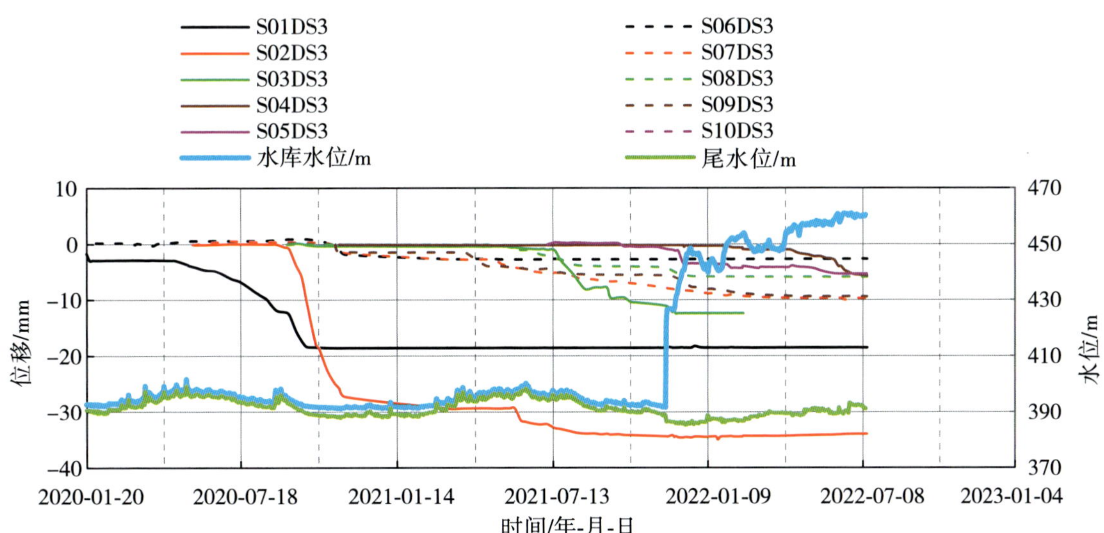

图 15.9　大坝填筑区 K0+218.00m 桩号沥青心墙表面应变计变化过程曲线

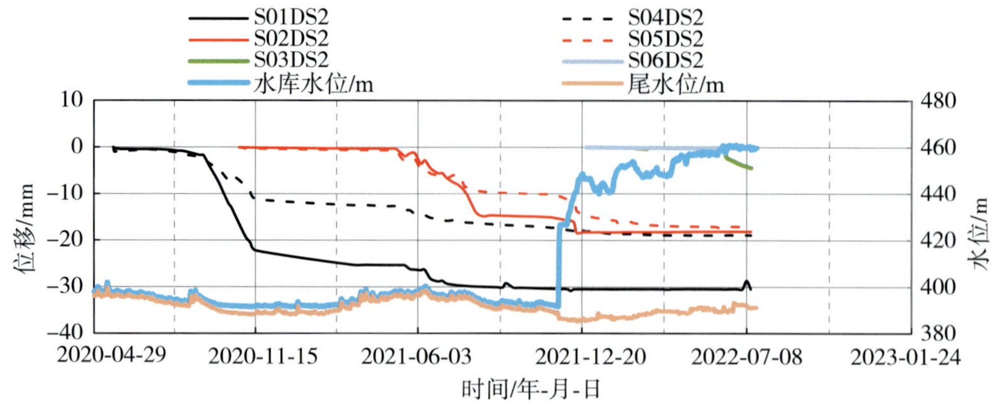

图 15.10　大坝填筑区 K0+298.66m 桩号沥青心墙表面应变计变化过程曲线

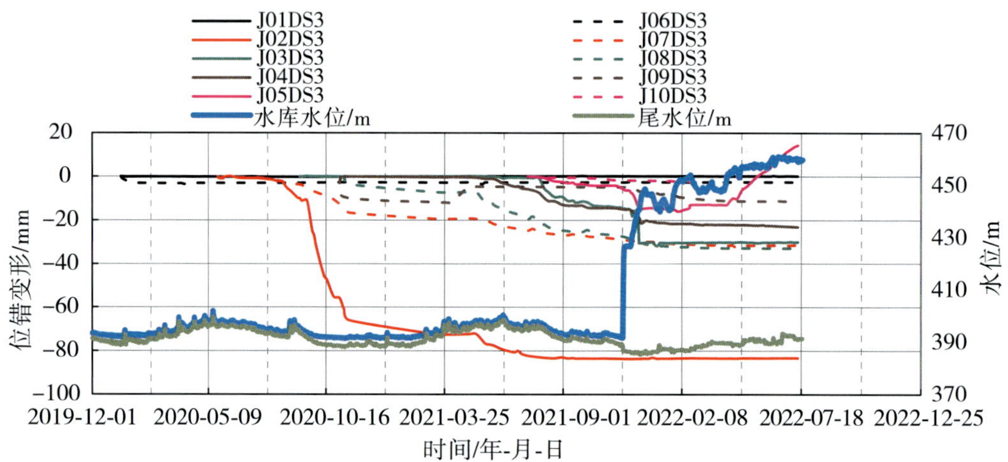

图 15.11　大坝填筑区 K0+298.66m 桩号过渡料相对心墙位错变形变化过程曲线

15.10.1.4　大坝渗流

(1)渗流压力

大坝基础分为 4 个监测断面共安装埋设 22 支渗压计，心墙上游侧坝基渗压计的水位与库水位基本持平，心墙下游侧基岩渗压计的水位变幅相对较小，最高渗压水位为 396.07m(P11DS3)，蓄水后渗压水位的最大增幅为 4.18m(P09DS3)，见图 15.12。沥青混凝土心墙下游侧的渗流渗压变幅基本稳定。

(2)大坝渗漏量

在大坝下游围堰截水沟内安装埋设的量水堰，自 2021 年 11 月 20 日下闸蓄水以来，因大坝的施工用水和渗漏水汇集到沥青混凝土心墙的下游侧，量水堰堰槽内的水位逐渐上升；12 月 18 日，量水堰的堰口开始过流，随着库水位的逐步上升，量水堰测得的渗流量也呈逐渐增大的趋势；截至 7 月 1 日，库水位基本稳定在高程 460.0m 附近，测得的渗流量为 6.70L/s，渗流量较小，见表 15.8 和图 15.13。

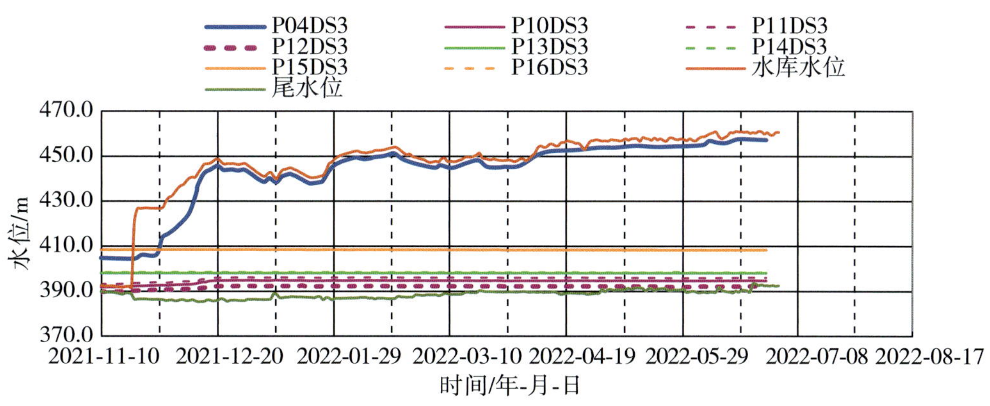

图 15.12 大坝坝体 CH0＋298.60m 桩号心墙前后渗压计变化过程曲线

表 15.8 大坝量水堰观测成果统计

仪器编号	安装位置	高程/m	渗流量/(L/s)		蓄水期间变化量/(L/S)
			蓄水前(2021-11-15)	蓄水后(2022-07-01)	
WE01AD	大坝下游围堰排水沟内	394.5	0.00	6.70	6.70

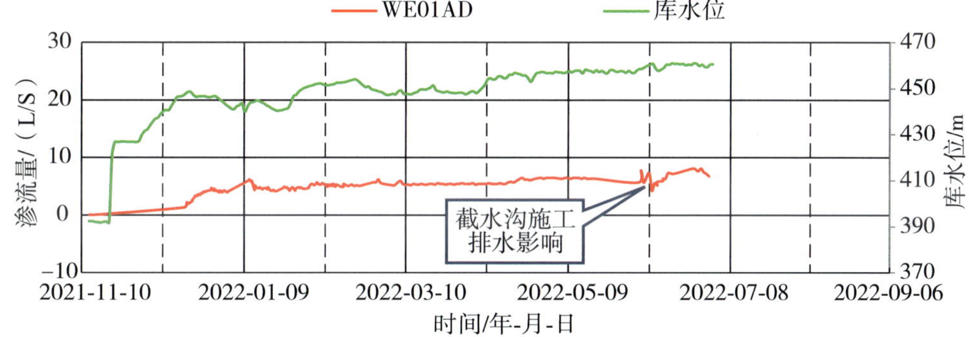

图 15.13 大坝量水堰渗流量变化过程曲线

15.10.2 泄洪消能建筑物监测成果

15.10.2.1 控制段

(1)水平位移

1)坝顶水平位移。

溢洪道控制段坝顶表面安装埋设了 11 个引张线测点。引张线测点测得的累计水平位移量为－1.88～－0.12mm，水库蓄水前后无明显变化，见表 15.9。

表 15.9　　溢洪道坝顶视准线水平位移变化成果统计

仪器编号	安装位置	高程/m	位移量/mm		蓄水后变化量/mm
			基准值（2022-05-22）	当前值（2022-07-02）	
EX01SCS	2# 坝段	469.5	0.00	−0.25	−0.25
EX02SCS	3# 坝段	469.5	0.00	−0.81	−0.81
EX03SCS	4# 坝段	469.5	0.00	−0.91	−0.91
EX04SCS	5# 坝段	469.5	0.00	−0.94	−0.94
EX05SCS	6# 坝段	469.5	0.00	−0.34	−0.34
EX06SCS	7# 坝段	469.5	0.00	−0.12	−0.12
EX07SCS	8# 坝段	469.5	0.00	−0.41	−0.41
EX08SCS	9# 坝段	469.5	0.00	−1.88	−1.88
EX09SCS	10# 坝段	469.5	0.00	−0.72	−0.72
EX10SCS	11# 坝段	469.5	0.00	−0.66	−0.66
EX11SCS	12# 坝段	469.5	0.00	−0.59	−0.59

2）坝基水平位移。

溢洪道基础廊道共安装 4 台垂线坐标仪，用于监测溢洪道控制段基础的变形。目前，控制段基础顺水流方向的最大累计水平位移量为 1.59mm（IP04SCS），蓄水后的累计增幅约 1.55mm；控制段基础向左、右岸方向的最大累计水平位移量为 2.18mm，蓄水后的累计增幅约 1.95mm，蓄水后的位移量变化较小，见表 15.10。

表 15.10　　控制段基础廊道倒垂孔水平位移变化成果统计

仪器编号	安装位置	高程/m	位移方向	位移量/mm		蓄水后总变化量/mm
				蓄水前（2021-11-16）	当前值（2022-06-23）	
PL01SCS	1# 坝段基础廊道	417	X	0.00	0.71	0.71
			Y	0.00	−0.90	−0.90
IP01SCS	1# 坝段基础廊道	417	X	0.11	0.35	0.24
			Y	−0.23	−2.18	−1.95
IP02SCS	3# 坝段基础廊道	417	X	−0.10	0.76	0.86
			Y	−0.06	−1.72	−1.66
IP03SCS	5# 坝段基础廊道	428	X	0.02	0.57	0.55
			Y	−0.05	−0.73	−0.68

续表

仪器编号	安装位置	高程/m	位移方向	位移量/mm		蓄水后总变化量/mm
				蓄水前（2021-11-16）	当前值（2022-06-23）	
IP04SCS	8# 坝段基础廊道	428	X	0.04	1.59	1.55
			Y	0.00	1.19	1.19
IP05SCS	溢洪道右岸坝肩	469.5	X	0.00	−0.10	−0.10
			Y	0.00	0.09	0.09

(2)垂直位移

1)坝顶垂直位移。

坝顶沉降采用水准点观测，坝顶的最大累计沉降量为 2.33mm(4# 坝段 BM12SCS)，蓄水后的累计增幅约 2.33mm，其他测点的变幅均在 2.0mm 内，变幅较小，见表 15.11。

表 15.11　溢洪道坝顶沉降变化成果统计

仪器编号	安装位置	高程/m	沉降量/mm		蓄水后总变化量/mm
			蓄水前（2021-11-13）	当前值（2022-06-22）	
BM09SCS	1# 坝段上游侧	469.5	0.00	0.36	0.36
BM10SCS	2# 坝段上游侧	469.5	0.00	1.49	1.49
BM11SCS	3# 坝段上游侧	469.5	0.00	1.92	1.92
BM12SCS	4# 坝段上游侧	469.5	0.00	2.33	2.33
BM13SCS	5# 坝段上游侧	469.5	0.00	1.94	1.94
BM14SCS	6# 坝段上游侧	469.5	0.00	1.88	1.88
BM15SCS	7# 坝段上游侧	469.5	0.00	1.09	1.09
BM16SCS	8# 坝段上游侧	469.5	0.00	1.07	1.07
BM17SCS	9# 坝段上游侧	469.5	0.00	1.43	1.43
BM18SCS	10# 坝段上游侧	469.5	0.00	0.82	0.82
BM19SCS	11# 坝段上游侧	469.5	0.00	−1.88	−1.88
BM20SCS	12# 坝段上游侧	469.5	0.00	−1.80	−1.80

2)坝基垂直位移。

溢洪道控制段基础共安装埋设了 4 支基岩变形计，测得最大累计沉降量为 2.31mm (M01SCS)，3# 坝段基础的沉降量大于 8# 坝段基础的沉降量；蓄水后的最大累计增幅约 0.60mm，变幅较小，目前的沉降趋势已基本稳定，见表 15.12 和图 15.14。

表 15.12　溢洪道控制段基础基岩变形计观测成果统计

仪器编号	安装位置	高程/m	沉降量/mm		蓄水后总变化量/mm
			蓄水前（2021-11-13）	当前值（2022-06-29）	
M01SCS	3# 坝段基岩结合面（上游侧）	414.1	−1.70	−2.31	−0.60
M02SCS	3# 坝段基岩结合面（下游侧）	417.1	−1.55	−1.95	−0.39
M04SCS	8# 坝段基岩结合面（下游侧）	417.1	−0.89	−0.34	0.56

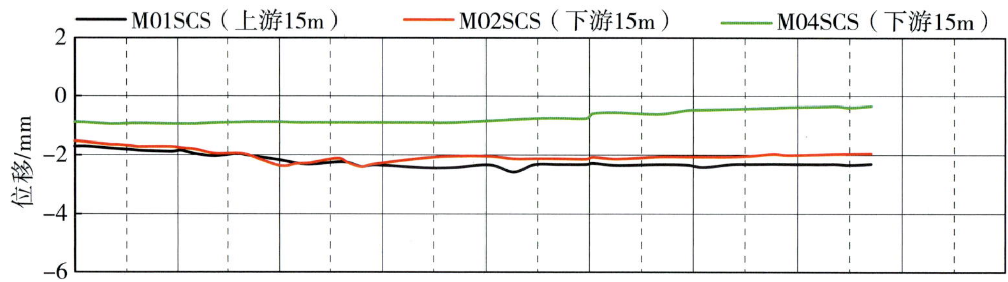

图 15.14　溢洪道控制段基础基岩变形计沉降量变化过程曲线

(3)坝基渗压

为监测控制段基础扬压力情况，在上游基础廊道内沿坝轴线方向设 1 个纵向扬压力监测断面，在 3# 和 8# 坝段基础底部各设 1 个顺流向扬压力监测断面，在泄槽环向排水廊道设 1 个环向扬压力监测断面。监测仪器采用钻孔式测压管或埋入式渗压计。资料显示，各测压管的水位观测值均变化很小，基本处于稳定状态。

15.10.2.2　泄槽段

在 3# 和 8# 坝段相接的泄槽底部结合面上各布设 3 支渗压计，使其与所在坝段基础廊道布设的测压管相结合，形成 2 个完整的顺流向扬压力监测断面，以监测上述坝段及相连泄槽的顺流向基础扬压力分布情况。监测成果显示，各部位渗压水头均小于 0.2m，无异常值，泄槽底板基本无渗压。

16 建筑及装修设计

建筑及装修设计内容主要包括:①电站厂房建筑与装修设计,如升压站、主机间等;②大坝建筑与装修设计,如坝面、观测房、栏杆等;③其他部位建筑与装修设计,如溢洪道、进水口等。

16.1 主体建筑物设计

16.1.1 厂房建筑设计

电站厂房是水电站建成后人流、设备最为集中的区域,同时也是水电站外观尺度对比最为强烈的地方。对于建筑方案创作,电站厂房设计最能体现建筑设计风格及细部设计手法。电站厂房的设计品质可以直接影响使用(参观)者对于水电站建筑设计的总体印象。

卡洛特水电站厂房为引水式地面封闭厂房。下游侧为尾水检修门槽。水工结构的大体积混凝土布置形成了主要的建筑外观形象,电站厂房屋面成为建筑方案创作的重点。

16.1.2 升压站建筑设计

建筑方案以电站布置为基础,从初始方案到最终的实施方案,建筑方案随着电站布置的调整经过了多轮的对比、调整和变化。

由于升压站出线方式变化,升压站 EL419 以上部分结构布置调整,最终实施方案与原方案相比,发生重大变化,下游侧机组段立面由通透式的“框架+玻璃”调整为实体式的混凝土墙。设计调整遵循满足结构与设备安装要求,机组段大体积混凝土与水工建筑大面积的混凝土相呼应,也确定了升压站建筑外观以混凝土为主要特征。在安装段保留“框架+玻璃”的精细分隔,与大体积混凝土“一虚一实、一粗一细”的对比,增强了立面的视觉冲击力(图 16.1)。

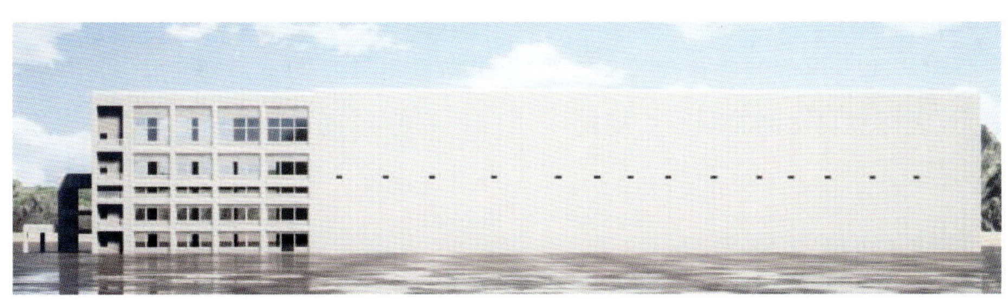

图 16.1 升压站实施建筑方案

16.1.3 大坝建筑设计

在大坝下游坝面居中位置设计中国长江三峡集团有限公司的英文徽标，为更好突出徽标，徽标凸出坝面，表面采用涂料绘制，简洁美观。

根据水工要求，坝顶上游侧为贯通的电缆沟，在电缆沟上游侧设防浪墙，防浪墙高度1m，不满足1.2m的高度要求。电缆沟高出坝面0.2m，若混凝土防浪墙直接加高至1.2m，防浪墙顶到坝面的高度为1.4m，对大坝上的上游侧视线有一定的影响。上游侧栏杆采用混凝土防浪墙与金属扶手相结合的方法，在防浪墙顶部做一道0.2m高的扶手。这样既满足1.2m的防护高度要求，又兼顾视觉体验。

16.1.4 其他附属建筑物设计

其他建筑主要包括溢洪道、进水口及大坝的配套附属用房，体量较小，建筑设计以形体控制为主。在满足使用功能的前提下，保持建筑的基本矩形体量。建筑门窗洞口均匀排列，形成序列。外观材料采用清水混凝土或白色外墙涂料，尽可能与主体水工建筑物相协调。

16.2 内部装修设计

16.2.1 厂房主机间装修设计

建筑室内装修采用简洁风格，首先应满足水工建筑的需要，即“适用”，其次才是文化、审美的要求。整体风格化繁为简、形随机能，摒弃为装饰而装饰。

厂房主机间建筑装修是电站厂房室内建筑装修设计的核心重点。装修方案在色彩方面，统一采用绿色地面与浅色墙体，近似绿色与白色的配色方案与巴基斯坦国旗颜色类似，在色彩搭配上呼应当地文化元素。在材质方面，地面采用彩色水磨石或环氧自流平，墙面采用清水混凝土。

16.2.2 升压站装修设计

升压站安装段是主要的办公、控制空间，也是运营期工作人员数量最多、停留时间最长的场所。在装修设计上，主要从人的角度考虑空间体验与视觉感受。

阳光照射进极具序列感的走廊空间，形成丰富的光影效果。走道地面采用明快的浅色玻化砖地面，进行空间比例的调和。墙面采用白色系涂料，吊顶也采用白色铝合金吊顶，增加室内的明亮感。

16.2.3 其他部位装修设计

其他部位根据实际功能需求进行装修设计。例如，对于线缆较多的通信及控制机房，采用架空抗静电活动地板，涂料墙面和铝合金吊顶；人员经常停留、活动的场所采用玻化砖地面，涂料墙面和铝合金吊顶；有水房间地面及墙面进行防水设计；有防尘要求的设备用房采用玻化砖（或混凝土密封剂）地面，涂料墙面。吊顶根据实际需求设置。对于没有特殊要求的房间，不做专门装修。

16.3 关键技术问题研究

卡洛特水电站工程作为水电站项目，跟其他同类型水电站工程相比，具有3点特殊性：一是卡洛特水电站工程布置十分紧凑，在不足1km^{2}的用地范围内，布置了大坝、厂房、溢洪道、进水（引水）建筑物等全部主要建筑。建筑物尺寸及建筑物之间间距基本满足设备安装和基本运营维护。二是卡洛特地区地震烈度高（Ⅷ度），阵风强度大（局部阵风达到12级），建筑构造需要同时考虑地震和风压因素。三是项目位于巴基斯坦境内，建筑材料的选择要考虑到当地的实际采购情况以及进口的难度。因此，在项目实践过程中，上述3点特殊性即是建筑设计面临的3个关键问题。

16.3.1 建筑设计与主体结构的配合

在厂房及主要水工建筑物外观设计中，以水工建筑主体结构梁板柱的几何组合构成建筑物的基本外形，并以此为基础，通过砌体、门窗等的变化形成建筑外观的细部，最后利用砌体外墙的颜色变化和玻璃的虚实对比进行外观的点缀，进一步丰富建筑的外立面。

以升压站419.00m高程以上部分立面设计为例，机组段的框架结构的线条组合与机组段的剪力墙大面积的实墙对比，在材质与色彩上与主体结构的混凝土相互呼应，构成升压站外观立面的第一个层次。利用砌体墙厚比梁宽小的因素，将砌体墙与梁内侧平齐，在外立面上形成墙体与结构的进退关系，构成升压站外观立面的第二个层次（这样的处理方式带来一个好处，可以使室内的墙体与梁平齐）。利用砌体外墙的彩色涂料与外窗窗料的分隔，构成升压站外观立面的第三个层次。

通过以上方式处理，水工建筑主体结构完整、简洁，彰显出水工建筑的主体性与特征性，建筑设计以点缀、从属的方式出现，表现建筑外观粗中有细、层次丰富的特点。

16.3.2 建筑附属结构及构造措施

卡洛特地区地震烈度高（Ⅷ度），同时山谷阵风强度大（局部阵风达到12级）。在要求方面，地震烈度和风压要求是相反的，地震的要求原则是结构体系尽可能柔，以此来抵消地震作用带来的破坏，而风压要求结构体系尽可能刚，以此来抵抗风作用带来的破坏。混凝土结构本身对风作用不敏感，因此这个要求的矛盾在其他附属结构上显示得较为明显。

以厂房钢架屋面为例。卡洛特电站为地面厂房，419.00m高程以上为厂房屋面，以下为主厂房部分。由于尾水平台的设置，厂房主机间部分的采光通风主要通过厂房屋面的天窗实现。厂房钢结构屋面从 YCF0-010.500 处至 YCF0+012.500 处，跨度约为 23m。钢结构采用弧形钢桁架结构形式，既满足了屋面的跨度要求，又满足了屋面的造型要求。考虑到屋面面板的整体性、防水性和美观性，厂房屋面面板最终采用“T”形支座直立锁边型铝镁锰屋面。在强风地区，通常选用 YX65-300 型铝镁锰屋面板，屋面檩条间距 1200mm。经测算，屋面风荷载设计值约 1.6kN/m^2，最不利点的风荷载达到约 2.4kN/m^2，单个“T”形支座固定单元(1200mm×300mm 区域)的风荷载达到 0.86kN/m^2。支座采用双自攻螺丝固定，选用 M5 自攻螺丝，保证强度可以达到 2.25kN，能够保证节点的安全。此外，在满足屋面的风荷载要求外，还考虑了一系列的防风掀措施以保证金属结构的稳定性：在檐口收头处增设防风堵头，将屋面板和金属构架间的缝隙填堵密实，防止屋顶内部灌风造成屋面板失稳；在支座处设置防风夹，保证卷边的稳定性，防止失稳破坏。

对于其他的附属构件，如门窗等，在固定时，增加了防风的要求，加密固定点，对于开启扇等处，设置风撑，避免窗扇失稳损坏。

16.3.3 材料的选择及运用

(1)色彩运用

工程区的主体建筑构成以水工建(构)筑物为主，主要的视觉完成面为清水混凝土表面。局部的砌体外墙和配套建筑是视觉的点缀，外墙面的完成面采用外墙涂料，颜色上选择黄色等比较亮的颜色点缀其间，让整个项目外观严肃又不失活泼。

室内部分的主色调为白色，包括墙面和吊顶部分。一是色彩上较为明亮，增强内部的采光效果；二是白色在色差上较好控制，避免不同批号涂料引起的色差。地砖采用米白色，踢脚线采用深灰色，与白色主色调协调，也避免了全白色的单调。

(2)材料选择

材料的选择需要综合考虑工期、产地、类型、价格、施工难度等因素，如砌体材料选择机制砖，有多重因素考虑，一是机制砖当地生产，供货稳定；二是强度较好，可以用于固定支架、设备等，便于后期部分非大型设备的安装与调试；三是价格适中。又如瓷砖、门窗等，当地也有较多的供货商，产品种类及品质也相对有保证，也采用本地供货。再如环氧地坪漆和自流平等材料，根据实地调研，当地也有专门的制造企业，产品质量较为可靠，且实施案例品质尚佳，也选择当地采购。综合卡洛特实践来看，当地基本有成熟供货商及供货渠道的材料，基本都应以当地采购为主，材料种类、品质、供货周期等都有保障。而像静电地板，当地供货渠道少，即便有，也多为国外进口，这类材料优先选择直接从中国国内进口到现场进行施工安装。

参考文献

[1] 徐长江,李响,邴建平,等.卡洛特水电站工程水文设计与实践[J].人民长江,2019,50(12):66-72.

[2] 中华人民共和国水利部.水利水电工程水文计算规范:SL/T 278—2020[S].北京:中国水利水电出版社,2020.

[3] 中华人民共和国水利部.水利水电工程设计洪水计算规范:SL 44—2006 [S].北京:中国水利水电出版社,2006.

[4] 季学武,王俊.水文分析计算与水资源评价[M].北京:中国水利水电出版社,2008.

[5] 黄晶晶,孙明元,邓颂霖.巴基斯坦卡洛特水电站施工期水情自动测报系统建设及管理[J].水利水电快报,2021,42(11):7-11.

[6] 刘启松,邓颂霖,徐志,等.巴基斯坦卡洛特水电站实时洪水预报系统设计及运用[J].水利水电快报,2020,41(7):5-8.

[7] 杜兴强,杨军,杨成,等.巴基斯坦卡洛特水电站坝址“1992・9”特大洪水分析[J].水利水电快报,2020,41(7):9-13.

[8] 刘启松,邓颂霖,徐志,等.临近流域替代法在巴基斯坦卡洛特水电站坝址洪峰流量预报中的应用[J].水利水电快报,2020,41(4):12-15.

[9] 许弟兵,杨军,邓颂霖.巴基斯坦卡洛特水电站施工期水文工作实践与研究探讨[J].水利水电快报,2020,41(3):6-11,18.

[10] 邓颂霖,杨军,邴林,等.巴基斯坦卡洛特水电站施工期水文气象服务实践[J].水利水电快报,2019,40(8):13-16,34.

[11] 李强,黄烈敏,戴刚.卡洛特水库集水区洪水特性与预报方法分析[J].人民长江,2018,49(S2):54-57.

[12] SMEC International(Pty)Ltd, Scott Wilson Ltd, Sogreah Consultants SAS. Feasibility Report-Kohala Hydropower Project[R]. Mirza Associates Engineering Services (Pvt.)Ltd,Engineering General Consultants(Pvt.)Ltd,2008.

[13] URS Scott Wilson. Azad Pattan Hydropower Project Feasibility Study[R]. URS

Scott Wilson,2011.

[14] SMEC International(Pty)Ltd, Australia, Mirza Associates Engineering Services (Pvt) Ltd, Engineering General Consultants (Pvt.) Ltd. Karot Hydropower Project Feasibility Study Report[R]. 2009.

[15] 徐长江,郭生练,尹家波,等. 国内外设计洪水计算方法的比较研究[J]. 水资源研究,2016,5(2):127-135.

[16] 水利部长江水利委员会水文局,水利部南京水文水资源研究所. 水利水电工程设计洪水计算手册[M]. 北京:水利电力出版社,1995.

[17] 张海涛,王忠瑞. 中小型水利工程施工水文预报的一般经验方法[J]. 黑龙江水利科技,2010,38(4):198.

[18] 李匡,朱成涛,胡宇丰,等. 施工期水位预报的水位系数法[J]. 中国水利水电科学研究院学报,2012,10(4):272-273.

[19] 姚成,章玉霞,李致家,等. 无资料地区水文模拟及相似性分析[J]. 河海大学学报(自然科学版),2013,41(2):109-110.

[20] 徐长江,杨无双,汪青静,等. 无资料地区水文模型参数估算方法比较研究[J]. 中国农村水利水电,2018,5:110-111.

[21] 陆玉忠,胡宇丰,李匡,等. 水电站施工期洪水预报系统设计与开发[J]. 水利水电技术,2017,48(4):32.

[22] 张仁贡,钱镜林,黄林根,等. 基于防洪调度的流域梯级水电站决策系统[J]. 水电站机电技术,2018,41(6):3.

[23] 李文博. 流域洪水预报调度计算一体化模型的应用[J]. 黑龙江水利科技,2018,46(8):179-180.

[24] 赵志鹏. 泰安市大河水库洪水预报调度系统研究[J]. 山东水利,2018,5:49.

[25] 中华人民共和国住房和城乡建设部,中华人民共和国国家质量监督检验检疫总局. 水力发电工程地质勘察规范:GB 50287—2006 [S]. 北京:中国计划出版社,2008.

[26] 中华人民共和国国家发展和改革委员会. 水电水利工程天然建筑材料勘察规程:DL/T 5388-2007 [S]. 北京:中国水利水电出版社,2007.

[27] 彭土标. 水力发电工程地质手册[M]. 北京:中国水利水电出版社,2011.

[28] 文伏波,郑守仁,郑允中. 长江葛洲坝工程关键技术研究与实践[M]. 武汉:长江出版社,2014.

[29] 任自民,等. 坝基软弱层(带)工程地质研究[M]. 北京:中国水利水电出版社,2014.

[30] 徐瑞春,周建军.红层与大坝:第2版[M].武汉:中国地质大学出版社,2010.

[31] 路景新,等.软岩/硬土强度与变形特性试验方法研究[M].郑州:黄河水利出版社,2011.

[32] 杜雷功,王永生.沥青混凝土心墙全断面软岩筑坝技术研究与实践[M].北京:中国电力出版社,2012.

[33] 本书编委会.水布垭面板堆石坝前期关键技术研究[M].北京:中国水利水电出版社,2005.

[34] 王自高,何伟,等.天生桥一级水电站枢纽工程勘察与实践[M].北京:中国电力出版社,2008.

[35] 邹丽春,王国进,等.复杂高边坡整治理论与工程实践[M].北京:中国水利水电出版社,2006.

[36] 王文忠,冉启发,等.高陡软岩边坡管制与智能匹配优化设计技术[M].北京:科学出版社,2008.

[37] 汪小刚,董育坚.岩基抗剪强度参数[M].北京:中国水利水电出版社,2010.

[38] 崔政权,李宁.边坡工程——理论与实践最新发展[M].北京:中国水利水电出版社,1999.

[39] 陈祖煜,汪小刚,等.岩质边坡稳定分析——原理·方法·程序[M].北京:中国水利水电出版社,2005.

[40] Barton N,Lien R,Lunde. Engineering classification of rockmasses for the design of tunnel support[J]. Rock Mechanics,1974,6(a):789-236.

[41] Barton N,Løset F,Lien R,et al. Application of the Q-sysrem in design decisions concerning dimensions and appropriate support for underground installations[J]. Int. Conf. on Sub-surface Space,Rockstore,Stockholm,Sub-surface Space,1980(2):553-561.

[42] Barton N. Geotechnical Design[J]. World Tunnelling,1991,11:410-416.

[43] 车彦良,周骥.缓倾软硬相间边坡破坏机理的物理模拟研究[J].水利科技与经济,2018,24(6):23-26.

[44] 曹运江,黄润秋,等.岷江上游某水电站工程边坡软岩的崩解特性研究[J].工程地质学报,2006(14):35-40.

[45] 孟立朋,彭轩明,等.青干河软硬相间顺向岸坡演化过程研究[J].三峡大学学报(自然科学版),2010(6):52-56.

[46] 陈小婷,黄波林,等.三峡库区平缓层状软硬相间斜坡变形模式变化分析[J].地质灾害与环境保护,2009(6):57-61.

[47] 徐鲁勤，杨志强，等. 软硬相间岩层底板变形研究[J]. 中国煤炭地质，2008(11)：34-37.

[48] 张岩. 四川双江口水电站典型工程边坡失稳分析[J]. 水利水电快报，2019，40(5)：62-66.

[49] 彭仕雄，陈卫东，等. 官地电站库首左岸河湾地块岩溶渗漏分析[J]. 岩石办学与工程学报，2015(S2)：4030-4037.

[50] 王金禾，郭维祥. 沙沱水电站库首左岸河湾地块渗漏分析[J]. 贵州水力发电，2005，19(3)：33-37.

[51] 李文军. 酉酬水电站河湾地块渗控分析与治理[J]. 资源环境与工程，2013，27(4)：465-467.

[52] 季福全，刘军. 乌江银盘水电站右岸河湾地块岩溶渗漏分析[J]. 人民长江，2007，38(9)：80-82.

[53] 冶雪艳，杜新强，等. 绥化市红兴水库渗漏分析及渗控方案模拟预测[J]. 吉林大学学报(地球科学版)，2010，40(1)：128-133.

[54] 黄继平，朱纳显. 白沙面板堆石坝软岩填筑料性能分析[J]. 湖北水力发电，2009(4)：12-16.

[55] 杨敏，王南兵. 大坳水库混凝土面板堆石坝利用软岩筑坝技术实践[J]. 中国科技信息，2006(20)：48-49，51.

[56] 王南兵. 大坳水库混凝土面板堆石坝利用软岩筑坝设计[J]. 水利规划与设计，2007(5)：66-67，70.

[57] 徐小蓉，金峰，等. 堆石混凝土筑坝技术发展与创新综述[J]. 三峡大学学报(自然科学版)，2022，44(2)：1-11.

[58] 韩小妹，朱峰，等. 官帽舟水电站软岩筑坝技术的成功探索[J]. 水利规划与设计，2017(11)：144-147.

[59] 邢皓枫，龚晓南，等. 混凝土面板堆石坝软岩坝料填筑技术研究[J]. 岩土工程学报，2004(2)：234-238.

[60] 符晓，张萍. 绩溪抽水蓄能电站下水库软岩筑面板堆石坝优化设计[J]. 水利水电技术，2015，46(10)：101-104，116.

[61] 陈惠君，廖大勇. 金峰水库沥青混凝土心墙软岩堆石坝设计[J]. 水利规划与设计，2016(5)：81-83.

[62] 曾锃，沈贵华，等. 利用各向异性软岩筑高混凝土面板堆石坝关键技术研究[J]. 岩石力学与工程学报，2014，33(S1)：2655-2661.

［63］陈朝红. 某水库软岩筑坝材料试验研究［J］. 土工基础，2015，29（3）：166-169.

［64］吴弦谦，邹爽，等. 软岩坝料抗剪强度对面板堆石坝稳定性的影响［J］. 水利规划与设计，2020（8）：134-139.

［65］欧阳进. 软岩基础筑坝技术在沙坝水库上的应用［J］. 黑龙江水利科技，2019，47（12）：192-196.

［66］黄泽安，周跃峰，何晓民，等. 软岩筑坝堆石料劣化特性研究［J］. 长江科学院院报，2018，35（3）：75-78，91.

［67］韩小妹，陈松滨. 软岩筑坝技术在官帽舟沥青混凝土心墙土石坝中的探索与研究［J］. 人民珠江，2015，36（6）：87-91.

［68］杨颋. 软岩筑坝料物理力学试验研究［J］. 山西建筑，2017，43（7）：229-230.

［69］郑奕芳. 软岩筑坝料在面板堆石坝中的利用［J］. 东北水利水电，2013，31（11）：24-25，30.

［70］汤洪洁. 软岩筑混凝土面板堆石坝关键技术［J］. 水利规划与设计，2014（5）：37-40，45.

［71］杨昕光，张伟，等. 软岩筑沥青混凝土心墙坝的应力变形特性研究［J］. 地下空间与工程学报，2016，12（S1）：163-169.

［72］马兆荣，李维文，等. 软岩筑面板堆石坝的工程实践与探讨［J］. 水利水电技术，2011，42（3）：35-37.

［73］李宁博，邵剑南，等. 软岩作为面板堆石坝填筑料的探讨［J］. 水利规划与设计，2017（11）：155-156，178.

［74］邹志悝，陈全礼，等. 弱膨胀软岩筑坝材料工程特性试验研究［J］. 人民黄河，2011，33（10）：105-107.

［75］万燎榕，吴平，等. 石料骨架结构软岩筑坝料三轴剪切试验［J］. 水电能源科学，2022，40（6）：79-82.

［76］高希章，孙陶. 四川“红层”地区筑坝材料和填筑标准研究［J］. 四川水利，2016，37（1）：5-8，35.

［77］李仙. 我国面板堆石坝筑坝技术发展综述［J］. 企业科技与发展，2014（18）：31-33，36.

［78］Muharnmad Siddiquel，Hazrat Umer. 水库淤积管理的挑战——塔贝拉大坝工程案例［C］//大坝技术及长效性能国际研讨会. 2011：593-597.

［79］胡春宏. 我国多沙河流水库“蓄清排浑”运用方式的发展与实践［J］. 水利学报，2015，47（3）：283-291.

[80] 刘继祥. 水库运用方式研究与实践[M]. 郑州：黄河水利出版社，2008.

[81] 涂启华，杨赉斐. 泥沙设计手册[M]. 北京：中国水利水电出版社，2006.

[82] 韩其为，杨小庆. 我国水库泥沙淤积研究综述[J]. 中国水利水电科学研究院学报，2003，1(3)：169-178.

[83] 胡春宏，方春明，许全喜. 论三峡水库“蓄清排浑”运用方式及其优化[J]. 水利学报，2019，50(1)：2-10.

[84] 陈桂亚，董炳江，姜利玲，等. 2018 长江 2 号洪水期间三峡水库沙峰排沙调度[J]. 人民长江，2018，49(19)：6-10.

[85] 韩其为. 水库淤积[M]. 北京：科学出版社，2003.

[86] 胡蓉，高霞. 新疆多沙河流水库的运行方式浅析[J]. 河南水利与南水北调，2011，11：37-38.

[87] 童思陈，周建军. “蓄清排浑”水库运用方式与淤积过程关系探讨[J]. 水力发电学报，2006，25(2)：27-30.

[88] 林秉南，周建军. 三峡工程泥沙调度[J]. 中国工程科学，2004，6(4)：30-33.

[89] 张金良，胡春宏，刘继祥. 多沙河流水库“蓄清调浑”运用方式及其设计技术[J]. 水利学报，2022，53(1)：1-10.

[90] 叶辉辉，高学平，贠振星，等. 水库调度运行方式对水库泥沙淤积的影响[J]. 长江科学院院报，2015，32(1)：1-5，10.

[91] 赵妮. 新疆多泥沙河流水库泥沙处理措施[J]. 水利规划与设计，2020(1)：147-151.

[92] 魏向阳，杨会颖，孔纯胜，等. 小浪底水库汛期低水位排沙调度实践分析[J]. 人民黄河，2020，42(7)：19-22.

[93] 蔡淑兵，安有贵，张利升. 巴基斯坦卡洛特水电站运行水位分析[J]. 水利水电快报，2022，43(5)：85-88，108.

[94] 国家能源局. 水电工程泥沙设计规范：NB/T 35049—2015 [S]. 北京：中国电力出版社，2015.

[95] 中华人民共和国住房和城乡建设部，中华人民共和国国家质量监督检验检疫总局. 水库调度设计规范：GB/T 50587—2010 [S]. 北京：中国计划出版社，2010.

[96] Hu D C，Zhang H W，Zhong D Y. Properties of the Eulerian-Lagrangian method using linear interpolators in a three-dimensional shallow water model using z-level coordinates[J]. International Journal of Computational Fluid Dynamics，2009，23(3)：271-284.

[97] Hu D C, Fan B L, and et al. A semi-implicit 3-D numerical model using sigma-coordinate for non-hydrostatic pressure free-surface flows[J]. Journal of hydrodynamics, 2011, 23(2): 212-223.

[98] Hu D C, Zhong D Y, and et al. A semi-implicit three-dimensional numerical model for non-hydrostatic pressure free-surface flows on an unstructured, sigma grid[J]. International Journal of Sediment Research, 2013, 28(1), 77-89.

[99] 胡德超. 三维水沙运动及河床变形数学模型研究[D]. 北京:清华大学,2009.

[100] 胡德超,张红武,钟德钰. C-D无结构网格上的三维自由水面非静水压力流动模型:算法[J]. 水利学报,2009,40(8):948-955.

[101] 胡德超,钟德钰,张红武. C-D无结构网格上的三维自由水面非静水压力流动模型:验证[J]. 水利学报,2009,40(9):1077-1084.

[102] 胡德超,赵维阳,钟德钰,等. 欧拉—拉格朗日方法在三维水流模型中的时间阻力[J]. 水科学进展,2009,20(6):821-826.

[103] 胡德超,张红武,钟德钰,等. 三维悬沙模型及河岸边界追踪方法Ⅰ—泥沙模型[J]. 水力发电学报,2010,29(6):102-108.

[104] 胡德超,钟德钰,张红武,等. 三维悬沙模型及河岸边界追踪方法Ⅱ—河岸边界追踪[J]. 水力发电学报,2010,29(6):109-116.

[105] 张红武,胡德超,等. 陕西省黑河亭口水库坝区正态模型试验报告[D]. 北京:清华大学,2007.

[106] 曹志先,谢鉴衡,魏良琰. 水库坝前冲刷漏斗平衡形态的数学模拟[J]. 水动力学研究与进展,1994,19(5):617-625.

[107] 冯小香. 水库坝前冲刷漏斗形态数值模拟研究[D]. 武汉:武汉大学,2006.

[108] 严镜海,许国光. 水利枢纽电站的防沙问题布置的综合分析[C]//第一届河流泥沙国际学术讨论会,北京:光华出版社,1980.

[109] 熊绍隆. 深水孔口前冲刷漏斗形态研究[J]. 西北水电,1983,4:10-21.

[110] 熊绍隆. 底孔前散粒体泥沙冲刷漏斗形态研究[J]. 泥沙研究,1989(2):76-83.

[111] 金腊华. 有压进水口前冲刷漏斗形态与水流运动特性的研究[D]. 武汉:武汉水利电力学院,1990.

[112] 金腊华. 水库引排水底孔前冲刷漏斗形态的探讨[J]. 武汉水利电力学院学报,1991,24(1):93-101.

[113] 金腊华. 试论水库排沙底孔进水口前冲刷漏斗形态的主要影响因素[J]. 江西水利科技,1991,17(1):29-35.

[114] 金腊华. 趋孔水流运动与冲刷漏斗的成因研究[J]. 江西水利科技，1992，18(1)：53-59.

[115] 焦恩泽. 坝前漏斗形态简析[J]. 人民黄河，1991(2)：24-26.

[116] 王广月. 坝前冲刷漏斗形态的研究[J]. 山东工业大学学报，1996，26(2)：131-134.

[117] 屈孟浩. 小浪底枢纽泄水建筑物几种布置方案的门前流态与淤积形态试验研究[J]. 人民黄河，1989(5)：38-43.

[118] 曾庆华，周文浩，等. 黄河小浪底枢纽泥沙问题的试验研究[J]. 水利学报，1995(8)：53-59.

[119] 崔承章，谢鉴衡. 小浪底水库坝区冲刷漏斗形态概化模型研究[J]. 武汉水利电力大学学报，1995，28(15)：547-551.

[120] 徐国宾，白世录. 坝前粘性淤积物局部冲刷漏斗模拟相似性研究[J]. 水利学报，1997(11)：28-33.

[121] 董年虎. 边界条件对多沙河流电站前漏斗形态的影响[J]. 水动力学研究与进展，2000，15(2)：240-246.

[122] 王英伟. 坝前冲刷漏斗形态的试验研究[J]. 水利水电工程设计，2001，20(3)：42-43.

[123] 郭志学，刘兴年，曹叔尤. 水库冲刷漏斗试验研究[J]. 四川大学学报(工程科学版)，2004，36(5)：1-5.

[124] 万兆惠. 峡谷水电站排沙底孔的作用及其计算[J]. 泥沙研究，1986(04)：64-72.

[125] 吕秀贞. 壅水条件下底孔冲沙漏斗形态分析[C]//中国水利水电科学研究院论文集(第26集)，北京：水利电力出版社，1987.

[126] 陆俊卿，张小峰，董炳江，等. 水库冲刷漏斗三维数学模型及其应用研究[J]. 四川大学学报(工程科学版)，2008，40(6)：43-50.

[127] 索丽生，刘宁. 水工设计手册：第7卷，泄水与过坝建筑物[M]. 北京：中国水利水电出版社，2014.

[128] 崔玉柱，曹艳辉，杨晓红，等. 巴基斯坦卡洛特水电站溢洪道设计[J]. 水利水电快报，2020，41(3)：6.

[129] 潘孝兵. 土坝设计与施工[M]. 北京：中国水利水电出版社，2010.

[130] 韩艳红. 土石坝溢洪道设计与运行问题分析探讨[J]. 水利建设与管理，2012(5)：17-19.

[131] 洪振国，李建伟. 水电站水库排沙漏斗排沙措施研究[J]. 中国农村水利水电，

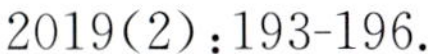
2019(2):193-196.

［132］ 水利水电规划设计总院. 水电工程水工建筑物抗震设计规范:NB 35047—2015［S］. 北京:中国电力出版社,2015.

［133］ 水利水电规划设计总院. 混凝土重力坝设计规范:NB/T 35026—2014［S］. 北京:中国电力出版社,2014.

［134］ 陈端,金峰,李静. 高坝泄洪雾化降雨强度模型律研究［J］. 水利水电技术,2005,36(10):3.

［135］ 练继建,刘丹,刘昉. 中国高坝枢纽泄洪雾化研究进展与前沿［J］. 水利学报,2019(3):11.

［136］ 曲波. 水电站泄洪雾化深化研究［D］. 武汉:武汉大学,2005.

［137］ 杨启贵,孔凡辉,万云辉,等. 卡洛特水电站枢纽布置设计［J］. 人民长江,2022,53(2):132-137.

［138］ 张超,岳朝俊,吴超,等. 巴基斯坦卡洛特水电站沥青混凝土心墙堆石坝反滤料设计［J］. 水利水电快报,2021,42(11):39-42.

［139］ 鄢双红,万云辉,孔凡辉,等. 卡洛特水电站沥青混凝土心墙堆石坝设计研究［J］. 人民长江,2021,52(12):140-145.

［140］ 孙海清,陈锐,李娇娜,等. 卡洛特水电站引水发电建筑物布置设计［J］. 人民长江,2020,51(2):131-137.

［141］ 孙海清,易路,陈捷平,等. 卡洛特水电站地面厂房结构抗震措施研究［J］. 人民长江,2021,52(12):146-150.

［142］ 孙海清,冯敏,刘咏弟,等. 巴基斯坦卡洛特水电站引水隧洞布置及结构设计［J］. 水利水电快报,2021,42(11):35-38,47.

［143］ 杨启贵,孔凡辉,万云辉,等. 卡洛特水电站枢纽布置设计［J］. 人民长江,2022,53(2):132-137.

［144］ 崔金鹏,杜威,鄢双红. 红层软岩导流隧洞洞径与洞形对围岩稳定性影响研究［J］. 水利水电快报,2022,43(4):54-60.

［145］ 崔金鹏,李昊,郭鸿俊. 巴基斯坦卡洛特水电站软岩导流隧洞设计与施工［J］. 水利水电快报,2020,41(3):42-46.

［146］ 岳朝俊,李昊,余胜祥,等. 巴基斯坦卡洛特水电站围堰设计与施工［J］. 水利水电快报,2020,41(3):47-51.

［147］ 苏凯,崔金鹏,张智敏. 隧洞施工开挖过程初次支护时机选择方法［J］. 中南大学学报(自然科学版),2015,46(8):3075-3082.

[148] 漆祖芳，饶志文，张晓皓，等. 乌东德水电站导流隧洞设计与实践[C]//. 水工隧洞技术应用与发展，2018：333-342.

[149] 郑守仁，王世华，夏仲平，等. 导流截流及围堰工程[M]. 北京：中国水利水电出版社，2005.

[150] 翁永红，饶志文，李勤军，等. 乌东德水电站导流规划与设计[J]. 人民长江，2014(20)：64-67.

[151] 李方平，崔金鹏. 金沙江旭龙水电站施工导流关键问题研究[J]. 人民长江，2019，50(11)：174-177.

[152] 叶三元，李蘅. 构皮滩电站导流隧洞临时堵头设计与施工组织[J]. 人民长江，2010，41(12)：31-34，37.

[153] 陈超敏，李蘅. 彭水水电站施工导流设计[J]. 人民长江，2006，37(1)：49-51.

[154] 苏凯，伍鹤皋，向功兴，等. 有限元强度折减法在导流隧洞堵头稳定性分析中的应用[J]. 水利水电技术，2008，39(1)：43-46.

[155] 董志宏，丁秀丽，叶三元，等. 大型水电工程导流洞封堵体稳定性分析[J]. 长江科学院院报，2011，28(2)：50-55.

[156] 施华堂，杨启贵，肖碧，等. 卡洛特水电站缓倾软岩坝基灌浆设计及工艺探索[J]. 人民长江，2019，50(12)：142-146.

[157] 水利水电规划设计总院. 碾压式土石坝设计规范：NB/T 10872—2021[S]. 北京：中国水利水电出版社，2022.

[158] 孙钊. 大坝基岩灌浆[M]. 北京：中国水利水电出版社，2004.

[159] 廖仁强，程少荣，郭晓刚. 水布垭高面板坝趾板基础灌浆升压试验研究[J]. 人民长江，2003，34(6)：15-16.

[160] 徐庆伟. 紫坪铺水利枢纽工程帷幕灌浆施工[J]. 四川水力发电，2006，25(1)：28-32.

[161] 王雍，陈冠军. 蓄水条件下的坝基帷幕灌浆试验研究[J]. 湖南水利水电，2016，(2)：32-34.

[162] 蒲志祥，向文宏，陈军. 普西桥水电站浮桥法深水帷幕灌浆施工技术[J]. 云南水力发电，2017，33(2)：60-64.

[163] 中国电力企业联合会. 水工建筑物水泥灌浆施工技术规范：DL/T 5148—2021[S]. 北京：中国电力出版社，2021.

[164] 国家能源局. 电力大件运输规范：DL/T 1071—2014[S].

[165] 李志鸿. 公路大件运输车辆选择研究[D]. 成都：西华大学. 2013.

[166] 和豪涛,吴笑伟,李扬.公路大件运输方案优选研究[J].公路与汽运,2016,1:74-77.

[167] 喻弘.张家港重型装备基地码头重件泊位装卸工艺设计[J].港口装卸,2015,1(220):34-37.

[168] 杨毅.港口散货装卸工艺分析[J].珠江水运,2020(12):2.

[169] 刘茂稳.电力大件设备内河码头卸船工艺[J].工程建设与设计,2021(10):4.

[170] 中华人民共和国交通运输部.公路桥梁抗震设计规范:JTG/ 2231-01-2020 ·[S].2020.

[171] LREDSEIS-2 AASHTO Guide Specifications for LRFD Seismic Bridge Design[S].

[172] 冯国军.中美铁路桥梁抗震设计对比研究[J].铁道标准设计,2013(5):68-71.

[173] 熊韬.中美桥梁抗震规范对比研究[J].工程建设与设计,2016(3):80-81.

[174] 范立础.桥梁抗震[M].上海:同济大学出版社,1997.

[175] 刘婧.基于中美规范设计的连续刚构桥地震易损性研究[D].湖南:长沙理工大学,2015.

[176] 殷鹏程,叶爱君.从中美规范比较探讨桥梁结构抗震体系[J].工程抗震与加固改造,2009,31(3):1-8,15.

[177] 秦格,刘枫,马明,等.大跨度人行悬索桥结构设计关键技术[J].建筑结构,2021,51(7):115-120,84.

[178] 中华人民共和国交通运输部.公路桥梁抗风设计规范:JTG/T 3360-01-2018[S].北京:人民交通出版社,2019.

[179] 马海忠,熊仕吉,罗刚,等.高地震烈度、重载大跨桥梁设计关键技术研究[J].水电站设计,2022,38(2):46-49.

[180] "AASHTO Guide for Design of Pavement Structures",American Association of State Highway and Transportation Officials.(1993)

[181] "ASTM A615/A615M-16 Standard Specification for Deformed and Plain Carbon-Steel Bars for Concrete Reinforcement",American Society for Testing Materials(ASTM).

[182] 王树清,崔磊,曾江华,等.巴基斯坦卡洛特水电站电气一次设计[J].水利水电快报,2020,41(3):86-91.

[183] 徐则诚,王树清,董晓宁.巴基斯坦卡洛特水电站主变压器选型与布置[J].水利水电快报,2021,42(11):80-83.

[184] 徐则诚,董晓宁,王树清,等.巴基斯坦卡洛特水电站厂用电系统设计[J].水利水

电快报，2021，42(11)：84-87.

[185] 孟妍，郭朝云，王维. 500kV变电站断路器选相分合闸装置改进方案分析. 河北电力技术[J]，2018(2)：46-48.

[186] 李国梁. 水轮机的泥沙磨损及抗磨措施[J]. 水力发电学报，1983(3)：115-125.

[187] 姚启鹏. 涉及水轮机磨损评定的几个问题[C]//中国水电设备学术讨论会. 2007.

[188] 胡宝玉，张利新，詹奇峰. 西霞院水电站水轮机模型试验[J]. 人民黄河，2006，28(9)：3.

[189] 丁林，杜泽快，彭绍才. 巴基斯坦卡洛特水电站安全监测及自动化监测系统设计[J]. 水利水电快报，2020，41(3)：69-71.

[190] 丁林，杜泽快，彭绍才. 巴基斯坦卡洛特水电站河湾地块渗控监测分析[J]. 水利水电快报，2021，42(11)：31-34.

[191] 徐昆振，段国学，丁林. 水布垭面板坝堆石体安全监测成果分析[J]. 水电与抽水蓄能，2019，5(6)：58-68.

[192] 位敏，周和清，章赢. 大竹河水库沥青混凝土心墙坝渗漏处理[J]. 人民长江，2016，47(4)：43-46，53.

[193] 荣冠，朱焕春，周创兵，等. 三峡茅坪溪防护坝沥青混凝土心墙变形监测[J]. 人民长江，2003，34(4)：10-12.

[194] 杜泽快，刘洪亮. 引大济湟长距离引水隧洞安全监测设计研究[J]. 人民黄河，2020，42(5)：116-120.

[195] 张秀丽，杨泽艳. 水工设计手册[M]. 北京：中国水利水电出版社，2013.

[196] 倪爱民，杨牧，张勋. 沐若水电站建筑设计概述[J]. 人民长江，2013，44(8)：51-53，63.

[197] 高洪光. 龙羊峡水电站建筑设计初探[J]. 建筑学报，1983，11(19)：71-73.

[198] 陈楠. 高砂水电站建筑设计[J]. 华东水电技术，1999(1)：54-55.

[199] 张金洲，王艳娥，郭晓利，等. 戈兰水电站厂房建筑设计[J]. 水利水电工程设计，2005，24(3)：18-19.